"十三五"普通高等教育本科规划教材

能源动力及装备工程实验教程

廖冬梅　编
胡建钢　主审

中国电力出版社
CHINA ELECTRIC POWER PRESS

内 容 提 要

本书为“十三五”普通高等教育本科规划教材。本书根据工程类学生对能源动力系统及装备内容进行认知、实习和实验验证的实际需求，结合作者十多年的实践教学经验，精心编写而成。编者将复杂的能源动力工程及其装备的认知实习过程，汇集在系统综合的实验体系中，有利于在课时和实验场所有限的条件下拓宽工程类学生的专业知识面和视野。

全书共分12个项目，主要内容包括：火电厂（燃煤电厂、燃气-蒸汽联合循环电站、生物质燃烧发电厂、垃圾焚烧电站、沼气发电工程）、核电站、水电站和其他新能源（风力发电机、太阳能光伏电站）这4个认知子模块，以及同步发电机、阀门两个拆装子模块。为了加深学生对所学知识的理解，每个实验后均附有思考题。本书内容丰富，涵盖面广，编写过程中力求深入浅出，图文并茂。

本书可作为高等院校工程类学生对能源动力工程及其装备进行认知的实验教材，也可作为非工程类学生的工程素质教学用书。

图书在版编目（CIP）数据

能源动力及装备工程实验教程/廖冬梅编．—北京：中国电力出版社，2018.6
“十三五”普通高等教育本科规划教材
ISBN 978-7-5198-1790-9

Ⅰ.①能… Ⅱ.①廖… Ⅲ.①能源—实验—高等学校—教材②动力工程—实验—高等学校—教材 Ⅳ.①TK—33

中国版本图书馆CIP数据核字（2018）第039054号

出版发行：中国电力出版社
地　　址：北京市东城区北京站西街19号（邮政编码100005）
网　　址：http://www.cepp.sgcc.com.cn
责任编辑：周巧玲　（010—63412539）
责任校对：郝军燕
装帧设计：赵姗姗
责任印制：吴　迪

印　　刷：北京天宇星印刷厂
版　　次：2018年6月第一版
印　　次：2018年6月北京第一次印刷
开　　本：787毫米×1092毫米　16开本
印　　张：15.5
字　　数：379千字
定　　价：38.00元

前　　言

电力工业是国民经济发展的先行产业，电力工业的发展需要大量了解能源动力及装备工程基本知识的各类人才。本书针对工程类学生进行工程认知和实践，介绍了能源动力领域的基本知识，可为相关专业毕业生服务于电力行业奠定基础，同时可用于进入电力行业各类毕业生的培训。通过本书的学习，学生既可拓宽专业知识面，又可为进一步学习不同专业的相关课程打下基础。同时，能源动力类学生在认识和生产实习中普遍存在场所受限、经费不足、时间短缺等问题，本书也可以从专业的角度为学生提供与电力生产现场相关的实习指导，使学生在实习之前获得尽可能多的现场知识和专业知识储备。工程意识、工程技术知识和技能不仅是工程师必备的素质，而且是非工程技术，如法律、经济、管理、传媒等领域工作者应该具备的素质之一。为了有效地开展各类学生的工程素质教育，促进教育改革，编者结合能源动力工程的学科特点编写了本教材。

本书考虑了不同专业的教学需求，部分内容相对独立，各专业教学活动中可根据需要自行取舍。实验教学内容与学时分配可参考如下：

<table>
<tr><th>子模块名称</th><th>实 验 项 目 名 称</th><th>课内学时</th><th>备　　注</th></tr>
<tr><td rowspan="11">燃煤电厂认知（重点）</td><td>燃煤电厂基本生产过程认知实践</td><td>2</td><td>能源利用与发电工程概述可作为引言</td></tr>
<tr><td>燃煤电厂锅炉总体认知实践</td><td rowspan="3">4</td><td rowspan="4">可与生物质燃烧发电厂、垃圾焚烧电站进行对比教学</td></tr>
<tr><td>燃煤电厂锅炉燃烧系统认知实践</td></tr>
<tr><td>燃煤电厂锅炉汽水系统认知实践</td></tr>
<tr><td>燃煤电厂锅炉补给水系统认知实践</td><td>2</td></tr>
<tr><td>燃煤电厂汽轮机总体认知实践</td><td rowspan="4">4</td><td rowspan="4">可与燃气-蒸汽联合循环电站、沼气发电工程进行对比教学</td></tr>
<tr><td>燃煤电厂汽轮机静子部分认知实践</td></tr>
<tr><td>燃煤电厂汽轮机转子部分认知实践</td></tr>
<tr><td>燃煤电厂汽轮机热力系统认知实践</td></tr>
<tr><td>燃煤电厂汽轮发电机及变压器认知实践</td><td>2</td><td>可与核电、水电、风力发电机进行对比教学</td></tr>
<tr><td>燃煤电厂烟气净化系统认知实践</td><td>2</td><td>可与垃圾焚烧电站进行对比教学</td></tr>
<tr><td rowspan="3">核电站认知（重点）</td><td>核电站基本生产过程认知实践</td><td rowspan="3">4</td><td>可与燃煤电厂进行对比教学</td></tr>
<tr><td>压水堆核电站核岛部分认知实践</td><td></td></tr>
<tr><td>核电站安全知识认知</td><td></td></tr>
<tr><td rowspan="3">水电站认知（重点）</td><td>水电站基本生产过程认知实践</td><td rowspan="3">4</td><td></td></tr>
<tr><td>水轮机总体认知实践</td><td></td></tr>
<tr><td>反击式水轮机引水室和导水机构的认知实践</td><td></td></tr>
</table>

续表

子模块名称	实 验 项 目 名 称	课内学时	备　　注
其他新能源	风力发电机认知	2	
	太阳能光伏电站认知	2	
认知与拆装（重点）	同步发电机的认知与拆装	4	
	阀门的认知与拆装	4	
合　　计		36	

本书内容丰富，涵盖面广，既介绍了宏观电力工业的发展，又兼顾了理论知识和技术的细节。为便于学生学习，本书提供了拓展阅读材料和关键词索引，采用移动学习的方式扫码即得。

为保证课程的实效性，教学过程中非常需要教学方法和手段的合理应用，具体建议如下：

（1）在教学资源上要工程化，充分利用实际设备和实物模型，强化工程背景；通过基本知识讲解、陈列室参观、车间实习、动手操作、实物拆装、多媒体演示和教师示范操作等多种形式的教学方法和手段，使学生走近工程实际，建立工程技术基本概念，掌握基本技能，提高学生自身的工程素质。

（2）教学方法采用“边教边认知”，即实验前教师先讲解理论知识，或在讲解的同时学生进行认知实验。教师讲解要突出重点，难点要处理得当；要深入浅出地多介绍基本的、必要的理论知识，同时要多设问，引导学生积极思考。教师在引导学生关注共性的同时要强调实验对象的特殊性，通过仔细观察，找出区别和差异，加深印象，帮助学生记住有关概念。要求学生独立操作的内容，应先由教师讲解并示范整个操作过程，讲清要领和注意事项后再让学生动手操作。为有效地达到教学目标，强调坚持“五用”原则，即学生要学会用耳倾听、用脑思考、用眼观察、用手体验、用嘴表达。

（3）实验项目的设置和选择保持开放性，并注意它们之间的各种联系。在实践教学过程中，应结合学生所学专业和兴趣爱好，因材施教，既体现专业培养目标要求，也符合各类学生的多样化、个性化、层次化的工程实践知识需求。

全书由武汉大学廖冬梅高级实验师编写，胡建钢教授担任主审。本书配套教学资源可发邮件至 ldm@whu. edu. cn 索取。

武汉大学动力与机械学院巫世晶教授、石端伟教授和顾昌教授对本课程的建设提出了许多宝贵意见；何珊、李正刚、刘照、蔡天富等老师参与了课程实践教学；黎小峰、李巧全、王孝伟、李星、贾俊峰、颜海伟、何宾杰等参与了书稿的校对工作。鹏芃科艺网站的曹连芃教授为本书无偿提供大量电脑制作的三维图形。在此对他们表示衷心的感谢！

本书在编写过程中，参考了大量国内外公开发行的教材、著作和科研成果，部分未能在参考文献中一一列出，在此对提供者表示衷心感谢。本书的出版得到了武汉大学动力与机械学院、大学生工程训练与创新实践中心和实验室与设备管理处的领导和同行的大力支持，对此表示深切的感谢。

由于编者水平所限，书中难免有疏漏和不当之处，热切期望各位专家和读者批评指正。

编　者

2017. 12

目　录

项目一　能源利用与发电工程概述

关键词

一次能源，二次能源，可再生能源，新能源，清洁能源，化石燃料，煤炭，石油，天然气，油页岩，油砂，核燃料，水能，风能，太阳能，生物质能；热能，机械能，电能，内燃机，燃气轮机，蒸汽机，汽轮机，工质，原动机，工作机，回转式，往复式，轴流式，径流式，混流式；额定功率，经济功率，排量，热效率。

一、实验目的

掌握能源的定义与主要分类，了解热能转换为机械能的途径，热能动力设备的分类及评价指标，以及我国主要能源工程的开发和利用现状。

二、能力训练

通过本部分的学习，使学生对能源工程有一个基本的了解和认识，在掌握能源定义与主要分类的基础上，了解热能转换为机械能的途径，并了解主要能源的特点和利用方式。

三、实验内容

(1) 能源分类及主要一次能源简介，化石燃料、核燃料、水能、风能、太阳能、生物质能。

(2) 热能利用与动力工程，人类需要的能源形式、热能转变成机械能的途径、热能动力设备的分类。

(3) 热能动力设备的评价指标，热经济性、功率、体积和重量、寿命、变负荷能力、燃料、排放。

(4) 热能动力设备的应用范围，蒸汽机、蒸汽轮机、燃气轮机、内燃机。

(5) 我国电力工业概况，火电、水电、核电、风电、光伏发电行业概况。

四、实验设备及材料

(1) 蒸汽轮机、燃气轮机、内燃机、锅炉等模型各1套。

(2) 教学录像资料1套。

五、实验原理

能源是人类生存与文明的基础。能源，顾名思义，就是能量的来源或源泉，是指能够直接或经过转换而提供某种能量的自然资源。在自然界里，有一些自然资源拥有某种形式的能量，它们在一定条件下，能够转换成人们所需要的能量形式，这种自然资源被称为能源，如煤炭、石油、天然气、太阳能、风能、水能、地热能、核能等。在生产和生活中，由于工作需要或为了便于输送和使用，上述能源经过一定的加工转换，更便于利用，如煤气、电力、沼气和氢能等，它们也可称为能源。

（一）能源分类及主要一次能源简介

1. 能源分类

人类可以利用的能源形式多种多样，有不同的分类方法，见表1-1。

表 1-1 能源的分类

分类方法	分类	具体形式
按来源分	第一类能源（来自地球表层及以外）	太阳辐射能 1. 煤、石油、天然气、油页岩、草木燃料、沼气和其他由于光合作用而固定的太阳辐射能 2. 风、海流、波浪、海洋热能、直接的太阳辐射能
		宇宙射线、流星和其他星际物质带进地球大气中的能量
	第二类能源（来自地球内部）	地球热能 1. 地震、火山活动 2. 地下热水、地热蒸汽和热岩层
		原子核能——铀、钍、硼、氘、氚等
	第三类能源（来自地球和其他星体的相互作用）	潮汐能
按能否储存分	含能体能源：可直接储存的能源	矿物燃料（煤、石油、天然气等）、生物燃料（薪柴、沼气、有机废物等）、化工燃料（酒精、乙炔、煤气、液化石油气、氢等），核燃料（铀、钍、钚、氘、氚等）、地热、高水位水库
	过程性能源：无法直接储存的能源	机械能（风能、水能、潮汐能等）、电能、光能（直接的太阳辐射能、激光等）
按获得方法分	一次能源（天然能源）：可供直接利用的能源	原煤、原油、天然气、油页岩、核燃料、生物质能、水能、风能、太阳能、地热能、海洋能、潮汐能
	二次能源（人工能源）：由一次能源直接或间接转换而来的能源，使用方便，易于利用，是高品质能源	电能、蒸汽、热水、压缩气、煤制品（煤气、焦炭）、石油制品、沼气、酒精、氢气、激光
按能否再生分	可再生能源：可不断再生并有规律地得到补充的一次能源	太阳能、水能、风能、海洋能、潮汐能、生物质能等
	非再生能源：经过亿万年形成的、短期内无法恢复的自然能源	原煤、原油、天然气、油页岩、核燃料与地热等
按被利用程度分	常规能源：当前广泛使用，应用技术较成熟	煤、煤气、石油制品、天然气、植物燃料、蒸汽、水能、电能等
	新能源：开发利用较少，利用技术有待完善	核能、太阳能、风能、沼气、油页岩、生物质能、氢能、地热能、海洋能、潮汐能、激光等
按对环境污染分	清洁能源：对环境无污染或污染很小	太阳能、水能、海洋能、风能、氢能、天然气等
	非清洁能源：对环境污染较大	煤、石油、油页岩等

2. 主要一次能源简介

一次能源是指自然界中存在的天然能源，如化石燃料、核燃料、水能、风能、太阳能、生物质能等。

（1）化石燃料。化石燃料是古代埋入地下的动植物在一定地质条件下形成的，是不能再生的燃料资源，除天然气外它们大都是非清洁能源。在化石燃料中，按埋藏能量的多少排序为煤炭、石油、油页岩、天然气和油砂。

1）煤炭。煤炭是埋藏在地下的植物受高压和地热的作用，经过几千万年乃至几亿年的炭化过程，释放出水分、CO_2、CH_4 等气体后，含氧量减少而形成的。由于地质条件和进化程度不同，煤炭的含碳量及发热量也不同。煤炭中或多或少都含有挥发分，通常年代越久的煤挥发分越少。按挥发分的多少分为褐煤、烟煤和无烟煤。

煤炭是地球上蕴藏量最丰富、分布最广的化石燃料。据世界能源委员会的评估，世界煤炭可采资源量达 4.84 万亿 t 标准煤，占世界化石燃料可采资源量的 66.8%。目前已探明的可采储量约为 1 万亿 t 标准煤，储采比约 220 年。我国已探明的可采储量占世界的 11%，储采比约 80 多年。

2）石油。石油是水中堆积的有机物残骸，在地下高压作用下形成的碳氢化合物。石油经过精炼后可得到汽油、煤油和重油等。石油在地球上的分布极不平衡，世界剩余石油探明储量的一半以上在中东，我国仅占 2.4%。按国际上通行的能源预测，地球上的石油将在 40 年内枯竭，而我国的石油仅可开采 20 年。

3）天然气。天然气以含 CH_4 为主，是蕴藏量丰富，最清洁而便利的优质能源。以热当量计算，天然气储量已超过石油储量。天然气资源分布很不均匀，中东、苏联和欧洲储量之和约占世界储量的 70%。天然气大约还可用 60 年。

4）油页岩和油砂。油页岩是水藻炭化后形成的，含灰分过多，故多半不能自燃。油砂是含重质油 4%～20%的沙子。油页岩和油砂在美洲大陆储量较多。

化石燃料目前仍是世界一次能源的主要部分，其生产及消费数量都很大，因而对环境的影响也格外令人关注。开采过程对环境影响最典型的是煤炭开采，主要表现在对土地、村庄的损害，以及对水资源的影响。化石燃料在利用过程中对环境的影响主要是燃烧时各种气体、固体废物及发电时的余热所造成的污染。

（2）核燃料。核能是由原子核反应而释放出来的巨大能量，其获得方式有两种：一种是铀一类的重原子核的核裂变释放的能量；另一种是重水（氘和氧化合成的水）一类的轻原子核的核聚变释放的能量。目前技术上比较成熟且大规模利用的是核裂变能。

核裂变能能量密度高，一个铀原子核裂变时释放出的能量约是一个碳原子氧化时放出能量的 5×10^7 倍，即 1kg ^{235}U 裂变时释放出的能量相当于 2800t 标准煤燃烧释放的能量。核能发电是核能利用最重要的一种方式，全世界共有 33 个国家和地区有处于运行状态的核电机组 442 台（截至 2016 年数据），核电年发电量占全球发电总量 11.5%。发达国家的核电发电量已达到发电总量的 1/3 以上。目前，新建核电主要集中在发展中国家，以亚洲增长最快。

核燃料资源非常丰富，重核裂变使用的主要原料是铀，国际能源署公布的探明储量可使用约 250 年；而轻核聚变使用的燃料是海水中的氘，1L 海水能提取 30mg 氘，在聚变反应中能产生约等于 300L 汽油的能量，即 1L 海水约等于 300L 汽油，地球上海水中就有 4.5×10^{13} t 氘，足够人类使用百亿年。

（3）水能。水是生命之源，是人类生活中不可缺少的物质。这里所讲的水能是指水资源所具有的位能；其本身是机械能，无须进行转换便可利用；过去水能用于提水、碾米、磨面，当今主要用于发电。

水能是常规能源中唯一的清洁可再生能源，其实际来自于太阳：地面水吸收太阳辐射热，蒸发而产生云，再在高空凝聚成雨，不断地降水使水力资源得到补给。江河川流不息，水能不会枯竭。

我国地域辽阔、河流众多，径流丰沛、落差巨大，蕴藏着极为丰富的水力资源。根据近年我国发布的水力资源复查结果，我国大陆水力资源理论蕴藏量在10MW及以上的河流共3886条，水力资源理论蕴藏量的平均功率为6.94×10^{5}MW，年发电量为6.08×10^{12}kWh；技术可开发量的装机容量为5.42×10^{5}MW，年发电量为2.47×10^{12}kWh；经济可开发量的装机容量为4.02×10^{5}MW，年发电量为1.75×10^{12}kWh。全国水力资源总量，包括理论蕴藏量、技术可开发量和经济可开发量均居世界首位。

（4）风能。风能是由于太阳辐射造成地球各部分受热不均匀，引起大气层中的压力不平衡而使空气运动形成风所携带的能量，它是太阳能的一种转化形式。风能是一种可再生的清洁能源，储量大、分布广，但能量密度低，有很大的不确定性（方向大小不定），具有周期性、多样性和复杂性的特点，是一种间歇性的自然能。只有当地面以上20～30m高度处，平均风速达到5m/s时，风能才值得较大规模地利用。

全球的风能约为27.4亿MW，其中可利用的风能为0.2亿MW，比地球上可开发利用的水能总量还要大10倍。我国位于亚洲大陆东南，濒临太平洋西岸，季风强盛，风能资源总储量约32.26亿kW，可开发和利用的陆地上风能储量有2.53亿kW，近海可开发和利用的风能储量有7.5亿kW，共计约10亿kW。我国风能资源主要分布在新疆、内蒙古等北部地区和东部至南部沿海地带及岛屿。

风能主要用于发电、提水、制热和航运。风力发电目前已用于充电、照明、无线电通信、卫星地面站电源、灯塔电源、海水淡化等；风力发电以每年平均20%左右的速度增长，是全球新能源中增长最快的一种。对沿海岛屿、交通不便的边远山区、地广人稀的草原牧场，以及远离电网和近期内电网还难以达到的农村、边疆，作为解决生产和生活能源的一种可靠途径，风能的利用有着十分重要的意义。

（5）太阳能。太阳是一个炽热的气态球体，其内部连续进行着氢聚合成氦的核聚变反应，不断地释放出巨大的辐射能。太阳能是清洁的可再生的一次能源，资源量非常巨大。太阳向宇宙空间发射的辐射能中，只有二十亿分之一到达地球大气高层，其中30%被大气层反射，23%被大气层吸收，地球表面截获的太阳能的功率为8×10^{13}kW。

太阳是一个巨大、久远而无尽的自然能源，地球上一切生命和能量几乎都来自太阳。广义的太阳能包括的范围很大，地球上的风能、水力、海洋温差能、波浪能、生物质能及部分潮汐能都源自于太阳，即使是地球上的化石燃料从根本上说也是远古以来储存下来的太阳能。这些能源的利用可以看作是对太阳能的间接利用。

通常所讲的太阳能主要是指太阳辐射能的光热和光电的直接转换。太阳能的光热转换利用主要包括太阳能热水器、太阳能建筑和太阳能热力发电。太阳能的光电转换是太阳能直接发电，如硅太阳能电池。在目前全球性的能源短缺及环境问题日益严峻的情况下，太阳能的利用非常具有吸引力。

太阳能具有以下两大特点：一是聚集性差，地球表面的太阳辐射功率密度很低，但分布广泛，集中使用要求占用较大面积，特别适宜在广大农村和边远地区分散使用；二是太阳能供应的间断性和不稳定性使太阳能的利用受到季节和气候变化的影响，这就要求太阳能利用装置和系统的设计必须考虑能量的储存，或与其他能源匹配互补供能，以满足用户的负荷需要。

（6）生物质能。生物质能来源于生物质，生物质指一切有生命的可以生长的有机物质，包括动物、植物和微生物。动物要以植物为生，而植物则通过光合作用将太阳能转化为化学能而储存在生物质内。因此，从根本上说，一切生物质能都来源于太阳能。所有生物质均具有一定的能量，而可作为能源利用的生物质主要包括木材及森林工业废弃物、农作物及其废弃物、水生植物、城市和工业有机废弃物、动物粪便等。在人类发展历史中，生物质能为人类提供了基本燃料。目前，生物质能消费量约占世界能源消耗的14%，多应用于生活和工农业生产。

生物质能源可以就地开发和利用，是可再生的廉价能源，其优点是使用方便、含硫量低、灰分少、易燃烧，并可进行多种转化，但缺点是容重小、体积大，储运不便，传统的直接燃烧利用方式热效率极低。为了提高利用效率和方便运送、储存和多功能使用，可采用热转换法，如干馏、热解，获得燃料油和可燃气体，或在厌氧环境下，经微生物分解产生沼气。淀粉、谷物之类的生物质可在霉菌和酵母菌的作用下发酵产生酒精。

（二）热能利用与动力工程

1. 人类需要的能源形式

现代社会人类需要的能源形式主要有热（冷）能、机械能、电能。

（1）热能。热能是能量的一种基本形式。分子运动学说认为，热能是物体大量分子等微粒杂乱运动的动能。在一次能源中，除风力、水力及部分海洋能作为机械能可直接利用外，其他各种能源或是直接以热能形式存在，或是经过燃烧反应、原子核反应等首先将其转换为热能再予以利用。所以，人们从自然界获得能源的主要形式是热能。

热能的取得方式主要有太阳热能、地热、燃料燃烧放热、核裂变或核聚变放热。热能还可由电能转换而来，或由机械能通过摩擦而得到，但在多数情况下并不希望产生摩擦现象，并力图减小或消除它。

由热力学第二定律知，热和功之间的转变存在着明确的方向和限度，热能是一种品位较低的能量，且其品位直接与温度有关。因此，要合理利用热能，就必须做到按质供热，热尽其用。

（2）机械能。物体宏观机械运动所具有的能量称为机械能。机械能是一种更为理想的能量形式，它能以100%的效率转换为热能，也能以非常高的效率转换为电能。机械能除用于拖动发电机生产电能外，人们日常生活及生产中需要的动力都来自机械能。

机械能除少部分来自一次能源中的水力、风能和海流、潮汐和波浪外，基本上都是通过某种类型的热机（如内燃机、燃气轮机、蒸汽轮机等）从热能转换而得到，或通过电动机由电能转换而来。

（3）电能。电能是能源的高级形式，是优质的二次能源。电能来源广泛，可以方便地由各种一次能源（煤炭、石油、水能、风能、天然气、太阳能和核能等）转换而来，又可方便地转换为机械能、热能、光能、磁能和化学能等其他能量形式，以满足社会生产和生活的种种需要；还可方便、经济、高效地大规模远距离传输和分配，且在生产、传送、使用过程中易于调控，在使用过程上没有污染，已成为人类社会迄今应用最广泛、使用最方便、最清洁的一种二次能源。

随着经济的迅猛发展，电力需求的增长比一次能源的增长会大得多，而用于电能生产的机械能70%以上是通过某种类型的热机从热能转换而得到，即一次能源先转换成热能，通过热机把热能转换成机械能，再拖动发电机将机械能转换成电能，因而，热能便成为化石燃料、核燃料、生物质能等一次能源转换成电能的枢纽。

2．热能转变成机械能的途径

（1）热能动力装置。燃料在适当的设备中燃烧产生热能，热能在热能动力机中转变为机械能。燃烧设备、热能动力机以及它们的辅助设备统称为热能动力装置。

热能动力装置主要有两大类：一种是以燃烧产生的燃气直接进入发动机进行能量转换，如内燃机和燃气轮机等；另一种则首先将燃料燃烧产生的热能传递给某种液体使其汽化，然后再将蒸汽导入发动机进行热功转换，如蒸汽机和汽轮机等。在内燃机或蒸汽机中，汽缸内的高温高压燃气或蒸汽经膨胀可推动活塞做功，并通过曲柄连杆机构将能量传递到发动机轴上。在燃气轮机和蒸汽轮机中，高温高压的燃气或蒸汽首先在喷管中膨胀加速，将热能转换为动能，然后冲击叶片使轴转动而做功。

（2）工质。尽管上述两类热机的装置构造及工作原理不同，但都必须用某种媒介物质从高温热源获取热能，使它具有高能而对机器做功，并把余热排向低温热源。这个过程对任何一种热机都是共同的，也是本质性的。这种实现热能和机械能相互转化的媒介物质称为工质。

工质是完成热功转换所必需的载体。内燃机及燃气轮机设备中的工质为空气和燃气，它们作为工质在完成热功转换任务后，通常被排出系统。蒸汽机和汽轮机装置中的工质为水蒸气，完成热功转换任务后，蒸汽往往被冷却凝结成水并循环使用。

3．热能动力设备的分类

热能动力设备的种类繁多，分类的方式也有多种。

（1）按能量转换方向分类。

1）原动机。将燃料的化学能、原子能和生物质能等所产生的热能转换为机械能的动力设备称为原动机，如蒸汽机、蒸汽轮机、燃气轮机、内燃机（汽油机、柴油机）等。

2）工作机。通过消耗机械能而使流体获得能量或使系统形成真空的动力设备称为工作机，如离心泵、真空泵、柱塞泵、螺杆泵、风机、压缩机等。

（2）按机械运动方式分类。

1）回转式：转子（叶轮）在缸内做回转运动以实现能量的转换，如蒸汽轮机、燃气轮机、离心泵、真空泵、螺杆泵、风机等。

2）往复式：活塞在气缸内做往复运动而实现能量的转换，如蒸汽机、汽油机、柴油机、柱塞泵、往复压缩机等。

（3）按工质流动方式分类。对叶轮机械，按流体在机器中的主要运动方向可分为以下几种：

1）轴流式：流体的主要运动方向与旋转轴平行，如蒸汽轮机、燃气轮机、轴流式压气机等。

2）径流式：流体的主要运动方向为沿着旋转轴的直径方向，如离心泵、离心式压缩机、向心透平等。

3）混流式：流体的主要运动方向与旋转轴呈某一锐角，如混流式压缩机、混流式透平等。

（4）按用途分类。热能动力设备按用途可以分得很细，但不外乎发动机、泵、风机、压缩机等几大类。

随着社会生产的专业化，每种动力设备都由专门的工厂制造，并且在工程技术研究领域也已经形成了如下几个相对独立的专业研究领域：

1）热力发动机：研究将燃料燃烧的热能转换为机械能的方法。

2）水利水电动力工程：研究将水的机械能（动能和势能）转变为电能的工程方法。

3）流体机械工程：是上述各研究领域的基础工程技术。

4）低温技术与冷冻冷藏工程：研究各种低温制冷和食品冷冻冷藏方面的技术。

5）热能动力工程：研究热能转化和利用的方法。

6）工程热物理：研究涉及热工性能和热力过程方面的物理知识。

（三）热能动力设备的评价指标

1. 热经济性

热经济性是评价热能动力设备性能优劣的一个重要指标，其可用下式表示：

经济指标＝得到的收获/花费的代价

（1）制冷循环及制冷系数 ε_c。制冷循环的热经济性以制冷系数 ε_c 表示。制冷循环所付出的代价为循环耗功 W，得到的收获为从冷源带走的热量 Q_L，见图 1-1（a），有

$$\varepsilon_c=\frac{Q_L}{W}=\frac{Q_L}{Q_H-Q_L} \tag{1-1}$$

（2）热能动力循环及热效率 η_t。表示热能动力循环（正向循环）热经济性的常用指标为热效率 η_t，其等于循环功 W 与吸热量 Q_H 的比值，见图 1-1（b），即

$$\eta_t=\frac{W}{Q_H}=\frac{Q_H-Q_L}{Q_H}=1-\frac{Q_L}{Q_H} \tag{1-2}$$

为便于定性分析，可以利用循环的平均吸热温度和平均放热温度的概念，将式（1-2）改写为以热源温度表示的形式：

$$\eta_t=1-\frac{Q_L}{Q_H}=1-\frac{\overline{T}_L}{\overline{T}_H} \tag{1-3}$$

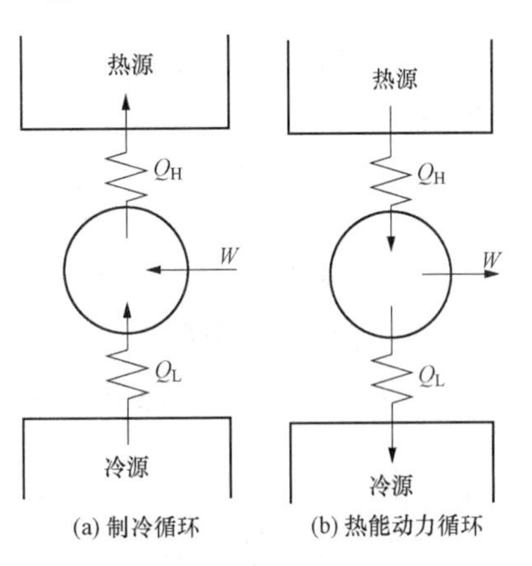

图 1-1　制冷循环与热能动力循环

由式（1-3）可知，热能动力循环的热效率 η_t 总是小于 1 的。为了提高热效率，就必须在可能的条件下，尽量提高 $\overline{T}_H$ 和降低 $\overline{T}_L$。由于传热必然存在温差，而排气必须要有压差，所以要想降低循环的平均放热温度 $\overline{T}_L$，就必须使工质膨胀到尽可能低的压力和温度。提高循环平均吸热温度的最有效方法就是提高工质的初参数（压力和温度），而初参数的提高受到材料性能的限制。因此，对热能动力装置而言，除了改进材料的性能外，还可用改进循环方式的办法提高 $\overline{T}_H$。例如，对于蒸汽动力装置，可以采用再热和回热循环；燃气轮机装置可以采用回热、间冷及分段燃烧的方式；内燃机可以采用混合加热循环等。

2. 功率

功率是做功快慢程度的量度，通常用单位时间内所做的功或消耗的功来表示，单位有 W（瓦特）、kW（千瓦）等。原动机功率的大小直接反映了设备进行热功转换的能力；工作机功率的大小则表示了设备工作时需要向设备输入的动力。

额定功率是原动机长期连续运行中所能保持的最大功率。额定功率也称铭牌功率，有时也称为容量。三种主要的热能动力装置中，蒸汽轮机的单机容量最大，可达 1300MW。目前，燃气轮机的最大容量为 226MW，最大内燃机功率为 40MW。

经济功率是设计机器时作为热力计算依据的功率。发电厂用大功率机组运行时承担基本负荷，经济功率通常取为额定功率。除此之外，一般发动机较少在满负荷工况运行，为了获

得更高的运行经济性，经济功率通常小于额定功率。

对于内燃机而言，除了用功率表示发动机的工作能力外，排量也可表示发动机工作能力的大小；而蒸汽动力装置中的锅炉，则通常用最大长期连续蒸发量表示其容量。

工作机通常用压缩比、扬程及流量表示其工作能力的大小，而空调机通常用制冷量及制热量表示其工作能力的大小。

3. 体积和重量

体积和重量也是热能动力设备的一项重要评价指标。设备的体积和重量不仅直接影响设备的使用场合，还直接影响材料的消耗量和制造工作量。

对同一类设备，容量越大，单位功率重量越小，机组的制造成本也就越低。一般情况下，机组容量每增大一倍，可使单位造价相对降低 12%～15%。

随着单机容量的扩大及技术的进步，机组的金属消耗量在不断减少。对汽轮机组而言，其金属耗量已由早期的 4～8kg/kW，降低到现在大功率机组的 2～3kg/kW；不同用途的燃气轮机重量差异很大，单位质量在 0.1～10kg/kW；中速强载柴油机单位质量可达 1.36kg/kW。

三类热能动力装置中，蒸汽轮机装置的体积重量最大，内燃机最小。

4. 其他评价指标

（1）装置效率。前面提及的循环热经济指标仅仅是动力循环热经济性，不能准确反映整个装置的热效率。热功转换全过程的经济性必须用装置效率来衡量。目前，各种热能动力装置能够达到的热效率大致如下：

蒸汽轮机装置：平均为 42%～44%，超临界机组的装置效率可达 48%以上。

燃气轮机装置：平均为 40%～45%，内燃机为 50%～55.6%。

燃气-蒸汽联合循环装置：平均为 45%～60%。

（2）使用寿命。蒸汽轮机的使用寿命为 30～50 年，燃气轮机及内燃机的使用寿命一般在 10～20 年。

（3）变负荷能力。各类装置的变负荷能力包含启动性能、对负荷的适应性及稳定的变负荷范围。在三种热能动力装置中，内燃机的变负荷能力最强，蒸汽轮机装置的变负荷能力最差。

（4）使用燃料。燃气轮机装置除在整体煤气化联合循环（IGCC）中可以使用煤炭外，通常使用燃油或燃气；内燃机只能使用燃油或燃气；蒸汽轮机装置可以使用垃圾、生物质等任何燃料。

（5）排放。排放是一项与环境保护有关的复杂问题。化石燃料对环境的污染较大；核电站运行中不会对环境造成污染，但是核废料对环境的影响问题还一直存有争议；在开发利用水力资源时，应综合考虑其对生态平衡、灌溉与航运等多方面的影响。太阳能、氢能、风能对环境基本上没有污染，但是其利用设备在生产过程中会对环境形成间接影响。

（四）热能动力设备的应用范围

（1）蒸汽机。蒸汽机是利用高温高压的水蒸气推动活塞往复运动而做功的热机，曾在历史上产生过重要作用，但目前已趋淘汰。

（2）蒸汽轮机。蒸汽轮机是利用高温高压的水蒸气推动叶轮，使轴转动而做功的回转式热机；具有单机功率大、效率较高、运行平稳可靠、使用寿命长，以及能使用各种廉价燃料等优点，因而成为火力发电厂的主要原动机，同时可作为核电站和大型船舶及军舰的推进动力；冶金、化工等部门也常以蒸汽轮机驱动各种大型工作机，如泵、风机、压气机等。此外，供热式汽轮机还可满足生产和生活用汽、用热的需要，实现高效益的热电联合生产。由于蒸汽机已趋淘汰，通常把蒸汽轮机动力装置简称为蒸汽动力装置；在此装置中，水在锅炉中加热产生蒸汽，即锅炉是使燃料的化学能转换成热能的一种重要的动力设备。

然而，蒸汽轮机体积庞大、变负荷能力差，必须配套有锅炉、凝汽器、水泵、给水处理等大型设备以及给水回热等复杂的热力系统，因而机动性差，不便用于移动式装备中。

（3）燃气轮机。燃气轮机是将空气压缩后同燃油混合燃烧，产生高温燃气，进入燃气轮机膨胀做功，使部分热能转换成机械能的高速回转式动力机械。燃气轮机具有单机功率较大、效率较高、转速高、运行可靠、重量较轻、体积较小，以及启动快、负荷适应性好、维护方便、自动化程度高、没有太多的附属设备及复杂的热力系统等优点，因此在电力系统中常用作承担尖峰负荷和半尖峰负荷的调峰机组，或作为燃气-蒸汽联合发电装置的主力设备之一；也常用作卡车移动式电站、列车电站及机车的原动机。在船舶工业领域，燃气轮机作为舰艇的加速机组及水翼船、气垫船、中小型水面舰船、油船等的主动力；在航空工业领域，它更是占有绝对主力位置。

与蒸汽轮机装置相比，燃气轮机的缺点有单机功率较小、运行寿命较短、对燃料种类要求较高等。

（4）内燃机。内燃机是在机器内利用燃料与空气混合燃烧产生的高温高压燃气，来推动活塞运动而做功的热机。由于这一能量转换的过程完全是在热机内部完成的，故称为内燃机。内燃机具有热效率高、体积小、重量轻、移动灵活、操作方便，以及启动快、负荷适应性强、没有附属设备、价格相对较低等优点；广泛应用于汽车、拖拉机、机车、战车及舰船上，也常用作小型应急性发电装置的原动机。

内燃机为往复式机械，运转没有回转式机械平稳，噪声较大，转速低、功率较小，运行寿命较短，对燃料种类要求高，因而不能用作发电厂的原动机。

（五）我国电力工业概况

新中国成立初期，我国电力工业基础极其薄弱，总装机容量只有 185 万 kW，发电标准煤耗 1200g/kWh，技术严重依赖国外。

由于经济快速发展，电力需求剧增给我国电力工业带来了难得的快速发展机遇。截至 2017 年，我国电力装机容量达到 17 亿 kW，同比增长 7.7%，居世界首位，缓解了电力供给不足的问题；全国发电量 56 184 亿 kWh 时；水电、核电、风电等清洁能源的发电量比重逐步上升。2010—2017 年我国电力装机容量、发电量及其组成和占比见表 1-2。

表 1-2 我国电力装机容量、发电量及其组成和占比 %

年份	装机容量					发电量				
2010	9.664 1 亿 kW					42 071.6 亿 kWh				
	火电	水电	核电	风电	太阳能及其他	火电	水电	核电	风电	太阳能及其他
	73.43	22.36	1.11	3.06	0.04	79.197	17.165	1.756	1.061	0.821
2011	10.625 3 亿 kW					47 130.2 亿 kWh				
	火电	水电	核电	风电	太阳能及其他	火电	水电	核电	风电	太阳能及其他
	72.31	21.93	1.18	4.35	0.199 5	81.343	14.830	1.832	1.492	0.503

续表

年份	装机容量					发电量				
2012	11.467 6 亿 kW					49 875.5 亿 kWh				
	火电	水电	核电	风电	太阳能及其他	火电	水电	核电	风电	太阳能及其他
	71.48	21.75	1.096	5.356	0.297	78.051	17.486	1.953	1.924	0.586
2013	12.576 8 亿 kW					54 316.4 亿 kWh				
	火电	水电	核电	风电	太阳能及其他	火电	水电	核电	风电	太阳能及其他
	69.18	22.298	1.166	6.084	1.263	78.190	16.943	2.055	2.600	0.212
2014	13.701 8 亿 kW					55 459 亿 kWh				
	火电	水电	核电	风电	太阳能及其他	火电	水电	核电	风电	太阳能及其他
	67.409	22.249	1.466	7.048	1.814	75.4	19.2	2.3	2.8	0.3
2015	15.067 3 亿 kW					56 184 亿 kWh				
	火电	水电	核电	风电	太阳能及其他	火电	水电	核电	风电	太阳能及其他
	65.719	21.196	1.803	8.515	2.760	73.106	19.882	3.024	3.303	0.685
2016	16.520 9 亿 kW					60 248 亿 kWh				
	火电	水电	核电	风电	太阳能及其他	火电	水电	核电	风电	太阳能及其他
	64.218	20.10	2.036	8.968	4.638	71.825	19.499	3.539	4.017	1.12
2017	17.770 3 亿 kW					64 179 亿 kWh				
	火电	水电	核电	风电	太阳能及其他	火电	水电	核电	风电	太阳能及其他
	62.241	19.20	2.016	9.210	7.333	70.916	18.612	3.869	4.763	1.84

注 2010—2015 年数据来源于《中国统计年鉴》；2016—2017 年数据来自中电联公布《2017 年全国电力工业统计快报数据一览表》。

1. 我国火电行业概况

火力发电厂主要是利用煤炭、石油、天然气等燃料，将燃料的化学能先转换为热能，再转换成机械能，最后变成电能的电厂。火电装机容量和发电量在我国电力能源结构中一直占有绝对优势，占全国总发电量的比重为 70%～80%。我国拥有世界上最多百万千瓦火电机组。截至 2017 年底，全国范围内已投产的单机容量 100 万 kW 超超临界压力火电机组共有 91 台；投运、在建、拟建的百万千瓦超超临界压力机组数量居全球之首。我国拥有世界上最高效煤电机组。2011 年上海外高桥第三发电厂实际运行供电标准煤耗达到 276.02 g/kWh，成为世界上第一个冲破 280g/kWh 最低标准煤耗整数关口的电厂；2016 年，国电泰州发电厂 3 号机组实际运行供电标准煤耗达到 266.5g/kWh。

我国的能源结构特点决定了我国电力工业以火电为主，而火电行业又以燃煤为主要动力来源，我国每年煤炭占发电燃料总量的 70%以上。我国煤炭资源丰富，但在地域分布上极不均衡，呈“西多东少，北富南贫”的格局。受煤炭产区及用电需求影响，我国火电装机容量以华北、华东、华中比例最高，这三大区域火电装机容量占全国总量的 70%以上。

虽然短期内以火电为主导的格局难以改变，但出于对煤炭资源未来供应能力的担心，以及火电厂对于环境的危害，国家今后在可再生能源方面的投入将相对较多，火电在整个电力结构中的比例逐步下降将是必然趋势。我国火电近期发展的特点如下：关停效率低、污染严重的小火电机组，加快发展大容量、高参数的国产化火电机组，推动洁净煤发电技术的发展，用现代化技术改造老旧机组，天然气发电建设初具规模。

2. 我国水电行业概况

水力发电是利用河流、湖泊等位于高处具有势能的水流至低处，将其所含势能转换成水轮机的动能，推动发电机产生电能。我国水能储量及可开发水能资源均处于世界首位。但是由于地形、气候等因素的影响，我国的水能资源分布很不均匀，西南地区集中了大约70%的可开发水能资源。我国水能资源另外一个突出特点是水力资源集中在大江、大河干流，这有利于建设水电基地，实行战略性集中开发。

水电作为可再生的清洁能源，在我国能源发展史中占有极其重要的地位。进入21世纪，随着电力体制改革的推进，我国水电进入加速发展时期，装机容量和发电量在我国电力行业中一直稳居第二位。2004年，以公伯峡水电站1号机组投产为标志，我国水电装机容量突破1亿kW，超过美国成为世界水电第一大国。2010年，以小湾水电站4号机组投产为标志，我国水电装机容量突破2亿kW。举世瞩目的三峡工程，更是世界上最大的综合水利枢纽。

目前，我国不但是世界水电装机容量第一大国，也是世界上在建水电站规模最大、发展速度最快的国家，我国已逐步成为世界水电创新的中心。我国水电建设工程技术走在了世界前列，三峡、龙滩、水布垭、溪洛渡等水电站的建设，解决了水电工程领域中一系列的超高难技术。

3. 我国核电行业概况

核能发电是利用原子核发生反应时释放的巨大能量来发电。具体过程是冷却剂流经反应堆载出原子核反应释放的热量，利用该热量将水加热成蒸汽，推动汽轮机转动，带动发电机发电。核电与火电、水电一起，并称为世界电力工业的三大支柱。

我国核电站集中分布在东南沿海，内陆有拟建核电站但还未开工建设。我国一次能源分布极不均衡，能源丰富地区远离经济发达地区，能源供需距离远。煤炭资源主要分布在北部，水资源主要分布在西部，而我国电力负荷中心在经济发达的东南沿海区域，因此核电站主要分布在此区域。我国核电生产全部为国有企业垄断，目前我国的主要核电企业有中国核工业集团公司（中核集团）和中国广东核电集团公司（中广核集团）。

4. 我国风电行业概况

利用风力推动原动机旋转，带动发电机发电的电厂为风力发电场。截至2012年6月，我国并网风电装机达到5258万kW，超过美国跃居世界第一。根据中国可再生能源学会风能专业委员会（Chinese wind energy association，CWEA）的统计数据，截至2017年底，我国风机累计装机容量1.88亿kW，分布在32个省（市、区和特别行政区），累计装机容量同比增长11.7%。截至2017年底，我国风力发电的装机容量仅占电力总装机容量的9.21%，出于改善过于依赖煤炭资源的状况和环保压力，中国风电装机容量占电力总装机容量的提升空间很大。

5. 我国光伏发电行业概况

光伏发电是利用太阳能电池，直接把太阳光转换为电能。我国光伏发电的市场主要是通信和工业应用、农村电气化和边远地区的离网发电应用等，近53.8%属于商业化市场（通信工业应用和太阳能光伏产品），其余的均为需要政策扶持的市场，如农村电气化和并网光伏发电。

2017年光伏发电新增装机容量5309万kW，全国累计装机约130GW，累计装机容量已经跃居世界首位，为我国光伏制造业提供了有效的市场支撑。

六、实验步骤

现场参观实物模型、挂图、示教板、陈列柜等。

七、思考题

（1）试述能源的含义及分类。

（2）简述热能的地位及转变为机械能的途径。

（3）简述我国各种能源的开发利用情况。

项目二　燃 煤 电 厂 认 知

实验一　燃煤电厂基本生产过程认知实践

关键词

锅炉，汽轮机，发电机，能量转换，环境保护，经济效益。

一、实验目的

了解和掌握燃煤电厂的基本生产流程、主要设备、能量转换过程、环境保护措施与经济效益。

二、能力训练

火力发电厂是一个非常复杂的系统。通过现场观察和实习，学会将书本的知识与现场设备结合起来；并能发现对象的主要工程特征；对重要设备、系统及实际生产流程、经济效益应能形成简单明确的基本认知。

三、实验内容

(1) 燃煤电厂的基本生产流程及能量转换过程。

(2) 燃煤电厂的三大主机和主要生产系统。

(3) 燃煤电厂的环境保护措施。

(4) 燃煤电厂的整体布置方式。

(5) 燃煤电厂的经济效益。

四、实验设备及材料

(1) 200MW 燃煤电厂模型 1 套。

(2) 教学录像资料 1 套。

五、实验原理

1. 燃煤电厂生产过程

火力发电厂，简称火电厂，是利用燃料（煤、石油、天然气等）生成电能的工厂；其输出电量占中国电力能源总量的 70%～80%，其中最主要的燃料形式是烟煤。燃煤电厂大都有高高的烟囱、巨大的冷水塔、用于堆放锅炉燃烧所需原煤的大面积储煤场，其外景见图 2-1。

燃煤电厂的生产过程概括地说是把煤中含有的化学能转变为电能的过程，整个生产过程可分为三个阶段。

(1) 燃煤化学能在锅炉中转变为热能，加热锅炉中的水使之变为蒸汽。

(2) 锅炉产生的蒸汽进入汽轮机，推动汽轮机旋转，将热能转变为机械能。

(3) 由汽轮机旋转的机械能带动发电机发电，把机械能变为电能。

从能量转换的角度分析，其基本生产流程如下：

$$\text{煤燃烧的热能}\xrightarrow{\text{锅炉}}\text{高温高压水蒸气}\xrightarrow{\text{汽轮机}}\text{机械能}\xrightarrow{\text{发电机}}\text{电能}\xrightarrow{\text{变压器}}\text{电力网}$$

图 2-1 广东某山区燃煤电厂全景

燃煤电厂生产过程示意见图 2-2。

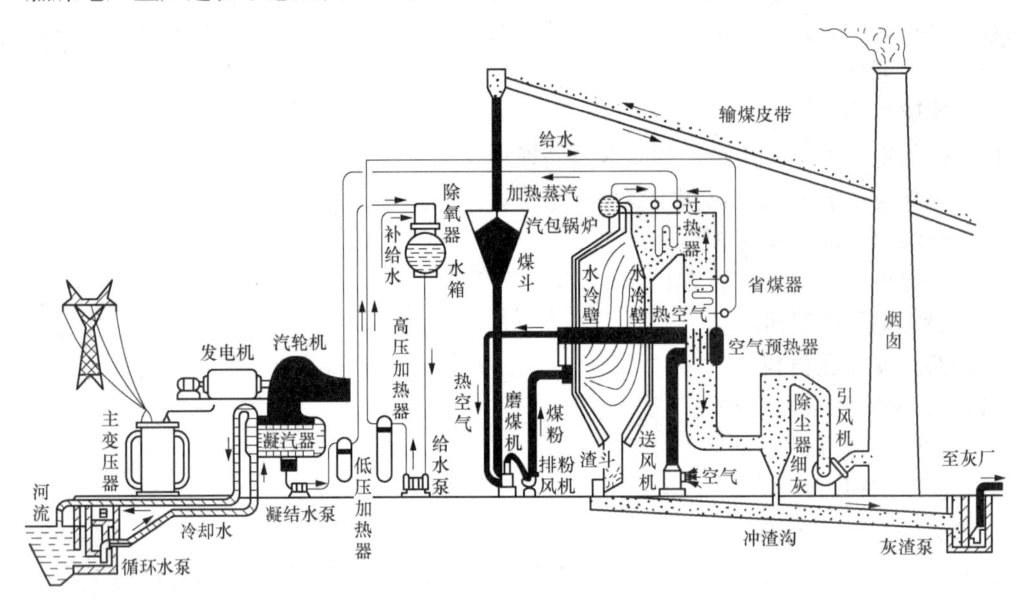

图 2-2 燃煤电厂生产过程示意

在燃煤火力发电生产过程中，首先由输煤斗轮机将储煤场所储存的到厂原煤通过输煤皮带，输送到煤斗中；对于煤粉锅炉而言，煤斗中的原煤要先送至磨煤机内磨成煤粉。煤粉由经过空气预热器预热的空气携带，经排粉风机送入锅炉的炉膛内悬浮燃烧形成热烟气。高温烟气把一部分热量传给炉膛四周的水冷壁，并在流过水平烟道内的过热器及尾部烟道内的省煤器、空气预热器时放出热量。被冷却的烟气经脱硝、除尘、脱硫等环保措施处理后，由引风机导向烟囱排入大气。助燃冷空气由送风机送入装设在尾部烟道上的空气预热器，吸收热烟气热量而变为热空气，使进入锅炉的空气温度提高，易于煤粉的着火和燃烧，同时也可以降低排烟温度，提高热能的利用率。从空气预热器排出的热空气一部分去磨煤机干燥和输送煤粉，另一部分直接送入炉膛助燃。燃煤燃尽的灰渣落入炉膛下面的渣斗内，与从除尘器分离出的细灰一起经冲渣沟由水冲至灰浆泵房内，再由灰浆泵送至灰场。

除氧器内的水经给水泵升压后，通过高压加热器送入锅炉省煤器。在省煤器内，水吸收热烟气的热量被预热到接近饱和温度，然后进入锅炉顶部的汽包内。锅炉水由于本身的重量沿着炉膛外的下降管往下流动，经下联箱进入铺设在炉膛四周的水冷壁（上升管），在其中吸热汽化，形成的汽水混合物上升到汽包内并使汽水分离，分离出的饱和蒸汽由汽包上部流出进入过热器，继续吸热变为高温高压的过热蒸汽，也称主蒸汽。过热蒸汽经热力系统主蒸汽管引入汽轮机，在汽轮机中膨胀做功完毕后，乏汽排入凝汽器，冷却凝结成水，称为主凝结水。

高温高压过热蒸汽通过固定在汽轮机缸体上的喷嘴降压增速，快速流动的蒸汽通过汽轮机转子叶片时，带动汽轮机转子转动起来。汽轮机的转子与发电机的转子通过联轴器连在一起；当汽轮机转子转动时便带动发电机转子转动。通过机组励磁装置使转子成为电磁铁，周围产生磁场；当发电机转子旋转时，磁场也是旋转的，发电机定子内的导线就会切割磁力线产生感应电流，由此发电机使机械能转化为电能。发电机由汽轮机带动所发出的交流电分为两部分，一部分用于本厂的磨煤机、送风机、引风机以及各种电动水泵等设备，称为厂用电；其余大部分电能均通过主变压器升压后向电网输出，再由电网将电能送入与电网相连的各类电力用户。

汇集在凝汽器热井中的主凝结水，通过凝结水泵压入低压加热器，预热后再进入除氧器，在其中继续加热并除掉溶解于水中的各种气体（主要是氧气，以防止腐蚀炉管等设备）。除过氧的主凝结水和化学补充水汇集于给水箱中，成为锅炉的给水，经给水泵升压后，送往高压加热器，再沿给水管路送入锅炉的省煤器，完成水—蒸汽—水的循环。由于机炉等热力设备对水汽品质要求都很高，汽水循环过程中所损失掉的工质，一般都用化学除盐过滤器等水处理设备处理过的高质量除盐水进行补充。

为使乏汽在凝汽器内冷却凝结，还必须借助于循环水泵将冷却水（又称循环水）升压，并使其沿着冷却水进水管进入凝汽器。从凝汽器中出来的具有一定温升的冷却水则沿排水管流回河道。这就形成了汽轮机的冷却水系统。但在缺水地区或距离河道较远的电厂，则需设有冷却水塔或配水池等庞大的循环水冷却设备，以便实现闭式供水。

2. 燃煤电厂的主要生产系统

在燃煤电厂中，将锅炉、汽轮机和发电机并称为发电生产过程中的三大主机。它们通过管道或线路相连构成生产主系统，即燃烧系统、汽水系统和电气系统，分别简介如下。

（1）燃烧系统。燃烧系统的主要任务是利用煤的燃烧，将水变成蒸汽，把化学能转换为热能。燃烧系统还包括许多子系统，如燃料制备和输送系统、烟气系统、通风系统、除灰系统等。其燃烧系统流程如图 2-3 所示。

（2）汽水系统。汽水系统又称热力系统，其主要任务是产生蒸汽推动汽轮机做功，把热能转换为机械能。热力发电厂的汽水系统还包括中间抽汽供应热用户的汽水网络。凝汽式火电厂的汽水系统流程如图 2-4 所示。它包括由锅炉、汽轮机、凝汽器、给水泵等组成的汽水循环系统、冷却系统和水处理系统等。

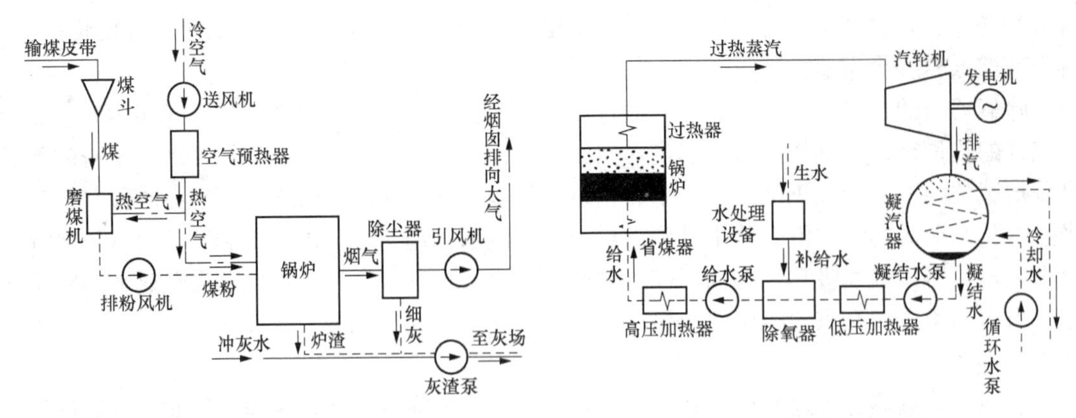

图 2-3 燃烧系统流程图　　　　图 2-4 汽水系统流程图

(3) 电气系统。电气系统的主要任务是汽轮机带动发电机完成机械能转换为电能，主要包括发电机、励磁系统、厂用电系统和升压变电站等。发电机的机端电压和电流随其容量不同而变化，其电压一般为 10～20kV，电流可达数千安至 20kA。为了便于长距离输送，并减少输送过程中电能在线路上的损失，发电机发出的电一般由主变压器升高电压后，经变电站高压电气设备和输电线送往电网。极少部分电通过厂用变压器降低电压后，经厂用电配电装置和电缆供厂内风机、水泵等各种辅机设备和照明等用电，这部分厂内用电一般占发电量的 6%。

由此可见，燃煤电厂主要由炉、机、电三大部分组成，构成相应子系统，各个能量转换环节紧密配合。由于电能无法大量储存，生产与消费必须同时进行，因此发电厂的各生产环节都必须严格协调，统一管理，具有高的安全性、可靠性和机动性。

3. 燃煤电厂的环境保护

燃煤电厂的三个主要生产系统（燃烧系统、汽水系统和电气系统）都会涉及废气、废水、废渣和噪声的排放与控制；因此，环境保护在电力生产中显得尤为重要，燃煤电厂生产过程与环保措施示意如图 2-5 所示。

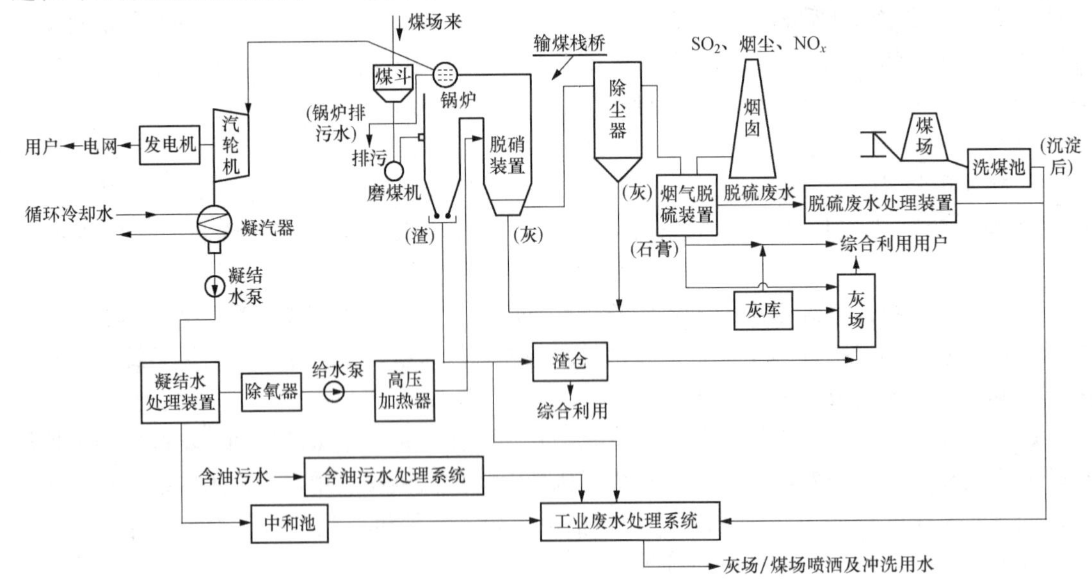

图 2-5 燃煤电厂生产过程与环保措施示意

（1）烟气污染及控制。燃煤电厂烟气污染的防治主要是控制尘粒、SO_2 及 NO_x 的排放。从源头上治理，燃煤电厂可选用含硫量低、灰分低的优质煤种作燃料；对含硫量高的煤种，尽可能对煤进行净化处理。

在烟气排放之前，燃煤发电机组还分别做了除尘、脱硝和脱硫处理。每台锅炉配有静电除尘器，除尘效率一般可达到99.9%以上。脱硝即 NO_x 的排放控制采用低氮燃烧和烟气脱硝相结合的方案，一方面采用低氮燃烧加分级燃烧技术，另一方面在锅炉尾部省煤器与空气预热器之间安装高效率SCR（选择性催化还原法）脱硝装置，NO_x 脱除效率一般在80%左右。烟气脱硫采用石灰石-石膏湿法工艺，脱硫效率可达97%以上。

烟气进入SCR反应器脱硝，脱硝后的烟气进入静电除尘器和石灰石-石膏湿法脱硫装置除尘、脱硫，最后经高210～240m、出口内径6.2m的烟囱排放；大气污染物排放浓度最后应该达到：在基准氧含量6%条件下，烟尘、SO_2、NO_x 排放浓度分别不高于10、35、50mg/m^3，称为超低排放。

（2）废水零排放。燃煤电厂废水大致可分为工业废水、生活污水和循环冷却温排水三大类；其中工业废水包括化学酸碱废水、含油废水、输煤系统废水、脱硫废水等。根据废水产生场所及水质水量的特点，按照“清污分流”的原则，采取相应的处理措施，分类回收和重复利用，基本可实现废水零排放，对环境影响较小。

工业废水排入工业废水处理站，经中和、絮凝、澄清等处理后，各项污染物指标可达到《污水综合排放标准》（GB 8978—1996）中一级排放标准，即pH＝6～9，SS≤70mg/L，COD_{Cr}≤100mg/L，BOD_5≤20mg/L；排入复用水池。生活污水经地埋式生活污水处理系统处理后也排到复用水池。复用水池的水在厂内回用，用于输煤系统冲洗、干灰调湿、煤场喷洒、暖通除尘绿化等。电厂循环水排水属于清净下水，可厂内处理后回用至锅炉补给水车间作为原水。

（3）固体废物综合利用。燃煤电厂固体废物主要是锅炉产生的炉渣、除尘器捕集的飞灰、SCR脱硝装置进/出口灰斗中收集的飞灰和脱硫系统产生的石膏。电厂除灰渣系统采用灰渣分除。干除灰采用正压浓相气力输送，除渣采用机械湿式除渣系统，均输送到储灰场，综合利用；可广泛应用于建筑、水泥生产、筑路、回填、生产复合材料、填充材料等方面。经二级脱水后的脱硫石膏可用于生产建筑石膏、纸面石膏板、水泥缓凝剂等。灰渣和石膏的综合利用率接近100%。

（4）噪声污染控制。燃煤电厂作为大型能源企业，有许多大功率旋转设备，例如汽轮机、发电机、励磁机、电动机、球磨机、各种风机和泵体等，这些设备的声功率级高达130dB左右。另外，各种介质在管道中的高速流动，例如汽轮机主汽门、减温减压器、主送风机的进气口、各类蒸汽的排放等都会产生巨大的噪声，是强噪声源。这些强噪声源主要集中在主厂房，如锅炉区域、汽轮机房区域、空压机房、风机房、水泵区域等。

噪声控制从声源、传播途径进行综合治理。首先对声源进行控制，选用低噪声设备；对声源无法根治的，则采用隔声、消声、吸声及隔振等措施，将环境噪声控制在《工业企业厂界环境噪声排放标准》（GB 12348—2008）的三类标准之内，即厂界噪声水平昼间最高为65dB（A），夜间最高为55dB（A）。

4. 燃煤电厂的整体布置方式

（1）厂区总平面布置。按照建（构）筑物的使用功能，一般燃煤电厂厂区共分为主厂房区、配电装置区、冷却塔区、储煤场区和辅助设施区五个主要区域，进行分区集中管理。厂区总平面布置一般采用四列式，按一定方位依次为储煤场区→主厂房区→冷却塔区→配电装置区，如图 2-6 所示。

图 2-6 燃煤电厂厂区总平面布置示意

(2) 主厂房区的布置。在发电厂内布置主要设备和辅助设备的厂房，称为发电厂的主厂房。主厂房一般包括锅炉房、汽轮机房、除氧间、煤仓间、厂用配电装置室、引风机室等部分。主厂房区的布置分外煤仓，内煤仓和合并煤仓三种布置方式；其中内煤仓布置形式较多，即除氧间和煤仓间并列在汽轮机房和锅炉房之间，且中间车间为双框架结构，见图 2-7。

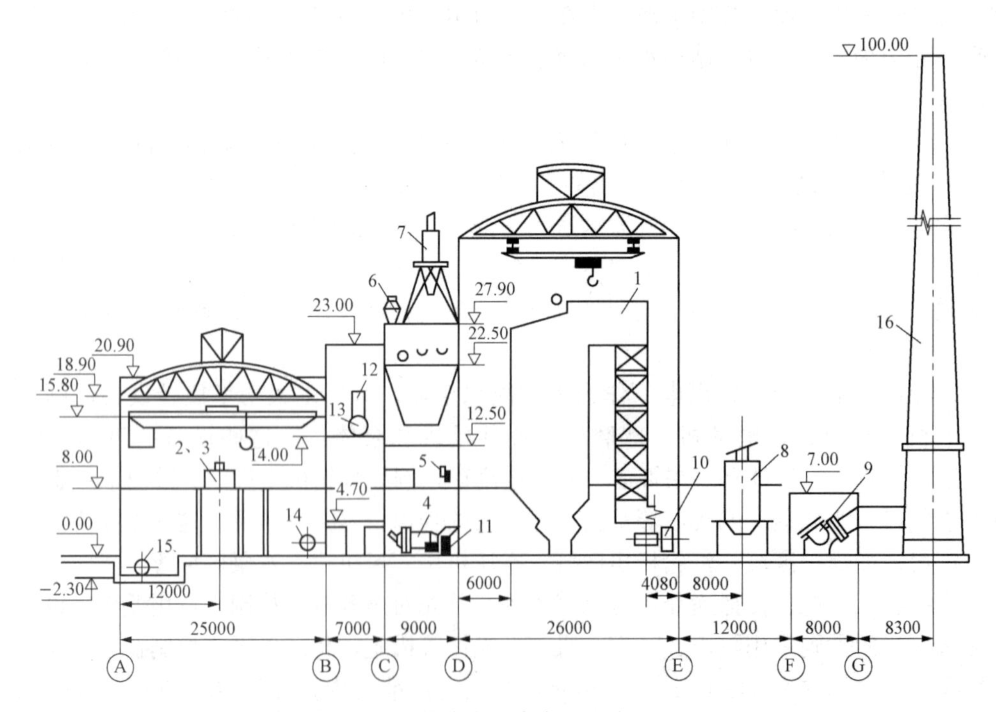

图 2-7 内煤仓主厂房布置形式立面图

1—锅炉；2、3—汽轮机和发电机；4—钢球磨煤机；5—圆盘给煤机；6—粗粉分离器；7—细粉分离器；8—除尘器；9—引风机；10—送风机；11—排粉机；12—除氧器；13—给水箱；14—给水泵；15—循环水泵；16—烟囱

5. 燃煤电厂的经济效益

现在新建燃煤电厂的经营期一般为20年，属于超大型能源转化项目。以2×660MW超超临界压力燃煤机组为例，厂区围墙内占地（不含灰场）约33万m^2（0.27～0.28m^2/kW），定员200人。按2014年的价格水平，在湖北地区，工程动态投资约51亿元（3642～4162元/kW），项目注册资本金占项目动态投资的20%，其余80%建设资金来自银行借贷，18年内还清贷款；投资方的内部收益率一般设定在10%左右，投资回收期约为10年。工程总投资、标煤价、发电小时数对燃煤电厂的经济效益会产生影响，在保证投资各方内部收益率10%不变的情况下，标煤价变化对经济效益的影响相对最大，发电小时数变化次之，工程总投资变化相对最小；一般燃料成本占燃煤电厂运行成本的70%～80%。

按机组年利用4800h计算，2×660MW超超临界压力燃煤机组的年投入产出的大致数据见表2-1。

表2-1　　2×660MW超超临界压力燃煤机组的年投入产出表

<table>
<tr><th colspan="3">年投入</th><th colspan="4">年产出</th></tr>
<tr><th>序号</th><th>投入类别</th><th>数 量</th><th colspan="2">序号</th><th>产出类别</th><th>数 量</th></tr>
<tr><td>1</td><td>标煤消耗量
（一般发电标煤耗约270g/kWh，供电煤耗限定值≤285 g/kWh）</td><td>172万t</td><td colspan="2">1. 产品
（按机组年利用4800h计算）</td><td>发电量</td><td>63.36
亿kWh</td></tr>
<tr><td>2</td><td>燃油消耗量
（采用微油和等离子点火技术所需）</td><td>700t</td><td rowspan="3">2. 废气
（经除尘脱硫脱硝后）</td><td>A</td><td>灰尘排放量</td><td>170t</td></tr>
<tr><td>3</td><td>厂自用电
（按5%计算）</td><td>3.2亿kWh</td><td>B</td><td>SO_2排放量</td><td>630t</td></tr>
<tr><td>4</td><td>取水总量
[主要用于循环冷却用水、工业用水和生活用水等，湿冷机组一般约为0.55 m^3/（s·GW）]</td><td>1255万t</td><td>C</td><td>NO_x排放量</td><td>800t</td></tr>
<tr><td>5</td><td>石灰石粉消耗量
（脱硫剂，$S_{t,ar}$=1%）</td><td>8.1万t</td><td rowspan="2">3. 废渣
（可100%综合利用）</td><td>A</td><td>粉煤灰和炉渣产生量（A_{ar}=24%）</td><td>65万t</td></tr>
<tr><td rowspan="2">6</td><td rowspan="2">液氨消耗量
（脱硝剂）</td><td rowspan="2">0.25万t</td><td>B</td><td>脱硫石膏产生量</td><td>16万t</td></tr>
<tr><td colspan="2">4. 废水
（可实现零排放）</td><td>废水排放量</td><td>0</td></tr>
</table>

六、实验步骤

现场参观200MW燃煤电厂模型和观看教学录像片，结合上述介绍认知燃煤电厂的基本生产流程、能量转换过程、环境保护措施、整体布置方式与经济效益。

七、思考题

（1）试用方框箭头流程图画出燃煤电厂生产的基本过程。

（2）简述燃煤电厂的三大主机及其作用。

（3）画出燃煤电厂的投入产出示意图。

实验二　燃煤电厂锅炉总体认知实践

关键词

锅炉容量，蒸汽参数，给水温度，排烟温度，锅炉热效率，锅炉型号；固态排渣，液态排渣，层燃炉，室燃炉，沸腾炉，循环流化床，旋风炉，亚临界压力锅炉，超临界压力锅炉，自然循环，强制循环，多次强制循环，直流锅炉，复合循环锅炉；煤系统流程，风系统流程，烟气系统流程，汽水系统流程。

一、实验目的

了解锅炉的特性参数、型号、分类依据和煤、风、烟气、汽水系统流程；理解层燃炉、室燃炉、循环流化床与汽包、亚临界、超临界、超超临界、自然循环、强制循环等名词。

二、能力训练

熟悉锅炉系统设备运行的量化指标参数，只有量化的知识才能更好地服务生产。要求认识到，锅炉分类是为了凸显锅炉在某一工程应用方面的工作特性；火电厂中实际设备系统在结构上的差异与改变，常常只是为了解决实际工程应用中所面对的问题。

三、实验内容

（1）锅炉的特性参数与型号。

（2）锅炉按用途、容量、排渣方式、燃烧方式、过热蒸汽压力、水循环方式的分类，理解层燃炉、室燃炉、循环流化床与汽包、亚临界、超临界和超超临界等名词。

（3）锅炉的煤、风、烟气和汽水系统流程，以及亚临界和超临界、自然循环和强制循环的区别。

四、实验设备及材料

（1）燃煤电厂200MW亚临界压力的汽包锅炉模型、600MW超临界压力的直流锅炉模型、1000MW超超临界压力的复合循环锅炉模型各1套。

（2）教学录像资料1套。

五、实验原理

1. 锅炉的技术规范与型号

锅炉的技术规范是用来说明锅炉基本工作特性的参数指标，包括锅炉容量、蒸汽参数、给水温度、排烟温度、锅炉热效率等。

（1）锅炉容量。锅炉容量是表征锅炉产汽能力大小的特性参数，一般是指锅炉在额定蒸汽参数（压力、温度）、额定给水温度和使用设计燃料时，每小时的最大连续蒸发量，简称BMCR（boiler maximum continuous rating），常用符号D表示，单位为t/h。习惯上，电厂锅炉容量也用与之配套的汽轮发电机组的电功率来表示，如300MW锅炉。

（2）蒸汽参数。蒸汽参数是表征锅炉蒸汽规范的特性参数，通常是指锅炉过热器出口处过热蒸汽压力和温度及再热器出口处的再热蒸汽压力和温度。蒸汽温度用符号 t 表示，单位为℃；蒸汽压力用符号 p 表示，单位为 MPa。

(3) 给水温度。给水温度是表征锅炉给水规范的特性参数，是指给水进入省煤器进口联箱时的温度。不同蒸汽参数的锅炉，其给水温度也不相同。

(4) 排烟温度。排烟温度通常是指烟气通过锅炉最末级受热面出口处的温度，一般指空气预热器出口处的烟气温度。锅炉排烟温度的高低在一定程度上反映了炉内燃料燃烧放热被工质吸收的份额。在额定负荷下，锅炉排烟温度一般控制在 130～135℃范围内，当低于额定负荷时，排烟温度控制在 110℃左右。

(5) 锅炉热效率。热效率是表征锅炉运行热经济性的指标。它是指锅炉生产蒸汽时有效利用的热量与同时间内进入锅炉内燃烧的燃料在完全燃烧的情况下所放出的热量约比值。锅炉热效率的大小取决于燃料在炉内充分燃烧的程度、炉体的散热程度、排烟热损失等因素。现代电站大型煤粉锅炉的热效率一般均高于 90%。

(6) 电站锅炉型号。电站锅炉型号反映锅炉的基本特征。我国锅炉目前采用三组或四组字码表示其型号，如 HG-1025/18.2-540/540-PM7 型锅炉即表示哈尔滨锅炉厂制造，容量为 1025t/h，过热蒸汽压力为 18.2MPa，主蒸汽和再热蒸汽温度均为 540℃，设计燃料为贫煤，设计序号为 7 的锅炉。其中，第 1 组符号是生产厂家的汉语拼音缩写，HG 表示哈尔滨锅炉厂，SG 为上海锅炉厂，DG 为东方锅炉厂，WG 为武汉锅炉厂，BG 为北京锅炉厂。在第 2 组数字中，分子表示锅炉容量，单位为 t/h；分母为锅炉出口过热蒸汽压力，单位为 MPa。在第 3 组数字中，分子和分母分别表示过热器和再热器出口蒸汽温度，单位为℃。最后一组中，符号表示燃料代号，煤、油、气的燃料代号分别是 M、Y、Q，其他燃料代号是 T；而数字表示设计序号。

2. 锅炉分类

锅炉可按用途、容量、排渣方式、燃烧方式、过热蒸汽压力、水循环方式等进行分类。

(1) 按用途可分为：电站锅炉、工业锅炉、热水锅炉、船用和机车锅炉等。用于发电的锅炉通常称为电站锅炉。在工业生产中，生产大量蒸汽的锅炉称为工业锅炉，通常把取暖用的锅炉归并在工业锅炉中，而把只生产热水的取暖用锅炉称为热水锅炉。工业锅炉一般安装在厂房内，大型电站锅炉可做露天或半露天布置。船用和机车锅炉安装在特制的船舶和火车车厢上，可流动使用。

(2) 按容量分，容量的大、中、小是相对的，随着火电厂装机容量的不断增加，划分标准也会变化。从当前情况来看，一般认为 $D<220$t/h 的是小型锅炉，$D=220\sim410$t/h 的是中容量锅炉，$D\geqslant670$t/h 的是大型锅炉。

(3) 按排渣方式分为固态排渣和液态排渣，分别指燃料燃烧生成的灰渣从炉膛下部排出时，呈固态或液态。

(4) 按燃烧方式可分为层燃炉、室燃炉、沸腾炉和旋风炉。

层燃炉的常见结构如图 2-8 所示。固体燃料以一定厚度分布在固定的或活动的炉排上，空气从炉排下面经过炉排中的缝隙向上穿过燃料层进入炉膛，使燃料氧化，放出热量并生成高温烟气离开燃料层。层燃炉又称火床炉、固定床，是工业锅炉中的主要燃烧方式之一，目前在垃圾发电厂、生物质发电厂有所应用，燃料无须特别破碎加工。

室燃炉又称火室燃烧，是指燃料以粉状、雾状或气态随同空气喷入炉膛中，在整个炉内进行悬浮燃烧的方式。煤粉炉、燃油锅炉和燃气锅炉都属于室燃炉。特别是煤粉炉，它是现代大中型电站锅炉的主要形式，如图 2-8 所示。

在沸腾炉中，煤粒在沸腾状态下进行燃烧，它的燃烧特点介于层燃（固定床燃烧）与悬浮燃烧之间。燃烧前必须将煤加工成平均粒径约 2mm 的颗粒，由给煤设备送入炉膛，空气从炉排下方的风管向炉膛强制送风（风速能使固定床转化为流化床），将燃料层上的煤粒吹起，迫使煤粒在燃烧过程中处于沸腾状态。早期简单的沸腾床锅炉（鼓泡流化床），由于颗粒细的煤粒没有完全燃烧就飞出炉膛，造成较大的飞灰未燃尽损失，同时锅炉的排尘浓度也很高。为解决这一问题，常用循环流化床的燃烧方式，即通过炉内高温（旋风）分离器，将飞灰分离下来，通过回料装置重新送入炉膛进行燃烧，如图 2-9 所示。循环流化床燃烧技术在燃用劣质煤、油页岩和废弃物处理利用等方面都取得了广泛应用。

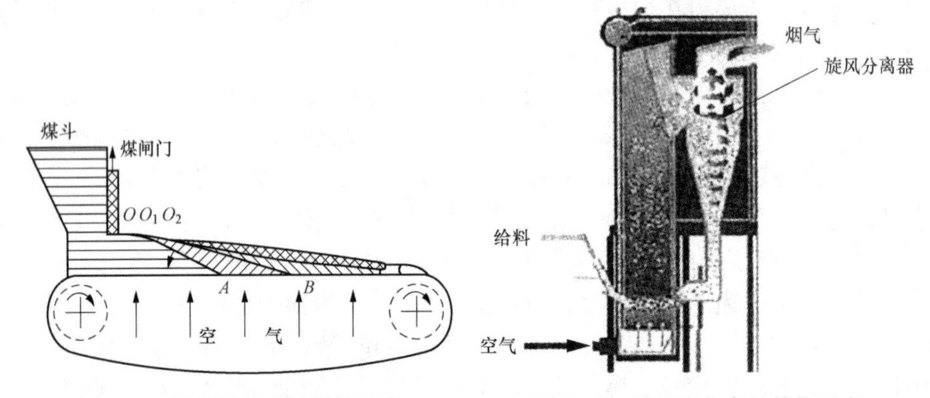

图 2-8　层燃炉的常见结构示意　　图 2-9　循环流化床的结构示意

旋风炉是用旋风燃烧方式来组织燃烧的锅炉。燃料和空气在高温的旋风筒内高速旋转，细小的燃料颗粒在旋风筒内悬浮燃烧，而较大燃料颗粒被甩向筒壁液态渣膜上进行燃烧。旋风炉在我国应用十分稀少。

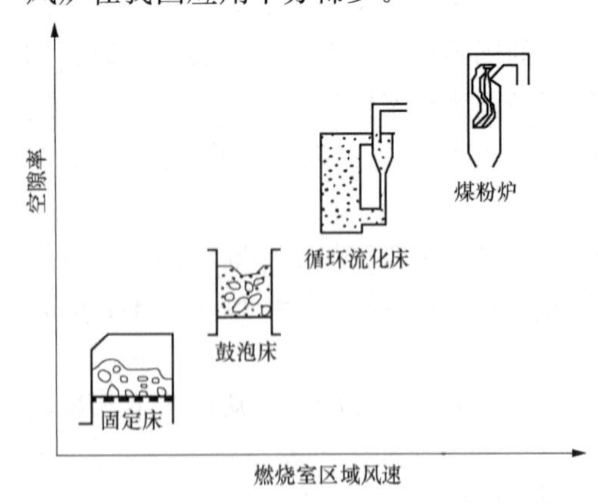

图 2-10　燃烧方式与风速的关系

燃烧方式与风速的关系如图 2-10 所示。

(5) 按过热蒸汽压力可分为低压锅炉（$p \leqslant 1.27$MPa）、中压锅炉（$p = 2.45 \sim 3.82$MPa）、高压锅炉（$p = 9.8$MPa）、超高压锅炉（$p = 13.7$MPa）、亚临界压力锅炉（$p = 16.7 \sim 18.3$MPa）、超临界压力锅炉（$p \geqslant 22.1$MPa）。

任何物质随着温度、压力的变化，都会相应地呈现固态、液态和气态三种物相状态，即物质三态，水的三态见图 2-11。在三相点处，冰、水、气三相平衡共存。除了三相点外，每种分子量不太大的稳定物质都具有一个固定的临界点 (critical point)。严格意义上说，临界点由临界温度、临界压力和临界密度构成。当把处于气液平衡的物质升温升压时，热膨胀引起液体密度减小，而压力的升高又使气液两相间相界面消失，成为一个均相体系，该点即为临界点。当物质的温度和压力均高于其临界温度和临界压力时，就处于超临界状态。超临界流体具有类似气体的良好流动性，同时又有远大于气体的密度，因此具有许多独特的理化性质。

工程热力学将水的临界状态点的参数定义：压力为 22.115MPa，温度为 374.15℃（见图 2-11）。当水的状态参数达到临界点时，水的完全汽化会在一瞬间完成，在饱和水和饱和蒸汽之间不再有汽、水共存的两相，汽水密度相同；这时水的传热和流动特性等也会出现显著变化。当水蒸气参数值大于上述临界状态点的压力和温度值时，则称其为超临界参数。而超超临界参数的概念实际为一种商业性的称谓，热力学中没有这个分界点，只是为了表示出发电机组具有更高的压力和温度。一般将超超临界压力机组设定在蒸汽压力大于 25MPa，蒸汽温度高于 580℃的范围。

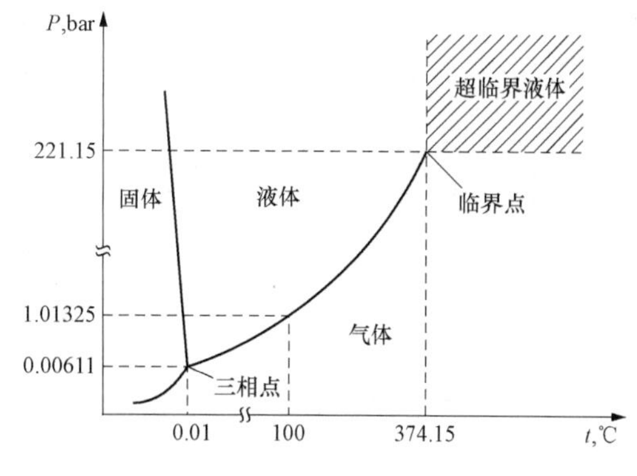

图 2-11 水的状态图

（6）根据锅炉水循环方式不同，可分为自然循环锅炉与强制循环锅炉。根据循环工作原理和锅炉结构上的差异，强制循环锅炉又可分为多次强制循环锅炉、直流锅炉和复合循环锅炉，结构示意见图 2-12。

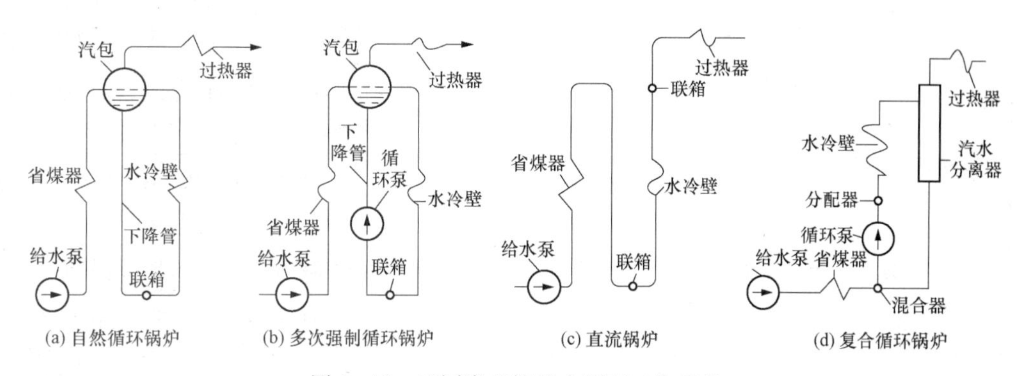

图 2-12 不同类型锅炉水循环工作示意

自然循环锅炉由汽包、下降管和水冷壁组成蒸发受热面工质的循环回路，蒸发受热面内的工质，依靠下降管中的水和水冷壁中的汽水混合物密度差产生的压力差进行循环流动，如图 2-12（a）所示。

但随着锅炉工作压力不断提高，汽水密度差越来越小；在亚临界参数下，自然循环所产生的动压头一般只有 0.05～0.1MPa，此时水自然循环流动变困难，这样便产生了强制循环锅炉，即锅炉蒸发受热面内工质的流动要依靠外界所提供的动力。在自然循环锅炉基础上，在锅炉下降管处增加循环泵，这便是多次强制循环锅炉，如图 2-12（b）所示。

自然循环锅炉与多次强制循环锅炉的共同特点是都有汽包。汽包将锅炉的省煤器、蒸发设备、过热器分开，并使蒸发设备形成封闭的循环回路，蒸发受热面与过热器有固定的分界点。但汽包锅炉只适用于临界压力以下的工作压力。

当锅炉工作压力超过并大于临界压力即进入超临界和超超临界时，完全没有汽液两相，不再存在汽水密度差，此时取消汽包和蒸发循环回路，直接利用锅炉给水泵推动蒸发受热面管内的工质流动，则称为直流锅炉，如图 2-12（c）所示，它的循环倍率为 1。

复合循环锅炉是由直流锅炉和多次强制循环锅炉发展而来的，是在一台锅炉上同时具有这两种循环方式的锅炉，如图2-12（d）所示。复合循环锅炉的基本工作方式如下：在低负荷时，蒸发受热面内的工质通过汽水分离器循环，即循环倍率大于1；在高负荷时，按直流方式工作，即工质一次通过蒸发受热面，循环倍率等于1。

我国生产的电厂锅炉系列产品见表2-2。

表2-2 我国电厂锅炉系列

容量（t/h）	蒸汽压力（MPa）	过热/再热温度（℃）	给水温度（℃）	配用汽轮发电机组功率（MW）	锅炉类型
35 65 75 110 130	3.8	450	150 150 150 170 170	6 12 12 25 25	中压自然循环锅炉，有层燃炉、煤粉炉和流化床锅炉多种形式
220 230 410	9.8	540 510 540	215	50 50 100	高压自然循环锅炉，有煤粉炉、燃油炉和流化床锅炉多种形式
400 670	13.7	555/555 540/540	240	125 200	超高压自然循环锅炉，再热，燃煤粉或油，主要是室燃，目前有流化床锅炉
935 1000	16.7	570/570 555/555	260 265	300	亚临界压力自然循环、多次强制循环锅炉，再热，燃煤粉
2008	18.3	541/541	278.3	600	亚临界压力自然循环、多次强制循环锅炉，再热，燃煤粉
1910	25.4	571/569	282	600	超临界直流炉，再热，燃煤粉
1990 2950	28.35 27.56	605/612 605/603	300 292.5	660 1000	超超临界参数变压垂直管圈直流炉，再热，燃煤粉

注 配套300MW及以上发电机组的锅炉，需要根据电厂要求进行单独设计，锅炉容量及参数变化较大，表中的数据只是个例。

3．锅炉的煤、风、烟气、汽水系统流程

锅炉是一个庞大而复杂的设备，由“锅”及“炉”两大部分组成。所谓“锅”是指将水变成蒸汽的一系列设备所组成的汽水系统，包括：水的预热受热面——省煤器；水的蒸发受热面——水冷壁；蒸汽的过热受热面——过热器及再热器（对汽轮机高压缸排汽进行再加热的受热面）。其任务是将水加热、蒸发并过热成为具有一定压力、温度的过热蒸汽。所谓“炉”，是指由制粉系统、炉膛、燃烧器、烟风道、空气预热器等所组成的燃烧系统；其任务是使燃料燃烧放热，产生高温烟气，并将其传递给锅炉的各个受热面。自然循环煤粉锅炉的煤、风、烟气系统流程见图2-13。

（1）煤系统流程：原煤经过给煤机11、磨煤机12、送粉管道等进入炉膛1。

（2）风系统流程：空气（平均温度为20℃）经过送风机14增压后，在空气预热器5中被加热。热空气分为两路：一路经过磨煤机12和送粉管道与煤粉混合形成一次风进入炉膛1，一次风的作用是输送煤粉；另一路经过风道作为二次风进入炉膛，二次风的作用是助燃。对于燃烧无烟煤、贫煤的锅炉，可能会有三次风。三次风来自制粉系统的细粉分离器，其特

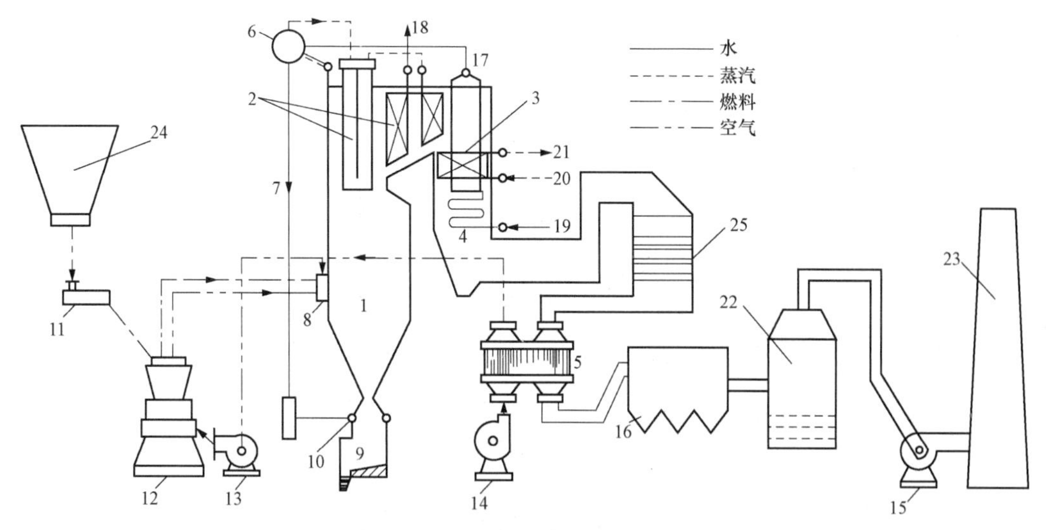

图 2-13 自然循环煤粉锅炉机组示意

1—炉膛及水冷壁；2—过热器；3—再热器；4—省煤器；5—空气预热器；6—汽包；7—下降管；8—燃烧器；9—排渣装置；10—下联箱；11—给煤机；12—磨煤机；13—送粉风机；14—送风机；15—引风机；16—除尘器；17—省煤器出口联箱；18—过热蒸汽；19—给水；20—再热蒸汽进口；21—再热蒸汽出口；22—脱硫装置；23—烟囱；24—煤仓；25—SCR 脱硝装置

点是温度低并含有少量细煤粉。

（3）烟气系统流程：煤粉和空气在炉膛 1 中混合燃烧形成烟气，烟气在炉膛中向上流动，依次经过水冷壁 1、过热器 2、再热器 3、省煤器 4、空气预热器 5 后离开锅炉。煤粉燃烧后形成的烟气中含有少量飞灰和底渣，底渣经过炉膛下部的冷灰斗和排渣口 9 排出炉膛，飞灰随着烟气流动离开锅炉本体，在静电除尘器 16（ESP）中被捕捉下来；烟气中含有少量的 SO_2、NO_x气体，分别在烟气脱硝装置 25（SCR）和烟气脱硫装置 22（FGD）中被脱除。净化处理后的烟气经引风机 15 送入烟囱 23，排向大气。

（4）汽水系统流程：亚临界压力自然循环汽包锅炉的汽水系统流程见图 2-14。来自高压加热器的给水进入省煤器，水在省煤器中被加热，温度升高，然后分左、右两路进入汽包。在汽包中，给水和来自水冷壁的汽水混合物混合，蒸汽经过汽水分离器离开汽包。未饱和水进入下降管，通过下联箱和下水连接管进入水冷壁。水冷壁中的水受到炉膛内高温烟气的辐射换热被加热、蒸发，变成汽水混合物。汽水混合物经过水冷壁出口联箱、汽水导管进入汽包。

来自汽包的饱和蒸汽分为两路：一路蒸汽进入炉膛顶棚过热器、水平烟道侧包墙、水平烟道底包墙后进入竖井烟道前包墙，蒸汽自上而下流动进入前包墙出口联箱；另一路蒸汽进入竖井烟道顶包墙、后包墙。蒸汽自上而下流动进入后包墙出口联箱。竖井烟道前后包墙出口联箱各自分为左、右两个出口，蒸汽进入竖井烟道左、右侧包墙入口联箱。蒸汽在侧包墙中从下向上流动，经过出口联箱和导管进入分隔墙入口联箱，蒸汽在分隔墙内自上而下流动，经过出口联箱进入低温过热器入口联箱。低温过热器位于竖井烟道后半部分，蒸汽在低温过热器中由下往上流动，经过出口联箱依次进入前屏中温过热器、后屏中温过热器和高温过热器。压力、温度、流量合格的蒸汽离开高温过热器进入蒸汽管道，经过主汽阀、汽轮机调节汽门进入汽轮机的高压缸。蒸汽在高压缸中做功并抽汽后，回到锅炉的低温再热器进行加热。再热蒸汽经过低温再热器、高温再热器后进入汽轮机的中压缸。

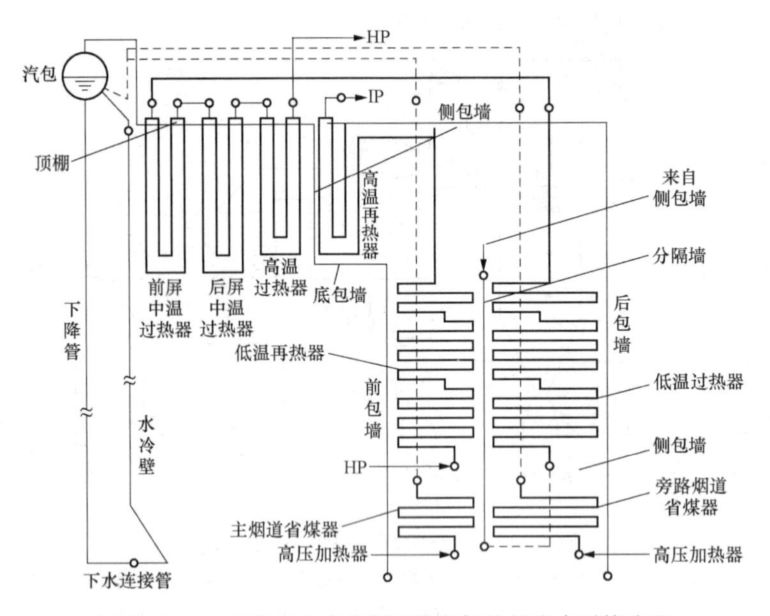

图 2-14 亚临界压力自然循环汽包锅炉的汽水系统流程

超临界压力锅炉为复合循环锅炉，其汽水流程见图 2-15，大部分类似于亚临界压力锅炉，区别在于：在锅炉启动初期，来自水冷壁出口混合联箱的汽水进入启动分离器，分离出来的疏水进入储水箱后，通过 361 阀排往疏水扩容器、除氧器等。分离出来的蒸汽进入过热器。进入纯直流运行阶段后，启动分离器只起一个联箱（或通道）的作用，全部工质（蒸汽）均通过分离器进入过热器。

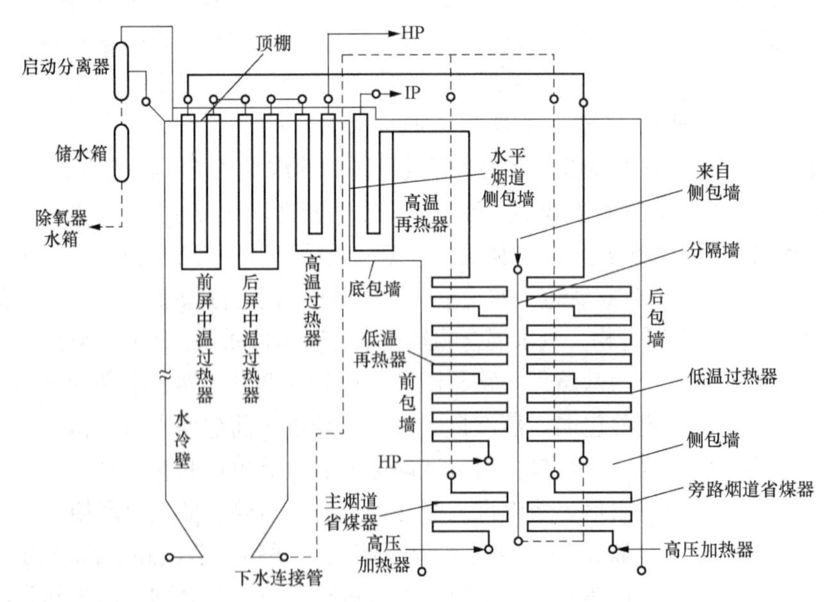

图 2-15 超临界压力锅炉的汽水系统流程

HP—汽轮机高压缸；IP—汽轮机中压缸

六、实验步骤

现场参观燃煤电厂 200MW 亚临界压力的汽包炉模型、600MW 超临界压力的直流炉模型和 1000MW 超超临界压力的复合循环炉模型。观看教学录像片，结合上述介绍认知锅炉的煤、风、烟气、汽水系统流程；识别层燃炉、室燃炉和循环流化床，识别自然循环和强制循环模式，识别汽包和汽水分离器等设备。

七、思考题

(1) 锅炉按照燃烧方式可分为哪几种？介绍它们的主要特点。

(2) 锅炉按照水循环方式可分为哪几种？为什么要引进强制循环锅炉？介绍它与自然循环锅炉的主要差异。

(3) 请用方框箭头形式画出复合循环型超临界压力锅炉的汽水系统设备流程示意。

实验三　燃煤电厂锅炉燃烧系统认知实践

关键词

制粉系统，直吹式，一次风，二次风，粗粉分离器，细粉分离器；炉膛，Π 形锅炉，折焰角；燃烧器，直流式，旋流式，四角切圆；空气预热器，管式，回转式，二分仓，三分仓，蓄热元件，低温腐蚀。

一、实验目的

了解锅炉燃烧系统的组成和工作流程；了解制粉系统的类型和组成；了解燃烧器的种类和特点；了解空气预热器类别及工作原理；认知回转式预热器的蓄热元件及低温腐蚀。

二、能力训练

通对分析比较锅炉燃烧系统中各设备的作用、结构、系统构建和工作性能，使学生对相互关联设备所构建的总燃烧系统的工作特性和系统运行技术缺陷有所了解，培养学生综合分析、选择配置系统的工作能力。

三、实验内容

(1) 锅炉燃烧系统的工作流程。

(2) 制粉系统及直吹式制粉系统，一次风、二次风、粗粉和细粉分离器。

(3) 炉膛形状分类及 Π 型锅炉，折焰角。

(4) 燃烧器及直流式、旋流式燃烧器，四角切圆燃烧。

(5) 空气预热器及管式、回转式预热器，二分仓和三分仓。

(6) 蓄热元件及低温腐蚀。

四、实验设备及材料

(1) 燃煤电厂 200MW 亚临界压力的汽包炉模型、600MW 超临界压力的直流炉模型、1000MW 超超临界压力的复合循环炉模型各 1 套。

(2) 回转式空气预热器的蓄热元件及低温腐蚀元件 1 批。

(3) 教学录像资料 1 套。

五、实验原理

锅炉燃烧系统，即锅炉的“炉”部分，其主要任务是及时而连续地将燃料和空气送入炉内组织燃烧，并及时将燃烧产物排出炉外。对于煤粉锅炉而言，燃烧系统又称风、煤、烟系统，主要包括燃料运输设备、制粉设备、炉膛、燃烧器、空气预热器、通风设备、除尘除渣设备等，其工作流程如图 2-16 所示。

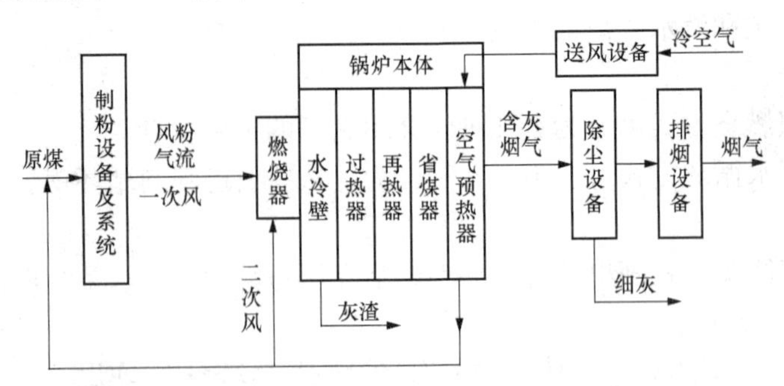

图 2-16　燃烧系统工作流程

1. 制粉系统

制粉系统的主要任务是将煤磨细和干燥，生产细度和水分合格的煤粉，并将磨好的煤粉输送至炉膛，保证锅炉燃烧的需要。

制粉系统可分为直吹式和中间储仓式两种。所谓直吹式制粉系统，是指煤粉经磨煤机磨成煤粉后直接吹入炉膛燃烧；而中间储仓式制粉系统，是将磨好的煤粉先储存在煤粉仓中，然后再根据锅炉运行负荷的需要，从煤粉仓经给粉机送入炉膛内燃烧。

(1) 直吹式制粉系统。直吹式制粉系统见图 2-17。由燃料运输设备送来的原煤先进入原煤斗中，再由给煤机根据锅炉负荷的要求，送入磨煤机中；同时由空气预热器来的热空气进入磨煤机对煤进行干燥。煤在磨煤机中被干燥和磨细后，进入粗粉分离器将不合格的粗粉分离出来，送回磨煤机继续磨制；合格的煤粉则随一次风一起经燃烧器直接送入炉膛内燃烧。这种系统比较简单，设备投资少，占地面积小，但要求磨煤机随时满足锅炉负荷的要求，对煤种也有一定限制，目前在大型机组上采用较多。

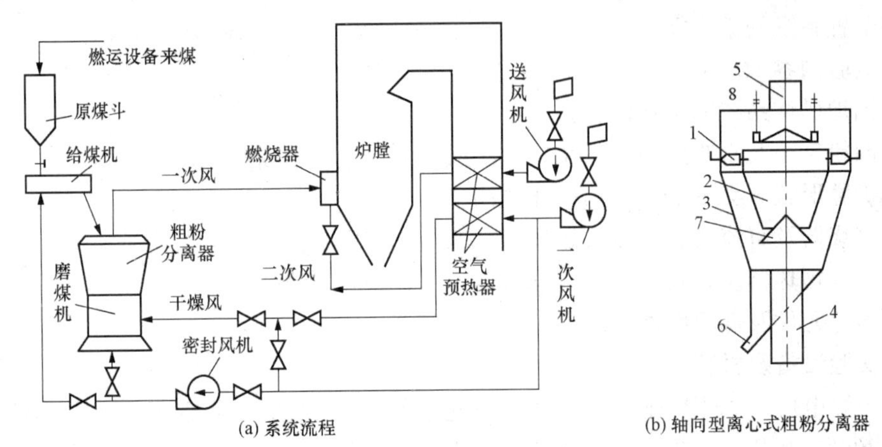

(a) 系统流程　(b) 轴向型离心式粗粉分离器

图 2-17　直吹式制粉系统

1—折向挡板；2—内锥体；3—外锥体；4—进口管；5—出口管；6—回粉管；7—锁气器；8—圆锥帽

常用的粗粉分离器有径向型、轴向型和回转型三种。轴向型粗粉分离器由内外锥体、折向挡板、调节锥帽和回粉管组成，见图 2-17 (b)。由磨煤机出来的气粉混合物以18～20m/s 的速度自下而上进入分离器，在内外锥体之间的环形空间内，由于流通截面扩大，流速降到

4～6m/s，粗粉在重力作用下被分离出来，并落入外锥体3底部，沿回粉管6送回磨煤机重磨。气粉混合物继续向上运动，经安装在内、外锥体间环形通道内的折向挡板1的导流作用，在分离器上部形成明显的倒漏斗状旋转气流，借助惯性力和离心力使粗粉进一步分离出来；分离下来的粗粉经内锥体底部的锁气器7由回粉管6返回磨煤机。分离器中心的细粉，由于上圆锥帽8的阻流作用，旋转气流中心向下的抽吸作用被减弱，因此不易分离下来。调节折向挡板开度和上下移动圆锥帽，可以粗调煤粉细度。

（2）中间储仓式制粉系统。有钢球磨煤机的中间储仓式制粉系统见图2-18。从磨煤机3出来的气粉混合物，通过粗粉分离器4，分离出不合格的粗粉（这些粗粉可返回磨煤机内再行磨制），然后进入细粉分离器5将煤粉分离出来，储存于煤粉仓8内。根据锅炉负荷的需要，由给粉机9借一次风14把煤粉送入燃烧器11。由于该送粉系统用干燥剂10（乏气）作为一次风，故称为干燥剂送粉系统。

由于干燥剂在系统中放热后温度降低，不利于燃料着火，因此对挥发分不高的煤种，目前发电厂中大都倾向于采用热风送粉系统16，此时干燥剂10作为三次风17被引至炉内。热风送粉系统的优点是燃烧获得改善，经济性较高；其缺点是当挥发分较高时易导致煤粉发生爆炸，故系统的安全性较差。

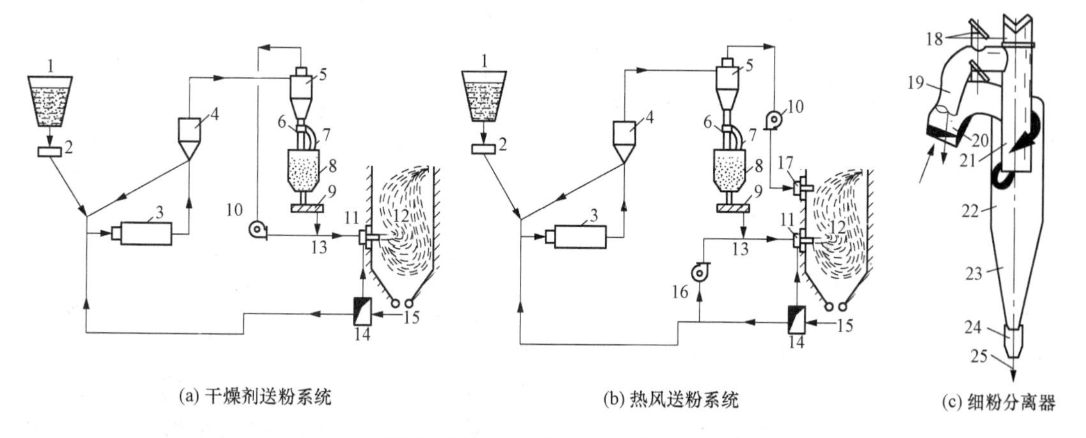

图2-18 中间储仓式制粉系统

1—原煤斗；2—给煤机；3—磨煤机；4—粗粉分离器；5—细粉分离器；6—换向闸阀；7—输粉机；8—煤粉仓；9—给粉机；10—排粉机；11—喷燃器；12—炉膛；13—一次风煤粉管道；14—热风道；15—引自空气预热器的热空气；16—热一次风机；17—三次风燃烧器喷口；18—防爆门；19—干燥剂出口管；20—气粉混合物入口管；21—内套管；22—分离器筒体；23—筒体圆锥；24—煤粉小斗；25—煤粉出口

从细粉分离器5中出来的煤粉，通过换向闸阀6除可直接送入本系统的煤粉仓8外，也可经输粉机送往其他锅炉的煤粉仓。由于煤粉仓的缓冲作用，这种制粉系统工作可靠，不受锅炉负荷的影响，且可保证钢球磨煤机在经济负荷附近运行。同时，它还具有给粉量调节方便，排粉机磨损较慢。以及对煤种的适应性较广等优点；但系统较复杂，投资和运行费用高。国产机组以前采用较多。

细粉分离器的作用就是从粗粉分离器送出的气粉混合物中分离出细煤粉，储存在煤粉仓中。因为该分离器主要是靠旋转运动所产生的惯性离心力实现气粉分离，所以又被称为旋风分离器。细粉分离器结构见图2-18（c）。气粉混合物以16～22m/s的速度切向进入外圆筒上部，在筒体内做自上而下的旋转运动，一边旋转一边向中部扩容，煤粉在离心力和重力的作用下产生分离进入粉斗24，当气流转折向上进入内圆筒时，由于惯性力，煤粉再次被分离。导向叶片使气流均匀平稳地进入内圆筒，不产生旋涡，从而避免了在分离器中部的局部区域形成真空，将圆锥部分的煤粉吸出而降低分离效果。大部分煤粉经粉斗和锁气器进入煤粉仓待用，10%～15%的细煤粉在高速回旋风的作用下经管道进入排粉机。

2. 炉膛

炉膛也称燃烧室，是煤粉气流的燃烧空间。它是由四面炉墙和炉顶围成的高大的立方体空间，炉膛四周布满了蒸发受热面（水冷壁），有时也敷设有墙式过热器和再热器，用以吸收煤粉燃烧放出的热量。因此，炉膛既是燃料燃烧的场所，也是进行热交换的场所。炉膛既要保证燃料的完全燃烧，又要合理组织炉内热交换，布置合适的受热面满足锅炉容量的要求，并使烟气到达炉膛出口时被冷却到使其后的对流受热面不结渣和安全工作所允许的温度。

炉膛常见的形状有Π形、塔形、W形、箱形及D形，如图2-19所示。

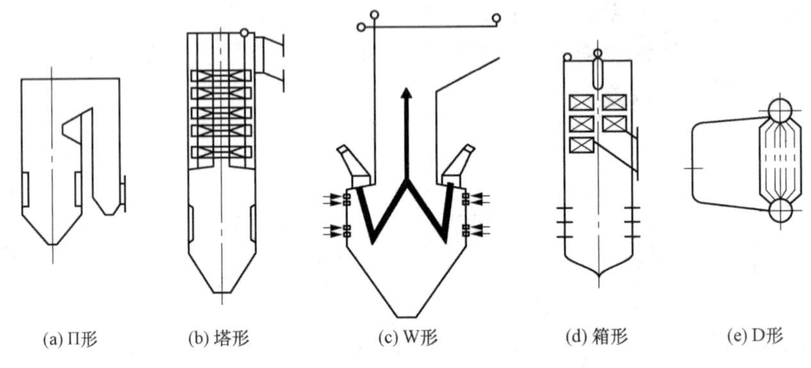

图2-19 锅炉常见形状

（1）Π形锅炉（也称倒U形锅炉）。Π形锅炉广泛用作电站锅炉，适用于各种装机容量和燃料。其主要优点是：锅炉高度较低，安装起吊方便；对流受热面易于逆流布置；尾部烟道气流向下，有利于除灰；送引风机及除尘器可布置在较低的位置。其缺点是：占地面积较大；烟道转弯易引起飞灰的局部磨损；大容量锅炉采用切向燃烧时，在水平烟道存在较大的热负荷偏差。

（2）塔形锅炉。塔形锅炉适用于燃用褐煤、多灰分低质烟煤。其特点是：占地面积小，燃烧器可沿炉膛四周放射状布置，所有受热面均水平安装，受热均匀，疏水干净，飞灰磨损减轻。常用全悬吊式结构，炉体较高，安装、检修较困难。

（3）W形锅炉。对燃用难以着火且煤粉燃尽困难的无烟煤，可采用W形炉膛结构。炉膛由下部拱形着火燃烧室和上部辐射燃烧室组成。燃烧室的前后拱上布置有燃烧器，一、二次风向下喷出，着火的煤粉气流向下形成W形火焰再向上进入辐射燃烧室，使得煤粉颗粒在炉内有足够的行程和停留时间，保证无烟煤的燃尽。

（4）箱形锅炉。箱形锅炉在燃油、燃气锅炉中应用广泛。其优点是：布置紧凑，占地面积小；所有的对流受热面都直接布置在炉膛上方，全部按水平布置，疏水方便。其缺点是：受热面的支承和悬吊较复杂，检修不方便，制造工艺要求高。

（5）D形锅炉。D形锅炉适用于燃油、燃气容量不大的锅炉，通常采用双锅筒。其特点是利用管系本身承重，不必设构架，结构简单，钢耗材量少。

广泛用作电站锅炉的固态排渣煤粉炉的Π形炉膛结构见图2-20（a）。它是一个由炉墙围成的长方体空间，其四周布满水冷壁，炉底是由前后水冷壁管弯曲而成的倾斜冷灰斗，炉顶一般是平炉顶结构，高压以上锅炉在炉顶布置顶棚管过热器，在炉膛上部悬挂有屏式过热器，炉膛后上方为烟气出口。为了改善烟气对屏式过热器的冲刷，充分利用炉膛容积并加强炉膛上部气流的扰动，炉膛出口的下部有后水冷壁弯曲而成的折焰角，如图2-20（b）所示。煤粉和空气在炉内强烈混合燃烧，火焰中心温度可达1500℃以上，水冷壁吸热使烟温逐渐下降，在水冷壁及炉膛出口处的烟温一般降至1100℃左右，应低于煤灰的软化温度，保证炉膛出口及其后面的受热面不结渣。燃烧生成的灰渣绝大部分以飞灰的形式随烟气排出炉外，剩下一小部分以粗渣的形式落入冷灰斗排出。

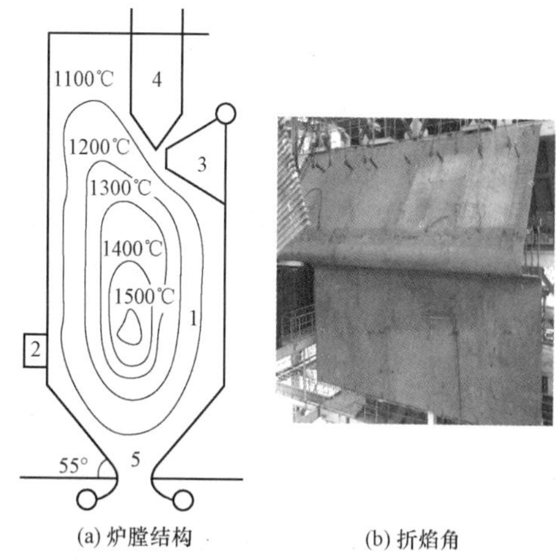

(a) 炉膛结构　(b) 折焰角

图2-20　固态排渣煤粉炉的Π形炉膛

1—炉膛；2—燃烧器；3—折焰角；4—屏式过热器；5—冷灰斗

3. 燃烧器

燃烧器是煤粉锅炉的主要燃烧设备，其作用是将空气和燃料按一定方式、一定比例和速度送入炉膛，并使燃料与空气进行强烈而均匀的混合，为燃料迅速着火和完全燃烧创造条件。根据射流特性不同，燃烧器可分为直流和旋流两种基本形式。

（1）直流式燃烧器。直流式燃烧器由数个矩形或圆形的喷口按一定方式排列而成，如图2-21（a）、（b）所示。各喷口分别通入一次风和二次风，喷口出口射流为直流射流。直流煤粉燃烧器的一、二次风喷口布置有两种形式：均等配风直流式燃烧器，一、二次风口相间布置，适用于易着火和燃烧的煤种，如烟煤和褐煤；分级配风直流式燃烧器，一次风口集中布置，适用于难着火和燃烧的煤种，如无烟煤、贫煤、高水分高灰分的劣质煤等。

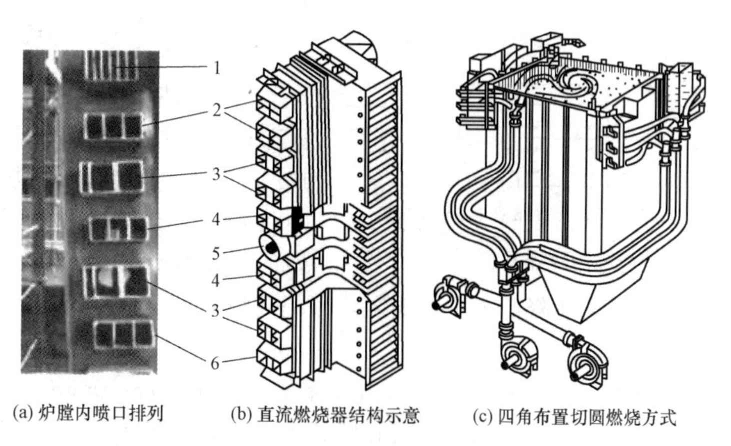

(a) 炉膛内喷口排列　(b) 直流燃烧器结构示意　(c) 四角布置切圆燃烧方式

图2-21　直流式燃烧器

1—三次风口；2—上二次风口；3—一次风口；4—中二次风口；5—油燃烧器；6—下二次风口

直流式燃烧器一般布置在炉膛的四个角上，见图 2-21（c）。其喷口轴线对准炉膛中心的一个假想圆的切线。在四角喷出的气流共同作用下，可在炉膛中形成旋转上升的燃烧火焰，称为四角布置切圆燃烧方式。

（2）旋流式燃烧器。旋流式燃烧器的工作原理见图 2-22。在旋流燃烧器中，由于一、二次风旋转前进时产生离心力作用，使进入炉内的煤粉气流呈锥状扩散，在炉膛中心和火焰的外围引起炽热的烟气回流，能起到良好的混合作用，因而可以加速着火。这种燃烧器适用于燃烧烟煤和褐煤。

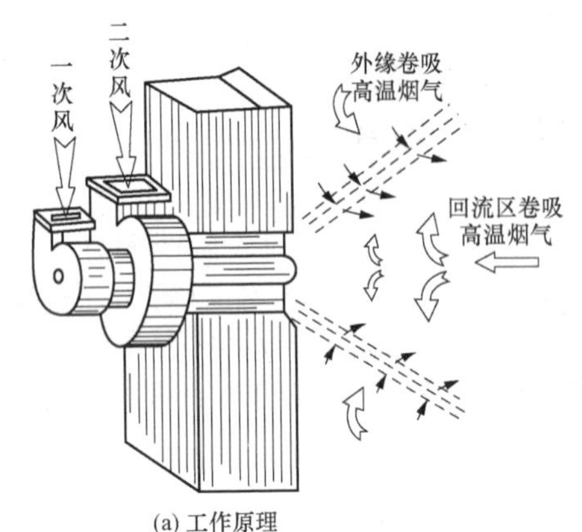

(a) 工作原理

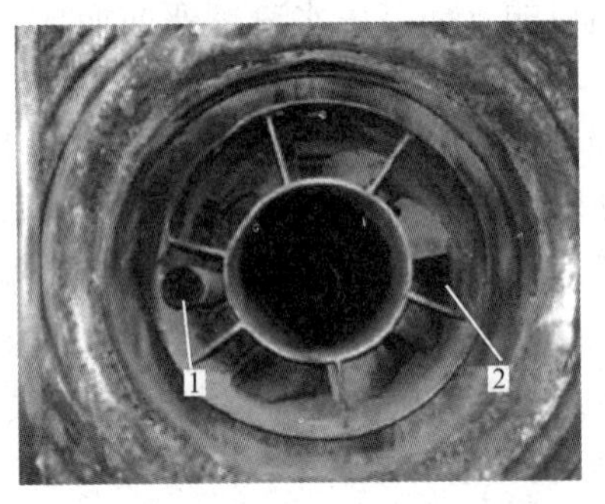

(b) 在炉膛内的喷口

图 2-22 旋流式燃烧器

1—火焰检测器；2—二次风口

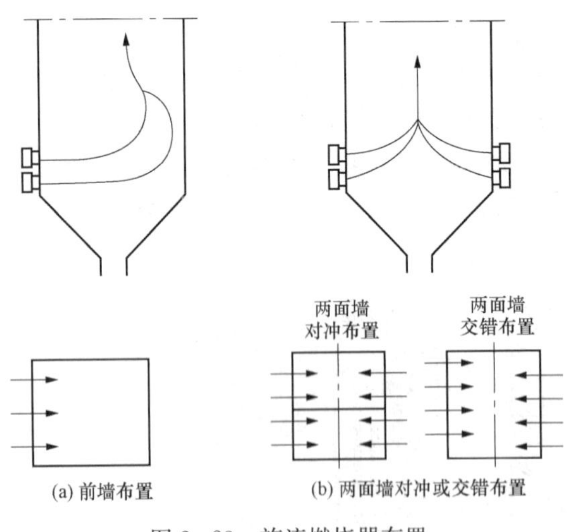

(a) 前墙布置 (b) 两面墙对冲或交错布置

图 2-23 旋流燃烧器布置

旋流式燃烧器大都布置在炉子的前墙、前后墙或两侧墙上，它们又可分为对冲和交错布置，如图 2-23 所示。两墙相对布置方式常用于容量较大的锅炉，可布置较多的燃烧器，火焰呈双 L 形，在炉膛中心处相互碰撞，能改善燃料的着火和燃烧条件。

4. 空气预热器

空气预热器安装在省煤器后面的低温烟道中，其作用是利用烟气余热对进入锅炉的空气进行加热，加热后的空气可达 300℃以上。热空气可作为制粉系统的干燥剂和输粉介质，可改善着火，强化燃烧，强化炉膛辐射热交换，还降低了排烟温度，可提高热效率。常用的空气预热器有管式和回转式两种。

（1）管式空气预热器。管式空气预热器由许多根直径为 25～50mm 的薄壁钢管焊接在上、下管板上，构成空气预热器管箱，布置在竖井烟道中。烟气从上向下在管子内流动，空气在管外横向冲刷管子，通过管壁传热（见图 2-24）。管式空气预热器具有结构简单、制造安装检修方便、工作可靠等优点；但其结构尺寸大，金属用量大，给大型锅炉尾部受热面的布置带来困难，因此管式空气预热器一般用在中、小容量锅炉上。此外，由于管式空气预热器具有漏风小的优点，在循环流化床锅炉上被广泛采用。

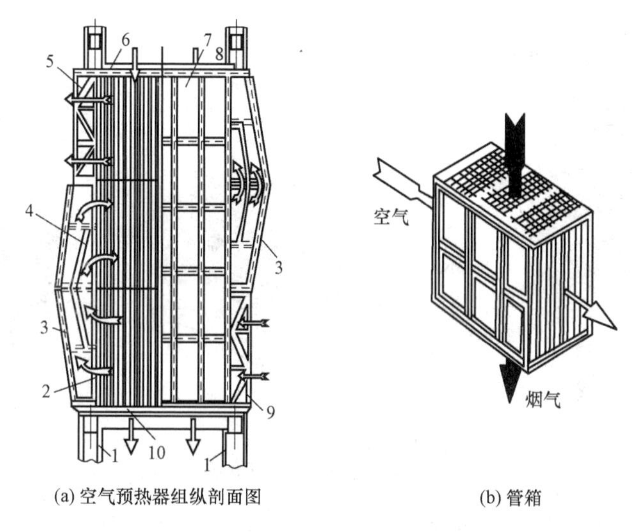

(a) 空气预热器组纵剖面图　　(b) 管箱

图 2-24　管式空气预热器

1—锅炉钢架；2—空气预热器管子；3—空气连通罩；4—导流板；5—热风道的连接法兰；6—上管板；7—预热器墙板；8—膨胀节；9—冷风道的连接法兰；10—下管板

(2) 回转式空气预热器。回转式空气预热器是一种蓄热式换热器，它是利用烟气和空气交替流过受热面进行换热的。通常 300MW 及以上机组不再采用体积庞大的管式预热器，而选用结构紧凑、重量轻的回转式空气预热器，其体积只有管式预热器的 1/10，钢材消耗量可比管式预热器节省30%～50%，但配 300MW 机组的空气预热器转子也可达 200～300t。按转动部件的不同，回转式空气预热器可分为受热面回转和风罩回转两种，在电厂中常用的是受热面回转式空气预热器。

如图 2-25 (a) 所示，受热面回转式空气预热器的转子实际上是一个上下开口的巨大筒体，在其内部装有大量蓄热单元。蓄热单元由蓄热元件组成，蓄热元件是把物理比热较高的金属材料制作成凹凸不平的波浪形片状，以增大其与空气的接触面积。在转子的上、下表面上使用径向密封片分隔出若干扇形面积的小区域。以转子的某一个扇形区域为例，当这个扇形区转动到热风侧时，高温烟气由热风仓的顶部流入，穿过该扇形区域从转子的下方流出；转子继续转动到冷风侧时，低温的空气由一次风仓或二次风仓的底部流入，穿过该扇形区域从转子的上方流出。在这个过程中，高温的烟气在流过蓄热元件时将热量传导给蓄热元件，并由转子转动到冷风侧，再把热量传递给一、二次风，使冷空气被预热。由于预热器转动部分和静止部分（外壳、扇形隔板）之间存在间隙，会造成漏风，需要在转动部分和静止部分之间设置良好的密封装置。

受热面回转式预热器广泛采用二分仓或三分仓形式。二分仓是指烟气和热风（即一次风、二次风）各走一路；三分仓就是把流通工质分为烟气（负压）、一次风（高压）和二次风（低压）三个通道，三个通道之间采用可靠的密封装置分隔。它们的通流截面分配示意见图 2-25 (b)、(c)。

二分仓预热器存在的主要问题是热风带灰引起热一次风机磨损。例如，某热电厂 410t/h

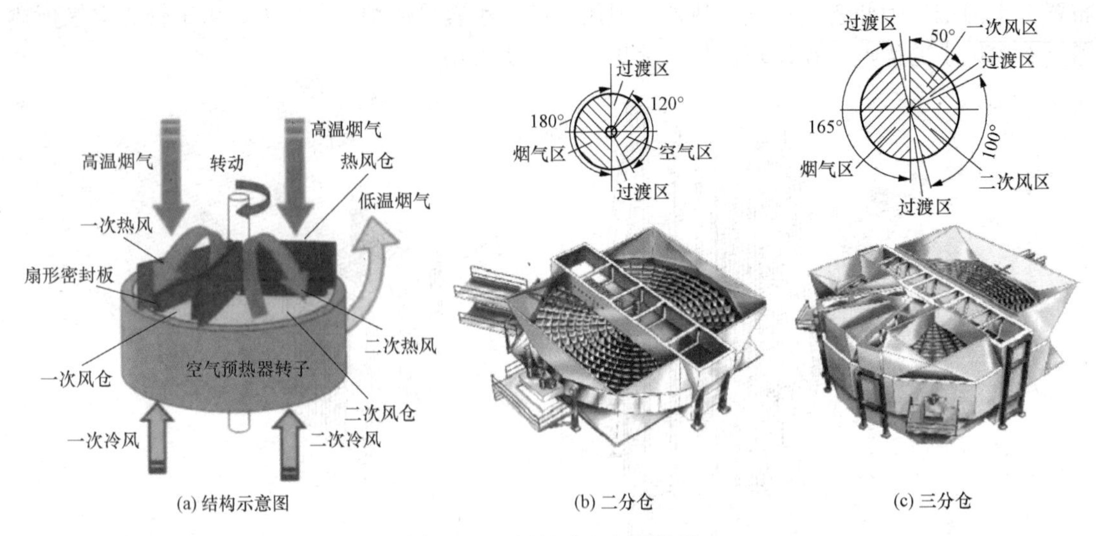

(a) 结构示意图 (b) 二分仓 (c) 三分仓

图 2-25 回转式空气预热器

锅炉热一次风机的叶轮被磨出 6mm 深的凹痕，只能涂抹防磨涂料。三分仓回转式空气预热器结构紧凑，布置方便，调节灵活，热效率高，适用于采用冷一次风机的正压制粉系统。它将高压一次风和压力较低的二次风分隔在两个仓内进行预热，二次风可用低压头送风机，以降低送风机电耗。此外，以冷一次风机代替二分仓的热一次风机，可选用体积小、电耗低的高效风机，提高制粉系统运行的可靠性和经济性。

低温腐蚀是烟气中的硫酸、亚硫酸蒸汽在低于露点的受热面上凝结成强酸液，使受热面腐蚀的一种现象。煤、油含硫量高，壁面温度低是产生低温腐蚀的主要原因。空气预热器的低温腐蚀较普遍，严重的可使蓄热元件每年减薄 1.4mm。

六、实验步骤

现场参观燃煤电厂 200MW 亚临界压力的汽包炉模型、600MW 超临界压力的直流炉模型、1000MW 超超临界压力的复合循环炉模型，观看教学录像片，结合上述介绍了解锅炉燃烧系统的工作流程；识别制粉系统类别、粗粉和细粉分离器及一、二次风的走向；识别炉膛形状及折焰角；识别燃烧器类别及四角切圆燃烧方式；识别空气预热器类别及三分仓回转式预热器结构。认知回转式预热器的蓄热元件及低温腐蚀产生的原因及其危害。

七、思考题

(1) 简述锅炉燃烧系统的工作流程及其主要设备。

(2) 简述四角布置切圆燃烧方式。

(3) 简述三分仓回转式空气预热器的工作过程。

实验四 燃煤电厂锅炉汽水系统认知实践

关键词

汽包，汽水分离器，大气扩容式汽水分离器启动系统，下降管，联箱；水冷壁，光管，膜式，内螺纹管；过热器，再热器，对流，蛇形管，辐射，半辐射，屏式；省煤器，受热面爆漏。

一、实验目的

熟悉锅炉汽水系统的组成和工作流程；了解汽包、汽水分离器、下降管、联箱、水冷壁、过热器和再热器、省煤器的作用、结构、选材、类型及布置特点；认知受热面燃爆的形貌、原因及分类。

二、能力训练

通对分析比较锅炉汽水系统中各设备的作用、结构、选材、系统构建和工作性能，使学生对相互关联设备所构建的总汽水系统的工作特性和系统运行技术缺陷有所了解，培养学生综合分析、选择配置系统的工作能力。

三、实验内容

(1) 汽水系统的组成及工作过程。

(2) 汽包、汽水分离器、下降管和联箱的作用、结构及材料选用。

(3) 水冷壁的作用、类型及布置特点，光管、膜式、内螺纹管。

(4) 过热器和再热器的作用、分类及布置特点，对流蛇形管、半辐射屏式及辐射膜式。

(5) 省煤器的作用、类型及布置特点。

(6) 受热面燃爆的形貌、原因及分类。

四、实验设备及材料

(1) 燃煤电厂 200MW 亚临界压力的汽包炉模型、600MW 超临界压力的直流炉模型、1000MW 超超临界压力的复合循环炉模型各 1 套。

(2) 光管、内螺纹水冷壁管等 1 批；锅炉爆管样品 1 批；垢样、渣样和细中粗灰样等。

(3) 三维立体动画、教学录像资料 1 套。

五、实验原理

汽水系统即为锅炉“锅”的部分，其主要工作任务是及时将给水送入锅炉，并通过吸收燃烧系统的放热完成水的预热、蒸发、蒸汽的过热和再热过程，向汽轮机提供具有一定压力和温度的高品质蒸汽。

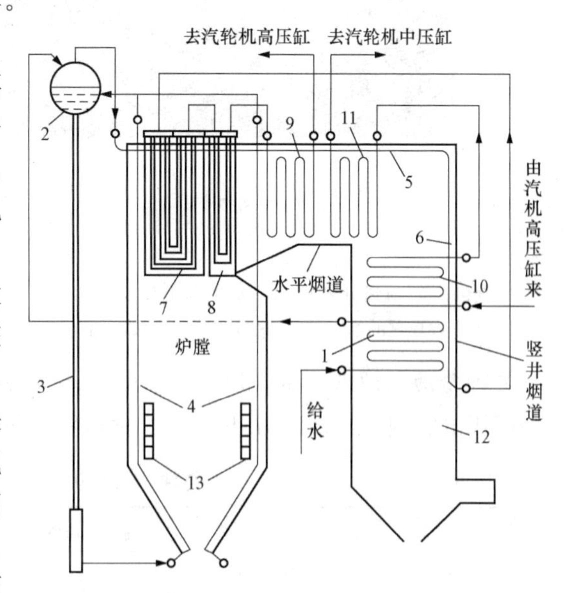

图 2-26 汽包炉本体汽水系统设备布置及工作流程

1—省煤器；2—汽包；3—下降管；4—水冷壁；5—顶棚过热器；6—包墙过热器；7—前屏过热器；8—后屏过热器；9—高温对流过热器；10—低温再热器；11—高温再热器；12—空气预热器；13—燃烧器

汽包炉的汽水系统由给水系统、蒸发系统、过热系统及再热系统组成，分别完成水的加热、蒸发和过热三个阶段的任务，如图 2-26 所示。给水系统的受热面主要是布置在尾部烟道的省煤器 1，给水吸收烟气的热量，使排烟温度降低、锅炉效率提高而节省燃料。蒸发系统由汽包 2、下降管 3、水冷壁 4、联箱及联通管道组成，其受热面为水冷壁，吸收炉膛中的辐射热，将下降管送入的水蒸发成饱和蒸汽。过热系统由不同形式的过热器（7、8、9）及减温器组成，其任务是把水冷壁产生的饱和蒸汽加热到一定温度的过热蒸汽，同时在锅炉允许的负荷波动范围内保持过热蒸汽温度在正常范围。再热系统由不同形式的再热器（10、11）及减温器组成，其工作任务是把汽轮机高压缸的排汽再次加热，再送至汽轮机中压缸继续做功，以提高循环效率，并减少汽轮机末端的蒸汽湿度，保证汽轮机的安全。

1. 汽包及汽水分离器

（1）汽包。汽包又称为锅筒，是锅炉的重要部件。现代电厂的自然循环锅炉只有一个汽包，横置在炉外顶部，不受热，外面包有保温材料，外形结构如图 2-27（a）所示。它由圆柱形筒身和两端半球形封头组成。其中，筒身是由钢板卷制焊接而成；封头由钢板模压制成，焊接于筒身。在封头中部留有椭圆形或圆形人孔门，以备安装和检修时工作人员进出。在筒身上焊接有很多短管，用于连接其他汽水设备。

汽包是锅炉汽水设备的连接枢纽，它一方面汇集省煤器来的给水，并将水分配给下降管；另一方面又汇集水冷壁产生的汽水，依靠其内部的汽水分离装置将分离出的蒸汽送入过热器。同时汽包内可储存一定的汽水，在负荷（外界用汽量）变化较快时起缓冲作用，有利于调节和控制锅炉蒸汽参数。图 2-27（b）所示为 DG-1025/18.2 型锅炉汽包的内部结构，设有汽水分离、蒸汽清洗、加药、排污等装置，以保证炉水和蒸汽的品质。

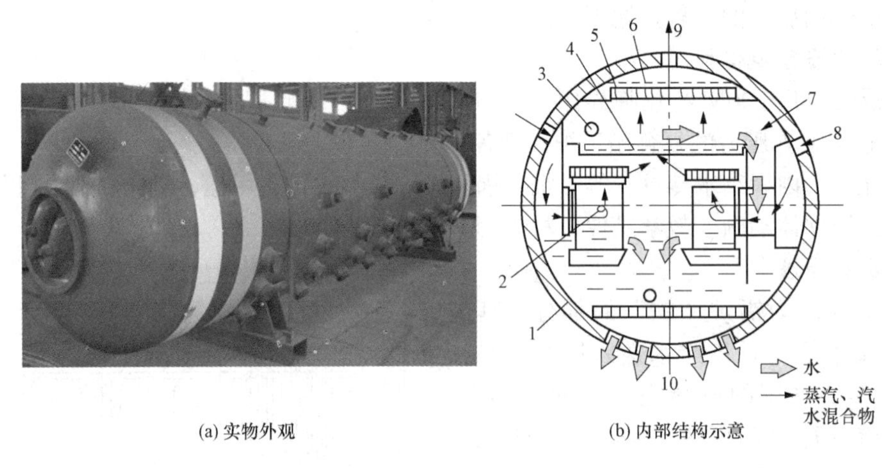

(a) 实物外观　　(b) 内部结构示意

图 2-27　汽包

1—汽包；2—旋风分离器；3—清洗水配水装置；4—蒸汽清洗装置；5—波形板（百叶窗分离）；6—均汽孔板；7—来自省煤器的给水；8—来自水冷壁出口联箱的汽水混合物；9—去过热器的蒸汽；10—去下降管的循环水

各种参数锅炉常见汽包尺寸及材料见表 2-3。以 DG-1025/18.2-Ⅱ4 型锅炉为例，其汽包所用的材料为 13MnNiMo54，这种材料的机械性能及化学成分见表 2-4。

表 2-3　各种参数锅炉常见汽包尺寸及材料

压力	中压	高压	超高压	亚临界
内径（mm）	1400～1600	1600	1600～1800	1700～1800
壁厚（mm）	46	90～100	100～120	140～200
材　质	碳钢	C-Mn 钢	Mn-Ni-Mo 钢 Mn-Mo-V 钢	C-Mn 钢 Mn-Ni-Mo 钢

表 2-4　**常温下 13MnNiMo54 的机械性能及化学成分**

机械性能			化学成分（%）											
σ_s(MPa)	σ_b(MPa)	δ（%）	C	Si	Mn	P	S	Cr	Ni	Mo	Nb	V	Cu	Al
459	625	20.2	0.15	0.39	1.44	0.016	0.015	0.32	0.04	0.30	0.008	0.001	0.03	0.04

（2）汽水分离器。自然循环锅炉和多次强制循环锅炉均带有一个很大的汽包对汽水进行分离；汽包作为分界点将锅炉受热面分为加热蒸发受热面和过热受热面两部分。而直流锅炉和复合循环锅炉没有汽包作为汽水固定的分界点，水在锅炉管中加热、蒸发和过热后直接向汽轮机供汽，而在启停或低负荷运行过程中有可能提供的不是合格蒸汽，可能是汽水混合物，甚至是水。因此，直流锅炉和复合循环锅炉必须配套一个特有的启动系统，以保证锅炉启停和低负荷运行期间水冷壁的安全和正常供汽。

现代变压运行超临界压力复合循环锅炉一般都采用内置式分离器启动系统。在最低直流负荷以下，分离器利用减压扩容原理产生蒸汽和疏水，呈湿态运行。在最低直流负荷以上转为干态运行，此时分离器仅串联在锅炉汽水流程里作为一个蒸汽联箱和通道使用；因而它的工作参数（压力、温度）要求高，承压承温等级高，制造材质好（如 15NiCuMoNb5），但其控制阀门简单，湿干态转换方便。

根据疏水能量回收方式的不同，内置式分离器启动系统可以分为凝汽疏水式、大气扩容式、炉水循环泵式和疏水热交换器式四种模式。目前，国内大都采用大气扩容式启动系统，主要由汽水分离器、大气式扩容器和疏水控制阀等组成，见图 2-28。

在锅炉启动初期（<37%MCR），分离器起汽水分离作用。由水冷壁出口混合联箱汇集的汽水经引入管进入汽水分离器，进行汽水分离；为了防止蒸汽带水，在分离器筒体内的蒸汽引出管的下方装有阻水盘，在引入管下方装有消旋片；分离出来的蒸汽进入过热器。分离出来的疏水进入储水箱后，通过 ANB 阀控制水量进入除氧器，保证除氧器不超过规定压力值。储水箱的疏水也可通过 AA、AN 阀接至扩容器；水质合格时，可以通过回收水泵打到凝汽器，不合格时，该部分水直接排放到锅炉废水槽。AA、AN 和 ANB 3 个阀门（也称 361 阀）根据汽水分离器疏水箱的液位和汽水分离器出口压力控制开度。在 37%MCR 负荷以上运行时，分离器呈干态运行，无汽水分离，进入直流运行工况；分离器只起一个联箱（或通道）的作用，全部工质（蒸汽）均通过汽水分离器进入过热器。

2. 下降管

下降管的作用是把汽包内的水连续不断地通过下联箱供给水冷壁，以维持正常循环；布置在炉外不受热，管外包覆有保温材料。一般用无缝钢管，采用碳钢或低合金钢，如 20G 钢、SA-106B 等。

国产大容量机组锅炉广泛采用大直径集中型下降管，管径一般为 325～762mm，管子数目少（4～6 根），流动阻力小，节约钢材，简化布置。大直径下降管通过下部的小直径分配支管接至各下联箱，经下联箱均匀分配后进入水冷壁。

3. 联箱

联箱的作用是汇集、混合和分配工质。联箱一般布置在炉外，不受热。联箱由无缝钢管两端焊上平封头构成，在联箱上有若干管头与管子焊接相连，见图 2-29。水冷壁下联箱底部还设有定期排污装置、蒸汽加热装置。联箱材料一般采用碳钢或低合金钢，如 20G 钢、

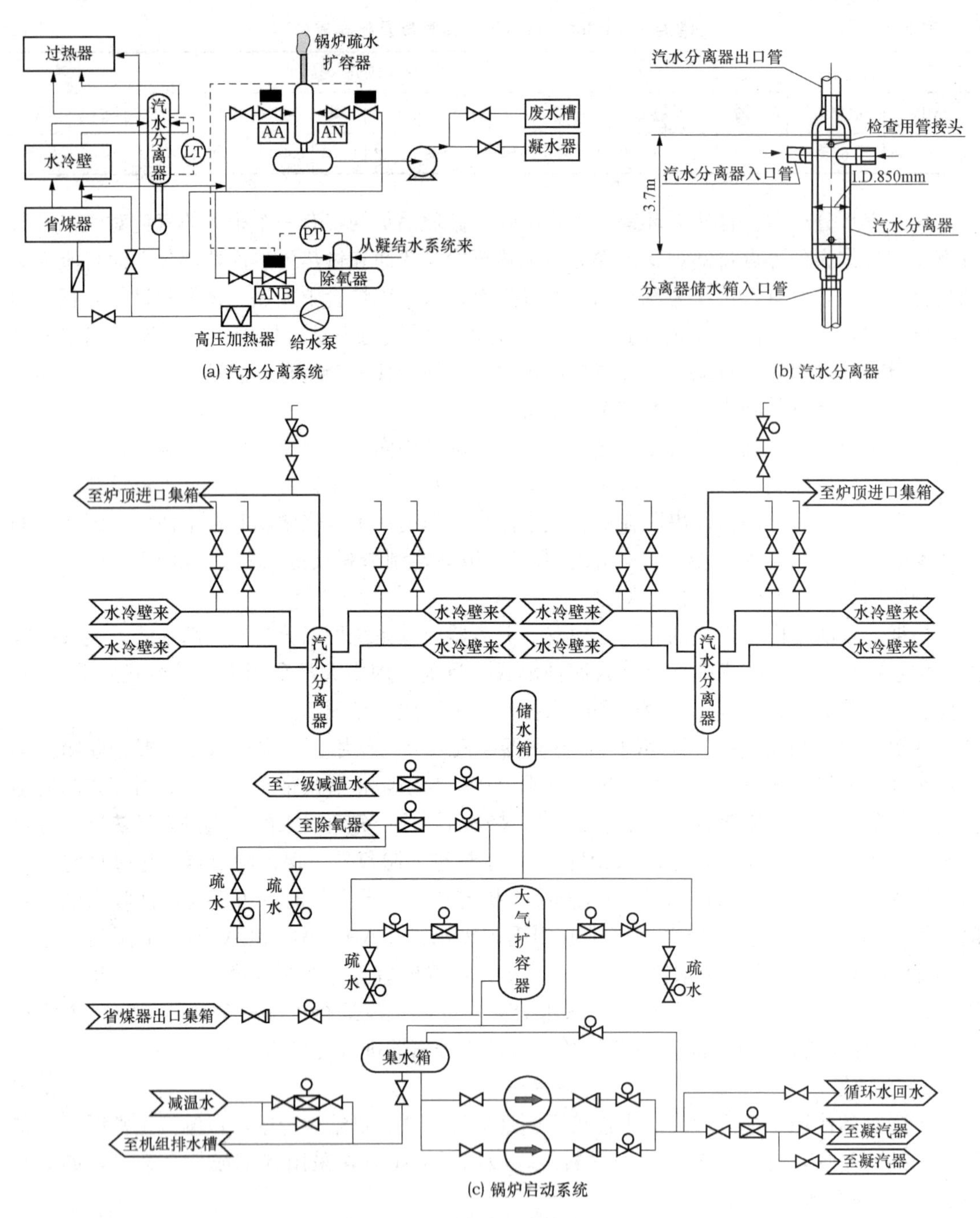

图 2-28　大气扩容式汽水分离器启动系统

12Cr1MoV 等。

4. 水冷壁

水冷壁是敷设在炉膛四周的辐射受热面，它同时具有吸收热量产生蒸汽和保护炉墙的功能。水冷壁通常由许多无缝钢管或内螺纹上升管均匀地布置在炉膛的四壁上，管子两端分别与上下联箱相连，组成一个水冷壁管屏。来自下降管的水通过下联箱进入水冷壁管被加热，生成的汽水混合物经上联箱进入汽包。其结构见图 2-29（b）。常用的水冷壁管子尺寸为

(a) 后屏过热器联箱以及屏管

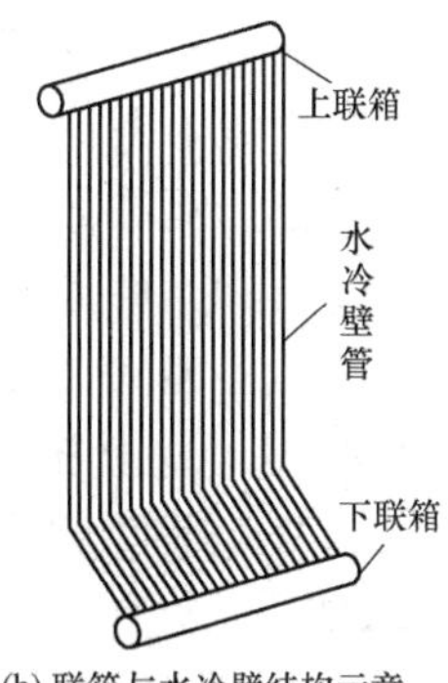

(b) 联箱与水冷壁结构示意

图 2-29 联箱

ϕ42～ϕ65mm×(3～7.5mm)；管材为碳钢或低合金钢，如 20G 钢、15CrMo 等。

按水冷壁管子的外形可分为光管式水冷壁和膜式水冷壁。

光管式水冷壁的结构要素和布置见图 2-30。现代锅炉水冷壁管的一半被埋在炉墙里，使水冷壁与炉墙浇成一体，形成敷管式炉墙。光管水冷壁在电站锅炉上曾广泛应用，但由于气密性差、不便敷设、金属耗量大等缺点，逐渐为膜式水冷壁所代替。

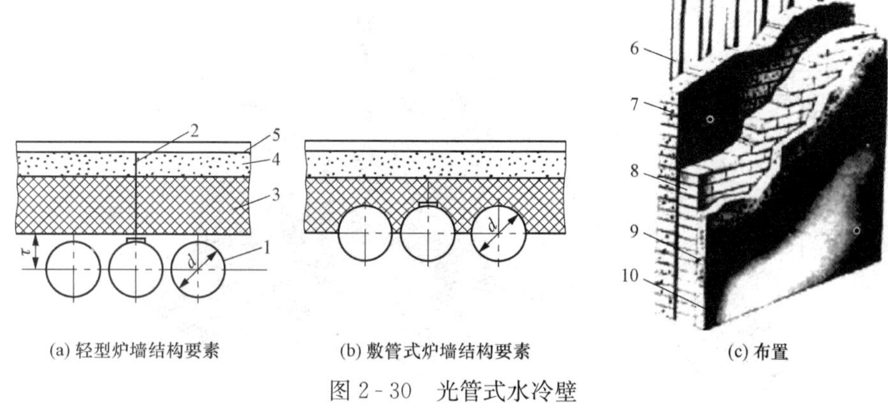

(a) 轻型炉墙结构要素　(b) 敷管式炉墙结构要素　(c) 布置

图 2-30 光管式水冷壁

1—管子；2—拉杆；3—耐火材料；4—绝热材料；5—外壳；6—水冷壁管；
7—耐火砖；8—保温砖；9—保温材料；10—抹面

大型锅炉广泛采用膜式水冷壁。膜式水冷壁既可以增加管子的吸热量，同时也可以增强炉膛的气密性并较好地保护炉墙。膜式水冷壁由许多鳍片管沿纵向依次焊接起来，构成整体的受热面，使炉膛内壁四周被一层整块的水冷壁膜包围，外观见图 2-31。

(a) 外观

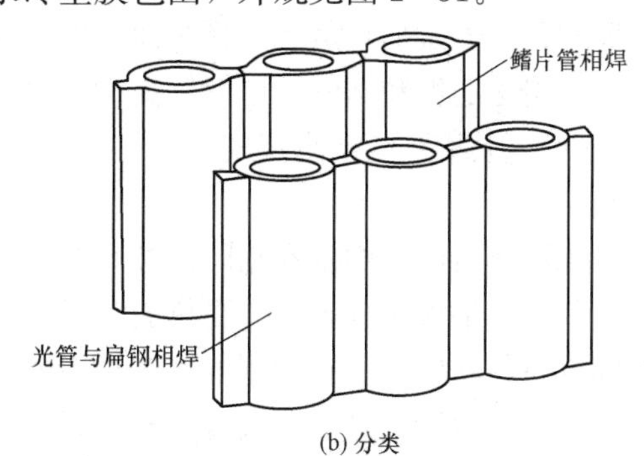

(b) 分类

图 2-31 膜式水冷壁

其中，鳍片管又分为轧制鳍片管和焊接鳍片管，外形见图 2-31（b）。上部所示的水冷壁由轧制的鳍片管焊接而成，下部所示的水冷壁用扁钢将无缝钢管焊接成片。国产超高压锅炉多采用轧制鳍片管，国产亚临界压力锅炉多采用焊接鳍片管。

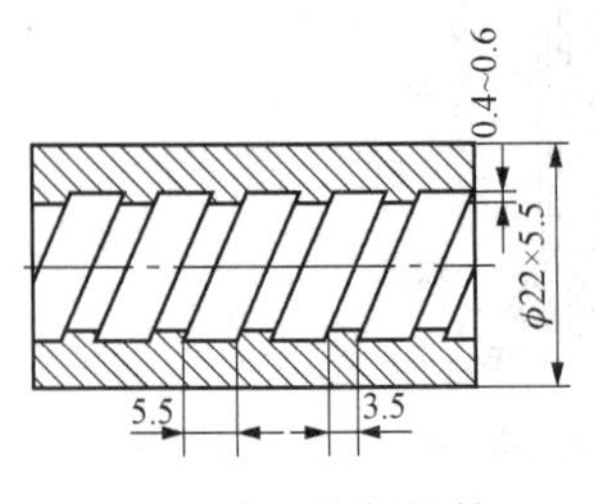

图 2-32 内螺纹管

水冷壁的内表面有光管和内螺纹管之分；内螺纹管常用于亚临界及以上参数的锅炉，形状见图 2-32。内螺纹管在管子内壁上开出单头或多头螺旋形槽道，当工质在内螺纹管内流动时，发生强烈扰动，将水压向壁面，并迫使气泡脱离壁面被水带走，破坏汽膜层的形成，使管内壁温度降低。

水冷壁在炉膛四周的布置方式取决于锅炉蒸汽参数、水循环方式、锅炉容量等因素。300MW 容量以下的自然循环锅炉，水冷壁管屏常采用一次垂直上升布置。对于 300MW 及 600MW 超临界压力直流锅炉，为使锅炉水冷壁获得足够的管内质量流速，保证水冷壁的运行安全，水冷壁常采用螺旋围绕管圈布置。图 2-33 所示为国产 600MW 超临界压力机组锅炉水冷壁的总体布置情况。该锅炉下部水冷壁采用螺旋盘绕上升布置，上部采用一次上升垂直管屏布置，两者间采用中间混合联箱过渡。

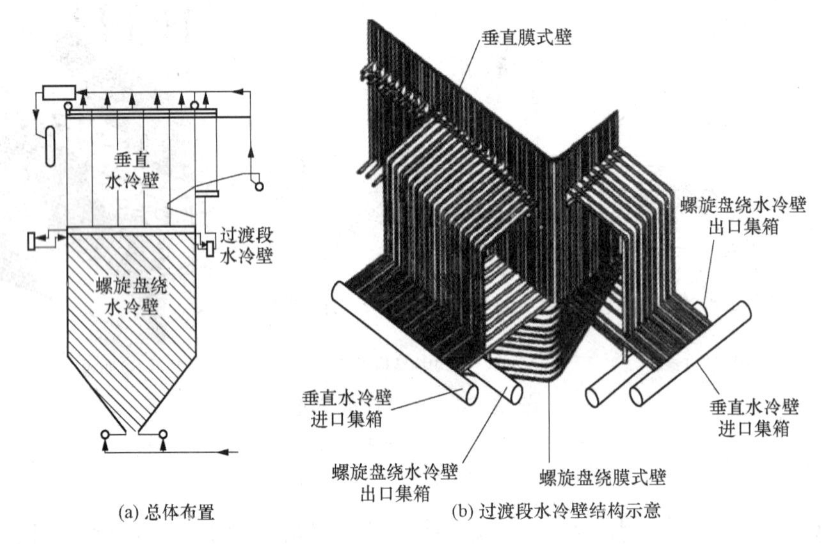

图 2-33 600MW 超临界压力锅炉水冷壁的布置

5. 过热器与再热器

过热器和再热器是加热蒸汽的受热面，但蒸汽的来源不同。过热器用于加热自蒸发受热面（水冷壁）引出的饱和蒸汽，压力较高。再热器用于加热在汽轮机高压部分做功以后的蒸汽，压力较低。但两者需要使蒸气达到的温度基本相同，目前大多数锅炉的出口气温为 540～570℃。

过热器和再热器的结构基本相同。按照布置位置和传热方式不同，过热器和再热器可分为对流、辐射及半辐射三种类型。受热面管子根据管内工质温度和所处区域热负荷的大小分别采用不同的材料和壁厚。在大型电站锅炉中通常采用上述三种类型的串级布置系统。

（1）对流式。对流式过热器或再热器布置在锅炉对流烟道中，主要以对流传热方式吸收烟气热量。对流过热器或再热器一般采用蛇形管式结构，即由进出口联箱连接许多并列蛇形管构成；大容量锅炉为使过热器或再热器管内有合适的蒸汽流速，常做成双管圈、三管圈和多管圈，以增加并联管数，外观见图 2-34。蛇形管一般采用外径为 32～63.5mm 的无缝钢管。管子选用的钢材决定于管壁温度，低温段过热器可用 20 号碳钢或低合金钢，高温段常用 15CrMo 或 12Cr1MoV，高温段出口甚至需用耐热性能良好的钢研 102 或Ⅱ11 等材料。

对流式过热器和再热器形式较多：按蒸汽和烟气的相对流动方向，可分为逆流、顺流及混流三种方式，见图 2-35；根据蛇形管的放置方式可分为立式和卧式两种，立式布置在水平烟道内，见图 2-35，卧式布置在尾部垂直烟道内。

图 2-34 三管圈蛇形管排低温过热器

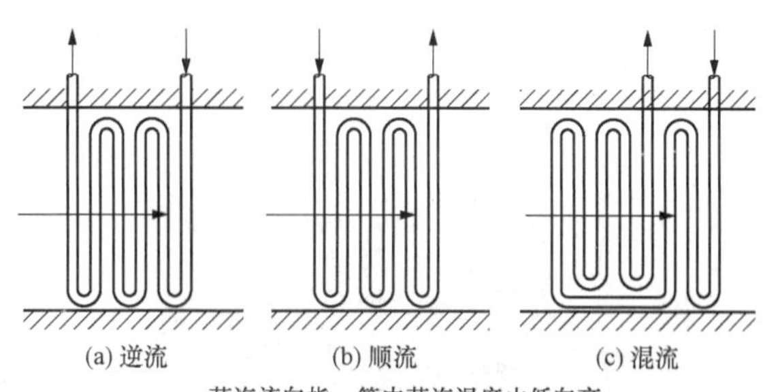

图 2-35 过热器中蒸汽与烟气流动方式

（2）半辐射式。半辐射式过热器的外观如同中国传统的屏风形状，故又称屏式过热器。由图 2-36 可知，根据布置的位置不同，屏式过热器有前屏、大屏及后屏三种。大屏或前屏过热器布置在炉膛前部，屏间距离较大，屏数较少，吸收炉膛内高温烟气的辐射传热量，属于辐射式过热器。后屏过热器为半辐射过热器，布置在炉膛出口处，屏数相对较多，屏间距相对较小，它既吸收炉膛内的辐射传热量，又吸收烟气冲刷受热面时的对流传热量。

前屏和后屏过热器的结构基本相同。每片屏由联箱并联 15～30 根 U 形无缝钢管或 W 形管组成，见图 2-36（e）；为了将并列管保持在同一平面内，每片屏用自身的管子作包扎管，将其余的管子扎紧。屏的下部根据折焰角的形状可做成三角形或方形。

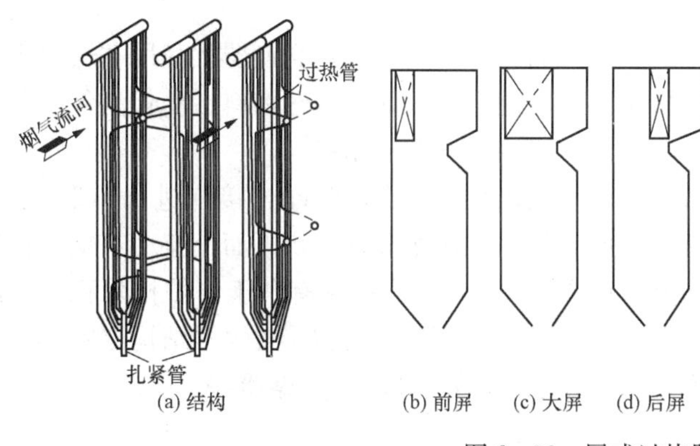

图 2-36 屏式过热器

（3）辐射式。布置在炉膛内，以吸收炉膛辐射热为主的过热器，称辐射式过热器。辐射式过热器的布置方式很多：若设置在炉膛内壁上，称为壁式过热器；若布置在炉顶，称为顶棚过热器；若悬挂在炉膛上部，称为前屏过热器；此外，在水平烟道和垂直烟道的两侧墙上布置了大量贴墙的包墙管过热器。

壁式过热器也称墙式过热器，其结构与水冷壁相似，可以布置在炉膛上部，也可以沿炉膛全高度布置，当沿炉膛全高度布置时，可将壁式过热器布置在任一面墙上。

顶棚过热器布置在炉膛顶部，吸收炉膛及烟道内辐射热量，热负荷较小，材料一般为15CrMo合金钢等；设置顶棚过热器的主要目的是用来构成轻型平炉顶结构，即在顶棚上直接敷设保温材料而构成炉顶，使炉顶结构简化，如图2-37所示。

水平烟道、转向室及垂直烟道的四周壁面也都布置包墙管过热器，又称包覆管，材料一般为20钢和12Cr1MoV合金钢，见图2-38。由于靠近炉墙处的烟气温度和流速都较低，包覆管的吸热量很少；其主要作用是形成烟道墙壁并成为敷管炉墙的载体，同时提高炉墙的严密性，减少烟道漏风。

图2-37 顶棚过热器（垂直的为前屏过热器）

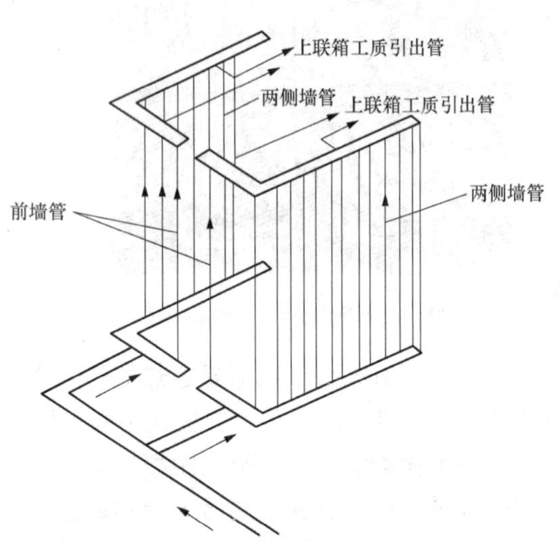

图2-38 包墙管（包管）过热器

壁式、顶棚及包墙管过热器一般都采用膜式受热面结构，使整个锅炉的炉膛、炉顶及烟道周壁都由膜式受热面包覆，简化炉墙结构，减轻质量，减少漏风量。

6. 省煤器

省煤器是利用锅炉尾部烟道中烟气的热量来加热给水的一种热交换器。利用省煤器吸收尾部烟道中的烟气热量，达到降低锅炉排烟温度、提高热效率、节约燃料、延长汽包使用寿命的目的。

省煤器是由外径为25～51mm的无缝钢管弯制成蛇形管，两端连接在进出口联箱上，卧式（管子轴线水平）布置在锅炉尾部竖井烟道中；水在蛇形管内自下而上流动，烟气在管外自上而下横向冲刷管壁，实现热量交换，见图2-39。卧式布置有利于停炉排除积水，减轻停炉期间的腐蚀；也有利于改善传热，节约金属。为强化传热和使省煤器结构更紧凑，现代锅炉也逐渐采用了H形鳍片管［见图2-39（b）、（c）］和膜式省煤器。

7. 锅炉爆漏

据近年来对我国大容量机组的停运统计，三大主机中因锅炉事故所造成的非计划停运时间占全年总停运时间50%以上，其中因锅炉爆漏事故就占了38%左右。300～600MW等级机组的锅炉爆漏统计概率见表2-5。

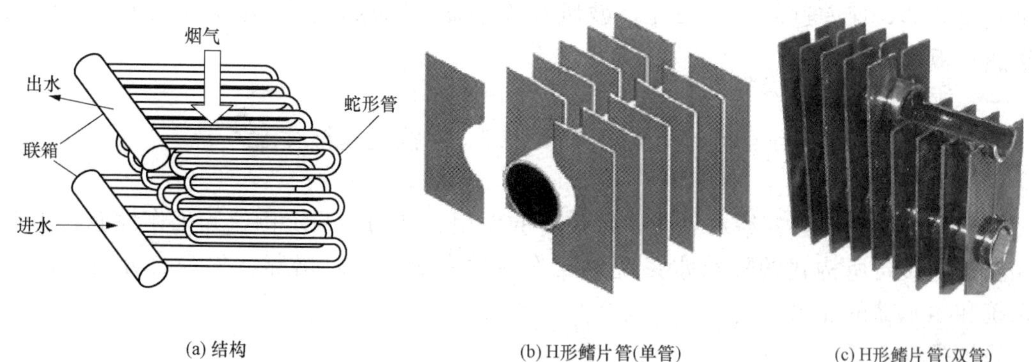

(a) 结构　(b) H形鳍片管(单管)　(c) H形鳍片管(双管)

图2-39　省煤器

表2-5　300～600MW等级机组的锅炉爆漏统计概率

锅炉水冷壁	过热器	再热器	省煤器	减温器
35.5%	48.7%	5.7%	7.9%	2.2%

锅炉爆漏的原因分析见表2-6。

表2-6　锅炉爆管机理分类

类　别	爆　管　机　理	类　别	爆　管　机　理
应力断裂	短期过热、高温蠕变、异种钢焊接	磨损	飞灰磨损、落渣磨损、吹灰磨损、煤粒磨损
水侧腐蚀	苛性腐蚀、氢损伤、孔蚀、应力腐蚀裂纹	疲劳	振动疲劳、热疲劳、腐蚀疲劳
烟气侧腐蚀	低温腐蚀、水冷壁腐蚀、煤灰腐蚀、油灰腐蚀	质量缺陷	维修损伤、化学偏离、材料缺陷、焊接缺陷

六、实验步骤

现场参观燃煤电厂200MW亚临界压力的汽包炉模型、600MW超临界压力的直流炉模型、1000MW超超临界压力的复合循环炉模型，观看三维立体动画演示和教学录像片，结合上述介绍了解锅炉汽水系统的工作流程；识别汽包、汽水分离器、下降管、联箱和省煤器的空间位置、相应部件和基本作用；认知光管、膜式、内螺纹水冷壁管；认知对流蛇形管、半辐射屏式和辐射过热器与再热器；观察受热面爆管样品，进行金相组织观察分析，了解爆管原因。

七、思考题

(1) 简述锅炉汽水系统的工作流程及其主要设备。

(2) 从外形、内壁和布置方式，简述水冷壁的分类。

(3) 简述过热器和再热器的分类。

实验五　燃煤电厂锅炉补给水系统认知实践

关键词

机械搅拌澄清池；无阀滤池，机械过滤器，活性炭吸附过滤器；滤元式微滤器，中空纤维式超滤器，保安过滤器；阳床，鼓风式除碳器，阴床，一级复床，混床；螺旋卷式反渗透；板框式电除盐。

一、实验目的

了解锅炉补给水系统的组成，熟悉水预处理、除盐技术与设备。

二、能力训练

通对分析比较锅炉补给水系统中各设备的作用、结构、系统构建和工作性能，使学生对相互关联设备所构建的补给水系统的工作特性有所了解，培养学生综合分析、选择配置系统和净水器的能力。

三、实验内容

（1）锅炉补给水系统的组成。

（2）水预处理技术与设备，机械搅拌澄清池、无阀滤池、机械过滤器、活性炭吸附过滤器、微滤器、超滤器、保安过滤器等。

（3）除盐技术与设备，阳床、除碳器、阴床、混床、反渗透系统、电除盐装置。

四、实验设备及材料

（1）火电厂补给水水处理模型 2 套（经典系统与现代系统）。

（2）教学录像资料 1 套，三维动画演示。

（3）EDI 除盐模块、反渗透卷式膜元件及其横剖面实物、中空纤维管式超滤膜组件及端封、微滤滤芯、各种阴阳树脂、活性炭、石英砂、混凝剂、助凝剂等水处理设备与耗材一批。

五、实验原理

（一）锅炉补给水系统

锅炉在运行中进行排污，要损失一部分水；各种热力设备和汽水管道在运行中总有汽水泄漏，也要损失一部分水，因此要向锅炉补充水量。凝汽式发电厂的补给水率一般为锅炉额定蒸发量的 5%；热电厂由于供热回水损失较大，补给水率有的可达 30%以上。

如将未加处理的生水直接补入锅炉，不仅蒸汽品质得不到保证，而且还会引起锅炉结垢、腐蚀，从而影响机、炉的安全经济运行。因此，生水补入锅炉之前，需要经过处理，以除去其中的杂质和气体，使补给水质符合要求。

补给水处理是除去水中的悬浮物、胶体等杂质，以及钙和镁等盐类化合物，处理后的水基本上不含盐类，称为除盐水。现代大型火电厂锅炉补给水处理系统主要有以下两类：

（1）采用离子交换工艺（经典系统）：原水→澄清池→滤池→活性炭吸附过滤器→强酸氢离子交换器→除碳器→强碱氢氧离子交换器→混合离子交换器→除盐水箱。

（2）采用双级反渗透＋电除盐工艺（现代系统）：原水→澄清池→滤池→微滤器→超滤器→保安过滤器→一级反渗透→二级反渗透→电除盐装置→除盐水箱。

在离子交换工艺中，经澄清和活性炭吸附过滤，除去不溶于水的悬浮物和胶体后的生水送入强酸氢离子交换器（阳床）。阳床内装有多孔的阳离子树脂，水中的钙、镁等阳离子与树脂中的氢离子进行交换反应，钙、镁离子被树脂吸附，氢离子则与水中的碳酸根生成碳酸；在一定条件下，碳酸会变成 CO_2 和水。因此，从阳床出来的水便送入除碳器，以除去 CO_2。除去 CO_2 的水进入强碱氢氧离子交换器（阴床），在阴床中装有阴离子树脂，其作用是将残留的硫酸根、硅酸根等阴离子与氢氧根离子交换，除去硫酸根和硅酸根。

需处理的水经过阳离子和阴离子交换后，已将其中溶解的盐分大部分清除，称为一级除盐。为了满足锅炉给水的更高要求，一般高压以上汽包炉还要经过二级除盐。即将一级除盐水再通过混合离子交换器（混床），进行更彻底除盐。从混床出来的水进入除盐水箱，最后由水泵打入除氧器中进行除氧，经加热除氧的水再由给水泵送入锅炉。

阳离子树脂和阴离子树脂使用一段时间后，便会失效。为了使树脂能够连续使用，需要对树脂进行再生处理。阳离子树脂用稀盐酸再生，阴离子树脂用氢氧化钠再生。

在双级反渗透＋电除盐工艺中，经澄清和过滤，除去不溶于水的悬浮物和杂质后的生水依次送入 20～100μm 过滤精度的微滤器、孔径为0.005～1μm 的超滤器、保安过滤器，除去水中微粒和小分子有机物，进入双级反渗透系统脱盐，最后由电除盐装置深度除盐，进入除盐水箱。

不管锅炉补给水处理系统的具体工艺选择如何，它基本上都由水的预处理和除盐两个环节组成。水的预处理目的是除去水中的悬浮物和胶体，包括混凝、沉淀、澄清、过滤等环节。其中，完成混凝、沉淀、澄清过程的主要设备为机械搅拌澄清池，过滤设备则包括无阀滤池、活性炭吸附过滤器、微滤器、超滤器、保安过滤器等。预除盐一般由一级阳床和阴床或反渗透系统完成；深度除盐由混床或电除盐装置实现。

（二）水预处理技术与设备

水的预处理目的是除去水中的悬浮物和胶体，为后续的除盐处理提供条件；其处理工艺流程为原水→澄清池→过滤→除盐，现将各种设备及水处理方法介绍如下。

1. 混凝澄清处理

混凝处理就是在水中投加适当的化学药剂，使水中微小的悬浮物及胶体结合成大的絮凝体，并在重力作用下沉淀分离出来。投加的化学药剂称为混凝剂，常用的混凝剂有铝盐和铁盐两类，主要为硫酸铝、聚合铝、硫酸亚铁、聚合硫酸铁；有时为了提高混凝效果，还加少量的助凝剂聚丙烯酰胺（PAM）。

利用混凝沉淀方法除掉水中悬浮物的沉淀设备称为澄清池。目前常见的澄清池有水力循环澄清池、机械搅拌澄清池、脉冲澄清池、泥渣悬浮澄清池等。各种澄清池尽管在结构上有差异，但它们的工作原理则是相似的。国内大型火电厂澄清处理设备多为机械搅拌澄清池，它利用机械搅拌的提升作用来完成泥渣回流和接触絮凝过程；其优点是反应速度快、操作控制方便、出力大。机械搅拌澄清池体主要由第一反应室、第二反应室和分离室三部分（容积比 2.5～3：1：7）组成。池体中心设有电动搅拌机，池底装有电动刮泥机。此外还设有进出水系统、排泥系统、调流系统及其他辅助设备。其结构如图 2-40所示。

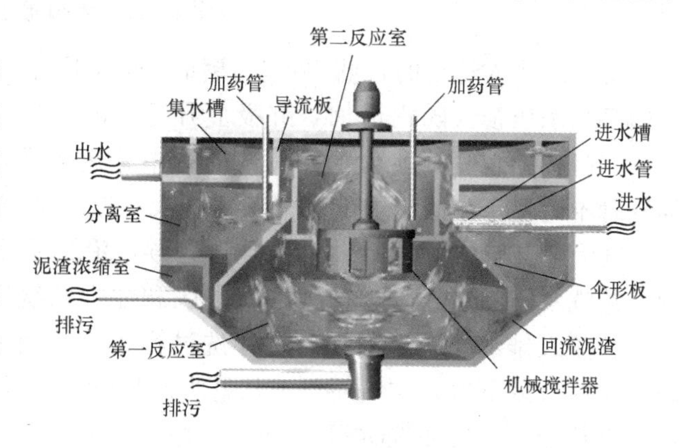

图 2-40　机械搅拌澄清池

在运行中，生水由进水管进入环形三角配水槽后，由槽底配水孔进入第一反应室中，在此与分离室回流泥渣混合并完成混凝剂与水的混合和反应过程。混合后的夹带泥渣的水被搅拌装置上的叶轮提升到第二反应室，在第一反应室和第二反应室完成接触絮凝作用。第二反应室内设置有导流板，以消除因叶轮提升作用所造成的水流旋转，使水流平稳地经导流室流入分离室，在这里水与药剂完成了混凝过程，并进行了整流。分离室的上部为清水区，清水向上流入集水槽和出水管。分离室的下部为悬浮泥渣层，下沉的泥渣大部分沿锥底的回流缝再次流入第一反应室，重新与原水进行接触絮凝反应，少部分排入泥渣浓缩室，浓缩至一定浓度后排出池外。

2. 过滤

混凝、沉淀工艺除去了大部分悬浮物，但水中仍残留细小悬浮颗粒，需要进一步处理。使含悬浮物的水流过具有一定孔隙率的过滤介质，水中的悬浮物被截留在介质表面或内部而除去的工艺称为过滤。电厂水处理中常见的过滤设备有无阀滤池、机械过滤器、活性炭吸附过滤器、微滤器（保安过滤器）、超滤器等。

（1）无阀滤池。无阀滤池的结构如图 2 - 41 所示。过滤原水先进入高位配水槽（常压），经 U 形管进入虹吸上升管，再由内布水挡板均匀地布水于滤料层中，水自上而下通过石英砂滤料层过滤，过滤水从小阻力配水系统进入集水器后，通过连通渠流到出水箱（也称冲洗水箱），当水位上升至出水管的喇叭口时，过滤后的清水就流入循环水池。

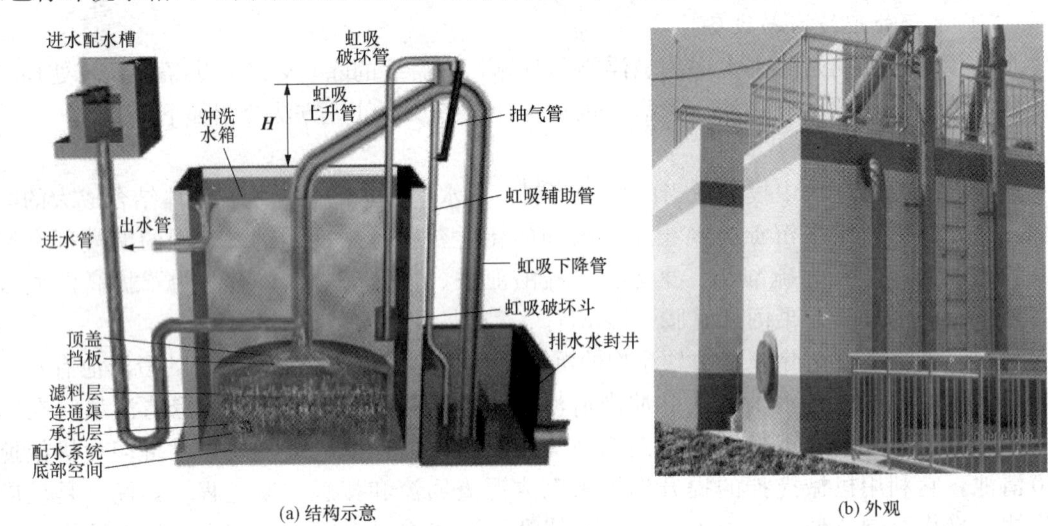

(a) 结构示意　　(b) 外观

图 2 - 41　无阀滤池

滤池刚投入运行时，滤料层较清洁，水压损失小。运行一段时间后，滤料层中杂质逐步增多，水压损失随之增加，虹吸上升管中的水位慢慢升高。当虹吸上升管中的水位升高到虹吸辅助管管口时，水便从辅助管中急速流下，依靠水流的挟气和引射作用，通过抽气管不断带走虹吸管中的空气，使虹吸管形成真空。

虹吸上升管中的水便大量地越过管顶，沿虹吸下降管落下，这时就开始了反冲洗过程。冲洗水箱的水经过连通渠、集水区和配水系统从下而上冲洗滤料层，冲洗废水通过虹吸管流入排水井后至沟渠。在冲洗过程中，水箱的水位逐渐下降，当水位下降到虹吸破坏斗缘口以下时，空气便迅速从虹吸破坏管进入系统，虹吸即被破坏，冲洗过程结束，过滤重新开始。反冲洗时间约 5min，每次反冲洗水量为冲洗水箱的存水量加上反冲洗过程中的进水量。

（2）机械过滤器。机械过滤器的结构如图 2-42 所示。它的本体是一个圆柱形容器，内部装有进水装置、滤层（无烟煤粒、石英砂等滤料）和排水装置，外部设有必要的管道阀门等。在进、出口的两根水管上装有压力表 P1、P2，表的压力差就是过滤时的水头损失（运行时的阻力）。过滤器在运行过程中，出于滤料不断吸附浑水中的悬浮杂质，使运行阻力逐渐增大。当阻力增大到一定值时，应停止运行，对滤料进行反洗，并根据需要选用空气擦洗。空气擦洗和水反洗可通过进反洗水阀 K3、排反洗水阀 K4、进压缩空气阀 K5和罐顶的排气管来实现。

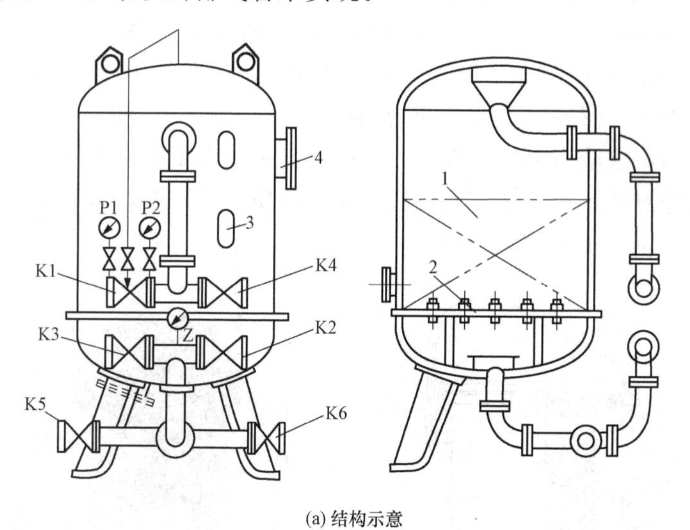

(a) 结构示意

(b) 外观

图 2-42 机械过滤器

1—滤层；2—多孔板水帽配水系统；3—视镜；4—人孔；

K1—进水阀；K2—出水阀；K3—进反洗水阀；K4—排反洗水阀；K5—进压缩空气阀；K6—正洗排水阀

（3）活性炭吸附过滤器。活性炭吸附过滤器主要有吸附作用（吸附小分子有机物、微生物、色度或嗅味物质）、还原作用（还原余氯等氧化剂）和过滤作用（筛除水中悬浮物）。制造活性炭的原料有果壳、木屑和无烟煤三种，吸附性能差别很大；如果用在除盐系统去除有机物，果壳碳的性能明显优于其他两种。

活性炭除氯效率很高，一般氯消毒的水经过活性炭床脱氯后，残留氯含量小于 0.1mg/L。水中余氯有三种形态：Cl_2、HClO 和 ClO^-，被脱除效率由高到低为 $Cl_2 > HClO > ClO^-$。脱氯过程的化学反应原理如下：

$$C + Cl_2 + 2H_2O \longrightarrow CO_2 + 4H^+ + 2Cl^-$$

$$C + 2HClO \longrightarrow CO_2 + 2H^+ + 2Cl^-$$

$$C + 2ClO^- \longrightarrow CO_2 + 2Cl^-$$

水的 pH 值、水温、活性炭种类等对脱氯有影响。一般 pH 值升高，余氯中 ClO^- 比例增加，脱氯反应速度下降；水温增加 20℃，脱氯反应速度大约增加两倍；高质量的椰子壳活性炭的脱氯反应速度大致是低质量活性炭的 10 倍。

活性炭过滤器的结构形式与机械过滤器基本相同，不同之处在于滤层的高度和反洗水管径。滤层高度一般为 1.5～2.0m，是机械过滤器的 2 倍以上；活性炭的密度比石英砂低得多，反洗流速仅为石英砂过滤器的 60%左右。

(4) 微滤器和保安过滤器(micro - filtration, MF)。微滤是以多孔膜为过滤介质,在0.1~0.3MPa压力的推动下,截留溶液中的沙砾、淤泥、黏土等颗粒和贾第虫、隐孢子虫、藻类和一些细菌等,而大量溶剂、小分子及少量大分子溶质都能透过膜的分离过程。微滤主要用于分离液体中尺寸超过0.1μm的物质。

微滤膜按材质可分为聚合物膜和无机膜两大类。常见的聚合物膜有醋酸-硝酸混合纤维素、聚丙烯、聚氯乙烯、聚四氟乙烯、聚偏氟乙烯、聚酰胺、聚砜和聚碳酸酯等。无机膜则是用氧化铝或氧化锆陶瓷、玻璃、金属氧化物等制得的。微滤器常用多个滤芯组装而成,滤芯有线绕滤芯、喷熔滤芯、折叠滤芯[见图2-43(a)]、陶瓷滤芯、不锈钢滤芯等多种形式。

反渗透系统中常用5μm过滤精度的滤芯作为保安过滤器的滤元,用20~100μm过滤精度的微滤器作为超滤的前置过滤设备。保安过滤器的结构如图2-43所示,滤元固定在隔板上,进水自中部进入保安过滤器内,滤液由隔板下部出水室引出,杂质被截留在滤元上。这种滤元的优点是过滤精度高,制造方便,价格便宜,使用安全,杂质不易穿透,但反洗和化学清洗效果不明显,只能一次性使用,不超过3个月。

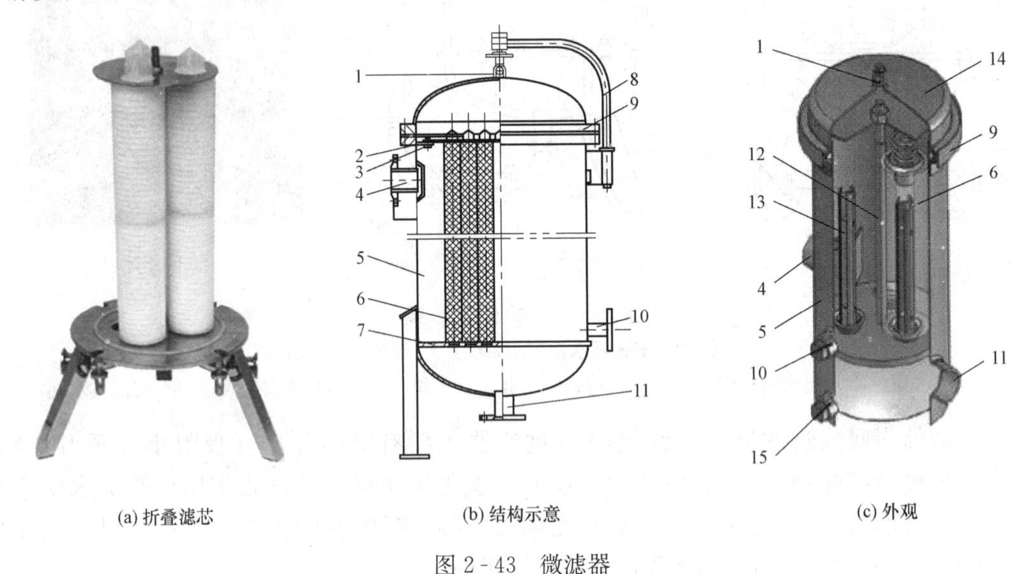

图2-43 微滤器

1—排气口;2—支架;3—上多孔板;4—进水口;5—罐体;6—滤芯;7—下多孔板;
8—吊盖装置;9—法兰;10—排污口;11—出水口;12—中心拉杆;13—导流杆;14—封头;15—放空口

(5) 超滤器(ultra - filtration, UF)。超滤是以孔径为0.005~1μm的不对称多孔性半透膜作为过滤介质的深度过滤方式。其工作原理是:在外界推动力(0.04~0.7MPa)作用下,被分离的溶液以一定的流速沿着超滤膜表面流动;溶液中的溶剂、溶解盐类及小分子有机物从高压侧透过超滤膜进入低压侧,并作为滤液而排出;而溶液中悬浮物、高分子物质、胶体微粒、微生物等颗粒性杂质被超滤膜截留,溶液被浓缩以浓缩液形式排出;配合定期反洗及化学清洗,可长期连续运行。超滤膜的过滤原理主要有筛分、吸附和架桥三种;由于膜孔径很小,截留机理是以机械筛分作用为主。

在火电厂使用的主要超滤膜材料均为有机合成膜,包括聚偏氟乙烯(PVDF)、聚醚砜(PES)、聚丙烯(PP)、聚乙烯(PE)、聚砜(PS)、聚丙烯腈(PAN)、聚氯乙烯(PVC)等,其中,PVDF、PES目前使用最为广泛。超滤的操作模型可分为终端过滤和错流过滤。

组件类型有中空纤维膜式、螺旋卷式、平板式、管式等多种，其中，中空纤维膜是超滤技术中最为成熟与先进的一种形式。

中空纤维膜实际上是很细的管状膜，一般外径 ϕ0.5～ϕ2.0mm，内径 ϕ0.3～ϕ1.4mm，见图 2-44（a)。中空纤维管壁上布满微孔，原水在中空纤维外侧或内腔内加压流动，分别构成外压式和内压式，工作原理见图 2-44（b)。

1）内压式：进水在纤维管内流动，从管外壁收集透过水。内压式膜元件的特点是膜丝内水的流动分布比较均匀；外部流动的是产水，所以污垢不会在膜丝之间堆积；可以用快速顺洗（正洗)，即冲洗水流与膜孔呈切向方向快速流过，从而可以将吸附在膜内孔表面上的污染物冲去，恢复膜的水通量。但是膜丝内部孔道小，膜表面积较小，对进水悬浮物含量要求较严，适用于原水水质较好的水处理系统。

2）外压式：进水在管外壁流动，产水从管内收集。外压式膜元件的特点是膜丝外空间大，膜表面积较大，产水量较大；对原水水质要求低，适用于污水处理或原水水质波动较大的系统；反洗时由于水力分布均匀而更为有效，且可采用气水合洗的方式。但外压式的进水在纤维束之间流动，流动分布有可能不均匀，易产生堵塞和死角。

将若干个超滤膜组件并联组合在一起，并配备相应水泵、自动阀门、检测仪表、支撑框架和连接管路等附件，能够独立进行正常过滤、反洗、化学清洗等工作，就构成了超滤装置，见图 2-44（c)。

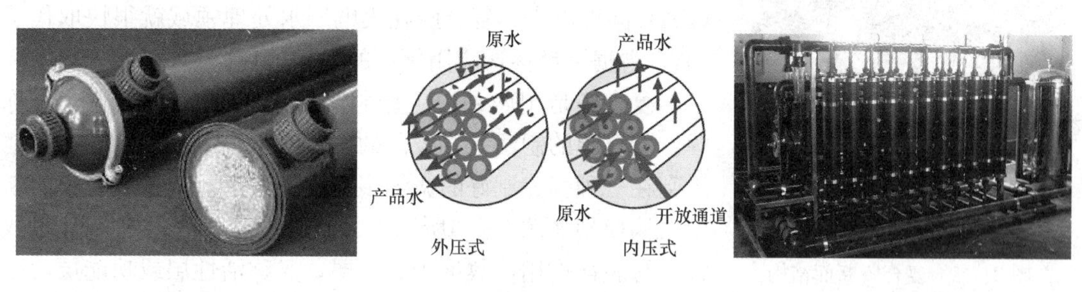

(a) 膜组件　　(b) 外压式和内压式工作原理　　(c) 超滤装置

图 2-44 中空纤维式超滤器

（三）除盐技术及设备

经预处理后，水中的悬浮物、胶体和大部分有机物除去了，但水中的溶解盐类并没有除去，因此用于锅炉补给水时，还必须进一步处理。除去水中溶解盐类最常用的方法是反渗透和离子交换法。

1. 反渗透（reverse osmosis，RO)

(1) 反渗透脱盐原理。只透过溶剂水而不透过溶质盐的膜称为理想半透膜。当把溶剂和溶液（或两种不同浓度的溶液）分置于此膜的两侧时，溶剂将自发地穿过半透膜向溶液（或从低浓度向高浓度溶液）侧流动，这种自然现象称为渗透，见图 2-45（a)。如果上述过程中溶剂是纯水，溶质是盐分，当用理想半透膜将它们分离开时，纯水侧的水会自发地通过半透膜流入盐水侧。

纯水侧的水流入盐水侧，浓水侧的液位上升，当上升到一定高度后，水通过膜的净流量等于零，此时渗透过程达到平衡，与该液位高度对应的压力称为渗透压，见图 2-45（b)。

当在膜的盐水侧施加一个大于渗透压的压力时，水的流向就会逆转，此时盐水中的水将流入纯水侧，这种现象称为反渗透，见图 2-45（c）。

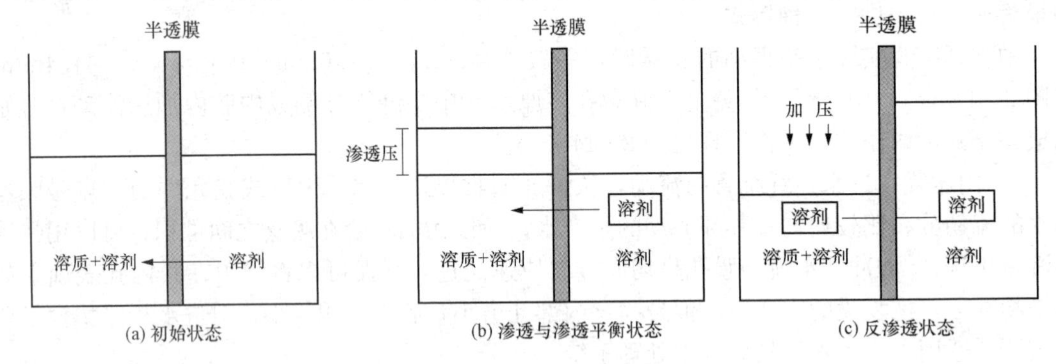

图 2-45 渗透与反渗透

（2）反渗透膜材料。膜是反渗透的关键，良好的半透膜应具备透水率大、脱盐率高、机械强度大、稳定性好、使用寿命长、价格低等特点。膜的性能与膜材料的分子结构密切相关。1960 年研制成功的高脱盐率、高通量的非对称醋酸纤维半透膜（CA）具有资源广、无毒、耐氯、价格便宜等优点，但其抗氧化能力差，易水解，易压密，抗微生物侵蚀性能较弱，限制了它在某些领域的应用。自聚酰胺复合材料（PA）问世以来，复合膜在火电厂水处理领域就很快取代了 CA，占据了反渗透应用领域的主导地位。

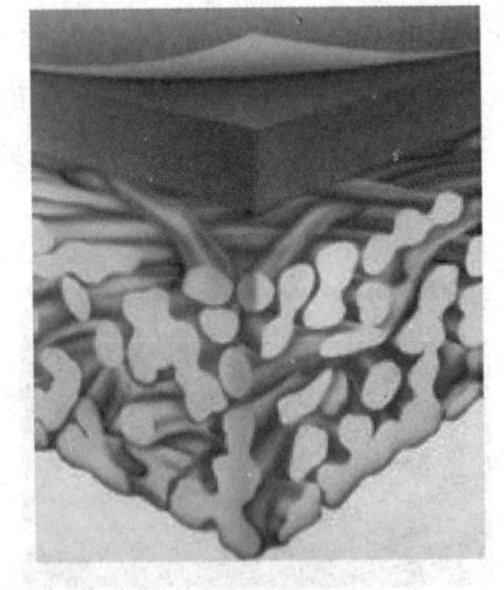

图 2-46 复合膜断面结构

复合膜是用两种以上膜材料复合而成，是一种非对称膜。复合膜的制法是将极薄的、有除盐作用的活性层均匀地涂刮在一种预先制好的微细多孔支撑层上。一般复合膜的断面结构模型如图 2-46所示，大致分三层。表层超薄且很致密，起脱盐作用，故称为脱盐层，又称活性层或功能层，厚度约为 0.2μm，主要为交联全芳香族聚酰胺；中间一层为多孔层，厚度约为 60μm，以聚砜材料最普遍，其次为聚丙烯和聚丙烯腈；底层为一层较厚的支撑层，进一步增加多孔层的强度，厚度约为 150μm，常用聚酯无纺布。

（3）反渗透膜元件。由反渗透膜和支撑材料等制成的具有工业使用功能的基本单元称为膜元件。膜元件有平板式、圆管式、螺旋卷式和中空纤维式四种形式，其中螺旋卷式在电厂水处理中的应用约占 99%。卷式反渗透膜元件结构如图 2-47 所示，膜元件核心部分由膜、进水隔网和透过水隔网围中心管卷绕而成；膜、进水隔网和透过水隔网排列顺序如下：

进水隔网→（脱盐层）膜 1（支撑层）→透过水隔网←（支撑层）膜 2（脱盐层）←进水隔网

↑ 进水通道　　　　↓ 中心管 ↑　　　　↑ 进水通道

→（脱盐层）膜 3（支撑层）→透过水隔网←（支撑层）膜 4（脱盐层）

膜 1 与膜 2、膜 3 与膜 4 密封形成一个膜袋，透过水隔网位于袋中，膜袋开口与多孔中心管相连。膜袋连同进水隔网一起在中心管外缠绕成卷，被卷成像布匹样的圆柱体后再包上外皮，外皮材料一般为玻璃钢（FPR）。膜的脱盐层面对进水隔网，支撑层面对透过水隔网，

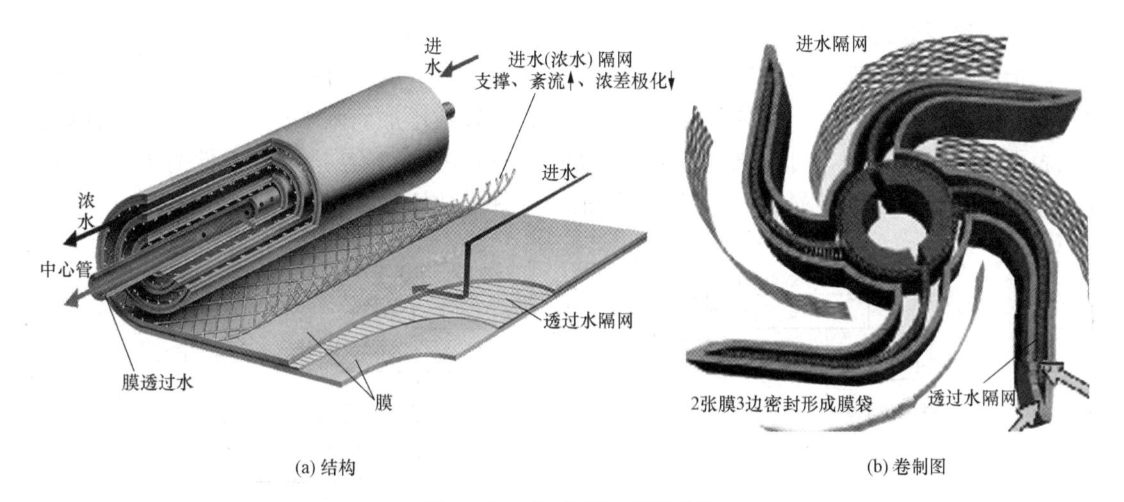

(a) 结构　　(b) 卷制图

图 2-47　卷式反渗透膜元件

见图 2-47（b）。透过水隔网构成透过水通道，并起支撑膜的作用。进水隔网构成进水和浓水通道，并起扰动水流防止浓差极化的作用。多孔中心管与透过水通道相通，收集透过水。在压力推动下，原液在进水隔网中流动，水量不断减少，浓度不断增加，最后变成浓水从下游排出。透过水在透过水隔网内流动，流量不断增加，最后进入中心集水管。

（4）反渗透膜组件。根据水处理工艺的需要，将一只或数只反渗透膜元件按一定技术要求串接，组装在单只反渗透膜壳里，即组成了一只反渗透膜组件。膜组件内部结构示意如图 2-48（a）所示。

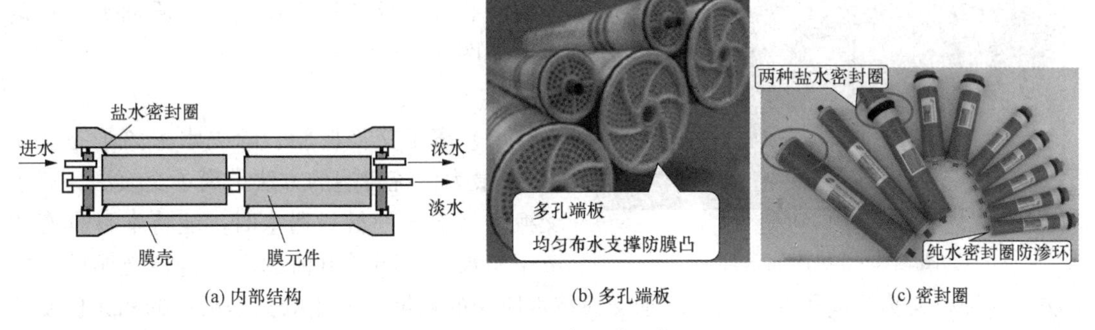

(a) 内部结构　　(b) 多孔端板　　(c) 密封圈

图 2-48　反渗透膜组件

膜组件主要有进水口、浓水出口和淡水出口 3 个外接口。膜组件中心管的两端均可作为淡水出口；膜组件两头的多孔端板（或涡轮板）的一端为进水口，另一端为浓水出口。多孔板具有均匀布水、防止膜卷凸出的作用，见图 2-48（b）。

反渗透需要在一定压力下才能进行，为了防止浓淡水互窜，必须采取密封措施，让这两股水流各行其道。为防止在连接处浓水、淡水的泄漏，在膜元件之间设有盐水密封圈、纯水密封圈，见图 2-48（c）。

用来装载反渗透膜元件的承压容器称为膜壳，又称为压力容器。膜壳一般由环氧玻璃钢或者不锈钢制成。

（5）膜组件的排列形式。根据生产需要，可将多个膜组件排列成一级、二级甚至多级，每级中的膜组件又可排列成一段、二段甚至多段。电厂水处理中膜组件排列形式以“一级二段”和“二级反渗透”较为常用。

段指反渗透膜组件按浓水流程串接的阶数。图 2 - 49 中一级的段数为一段，二级的段数为三段。随着段数的增加，系统总的回收率上升；随段数增加而浓水流量下降，为了保持各段膜表面浓水流速相同，可逐渐减少各段并联的膜组件个数，使进入各组件的进水流量相等，如一级二段膜组件排列中一、二段并联的膜组件个数比为 2∶1。

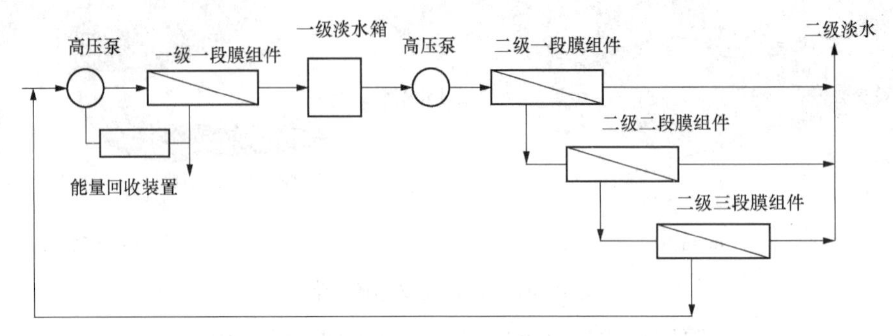

图 2 - 49　二级四段反渗透流程

级指反渗透膜组件按淡水流程串联的阶数，表示利用反渗透膜组件对水进行脱盐处理的次数。图 2 - 49 所示为二级反渗透装置。随着反渗透膜组件级数的增加，淡水的纯度提高。当采用二级反渗透系统时，第二级反渗透的浓水宜循环到第一级反渗透重复使用。

（6）反渗透系统。多个膜组件组合成更大的脱盐单元，即为反渗透装置。反渗透装置本体、电气、仪表及连接管线、电缆、保安过滤器、高压泵等组成反渗透系统，此外还包括化学清洗装置，反渗透阻垢剂、还原剂等加药装置，如图 2 - 50 所示。

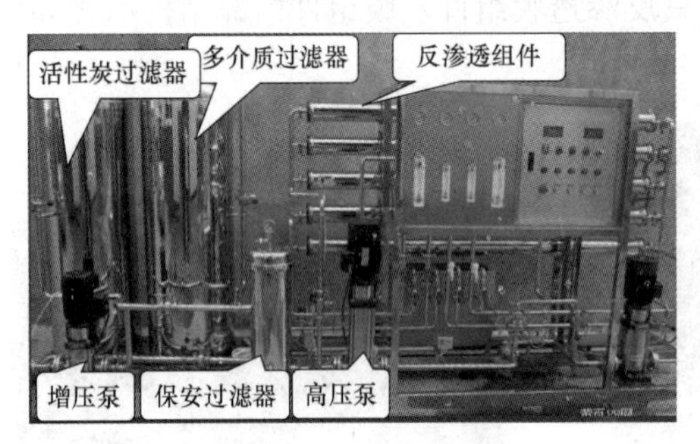

图 2 - 50　反渗透系统

2. 离子交换

（1）离子交换树脂。除去水中离子态杂质（盐）最为传统普遍的方法是离子交换法。离子交换法是指某种材料遇水时，能将本身具有的离子与水中带同类电荷的离子进行交换反应的方法。这种材料称为离子交换剂。离子交换技术应用的初期，采用的只是天然的和无机质的离子交换剂，目前普遍应用的是合成的离子交换剂，因其外形很像松树分泌出来的树脂，常称离子交换树脂，其外观见图 2 - 51（a）。

(a) 外观

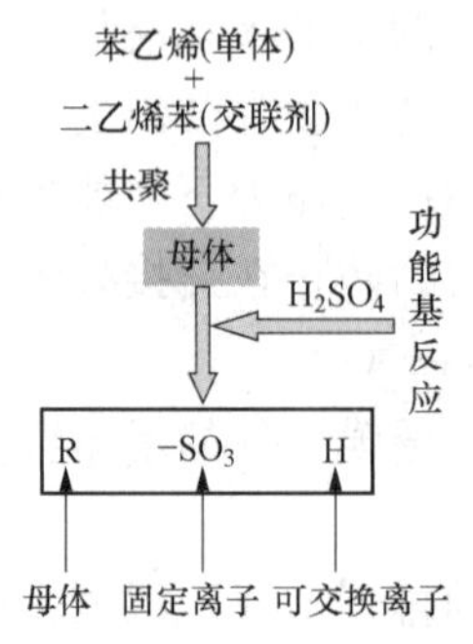

(b) 氢型阳树脂(RH) 的合成与结构

图 2 - 51　离子交换树脂

离子交换树脂是带有官能团（可交换离子）、具有网状结构、不溶性的高分子化合物，通常是球形颗粒物；氢型阳树脂（RH）合成与结构见图2-51（b）。

（2）离子交换除盐原理。离子交换除盐是利用阳、阴树脂分别除去水中所含的阳离子和阴离子，生产出“纯”水。其原理是：当含盐的水依次通过氢型阳树脂（RH）和氢氧型阴树脂（ROH）时，水中所含的阳离子和阴离子分别与阳树脂中的H^+和阴树脂的OH^-发生离子交换，交换的结果是水中的阳离子和阴离子分别转移到阳树脂和阴树脂上，同时有等量的H^+和OH^-进入水中，H^+和OH^-互相结合而生成水，从而除去了水中的盐类物质。上述原理可用下列反应式表示：

$$\left.\begin{matrix} 2Na^+ \\ Mg^{2+} \\ Ca^{2+} \end{matrix}\right\} + 2RH \longrightarrow 2H^+ + \left\{\begin{matrix} 2RNa \\ R_2Mg \\ R_2Ca \end{matrix}\right.$$

$$\left.\begin{matrix} 2Cl^- \\ SO_4^{2-} \\ 2HCO_3^- \\ 2HSiO_3^- \end{matrix}\right\} + 2ROH \longrightarrow 2OH^- + \left\{\begin{matrix} 2RCl \\ R_2SO_4 \\ 2RHCO_3 \\ 2RHSiO_3 \end{matrix}\right.$$

交换反应生成的H^+和OH^-结合成水，即

$$H^+ + OH^- \longrightarrow H_2O$$

离子交换反应是可逆的，离子交换反应的可逆性是离子交换树脂可以反复使用的基础，也是离子交换树脂在水处理工艺中得到广泛应用的一个重要方面。当离子交换反应进行到大部分阳树脂由RH型转化为R_2Ca、R_2Mg和RNa型，阴树脂由ROH型转化为RCl、R_2SO_4、$RHCO_3$、$RHSiO_3$型后，出水中泄漏的离子量开始增加。当泄漏量超过一定值后，离子交换反应到达了终点，称树脂失效。

树脂失效后，需要利用酸、碱溶液分别对阳、阴树脂进行再生，将阳、阴树脂重新转化为RH型和ROH型，恢复其除盐能力。所以离子交换器的运行分为四个阶段，从除盐—反洗—再生—正洗的全过程称为一个运行周期。

水处理使用的离子交换器有多种形式，其运行方式也各不相同，常见的有复床除盐和混床除盐。

（3）一级复床除盐。交换器本体一般是一个由碳钢制成的圆柱形承压容器。通常设计压力为0.6MPa，工作温度为5～50℃。筒体上开有人孔、树脂装卸孔，以及用于观察交换器内部树脂状态的窥视孔。装有RH树脂的设备称为阳离子交换器（阳床），装有ROH树脂的称为阴离子交换器（阴床）。一级复床除盐系统通常由阳床、除碳器和阴床各一台串联而成，系统组成见图2-52。

阳床和阴床的种类较多，这里主要介绍逆流再生式离子交换器，即除盐时水从上往下流，再生时再生液及置换水从下而上流，其结构如图2-53所示。

进水装置的作用是在树脂层面上均匀分布进水，另一个作用是均匀收集反洗排水。常用的进水装置如图2-54所示。

压脂层的作用是过滤掉水中的悬浮物及机械杂质，使进水通过压脂层均匀作用于树脂层表面，防止树脂在逆流再生中乱层。

中间排液装置的作用主要是使向上流动的再生液和置换水能均匀地从此装置排走，不会

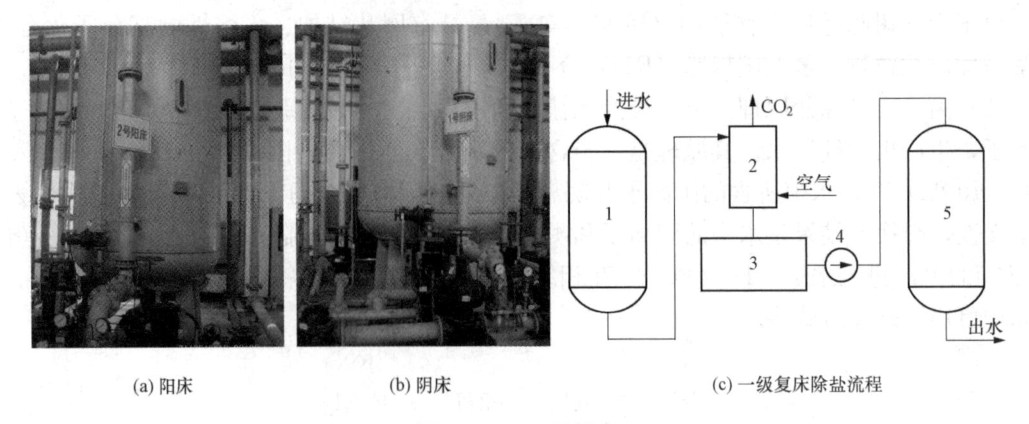

(a) 阳床　　(b) 阴床　　(c) 一级复床除盐流程

图 2-52　一级复床

1—阳床；2—除碳器；3—中间水箱；4—中间水泵；5—阴床

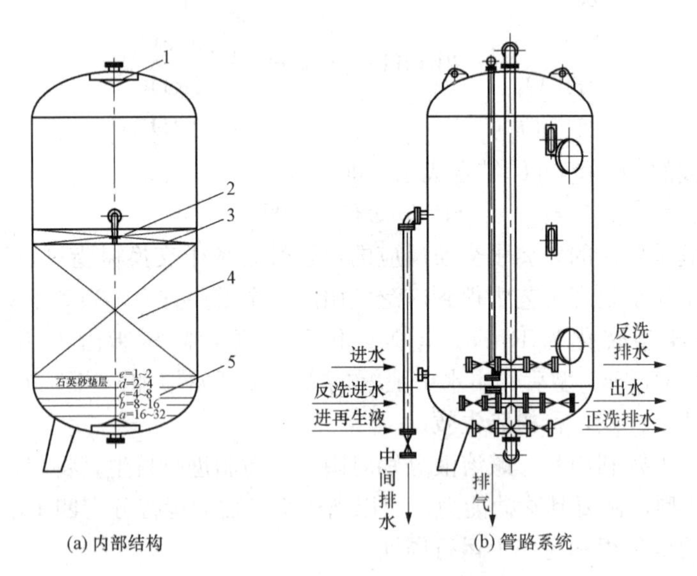

(a) 内部结构　　(b) 管路系统

图 2-53　逆流再生离子交换器

1—进水装置；2—压脂层；3—中间排液装置；4—树脂层；5—排水装置

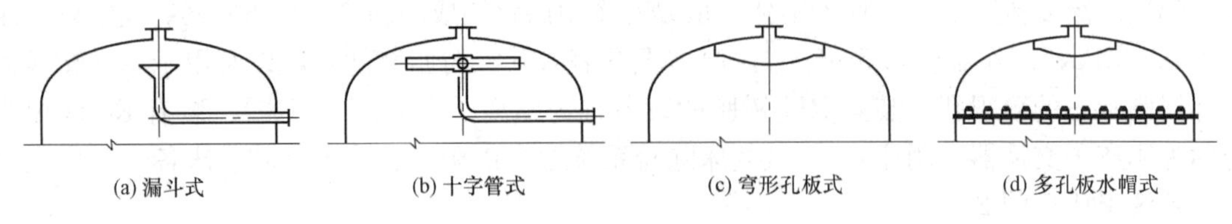

(a) 漏斗式　　(b) 十字管式　　(c) 穹形孔板式　　(d) 多孔板水帽式

图 2-54　进水装置

因为有水流流向树脂层上面的空间而扰动树脂层；其次，它还兼作小反洗的进水装置和小正洗的排水装置。常用的中间排液装置如图 2-55 所示。

排水装置的作用是均匀收集处理好的水，另一个作用是均匀分配反洗进水。常用的排水装置如图 2-56 所示。

水经阳床后，水中 HCO_3^- 转变为 H_2CO_3，连同水中原有的 CO_2，其溶解量远远超出与空气中 CO_2 含量平衡时的溶解度。如果在阳床交换后不立即将水中 CO_2 去除，CO_2 进入阴床，将

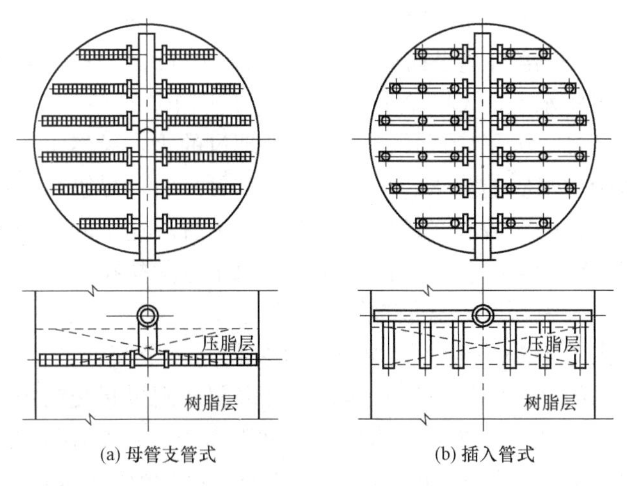

(a) 母管支管式 (b) 插入管式

图 2-55 中间排液装置

会加大阴床负担，再生用碱量增多，还会影响阴床出水的 SiO_2 含量。因此在除碳器中鼓入空气，让水中 CO_2 尽快与空气中 CO_2 达到平衡，提高 CO_2 逸出速度，即为鼓风式除碳器的工作原理。其外观与结构如图 2-57 所示。

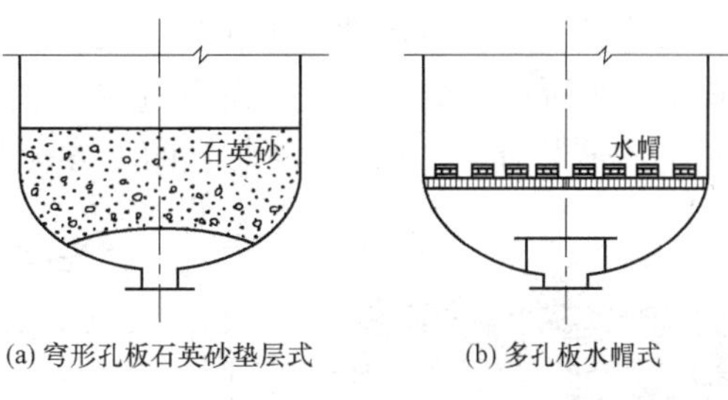

(a) 穹形孔板石英砂垫层式 (b) 多孔板水帽式

图 2-56 排水装置

工作时，水从上部布水板 2 淋下，通过填料层 3 后，从下部排入水箱 6。空气从下部由离心式风机 5 引入，通过填料层后由顶部 A 排出。在除碳器中因塑料多面空心球填料的阻挡作用［见图 2-57（c）］，从上面流下来的

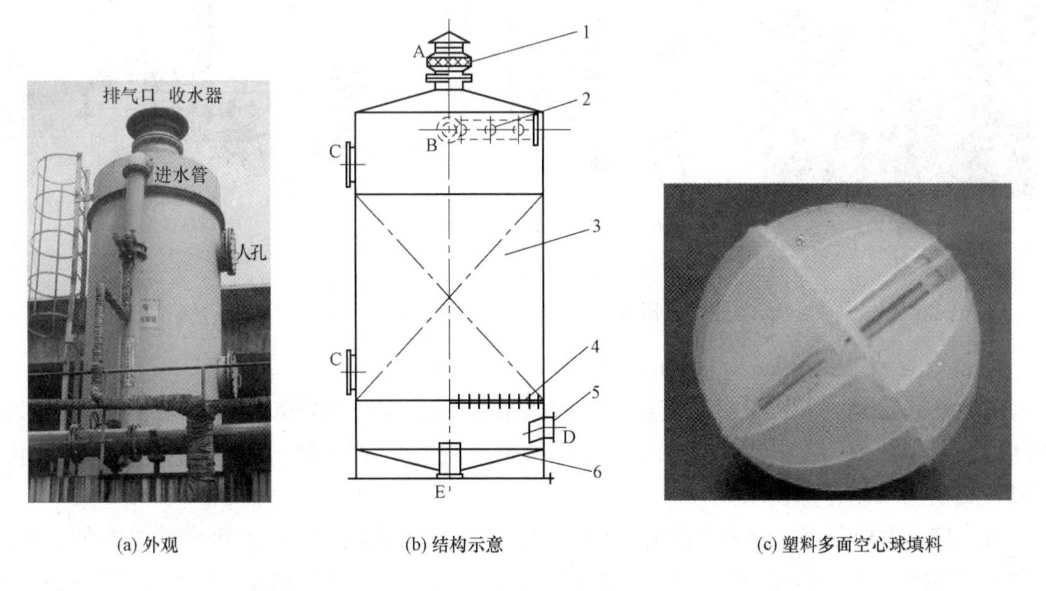

(a) 外观 (b) 结构示意 (c) 塑料多面空心球填料

图 2-57 大气式除碳器

1—收水器；2—布水装置；3—填料层；4—格栅；5—进风管；6—出水锥底；

A—排风口；B—进水口；C—人孔；D—进风口；E—出水口

水被分散成许多小股水流、微水滴或水膜，增大了空气与水的接触面积。因空气中CO_2含量很小（约0.03%），在水中溶解达平衡时不到0.45mg/L（20℃）；这样水与空气接触时，水中的CO_2便会析出，可将水中的CO_2含量降至5mg/L以下。

（4）混床除盐。经过一级复床或反渗透除盐处理过的水，虽然水质已经很好，但还不能满足更高压力等级锅炉对水质的要求。当对水质要求更高时，尽管可采取增加级数的办法来提高水质，但增加了设备的台数和系统的复杂性。为了解决这个问题，通常采用在反渗透或一级复床之后串以混床或者电除盐进行深度除盐。由于电除盐技术还不完善，混床目前还是电厂锅炉补给水处理系统中深度除盐最常用的设备。

混床就是将阴、阳树脂按一定比例均匀混合装在同一个交换器中，水通过时同时完成阴、阳离子交换过程的床型。混床可以看作是由许多阴、阳树脂交错排列而组成的多级式复床。在均匀混合状态下，H型阳树脂与水中的各种阳离子进行交换而放出H^+，OH型阴树脂与水中的各种阴离子交换而放出OH^-，H^+和OH^-又结合生成水，从而除去水中的盐分，称为混床除盐。混床中阴阳树脂的体积比为2∶1。

混床的一个运行周期至少包括反洗分层、再生、树脂混合、正洗、制水等步骤，其结构如图2-58所示，交换器上部设有进水装置1，下部有排水装置6，中间装有阳、阴树脂再生用的排液装置4，中间排液装置的上方设有进碱装置2。

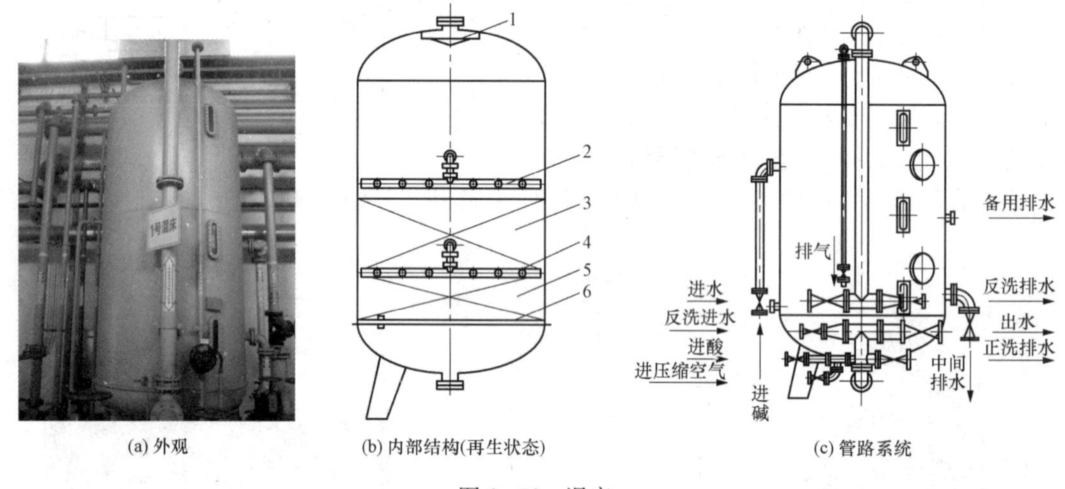

(a) 外观　(b) 内部结构(再生状态)　(c) 管路系统

图2-58　混床

1—进水装置；2—碱液分配装置；3—阴树脂层；4—中间排液装置；5—阳树脂层；6—下部排水/进酸装置

3. 电除盐（electrodeionization，EDI）

电除盐装置是电渗析与离子交换除盐有机结合形成的新型膜分离技术，是当今世界先进的高纯水生产技术。在电厂水处理中，电除盐是日益重要的一种深度除盐工艺，可代替传统的离子交换法来制备除盐水。

（1）EDI除盐原理。离子交换树脂如果不做成粒状，而制成膜状，则它就具有如下特性：阳离子交换树脂膜（简称阳膜）只允许阳离子通过，阴离子交换树脂膜（简称阴膜）只允许阴离子透过，即离子交换膜有选择透过性见图2-59（a）。如果将这些膜做成电解槽的隔膜，即在膜的两侧加两个电极，通以直流电，则离子会发生有规则的迁移，这就是电渗析的原理。

图2-59（b）所示为EDI除盐原理。阳膜和阴膜交替排列在正、负两个电极之间；相

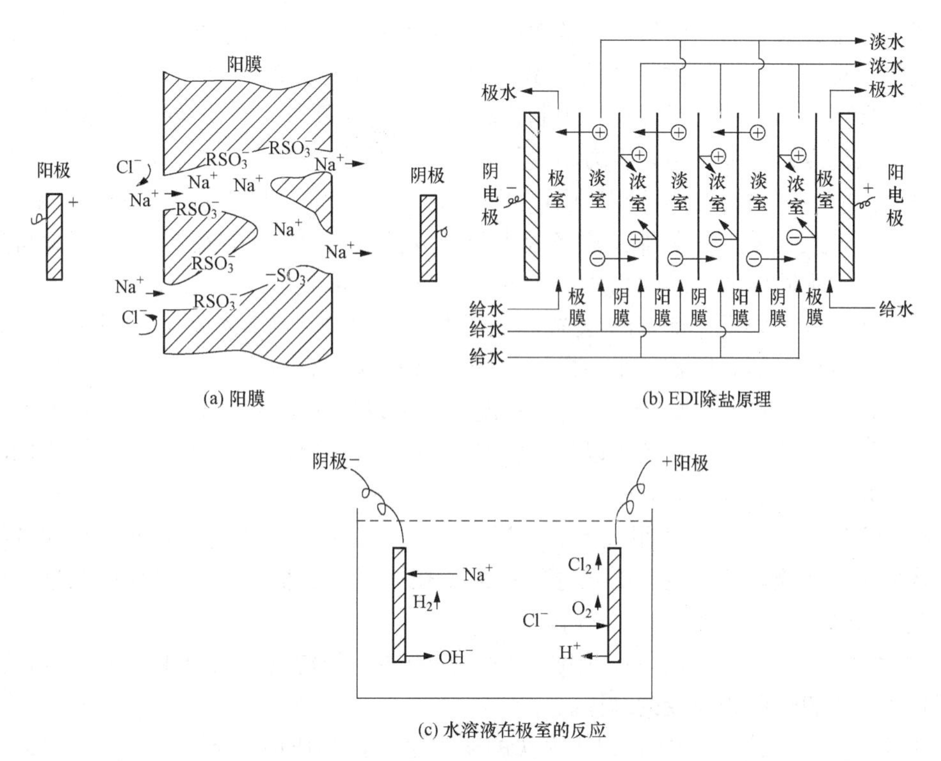

(a) 阳膜

(b) EDI除盐原理

(c) 水溶液在极室的反应

图 2-59 EDI 除盐原理

邻两膜之间、膜与电极之间用隔板或极框隔开，形成阴极室（最靠近负极）、淡水室（给水产水通道）、浓水室和阳极室（最靠近正极），其中淡水室中填充有混合离子交换树脂。当原水进入隔室后，在直流电场作用下，阳离子 H^+、Na^+ 移向阴极，阴离子 OH^-、Cl^- 移向阳极，由于离子交换膜的选择性透过性，淡水室中阳离子和阴离子分别顺利透过右边阳膜或左边阴膜进入两边浓水室中；而浓水室中的离子迁移则相反，阳离子和阴离子分别受到右边阴膜和左边阳膜的阻挡，不能进入两边的淡水室中，浓水室及淡水室中的水分子由于不带电荷而仍保留在各自室中。随着这一过程的进行，淡水室中离子浓度下降，浓水室中离子浓度上升。因此，利用 EDI 原理可以实现水与盐的分离。

直接和电极相接触的隔室称为极水室。如图 2-59（c）所示，极室的水溶液同时发生下列反应：

a. 阳离子（Na^+）向带有负电荷的阴极移动。

b. 阴离子（Cl^-）向带有正电荷的阳极移动。

c. 水在阴极处获得电子后，发生还原反应：$2H_2O+2e \longrightarrow 2OH^- + H_2\uparrow$（水溶液呈碱性）。

d. 水在阳极处失去电子后，发生氧化反应：$2H_2O \longrightarrow 4H^+ + O_2\uparrow + 4e$（水溶液呈酸性）。

e. 在阳极处生成氯气：$2Cl^- \longrightarrow Cl_2\uparrow + 2e$。

在极水室中，阳极上产生初生态氧和初生态氯，有氧气和氯气逸出，水溶液呈酸性。阴极上产生氢气，水溶液呈碱性，有硬度离子时，此室易生成水垢。临近极室的第一张膜一般用阳膜或特制的耐氧化较强的膜，常称之为极膜。

EDI 除盐的依据如下：阳膜选择透过阳离子而排斥阴离子，而阴膜则选择透过阴离子而排斥阳离子；在外加直流电场作用下，离子发生定向迁移，而不带电荷的水分子则不受电场驱动。

在淡水室中，混合离子交换树脂的作用如下：利用离子交换特性传递离子，帮助离子迁移；利用树脂良好的导电特性降低淡水室电阻，使 EDI 能在较高的电流下工作。这样强化了离子，包括弱酸离子的迁移过程，为制备高纯水创造了条件。一般选择均粒的强型树脂作为填充物，其优点是空隙均匀，阻力小，不易偏流。填充的强酸阳树脂和强碱阴树脂比例应与进水可交换阴、阳离子的比例相适应，如 1∶2 或 2∶3 等。将阳树脂与阴树脂混合均匀填充到 EDI 中，充分地利用了树脂层中各处水分子极化电离出的 H^+ 及 OH^-，以保持树脂的高再生度，这对去除弱酸弱碱性物质，如 SiO_2、CO_2 有利。

(2) EDI 装置。为了保证 EDI 装置的连续制水，提高系统运行的稳定性，EDI 装置通常采用模块化设计，即利用若干个一定规格的 EDI 模块组合成一套 EDI 装置，如果其中的一个模块出现故障，在不影响装置运行的情况下，可以方便地对故障模块进行维修或更换处理。另外，模块化的设计方式还可以使装置保持一定的扩展性。为了使极室中产生的气体易于排净，EDI 模块一般设计为立式。

按离子交换膜在 EDI 中的组装形状，EDI 模块可分为板框式和卷式两类，前者组装的是平板状离子交换膜，后者组装的是卷筒状离子交换膜。板框式 EDI 模块由膜堆、极区和压紧装置三大部分构成，如图 2-60 所示。

1) 膜堆。由阴膜、淡水隔板、阳膜、浓水隔板各一张构成膜堆的基本单元，称为膜对。膜堆即是由若干膜对组合而成的总体。

a. 淡水隔板。淡水隔板位于 EDI 模块的淡水室中，其作用如下：构成淡水室的水流通道；支撑离子交换膜和离子交换填充材料；改善淡水流态，降低离子迁移阻力。

b. 浓水隔板。浓水隔板位于 EDI 模块的浓水室中，其作用如下：构成浓水室的水流通道；强化水流紊乱，减薄层流层厚度，降低浓差极化程度，防止结垢。

淡、浓水隔板通常为无回程形式，材料可用聚氯乙烯、聚丙烯、聚乙烯等塑料及天然橡胶或合成橡胶等；淡水隔板厚度一般为 3～10mm，浓水隔板厚度一般为 1～4.5mm。隔板中用于绝缘和密封的边框部分称为隔板框，框上开有配水孔、布水槽和集水孔。隔板框内可填充隔网、离子交换树脂和离子交换纤维等。隔网上布置有流水道，主要起促湍、提高极限电流密度的作用；常用的隔网材料有聚氯乙烯、聚乙烯、聚丙烯、涂塑玻璃丝等；网孔形式有鱼鳞网、纺织网和窗纱网等。

浓水室隔板和淡水室隔板的区别是连接配集水孔（又称进出水孔）的配集水槽（又称布水槽）位置不同，见图 2-61。总之，淡水室隔板的配集水孔的布水槽使淡水室仅和淡水进出水管相通，浓水室仅和浓水进出水管相通。

2) 极区。极区的主要作用是给 EDI 供给直流电，将原水导入膜堆的配水孔，将淡水和浓水排出 EDI，并通入和排出极水。极区由电极托板、电极、极框、导水板和弹性垫板组成。

a. 电极托板。电极托板的作用是加固极板和安装极水的进出水接管，常用厚的硬聚氯乙烯板制成。电极的作用是接通内外电路，在 EDI 内造成均匀的直流电场。目前，常用钛涂层（如钛涂钌或铱等）材料作阳极，用不锈钢材料作阴极。极框用来在极板和膜堆之间保持一定的距离，构成极室，也是极水的通道；常用厚 5～7mm 的粗网多水道式塑料板制成。导水板的作用是将给水由外界引入 EDI 各个隔室和由 EDI 引出。弹性垫板起防止漏水和调整厚度不均的作用，常用橡胶或软聚氯乙烯板制成。

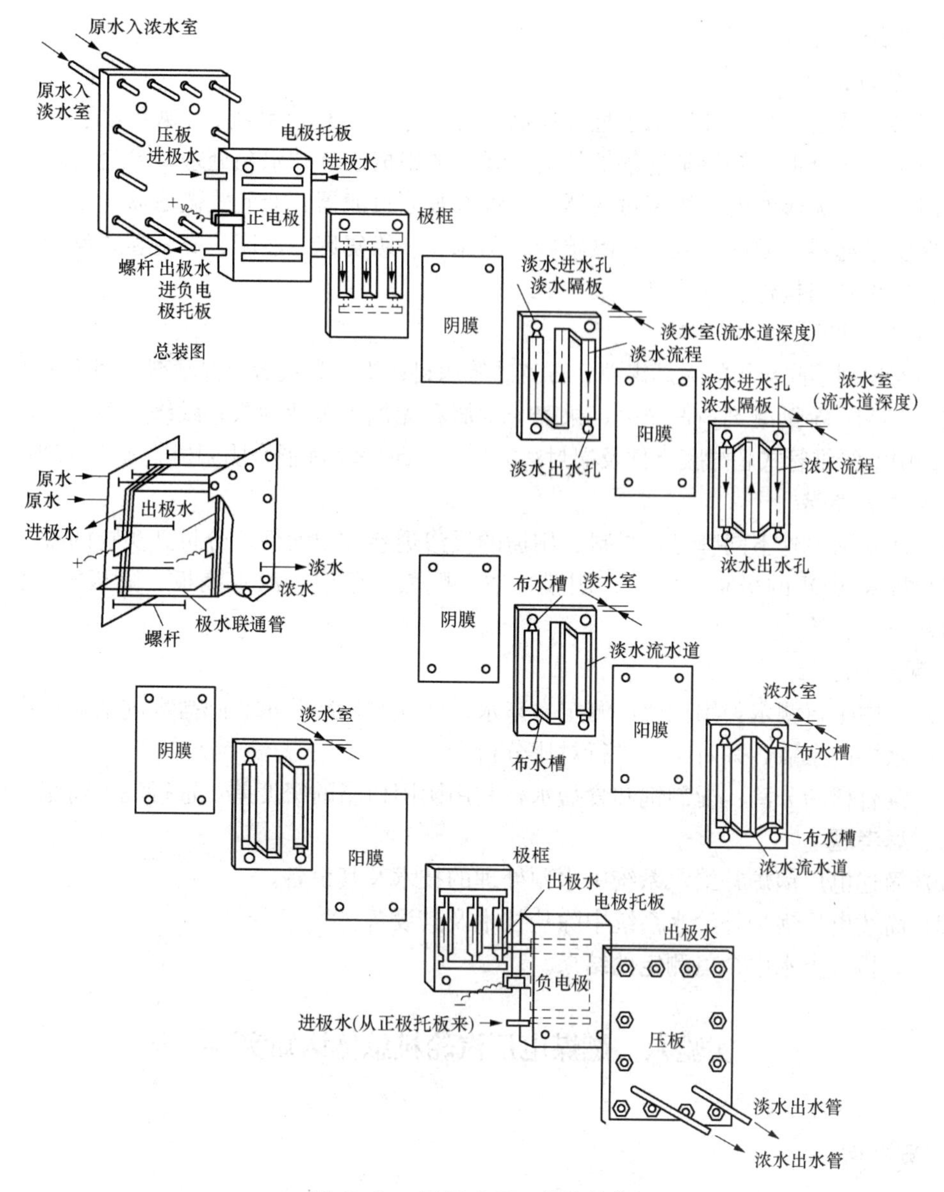

图 2-60　板框式 EDI 模块结构

b. 导水板。导水板是将水由外界引入和导出的装置。导水板有两种：一种是装在电渗析器两头的端导水板，另一种是多级多段中的中间导水板。目前端导水板都采用 30～50mm 厚的硬聚氯乙烯板。当采用内管路系统时，中间导水板可薄一些，一般为 20～30mm。但都要求导水板刚韧坚强，以防止锁紧固时变形断裂。

3）压紧装置。其作用是把极区和膜堆组成不漏水的 EDI 整体。可采用压板和螺栓拉紧，也可采用液压压紧。

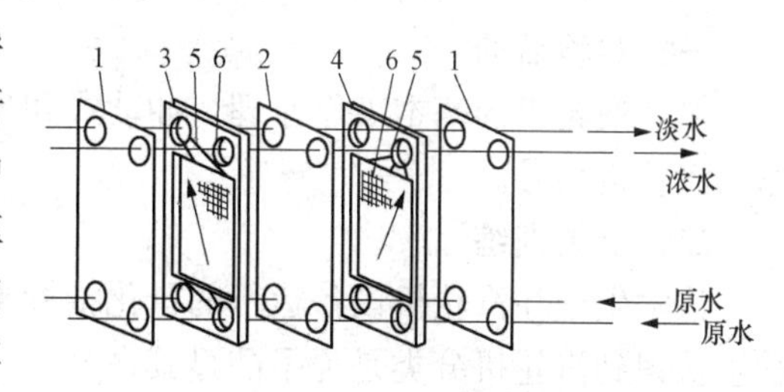

图 2-61　EDI 隔板水流系统示意

1—阳膜；2—阴膜；3—淡室隔板；4—浓室隔板；5—布水槽；6—隔板网

六、实验步骤

1. 参观与认知

现场参观两套火电厂补给水水处理模型（经典系统与现代系统），观看教学录像片与三维动画演示。结合上述介绍了解锅炉补给水系统的组成，认知水预处理、除盐设备；识别机械搅拌澄清池、无阀滤池、机械过滤器、活性炭吸附过滤器、滤元式微滤器、中空纤维式超滤器、保安过滤器、阳床、鼓风式除碳器、阴床、一级复床、混床、螺旋卷式反渗透、板框式电除盐等设备与构件。

2. 认知与识别

认知与识别不同粒径的无烟煤粒、石英砂等滤料；铝盐和铁盐等混凝剂；阴阳离子型聚丙烯酰胺（PAM）等助凝剂；椰子壳、果壳、木屑和无烟煤等活性炭；线绕、喷熔、折叠等微滤滤芯；中空纤维管式超滤膜组件及端封；001×7、201×7 和混合阴阳树脂等水处理耗材。

3. 认知与拆装

（1）认知国内外不同牌号、材料、用途的反渗透卷式膜元件，分析其实物的横剖面。

（2）拆装 EDI 的极板、隔网、阴膜、浓水隔板、阳膜、淡水隔板、隔板框、配水孔、布水槽和集水孔等。

4. 测定与分析

（1）水中余氯测定：用比色法测定自来水、江河水、冷开水、除盐水的余氯；用活性炭吸附自来水中的余氯，并对结果进行对比分析。

（2）混合树脂分离：配制饱和食盐水，利用阴阳树脂的密度差，进行混合树脂的分离。

七、思考题

（1）简述电厂锅炉补给水系统中水预处理的技术及其设备。

（2）简述电厂锅炉补给水系统中除盐技术及其设备。

（3）分析各类水中余氯测定的结果。

实验六　燃煤电厂汽轮机总体认知实践

关键词

级，冲动式，反动式，冲动级，反动级，静子，转子，汽轮机分类，型号。

一、实验目的

熟悉汽轮机的基本工作原理，冲动式和反动式级；了解汽轮机设备的组成和分类依据；熟悉汽轮机型号。

二、能力训练

让学生记住汽轮机设备运行的量化指标参数；只有量化的知识才能更好地服务生产。让学生认识到汽轮机分类是为了凸显其在某一工程应用方面的工作特性。

三、实验内容

（1）汽轮机的基本工作原理，冲动式和反动式级。

（2）汽轮机设备的组成。

（3）汽轮机的分类。

(4) 汽轮机的型号。

四、实验设备及材料

(1) 燃煤电厂200MW亚临界、600MW超临界、1000MW超超临界压力的汽轮机模型各1套，汽轮机实物构件3座。

(2) 教学录像资料1套，三维动画演示。

五、实验原理

1. 汽轮机的基本工作原理

汽轮机又名蒸汽透平，是以水蒸气为工质，将热能转变为机械能的高速旋转式原动机(见图2-62)。与其他原动机(如燃气轮机、柴油机等)相比，汽轮机具有单机功率大、效率高、运转平稳、单位功率制造成本低和使用寿命长等优点，广泛用于常规火电厂和核电站中，驱动发电机生产电能；汽轮机与发电机的组合称为汽轮发电机组。汽轮机除作为发电设备外，还广泛应用于冶金、化工、船运等部门来直接驱动各种从动机械，如各种泵、风机、压缩机、船舶螺旋桨等。

图2-62 汽轮机通流部分

汽轮机是火电厂三大主要设备之一。级是其基本工作单元，它由一组喷嘴和其后的一圈动叶栅所组成，蒸汽的热能转化成机械能的过程就在级内完成。汽轮机从结构上可分为单级和多级汽轮机。图2-63所示为单级汽轮机主要部分的结构。动叶3按一定距离和角度安装在叶轮2上形成动叶栅，并构成许多相同的蒸汽通道。动叶栅、叶轮及转轴1组成汽轮机的转动部分，称为转子。静叶按一定距离和角度排列形成静叶栅，静叶栅固定不动，构成的蒸汽通道称为喷嘴4，转子和静叶都装在汽缸5内。根据蒸汽在动、静叶片中做功原理不同，汽轮机可分为冲动式和反动式两种。

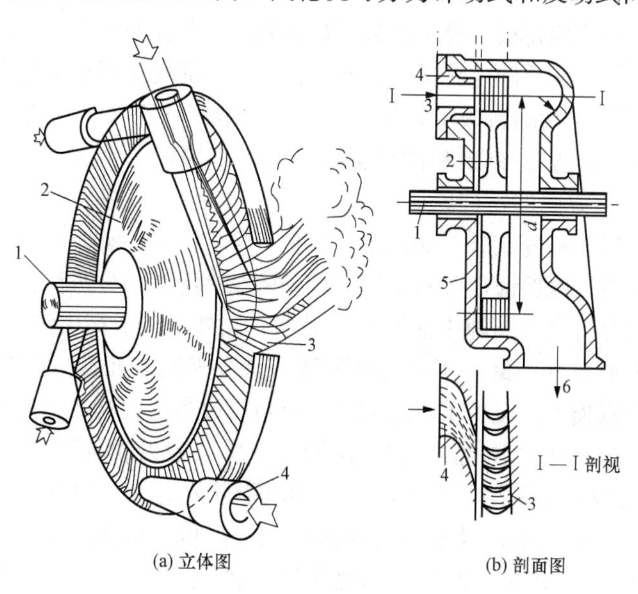

图2-63 单级汽轮机主要结构

1—主轴；2—叶轮；3—动叶；4—喷嘴；5—汽缸；6—排汽口

主要依据冲动力做功的级称为冲动级。具有一定压力和温度的蒸汽首先在固定不动的喷嘴中膨胀加速，使蒸汽压力和温度降低，部分热能变为动能。从喷嘴中喷出的高速气流以一定的方向冲击装在叶轮上的动叶，受到动叶的阻碍而改变其速度的大小和方向，同时汽流给动叶施加了一个冲动力。在这个冲动力的作用下，叶片带动叶轮和轴转动起来，使蒸汽的动能转变为轴上的机械能。

在反动式汽轮机中，蒸汽流过喷嘴和动叶片时，蒸汽不仅在喷嘴中膨胀加速，而且在动叶中也要继续膨胀，使蒸汽在动叶流道中的流速更高。当由动叶片流道出口喷出时，蒸汽便给动叶一个反动力，类似火箭升空时尾部喷出的高速气流；动叶片同时受到喷嘴出口汽流的冲动力和自身出口汽流的反动力。在这两个力的作用下，动叶片带动叶轮和轴高速旋转，这就是反动式汽轮机的工作原理。

如上所述，蒸汽的热能转变为机械能是分两步完成的：首先将蒸汽的热能转变为汽流的动能，冲动级在喷嘴中进行，反动级在喷嘴和动叶中完成；而后将蒸汽的动能传递给叶片，使之最后转变为机轴上的机械能，均在动叶流道内完成。

2. 汽轮机设备的组成

汽轮机及附属设备、管道和阀门组成的整体称为汽轮机设备。汽轮机设备包括汽轮机本体、调速保护装置及油系统、热力系统及辅助设备等。

(1) 汽轮机本体。汽轮机本体由静止和转动两大部分构成；前者又称静子，包括汽缸、隔板（反动式汽轮机为静叶环）、喷嘴、汽封和轴承等部件；后者又称转子，包括主轴、叶轮（反动式汽轮机为转鼓）和动叶片等部件，如图 2 - 62 所示。

汽缸的作用是将汽轮机中的蒸汽和大气隔开，形成蒸汽能量转换的密闭空间，并对汽缸内的其他部分起支承定位作用。根据机组容量的不同，汽缸可以是一个，也可以是多个。隔板装在汽缸内，隔板上装有喷嘴（静叶）。

汽轮机的轴承分支持轴承和推力轴承。支持轴承的作用是支承转子的重力，确定转子的径向位置，保证转子与固定部分保持同心度。推力轴承的作用是承受蒸汽作用在转子上的轴向力和发电机传来的轴向力，并确定转子的轴向位置，以保证通流部分保持合理的轴向间隙。

汽缸和轴承座安装在基础台板上，为了保证汽缸能定向膨胀，设置了滑销系统。滑销系统由纵销、横销和立销组成。纵销和横销轴线的交点，确定了汽缸的膨胀死点，即固定点；立销则保证汽缸在垂直方向的定向膨胀。

汽轮机工作时，转子高速旋转，而汽缸、隔板等部件固定不动。因此，转子和固定部分之间必须保持一定的间隙，以保证彼此间不发生相互碰摩。绝大部分蒸汽在喷嘴和叶片的通道中流过做功，但一小部分将会从间隙中泄漏而不做功。此外，转子穿出汽缸处也必须留有间隙，因而也会有蒸汽外漏或空气内漏。不论哪种间隙，都会因漏汽而造成损失，降低汽轮机的效率。为了减少上述漏汽损失，设置了汽封装置。汽封可分为三大类，在汽缸的两端装有轴端汽封（轴封），在多级汽轮机的级与级之间装有隔板汽封，在动叶顶部和根部装有通流部分汽封。

(2) 调速保护装置及油系统。发电厂发出的电能既要有一定的电压，又要一定的频率范围，而这两个因素都同汽轮机转速有关。转速增加或降低，则供电频率和电压上升或下降。汽轮机调速系统的任务是根据电力负荷的变化调节进汽量，使发出的功率与电力负荷相适应，保证供电要求，同时维持汽轮机的转速在额定值 3000r/min，以保证机组的供电频率在规定范围内。汽轮机的调速保护及油系统包括调速器、油泵、调速传动机构、调速汽门、安全保护装置和冷油器等部件。

（3）热力系统及辅助设备。汽轮机与锅炉之间的汽水循环系统即为汽轮机的热力系统，包括主蒸汽系统、凝汽冷却系统、给水除氧系统、抽汽回热系统等；其辅助设备有凝汽器、抽气器、除氧器、加热器和凝结水泵等。

只有上述系统有机协调工作，汽轮机才能很好地完成将水蒸气的热能转变为机械能的任务。

3. 汽轮机的分类

（1）按工作原理分类。

1）冲动式汽轮机：主要由冲动级组成，蒸汽主要在喷嘴叶栅（或静叶栅）中膨胀，在动叶栅中只有少量膨胀。

2）反动式汽轮机：主要由反动级组成，蒸汽在喷嘴叶栅（或静叶栅）和动叶栅中都进行膨胀，且膨胀程度相同。

（2）按热力特性分类。

1）凝汽式汽轮机：蒸汽在汽轮机中膨胀做功后，进入高度真空状态下的凝汽器，凝结成水。

2）中间再热汽轮机：蒸汽在汽轮机内膨胀做功过程中被引出，再次加热后返回汽轮机继续膨胀做功。

若将汽轮机中做过功的蒸汽从某级后引出，送回锅炉再热，然后返回汽轮机继续膨胀做功，其排汽仍排入凝汽器，即中间再热凝汽式汽轮机。目前，凝汽式汽轮机均采用中间再热和回热抽汽。

3）调整抽汽式汽轮机：从汽轮机中间某级后抽出规定压力的，参数与流量可调的蒸汽对外供热，其排汽仍排入凝汽器。根据供热需要，有一次调整抽汽和二次调整抽汽之分。

4）背压式汽轮机：排汽压力高于大气压力，直接用于供热，无凝汽器。当排汽作为其他中、低压汽轮机的工作蒸汽时，称为前置式汽轮机。

5）抽汽背压式汽轮机：它是具有调整抽汽的背压式汽轮机。调整抽汽和排汽都分别对外供热。

调整抽汽式汽轮机和背压式汽轮机统称为供热式汽轮机。

（3）按主蒸汽参数分类。进入汽轮机的蒸汽参数是指进汽的压力和温度，按不同压力等级可分为以下几种：

低压汽轮机：主蒸汽压力小于1.5MPa。

中压汽轮机：主蒸汽压力为2～4MPa。

高压汽轮机：主蒸汽压力为6～10MPa。

超高压汽轮机：主蒸汽压力为12～14MPa。

亚临界压力汽轮机：主蒸汽压力为16～18MPa。

超临界压力汽轮机：主蒸汽压力大于22.15MPa。

超超临界压力汽轮机：主蒸汽压力大于25MPa。

此外，按汽流方向分类可分为轴流式、辐流式；按用途分类，可分为电站汽轮机、工业汽轮机、船用汽轮机；按汽缸数目分类，可分为单缸、双缸和多缸汽轮机；按机组转轴数目分类，可分为单轴和双轴汽轮机；按工作状况分类，可分为固定式和移动式汽轮机等。

4. 汽轮机的型号

国产汽轮机的型号采用三组符号加数字来表示，如△××-××-×。例如，N300-16.7/537/537-2型汽轮机，即表示额定功率为300MW，额定进汽压力为16.7MPa，额定蒸汽温度为537℃，额定再热蒸汽温度为537℃，是中间再热凝汽式汽轮机，属第二次变形设计。具体解释如下：

第一组用汉语拼音字母及数字来表示。汉语拼音字母表示汽轮机的类型，见表2-7。字母后面的数字表示汽轮机的额定功率，单位为MW。

表2-7　　汽轮机型号的汉语拼音代号

代号	N	CLN	CCLN	B	C	CC	CB	H	Y
形式	凝汽式	超临界压力凝汽式	超超临界压力凝汽式	背压式	一次调整抽汽式	二次调整抽汽式	抽汽背压式	船用	移动式

第二组是数字，表示蒸汽参数，蒸汽参数一般分为几段，中间用斜线分开，表示方法见表2-8；表中功率单位为MW，压力单位为MPa，温度单位为℃。

第三组也是数字，表示设计序号。

表2-8　　汽轮机型号中蒸汽参数表示方法

类　型	参数表示方法	示　例
凝汽式	主蒸汽压力/主蒸汽温度	N100-8.83/535
凝汽式（中间再热）	主蒸汽压力/主蒸汽温度/中间再热温度	N300-16.7/538/538
超临界压力凝汽式	主蒸汽压力/主蒸汽温度/中间再热温度	CLN600-24.2/566/566
超超临界压力凝汽式	主蒸汽压力/主蒸汽温度/中间再热温度	CCLN1000-25/600/600
抽汽式	主蒸汽压力/高压抽汽压力/低压抽汽压力	CC200-12.75/0.78/0.25
背压式	主蒸汽压力/背压	B50-8.83/0.98
抽汽背压式	主蒸汽压力/抽汽压力/背压	CB25-8.83/0.98/0.118

六、实验步骤

现场参观燃煤电厂200MW亚临界、600MW超临界、1000MW超超临界压力的汽轮机模型，汽轮机实物构件。观看教学录像片与三维动画演示，结合上述介绍认知汽轮机的基本工作原理，包括冲动式和反动式；识别级、静子、转子、汽缸、喷嘴、主轴、叶轮、动叶等构件。

七、思考题

(1) 什么是汽轮机的级？蒸汽在级中如何进行能量转换？

(2) 汽轮机按照工作原理可分为哪两类？介绍它们的主要特点。

(3) 请解释汽轮机型号C50-8.83/0.98/0.118的含义。

实验七　燃煤电厂汽轮机静子部分认知实践

关键词

汽缸，汽缸支承，猫爪支承；滑销系统，横销，纵销，立销；喷嘴，冲动级隔板，反动级隔板；轴端汽封，隔板汽封，通流部分汽封，曲径汽封。

一、实验目的

了解汽缸的基本结构与多缸布置，了解汽缸的支承与滑销系统；熟悉喷嘴与隔板；了解汽封的作用、分类与结构。

二、能力训练

通对分析比较汽轮机静子部分中各设备的作用、结构、系统构建和工作性能，使学生对相互关联设备所构建系统的工作特性和系统运行技术有所了解，培养学生综合分析、选择配置系统的工作能力。

三、实验内容

（1）汽缸的基本结构与多缸布置。

（2）汽缸的支承，猫爪支承和台板支承。

（3）滑销系统，横销、纵销、立销和角销等。

（4）喷嘴与隔板，冲动级与反动级隔板。

（5）汽封的作用、分类与结构，轴端、隔板和通流部分汽封，曲径汽封。

四、实验设备及材料

（1）燃煤电厂200MW亚临界、600MW超临界、1000MW超超临界压力的汽轮机模型各1套，汽轮机实物构件3座。

（2）教学录像资料1套，三维动画演示。

五、实验原理

汽轮机本体包括静止和转动两大部分。静止部分又称静子，主要有汽缸、喷嘴、隔板、汽封、轴承、机座和滑销系统等构成；转动部分又称转子，主要有主轴、叶轮和叶片等构成。图2-64所示为汽轮机结构示意。

1. 汽缸

汽轮机的外壳称作汽缸，它是与外界大气隔绝的封闭汽室。汽缸内部装有静止部件和转子，使蒸汽在里面膨胀做功。为了安装和检修方便，汽缸由水平中分面分成上、下两半，分别为上、下汽缸，两者用螺栓连接。以高压缸为例，其外形如图2-65所示，上汽缸3前端有蒸汽室1与导汽管2相连，后端有形状特殊的排汽室4；下汽缸6底部有用于引出一部分蒸汽来加热给水和除氧的抽汽口7。汽缸内壁上开有许多凹槽，用于固定各级隔板。

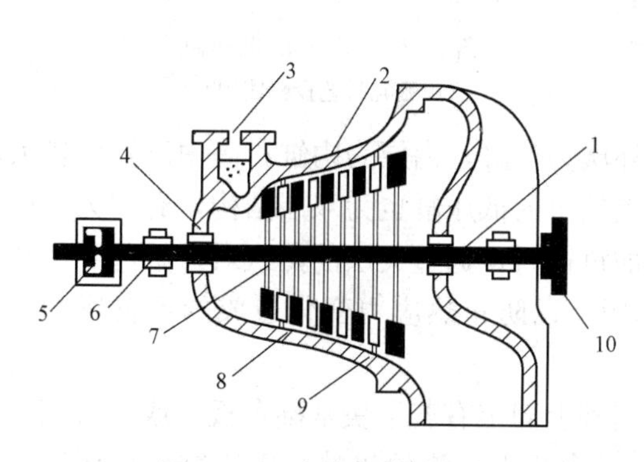

图2-64 汽轮机结构示意

1—大轴；2—隔板；3—调节汽门；4—汽封；5—推力轴承；6—支持轴承；7—叶轮；8—汽缸；9—叶片；10—联轴器

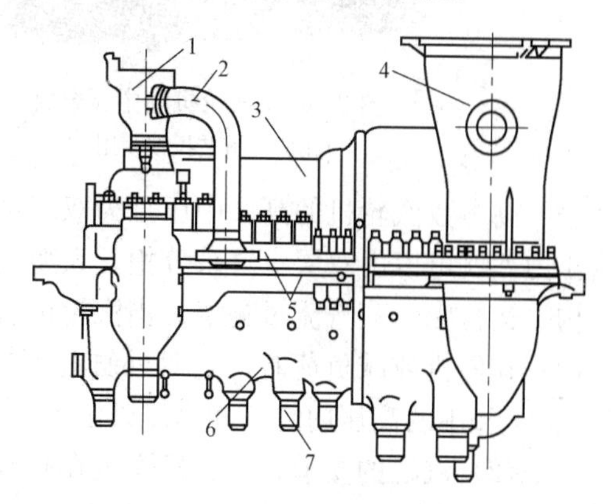

图2-65 汽轮机高压缸

1—蒸汽室；2—导汽管；3—上汽缸；4—排汽管；5—法兰；6—下汽缸；7—抽汽管口

中低压汽轮机只有一个汽缸，称作单缸式汽轮机；高压以上参数的汽轮机一般有两个或多个汽缸，称为多缸式汽轮机。例如，国产100MW、125MW汽轮机为双缸，200MW汽轮机为三缸，300MW汽轮机有双缸和四缸两种，600MW汽轮机有四缸。多缸汽轮机又分单轴式和双轴式两种。在单轴式汽轮机中，各个转子连成一根轴；在多轴式汽轮机中，转子分成两组连接，组成两根平行的大轴，每轴各连接一台发电机。

(1) 高中低压汽缸的布置。为适应蒸汽膨胀流通，按照蒸汽流动方向，汽缸被设计为渐扩型。各个汽缸按照蒸汽压力大小顺序分别称作高压缸、中压缸和低压缸。各缸分开布置，中间用管道连接。多缸汽轮机的布置如图2-66所示。

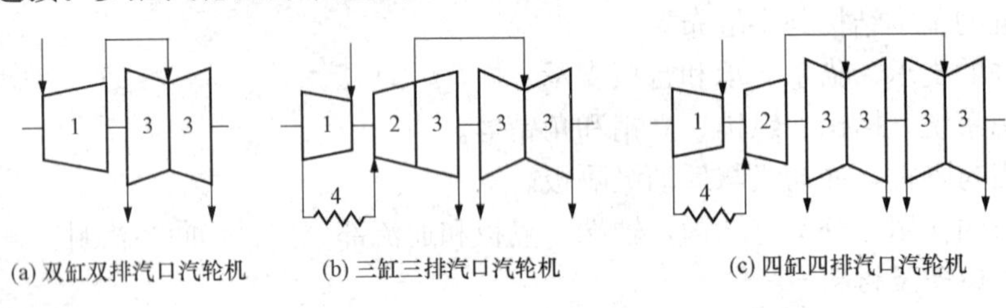

图2-66　多缸汽轮机的布置

1—高压缸；2—中压缸；3—低压缸；4—再热器

大型汽轮机常将高压缸和中压缸设计为合缸布置，同时蒸汽轴向流动方向相反，大部分轴向推力被相互抵消（见图2-67）。低压缸也采用分流结构，将原来的一个低压缸设计为形状相同、完全对称的两个低压缸；由于蒸汽参数相同、轴向流动方向相反的低压蒸汽分别在两个低压缸中膨胀做功，轴向推力也几乎全部抵消（见图2-68）。

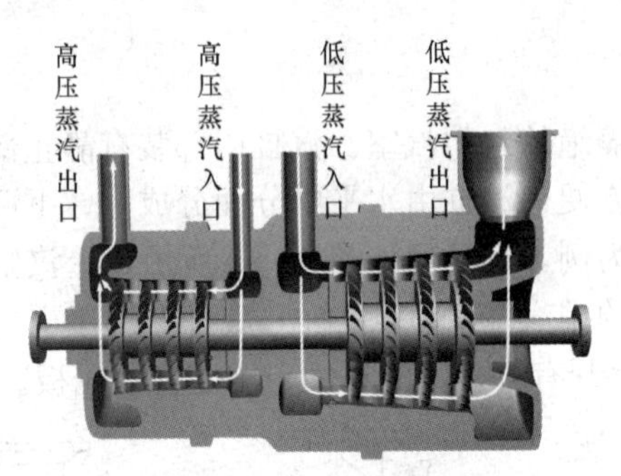

图2-67　汽轮机高中压合缸

（由鹏芃科艺授权使用）

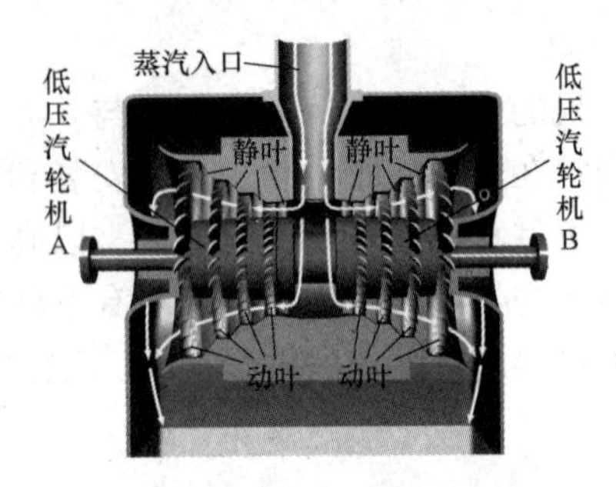

图2-68　对称的低压缸

（由鹏芃科艺授权使用）

高参数汽轮机的高、中压缸为双层结构，外层为外缸，内层为内缸；高中压缸内较大的压力差就可以由双层汽缸来分担。大型高参数汽轮机的低压缸也为双层结构，有的为三层结构。运行中，蒸汽流过夹层；当汽轮机启动或加负荷时，通过夹层的蒸汽对外缸起到加热作用；在停机或减负荷时，它对外缸起到冷却作用，以防止热应力变化造成的不良影响，见图2-69中的高压内缸5和高压外缸8。

(2) 汽缸的支承。汽轮机安装在基础上；基础上固定有若干块基础台板（或称机座、座架），汽缸通过轴承座或其外伸的搭脚支承在基础台板上。汽轮机的高中压缸和低压缸分别采取猫爪支承和台板支承。

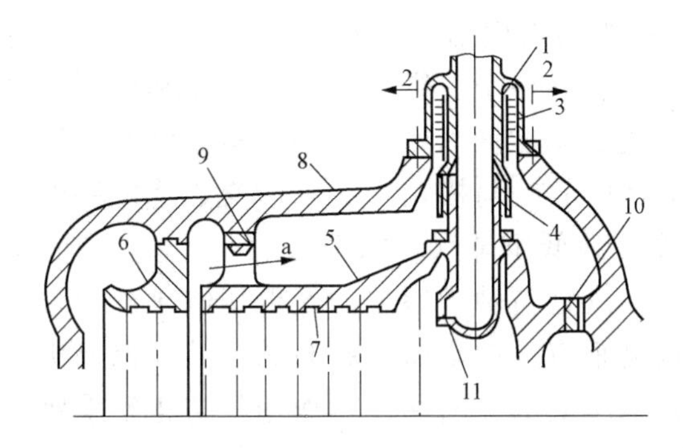

图 2-69 国产 300MW 汽轮机高压缸双层结构

1—进汽连接管；2—小管；3—螺旋圈；4—汽封环；5—高压内缸；6—隔板套；7—隔板槽；8—高压外缸；9—纵销；10—立销；11—调节级喷嘴组

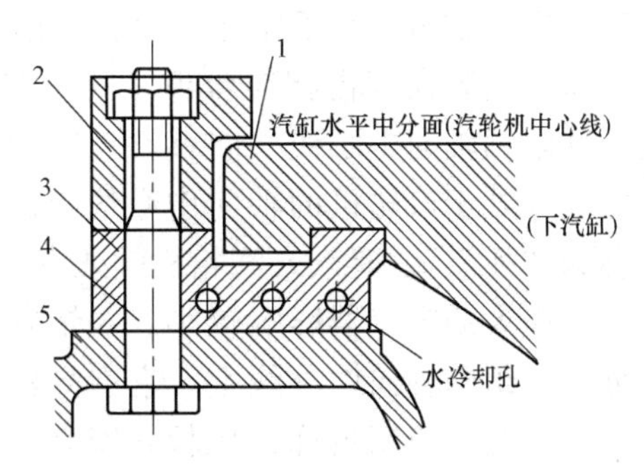

图 2-70 下缸猫爪支承

1—下缸猫爪；2—压块；3—支承块；4—紧固螺栓；5—轴承座

1）高中压缸的支承。汽轮机高、中压缸一般通过其水平法兰两端伸出的猫爪支承在轴承座上，称为猫爪支承。猫爪支承有下缸猫爪支承和上缸猫爪支承两种方式。

下缸猫爪支承见图 2-70，它是利用下缸伸出的猫爪 1 作为承力面搭在轴承座 5 两侧的支承块 3 上，并用压块 2 压住，以防抬起。这种支承方式比较简单，安装、检修方便，但因支承面低于汽缸中心线，为非中分面支承，主要用于高压以下的汽轮机。

上缸猫爪支承见图 2-71。采用这种支承方式的汽缸上、下缸都有猫爪，以上缸猫爪作为工作猫爪，支承面与汽缸水平中分面一致，属于中分面支承；下缸猫爪作为安装猫爪，只在安装时起支承作用。该方式主要用于超高压以上汽轮机的高、中压缸支承。

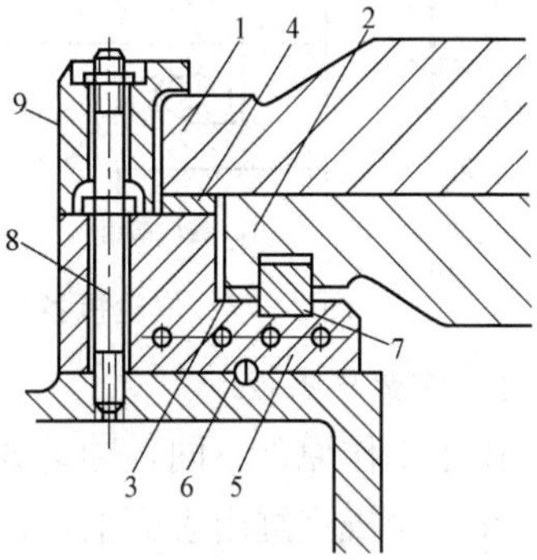

图 2-71 上缸猫爪支承

1—上缸猫爪；2—下缸猫爪；3—安装垫铁；4—工作垫铁；5—水冷垫铁；6—定位销；7—定位键；8—紧固螺栓；9—压块

目前，大容量汽轮机上还采用了下缸猫爪中分面支承。它是将下缸猫爪位置提高呈 Z 形，使支承面与汽缸水平中分面在同一平面上，优点是当猫爪受热后，膨胀不影响汽缸和转子的中心高度，如图 2-72 所示。国产引进型 300MW、600MW 汽轮机的高、中压外缸即采用这种方式。

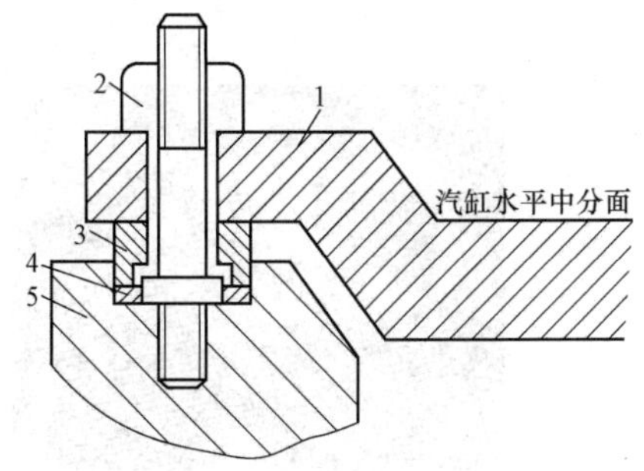

图 2-72 下缸猫爪中分面支承

1—下缸猫爪；2—螺栓；3—平面键；4—垫圈；5—轴承座

2）低压缸支承。汽轮机低压外缸通常利用下缸伸出的搭脚直接支承在台板上，其支承面比汽缸中分面低，称为台板支承。

（3）滑销系统。汽轮机在启动、停机和工况变化时，温度发生变化，将产生膨胀或收缩。为了保证汽缸受热或冷却后以正确的方向膨胀或收缩，并保持汽缸与转子中心一致，设置了一套滑销系统。滑销系统通常由横销、纵销、立销和角销等组成，各滑销的结构如图 2-73 所示。

横销引导汽缸沿横向滑动，并在轴向起定位作用。高中压缸猫爪与轴承座之间设有横销，称为猫爪横销，见图2-71和图2-74。低压缸处的横销安装在其搭脚与台板之间，左、右各装一个。纵销引导轴承座和汽缸沿轴向滑动，并限制轴向中心线横向移动。纵销一般安装在轴承座底部与台板之间及低压缸与台板之间，处于汽轮机的轴向中心线上。纵销中心线与横销中心线的交点为膨胀的固定点，称为“死点”。凝汽式汽轮机的死点多布置在低压排汽口的中心附近，这样汽轮机膨胀时，对庞大的凝汽器影响较小。立销安装在汽缸与轴承座之间及低压缸尾部与台板之间，处于机组的轴向中心线上，它引导汽缸沿垂直方向膨胀，并与纵销共同保持机组的轴向中心不变。角销也称为压板，安装在轴承座底部左右两侧，作用是防止轴承座与基础台板脱离。

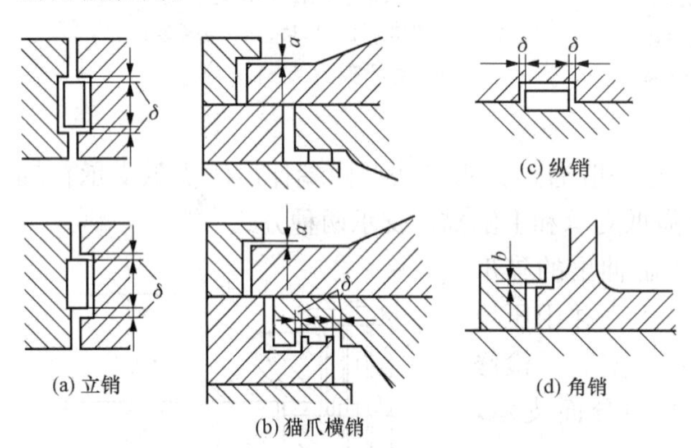

图2-73　汽轮机各部位滑销

图2-74　高压缸后猫爪横销

2. 喷嘴与隔板

由于工作原理不同，冲动式汽轮机的喷嘴是装在隔板上的，隔板由隔板套支承，隔板套固定在汽轮机汽缸内表面上；而反动式汽轮机的喷嘴是装在静叶环上的，静叶环由静叶持环支承，静叶持环装在汽轮机内缸内表面上。

（1）喷嘴。喷嘴实际上是相邻两静叶片形成的汽流通道（见图2-75），作用是将蒸汽的热能变为动能；喷出的汽流冲击两级隔板之间的动叶片，动叶片又固定在叶轮上和轴上，于是汽轮机大轴便可旋转做功。在多级汽轮机中，第一级喷嘴为调节级，直接装在汽缸前端调节汽门下面，其数量与调节汽门数目相等，一般采用优质合金钢铣制而成（见图2-76）。从第二级起，以后各级的静叶片都固定在隔板上，统称为压力级（见图2-77）。

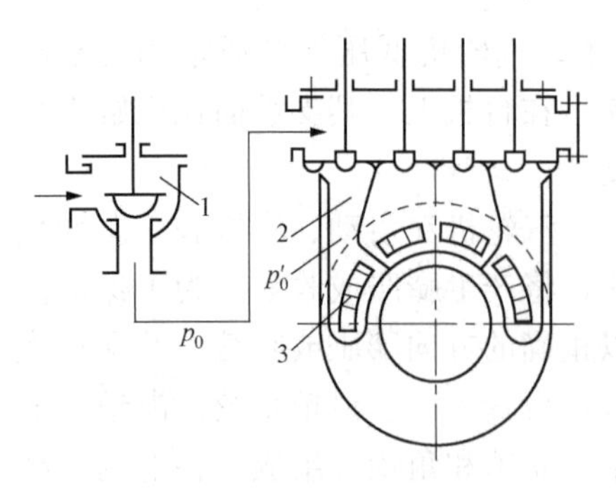

图2-75　调节级喷嘴结构

1—主汽阀；2—进汽室；3—喷嘴组

图2-76　铣出的静叶片

图2-77　高压缸上缸喷嘴室

（2）隔板。隔板又称喷嘴板，用来固定静叶片，并将汽轮机的各级进行分隔，是汽轮机各级间的间壁。各级隔板都分割成上下两半，分别嵌装在上、下汽缸的环形凹槽内，见图2-78（a）。中小型汽轮机常将隔板直接装在汽缸内壁的隔板槽中，大型汽轮机常将相邻几级隔板装在一个隔板套中，然后将隔板套固定在汽缸内壁上。

(a) 上半部汽缸、隔板与转子

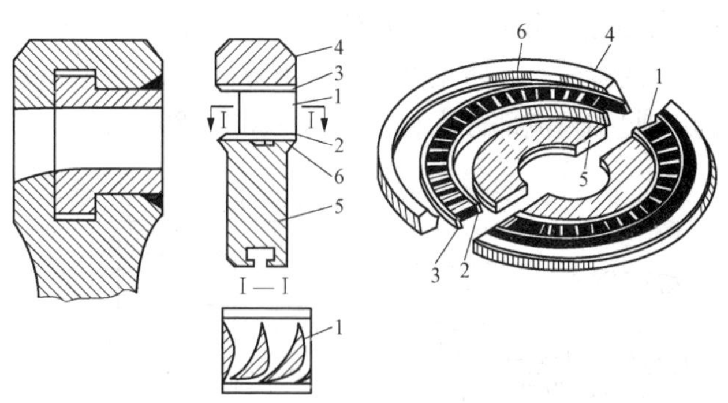

(b) 焊接隔板

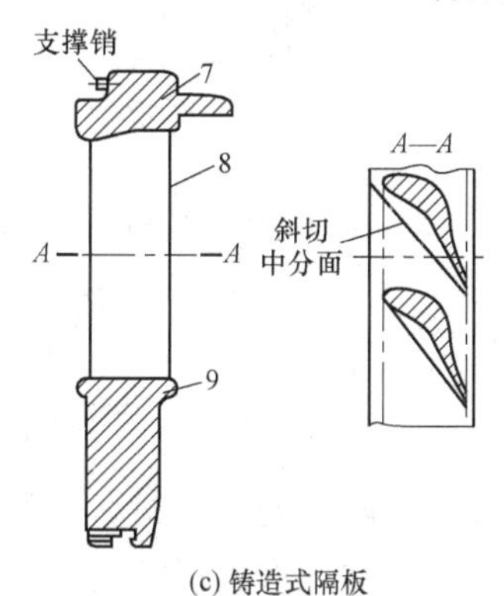

(c) 铸造式隔板

图 2-78 隔板

1—喷嘴；2、3—内外围带；4—外环；5、9—隔板体；6—焊缝
7—外缘；8—静叶片

1）冲动级隔板。冲动式汽轮机的隔板见图2-78（b）。隔板由隔板体5、静叶片（喷嘴）1和隔板轮缘（外环4）组成，隔板内圆孔处开有汽封安装槽，用来安装隔板汽封，减小隔板漏汽损失；在隔板轮缘的出汽边焊有汽封安装环，用来安装动叶顶部的径向汽封，减小叶顶的漏汽。冲动级隔板主要形式有焊接式和铸造式两种。

处于高压部分的隔板承受着高温高压蒸汽的作用，必须采用钢或合金钢锻造而成，并采用焊接结构，称为焊接隔板。焊接隔板具有较高的刚度和强度，有较好的气密性，一般用于工作温度高于350℃的高、中压级。

处于低压部分的隔板多采用造价便宜的铸铁式，称为铸造隔板，如图2-78（c）所示。铸造隔板是将已成型的静叶放入隔板铸型中，在浇铸隔板时同时注入。这种隔板加工制造容易，成本低，并有较高的减振性能，多用于工作温度低于350℃的低压各级。

2）反动级隔板。反动式汽轮机采用鼓式转子，动叶片直接装在转鼓上。这样与冲动式汽轮机相比，其隔板内径增加了，没有了隔板体这部分，因此又称为静叶环。

图2-79所示为反动式汽轮机通流部分。静叶片由带有整体围带和叶根的型钢加工而

成，将叶根和围带沿圆周焊接在一起，构成静叶环，即隔板。隔板在水平中分面处分成上、下两半，分别嵌入静叶持环的凹槽中。高压隔板内圆上镶嵌有隔板汽封，中低压隔板内圆上开有汽封安装槽。

3. 汽封

（1）汽封的作用与分类。汽轮机动静部分之间必定留有一定的间隙，汽封的作用就是减少这些间隙的漏汽，并防止空气漏入而降低机组效率。按安装的位置不同，汽封分为轴端汽封、隔板汽封和通流部分汽封三种，见图2-80。

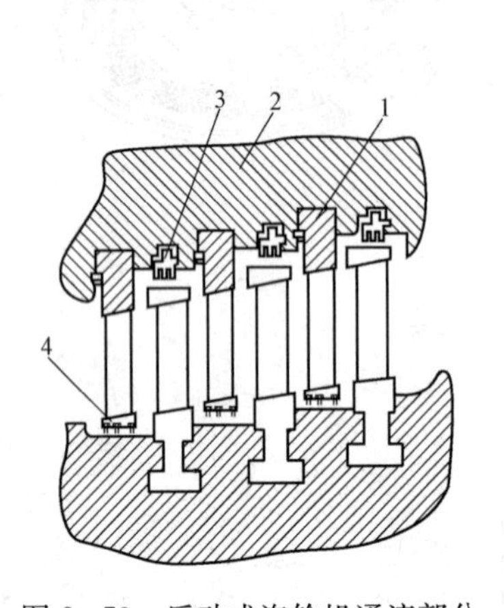

图2-79 反动式汽轮机通流部分

1—隔板；2—静叶持环；
3—动叶顶部径向汽封；4—隔板汽封

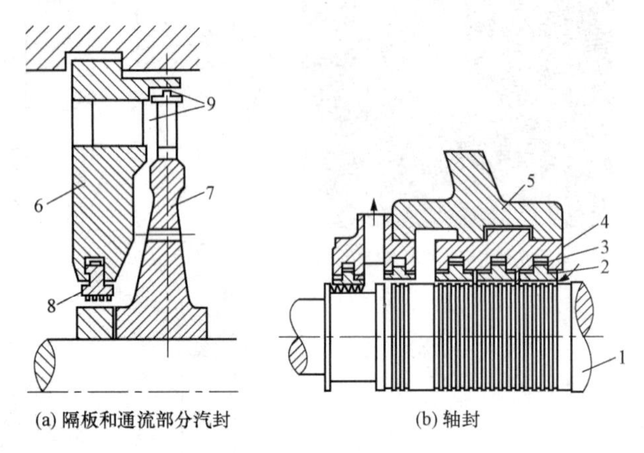

图2-80 汽封分类

1—轴；2—汽封环（汽封块）；3—弹簧片；4—汽封套；5—汽缸；
6—隔板；7—叶轮；8—隔板汽封；9—通流部分汽封

轴端汽封是指装设在主轴穿过汽缸两端处的汽封，又称轴封。汽缸前端为高压轴封，它的作用是防止汽缸内的高压蒸汽漏出汽缸；汽缸后端为低压汽封，用来防止外部空气漏入汽缸而破坏排汽的真空。

隔板汽封是指隔板内圆与转子主轴之间的汽封，用来阻止蒸汽经隔板内圆绕过喷嘴流到隔板后而造成能量损失。

通流部分汽封包括动叶片顶部围带处的径向和轴向汽封，以及动叶片根部的轴向汽封，用来阻止动叶顶及叶根处的漏气。

（2）汽封的结构。现代汽轮机均采用曲径汽封，或称迷宫汽封，它有梳齿形、J形（又称伞柄形）等多种结构形式，见图2-81～图2-83。

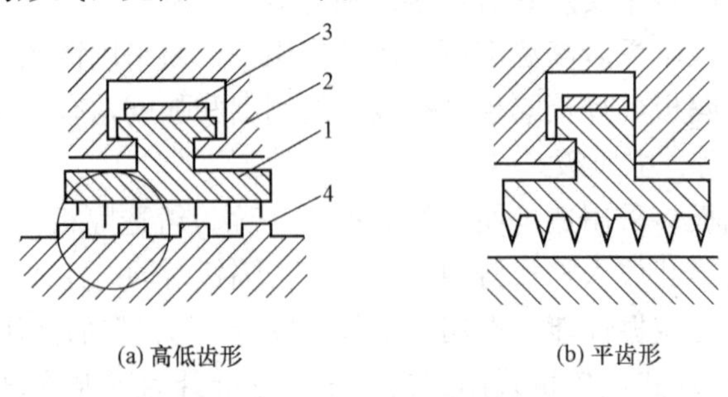

图2-81 梳齿形汽封

1—汽封环；2—汽封套；3—弹簧片；4—汽封轴套

图 2-82 斜齿汽封

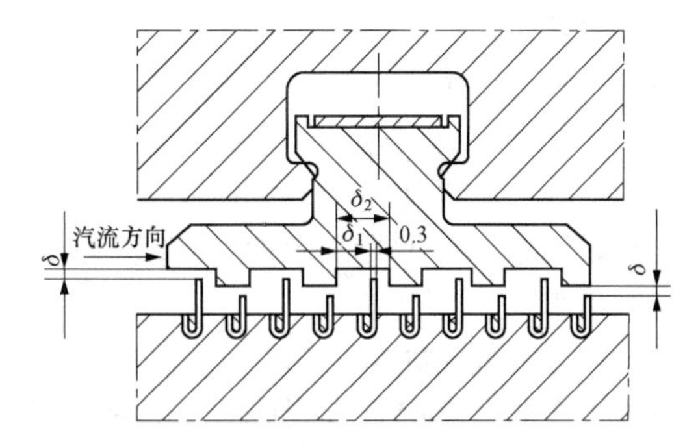

图 2-83 J形汽封

如图 2-81（a）所示，曲径汽封一般由汽封套 2、汽封环 1 及轴套 4 三部分组成，汽封套 2 固定在汽缸上，内圈有 T 形槽道，隔板汽封一般不用汽封套，在隔板体上直接车有 T 形槽，见图 2-81（b）；汽封环 1 一般由 6～8 块汽封块组成，装在汽封套 T 形槽道内，并用弹簧片 3 压住；在汽封环 1 的内圆和轴套 4（在高温区不用轴套而是轴的外圆）上，有相互配合的梳齿形汽封片及凹凸槽（见图 2-82），形成蒸汽曲道和膨胀室。蒸汽通过这些汽封齿和相应的凹凸槽时，在依次连接的狭窄通道中反复节流，逐步降压和膨胀，以减少蒸汽的泄漏量。

六、实验步骤

现场参观燃煤电厂 200MW 亚临界、600MW 超临界、1000MW 超超临界压力的汽轮机模型，汽轮机实物构件。观看教学录像片与三维动画演示，结合上述介绍认知汽缸、隔板和汽封的基本结构与类别；识别高中低压缸、双缸双排汽、三层缸、猫爪、纵销、横销、立销、角销、死点、喷嘴、冲动级隔板、反动级隔板、隔板套、轴端汽封、隔板汽封和通流部分汽封等构件。

七、思考题

（1）简述汽缸的基本结构与多缸布置。

（2）简述冲动级隔板与反动级隔板相同与相异之处。

（3）简述汽封的作用、分类与基本结构。

实验八 燃煤电厂汽轮机转子部件认知实践

关键词

主轴，套装转子，整锻转子，整锻-套装转子，焊接转子，鼓式转子；叶轮；动叶片，等截面叶片，变截面叶片，T 形叶根，叉形叶根，枞树形叶根；联轴器刚性联轴器，半挠性联轴器；盘车装置。

一、实验目的

了解主轴和其他部件间的组合方式，了解叶轮、动叶片、联轴器和盘车的作用、分类与结构。

二、能力训练

通对分析比较汽轮机转子部件中各设备的作用、结构、系统构建和工作性能，使学生对相互关联设备所构建系统的工作特性和系统运行技术有所了解，培养学生综合分析、选择配置系统的工作能力。

三、实验内容

（1）主轴，轮式转子和鼓式转子。

（2）叶轮，轮缘、轮体和轮毂。

（3）动叶片，叶根、叶身、叶顶、围带或拉金。

（4）联轴器，刚性联轴器和半挠性联轴器。

（5）盘车装置。

四、实验设备及材料

（1）燃煤电厂 200MW 亚临界、600MW 超临界、1000MW 超超临界压力的汽轮机模型各 1 套，汽轮机实物构件 3 座，腐蚀叶片 1 批。

（2）教学录像资料 1 套，三维动画演示。

五、实验原理

汽轮机的转动部分总称转子，是工质能量转换及扭矩传递的主要部件，主要由主轴、叶轮、动叶、联轴器等组成，如图 2-84 所示。

图 2-84　汽轮机转子

1. 主轴

汽轮机转子可分为轮式转子和鼓式转子。

轮式转子主轴上装有叶轮，叶轮上又装有动叶片，通常用于冲动式汽轮机；按主轴和其他部件间的组合方式，轮式转子可分为套装转子、整锻转子、整锻-套装转子和焊接转子四种类型。

鼓式转子没有叶轮或叶轮径向尺寸很小，动叶片装在转鼓上，可缩短轴向长度和减小轴向推力，主要用于反动式汽轮机。

（1）套装转子。套装转子的叶轮、轴封套、联轴器等部件是分别加工后，热套在主轴上的。套装转子不宜用于高温、高压汽轮机的高、中压转子。

（2）整锻转子。整锻转子的叶轮、轴封、联轴器等部件与主轴系由一整体锻件加工而成，没有热套部件，适于高温条件下运行。在高温区工作的转子一般都采用这种结构。

（3）整锻-套装组合转子。整锻-套装组合转子是汽轮机常采用的结构形式，它结合整锻转子与套装转子的优点，在高温区采用叶轮与主轴整体锻造结构，而在低温区采用套装结构，其结构如图 2-85 所示。

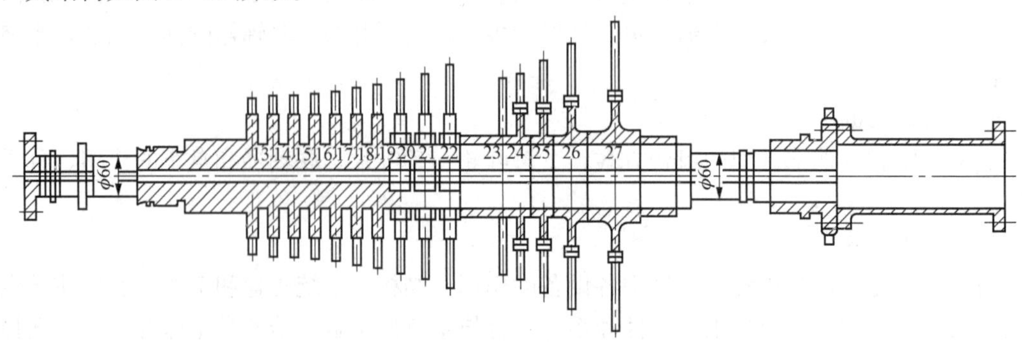

图 2-85　整锻-套装组合转子

（4）焊接转子。焊接转子的结构如图 2-86 所示。它采用分段锻造、焊接组合的结构方式，是由若干锻造的叶轮和两个端轴拼合焊接而成，具有锻件小、重量轻、结构紧凑、承载能力高等优点，但对焊接工艺要求高，它适用于大直径的低压转子。反动式汽轮机因为没有叶轮也常用此类转子。

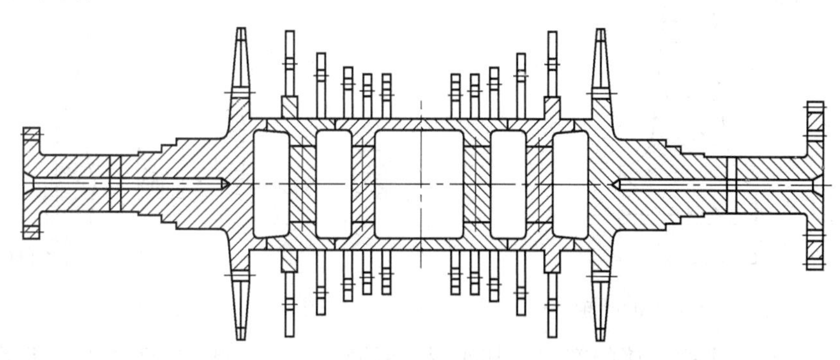

图 2-86 焊接转子

（5）鼓式转子。如图 2-87 所示的鼓式转子结构，应用在反动式 300MW 汽轮机的高、中压转子上；除调节级外，其他各级动叶片直接装在转子上开出的叶片槽中。高、中压压力级反向布置，转子上还设有高、中、低压三个平衡活塞，以平衡轴向推力。该汽轮机的低压转子以进汽中心线为基准两侧对称，中部为转鼓形结构，末级和次末级为整锻叶轮结构。

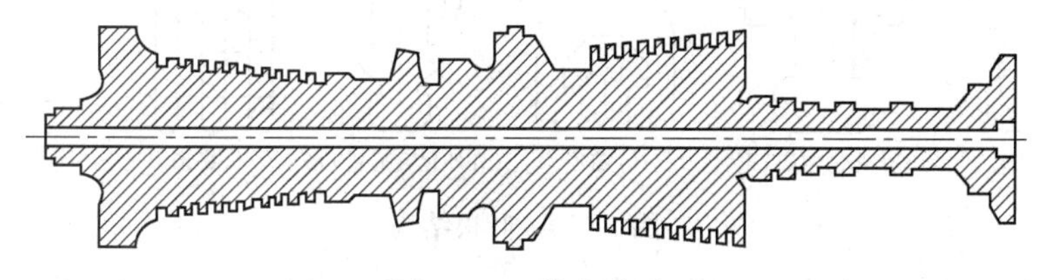

图 2-87 鼓式转子

2. 叶轮

叶轮是安装叶片并将汽流对叶栅作用力所产生的扭矩传递给转子的装置。叶轮的结构与转子的结构形式有关。套装转子上的叶轮由轮缘、轮体和轮毂三部分组成（见图 2-88），而整锻转子和焊接转子的叶轮只有轮缘和轮体两部分。轮缘的作用是用来固定动叶，其结构根据叶片的受力和叶根的形状来确定。轮毂是为了减小内孔应力而加厚的部分，其内表面上通常开有键槽。轮缘与轮毂（或主轴）由轮体连接起来。

高、中压级叶轮的轮体上常开有 5～7 个平衡孔，以平衡叶轮两侧的压差，减小轴向推力。轮体端面型线根据叶轮的受力状况可选择不同的形式，如等厚度叶轮、锥形叶轮、双曲线叶轮和等强度叶轮等。

3. 动叶片

叶片是汽轮机重要的零部件之一，由多个叶片组成的叶栅起着将蒸汽的热能转换为动能，再将动能转换为汽轮机转子旋转机械能的作用。安装于隔板或汽缸上静止不动的叶片称为静叶片，安装于叶轮或轮缘上随转子一起转动的叶片称为动叶片，又称工作叶片。动叶片工作时要承受冲击力、反击力、离心应力和高速旋转汽流产生的动应力，受到各种激振力作用而导致振动；还可能受到过热蒸汽强烈的磨蚀和湿蒸汽冲蚀等。

动叶片的结构如图 2-89 所示，它由叶根、叶身（工作部分）、叶顶和连接件组成。

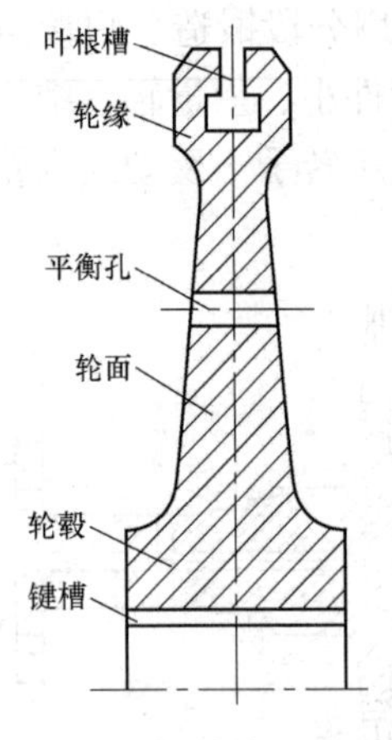

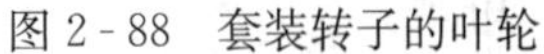

图 2-88 套装转子的叶轮

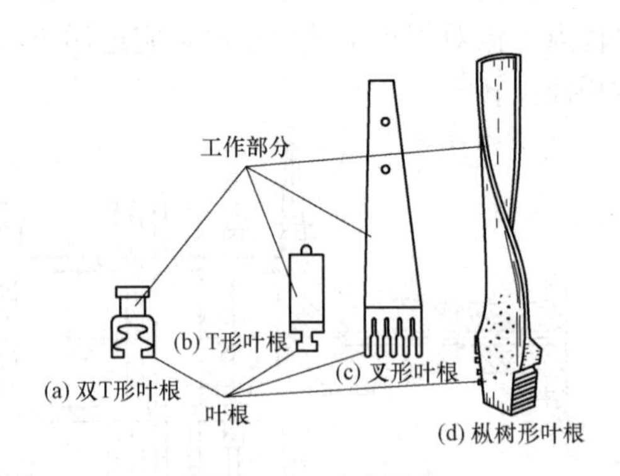

图 2-89 叶片结构

叶根是叶片与轮缘相连接的部分，其作用是紧固动叶。因此它的结构应保证在任何运行条件下，叶片都能牢靠地固定在轮缘上，同时应力求制造简单、装配方便。按形状不同，叶根有 T 形叶根、叉形叶根和枞树形叶根等，见图 2-89 和图 2-90，一般根据叶片长短即离心力的大小来选择叶根的结构形式。

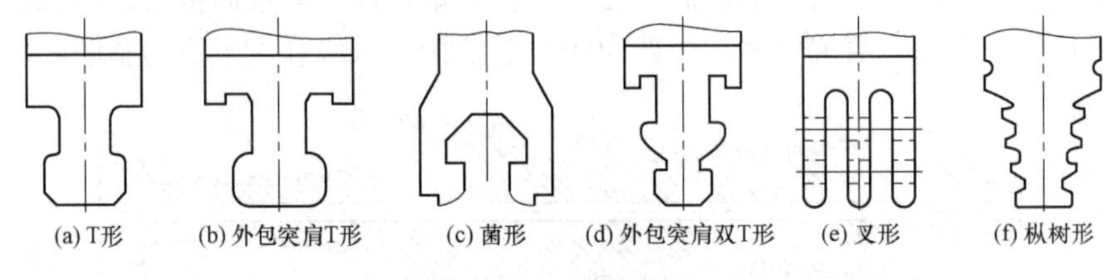

图 2-90 叶根结构

叶身是动叶片的主要部分，它构成汽流通道。叶身的横截面形状称为叶型，其周线称为型线。由于蒸汽在汽轮机内流通做功时，比容随着压力级逐级增大，蒸汽的容积流量越来越大，所以从前到后各级动叶片高度是逐渐增大的，较短的动叶片可以采用等截面式，即叶型沿叶高不变，见图 2-90（a）、（b），较长的动叶片宜采用变截面式，这种叶片又称为扭叶片，多用于末几级，见图 2-90（c）、（d）。

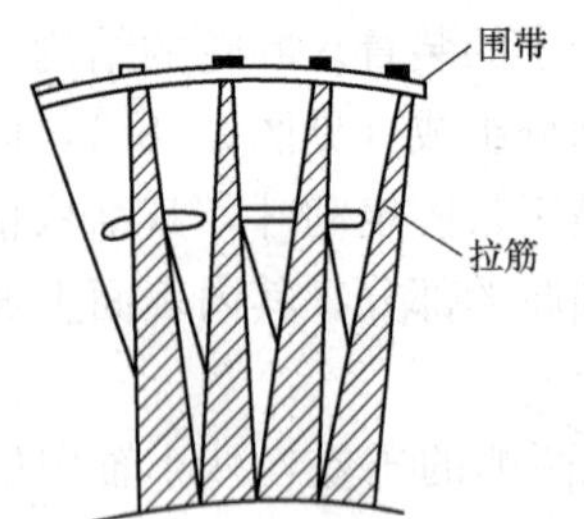

图 2-91 叶片围带与拉金

为了提高长叶片的刚度，降低叶片中气流产生的弯曲应力，汽轮机同一级叶片的叶顶常用围带或拉金（见图 2-91）成组连接，有的是将全部叶片连接在一起，有的是几个或十几个成组连接。围带环构成封闭的汽流通道，防止汽流从叶顶逸出，有的围带还做径向密封和轴向密封，以减少级间漏汽。对于长叶片，常在叶身中穿过 1～3 根拉金，或焊接成组，或整圈松动穿过，成为松拉金。

4. 联轴器

联轴器又称靠背轮，它的作用是连接汽轮机的各转子及发电机转子，并传递转子上的扭矩。按照结构和特性，联轴器可分为刚性联轴器、半挠性联轴器和挠性联轴器三种形式。由于挠性联轴器结构复杂、易磨损、传递扭矩小，在现代大功率汽轮发电机机组上已很少采用。这里主要介绍前两种联轴器。

(1) 刚性联轴器。如图 2 - 92 所示，刚性联轴器是用螺栓将两根轴端部的对轮紧紧地连接在一起的部件。图 2 - 92 (a) 所示为套装式，对轮与主轴分别加工，用热套加键的方法将对轮固定在轴端，实物见图 2 - 93。图 2 - 92 (b) 所示为整锻式，对轮与主轴做成一整体，强度和刚度都高于套装式；在对轮间装有垫片，两对轮端面的凸肩与垫片的凹面相配合，起到对中的作用，修刮垫片的厚度还可调整对轮间的加工偏差。

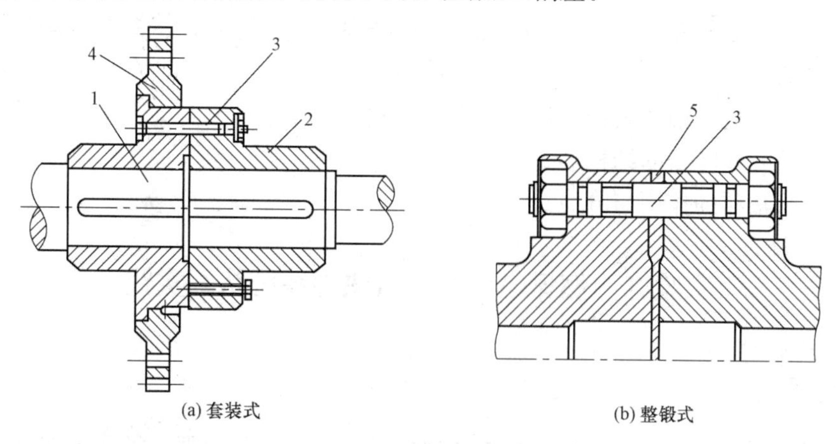

图 2 - 92 刚性联轴器

1—主轴；2—对轮；3—螺栓；4—盘车齿轮；5—垫片

刚性联轴器具有结构简单、连接刚性强、轴向尺寸短、工作可靠等优点，但不允许被连接的两个转子在轴向和径向有相对位移，否则会引起机组较大的振动。目前，大功率汽轮机各转子间普遍采用刚性联轴器进行连接，如国产引进型 300MW 汽轮机转子间采用了如图 2 - 92 (b)所示的形式。

(2) 半挠性联轴器。半挠性联轴器的结构如图 2 - 94 所示。联轴器两对轮间用一波形半挠性套筒连接起来，并配以螺栓紧固。波形套筒在扭转方向是刚性的，在弯曲方向是挠性的。这种联轴器一般多用于汽轮机转子与发电机转子间的连接。

图 2 - 93 套装式刚性联轴器

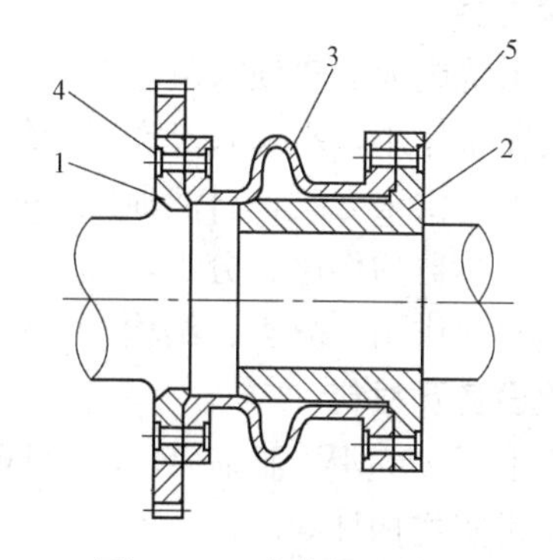

图 2 - 94 半挠性联轴器

1、2—对轮；3—波形套筒；4、5—螺栓

5. 盘车装置

汽轮机启动前或停机后，为避免转子弯曲变形，用外力使转子连续转动的装置，称为盘车装置。盘车装置的要求是既能盘动转子，又能在汽轮机转子转速高于盘车转速后自动脱开，并使盘车装置停止转动。大、中型机组一般采用电动盘车装置，通常安置在低压缸发电

机端的轴承箱侧面，主要传动机构在汽轮机中心线以下。

六、实验步骤

现场参观燃煤电厂200MW亚临界、600MW超临界、1000MW超超临界压力的汽轮机模型，汽轮机实物构件与腐蚀叶片。观看教学录像片与三维动画演示，结合上述介绍认知转子、动叶片、联轴器的基本结构与类别；识别主轴、叶轮、轮缘、轮体、轮毂、围带或拉金、等截面叶片、变截面叶片、T形叶根、叉形叶根、枞树形叶根、盘车装置等构件。

七、思考题

（1）介绍汽轮机主轴和其他部件间的组合方式。

（2）介绍动叶片叶根的结构形式。

（3）简述联轴器的作用与分类。

实验九 燃煤电厂汽轮机热力系统认知实践

关键词

表面式凝汽器，水环式真空泵，自然通风冷却塔，高压加热器，低压加热器，大气压式立式淋水盘式除氧塔，喷雾淋水盘卧式高压除氧塔，定压运行，滑压运行。

一、实验目的

了解汽轮机热力系统、凝汽系统的组成和作用；了解凝汽器、抽气设备、冷却塔、回热加热器和除氧器的作用、分类、结构及工作过程。

二、能力训练

通对分析比较汽轮机热力系统中各设备的作用、结构、选材、系统构建和工作性能，使学生对相互关联设备所构建的总热力系统的工作特性和系统运行技术缺陷有所了解，培养学生综合分析、选择配置系统的工作能力。

三、实验内容

（1）凝汽系统组成，表面式凝汽器的结构及工作过程。

（2）抽气设备作用，水环式真空泵的结构、工作原理及拆装。

（3）冷却水的供水方式，自然通风冷却塔的结构及工作过程。

（4）回热加热器的作用、分类，卧式回热加热器的结构及工作过程。

（5）除氧器的作用、分类、结构及工作过程。

四、实验设备及材料

（1）燃煤电厂200MW亚临界、600MW超临界、1000MW超超临界压力的汽轮机模型各1套，汽轮机实物构件3座。

（2）白铜、黄铜、不锈钢等各种金属材料的凝汽器冷却水管1批，腐蚀的凝汽器冷却水管1批，不锈钢Ω形钢片、玻璃纤维等除氧器填料，淋水填料、弧形除水片等1批。

（3）三维立体动画、教学录像资料1套。

（4）小型水环式真空泵及拆装工具若干套。

五、实验原理

汽轮机与锅炉之间的汽水循环系统称为汽轮机的热力系统，又称火力发电厂热力系统，如图 2-95（a）所示。它是由凝汽冷却系统、回热加热系统、疏水系统、补充水系统等组成的，中间再热式机组还装有旁路系统。

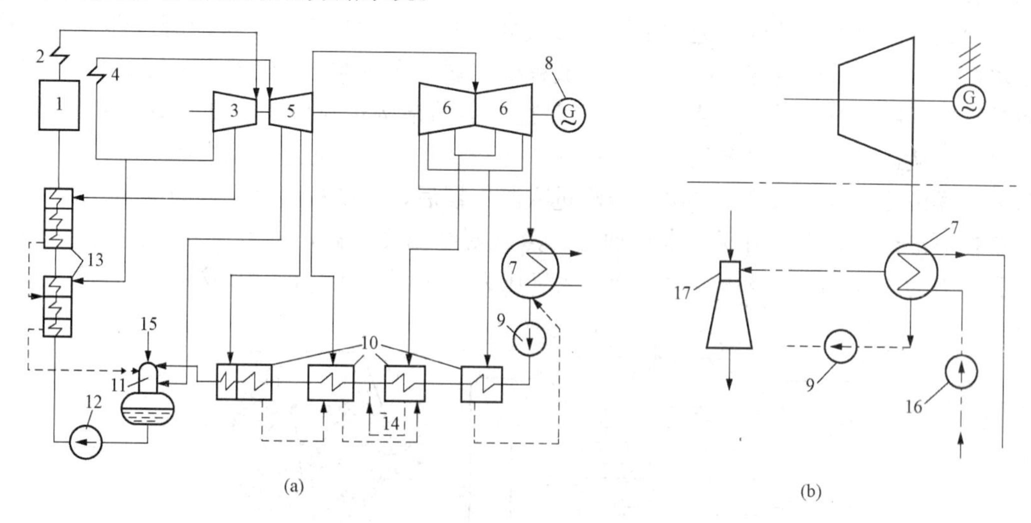

图 2-95 汽轮机热力系统

1—锅炉；2—过热器；3—汽轮机高压缸；4—再热器；5—中压缸；6—分流式低压缸；7—凝汽器；8—发电机；9—凝结水泵；10—低压加热器；11—除氧器；12—给水泵；13—高压加热器；14—疏水泵；15—补给水；16—循环水泵；17—抽气设备

由锅炉过热器 2 来的新蒸汽首先进入汽轮机的高压缸 3 膨胀做功，将蒸汽的热能转换为汽轮机轴上的机械能，高压缸排汽再被引入锅炉的再热器 4 吸收锅炉烟气 1 的热量，达到一定的温度后重新回到汽轮机的中压缸 5、低压缸 6 继续做功，乏汽最后排入凝汽器 7。汇集于热井中的主凝结水由凝结水泵 9 抽出，并依次打入各级低压加热器 10，在其中分别接受来自汽轮机第 4～7 级回热抽汽的加热，逐级升高温度后被送入除氧器 11 中，利用汽轮机第 3 级抽汽直接加热，使溶于水中的氧被脱除。除氧后的水称为给水。给水由给水箱经给水泵 12 打到各级高压加热器 13，在其中分别接受来自汽轮机第 1、2 级回热抽汽的加热，温度得到进一步提升后送回到锅炉 1 中。各种加热器、管道和阀门中凝结的水作为疏水直接引入除氧器 11 或凝汽器 7。

1. 凝汽系统及凝汽器

以水为冷却介质的凝汽系统，一般由凝汽器、凝结水泵、抽气器、循环水泵、冷却水设备以及它们之间的连接管道和附件组成，最简单的凝汽系统如图 2-95（b）所示。汽轮机的排汽排入凝汽器 7，其热量被由循环水泵 16 不断打入凝汽器的冷却水带走，凝结后的水汇集在凝汽器的底部热井内，然后由凝结水泵 9 抽出送往锅炉作为给水。凝汽器的压力很低，外界空气易漏入；为防止不凝结的空气在凝汽器中不断积累而升高凝汽器内的压力，采用抽气器 17 不断将空气抽出。

凝汽系统的主要作用有二：一是在汽轮机排汽口建立并维持高度真空；二是保证蒸汽凝结并供应洁净的凝结水作为锅炉给水。此外，凝汽设备还是凝结水去除氧器之前的先期除氧设备；它还接受机组启停和正常运行中的疏水，以及甩负荷过程中的旁路排汽，以收回热量和减少循环工质损失。

目前，火电厂和核电站广泛使用表面式水冷凝汽器，其特点是冷却介质水与蒸汽经过管壁间接换热，从而保证了凝结水的洁净。在严重缺水地区，也可以采用空气冷却凝汽系统，可减少发电厂补充水量的75%。

表面式水冷凝汽器的外壳通常呈圆柱形或椭圆柱形，大功率汽轮机的凝汽器则为矩形。冷却水在凝汽器内方向改变一次，称为双流程凝汽器；冷却水在凝汽器内不转向的，称为单流程凝汽器。图2-96所示为表面式双流程凝汽器的结构示意图，冷却水管2装在管板3上，冷却水从进水管4进入凝汽器，先进入下部冷却水管内，通过回流水室5流入上部冷却水管内，再由冷却水出水管6排出。蒸汽进入凝汽器后，在冷却水管外汽侧空间冷凝。凝结水汇集在下部热井7中，由凝结水泵抽走。蒸汽凝结温度不高，一般为30℃左右，所对应的饱和压力为4～5kPa，该压力大大低于大气压力，从而在凝汽器中形成高度真空。

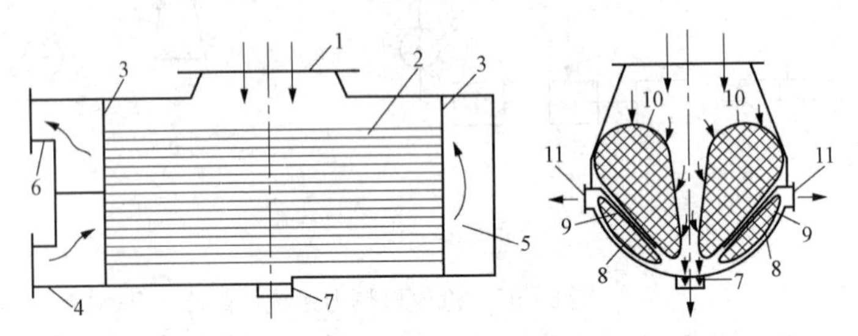

图2-96 表面式凝汽器结构

1—蒸汽入口；2—冷却水管；3—管板；4—冷却水进水管；5—水室；6—冷却水出水管；7—热井；8—空气冷却区；9—空气冷却区与主凝结区隔板；10—主凝结区；11—空气抽出口

为了减轻抽气器的负荷，空气与少量蒸汽的混合物在从凝汽器抽出之前，要再进一步冷却以减少蒸汽含量，并降低蒸汽空气混合物的比体积。为此，把一部分冷却管束用挡板9与主换热管束隔开，凝汽器的传热面就分为主凝结区10和空气冷却区8两部分。蒸汽刚进入凝汽器时，所含的空气量不到排汽量的万分之一，凝汽器总压力可以用凝汽分压力代替，直至蒸汽空气混合物进入空气冷却区8，蒸汽的分压力才明显减小，和空气分压力在同一数量级上。要维持蒸汽和空气混合物以一定速度向抽气口11流动，抽气口处应保持较低的压力，这一低压由抽气器来实现。

内地电厂一般选用附近的江河淡水作为冷却介质，故凝汽器受热面的管材为304不锈钢或铜合金。海边的火力发电厂或核电站采用海水冷却；由于海水含盐量高，氯离子腐蚀性强，因此凝汽器受热面一般采用钛管制造。

2. 抽气设备及水环式真空泵

抽气设备的作用是在汽轮机启动时建立真空，在运行中抽出漏入凝汽器的空气和未凝结的蒸汽，以维持凝汽器的真空度。中、小型机组多采用射气或射水抽气器，它利用高速气流或水流流过缩放管时形成的负压进行抽气。大型机组多采用机械真空泵，包括离心式真空泵和水环式真空泵。水环式真空泵由于功耗低，运行维护方便，工作可靠，启动性能好，利于环保等优点，多作为国产300～600MW机组的配套设备。

水环式真空泵结构原理如图2-97所示。水环式真空泵的主要部件是叶轮、叶片、泵壳、吸排汽口。叶轮偏心地安装在壳体内，叶片为前弯式。在水环泵工作前，需要先向泵内注入一定量的水。电动机带动叶轮5旋转，水受离心力的作用，形成沿泵壳2旋转流动的水环。这样，由水环内表面、叶片6表面、轮毂表面、壳体的两个侧表面围成了许多密闭小空间。因为叶轮的偏心安装，这些小空间的容积随叶片旋转呈周期性变化。在旋转的前半周，即由a转向b，小空间的容积由小变大，压力降低，可通过吸气口吸入气体。进而，在后半周，即由c转向d，小空间的容积由大变小，已经被吸入的气体压缩升压。当压力达到一定程度时，通过排气口将气体排出。这样，水环泵就完成了吸气、压缩和排气三个连续的过程，达到抽气的目的。水环泵的装配图见图2-98。

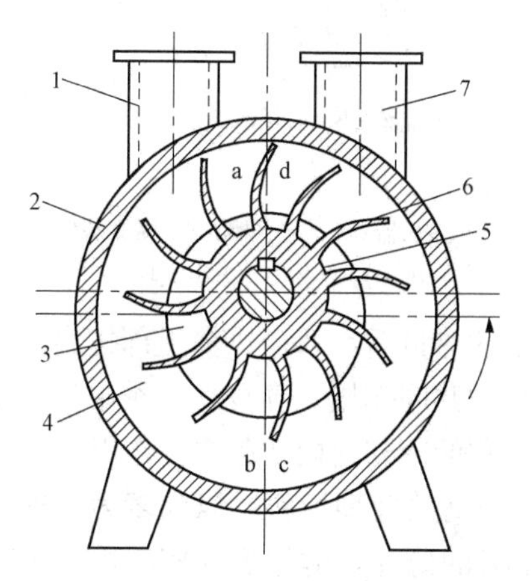

图2-97 水环式真空泵结构原理

1—吸气管；2—泵壳；3—空腔；4—水环；5—叶轮；6—叶片；7—排汽管

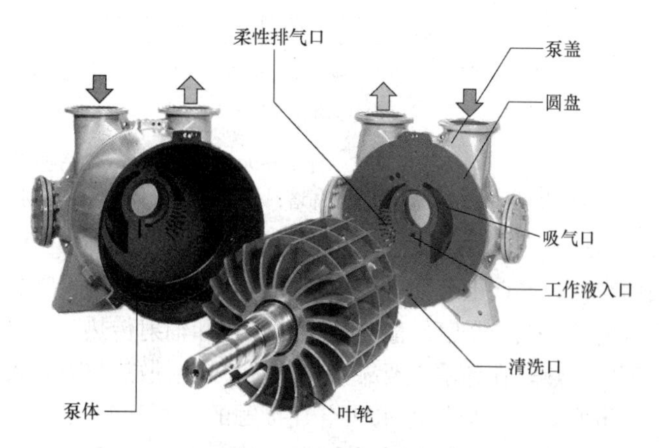

图2-98 水环式真空泵装配图

3. 循环水冷却塔

汽轮机的排汽在凝汽器凝结需要大量的冷却水，1个有四台300MW汽轮机的发电厂所需冷却水量为每小时十多万吨，其数量相当可观，占电厂总耗水量的95%左右。另外，电厂化学水处理车间所需要的生水，以及其他设备的各种用水，也要由冷却水供给。

冷却水的供水方式有两种。一种为直流供水方式，也称开式供水，是冷却水从江河海的上游取水，经过凝汽器后排入江河海的下游。冷却水只是一次使用。另一种为循环供水方式，也称闭式供水，在电厂所在地缺乏水源时或水源离电厂较远时采用。冷却水经凝汽器或其他设备吸热后进入冷却设备（冷却塔、冷却池或喷水池），将热量传给空气而本身温度降低后，再由循环水泵送回凝汽器重复使用。

自然通风冷却塔循环供水系统见图2-99（a）。自然通风冷却塔是火电厂中常用的冷却装置，主要由通风筒13、人字支柱15、配水槽7、淋水填料9、除水器6、储水池16等组成，如图2-99（b）所示。

通风筒13由钢筋混凝土浇灌或预制件制成，为了减小流动阻力，塔身常做成双曲线型，高度可达100m以上。筒内为吸收冷却水热量的热空气，密度比筒外空气的小，因此筒内空气向上流动，筒外空气便源源不断地补充进来，形成自然通风。另一种冷却塔依靠塔上部的风机通风，称为强制（机力）通风冷却塔，一般用于大气温度高，湿度大的地区。人字形支柱15为钢筋混凝土制成，承担通风筒的动静载荷，冷空气由此进入风筒。

配水槽7和淋水填料9布置在距地面8～10m的高度。冷却水在凝汽器或其他设备吸热后，沿压力管道送至配水系统中的配水槽。水沿配水槽由塔中心向四周流动，经配水槽上的孔呈线状向下流，经淋水填料最后落入布置在地面之下的储水池16。冷空气靠通风筒的吸力从其下部

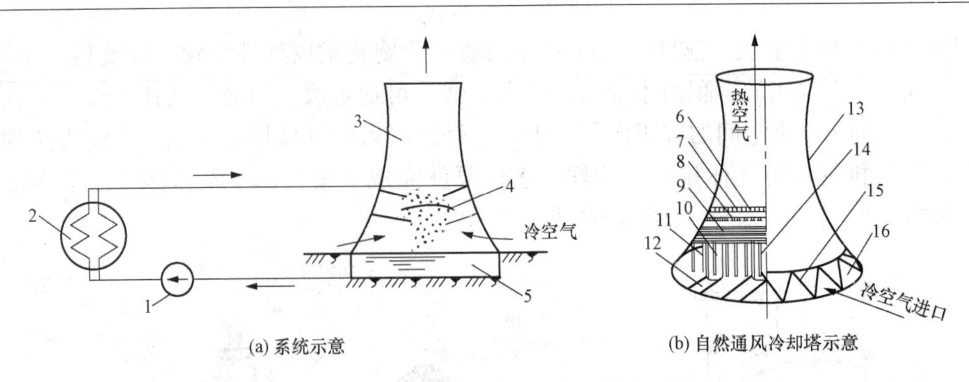

图 2-99 自然通风冷却塔循环供水系统

1—循环水泵；2—凝汽器；3—冷却塔；4—淋水装置；5、16—储水池；6—除水器；7—配水槽；8—喷溅装置；9—淋水填料；10—边井；11—立柱；12—上水管；13—通风筒；14—中央竖井；15—人字支柱

四周吸入，并向上流动，与下落的水滴成逆向流动，吸收水的热量后，从通风筒上部排出。循环水的冷却实质是蒸发散热，接触传热和辐射传热三个过程的共同作用。春夏秋三季中，主要靠蒸发散热；在冬季主要靠接触传热。辐射散热只有在大面积的冷却池内才起主导作用。

淋水填料可以增加水和空气接触的面积和时间，宜采用高效轻型填料，以前多为石棉水泥淋水板或铅丝网石棉水泥格栅。目前多为由聚氯乙烯制成的薄片，薄片表面密集着一个个凸起的点状鼓包，使薄片成波浪形，以增加换热的流程和冷却效果。

为了降低吹散损失，冷却塔上还装有除水器 6。除水器布置在配水槽 7 之上，由弧形除水片组成。当风筒内气流夹带细小水滴上升时，撞击到除水器的弧片上，在惯性力和重力的作用下，水滴从气流中分离出来。

4. 回热加热器

回热加热器是利用汽轮机抽汽加热凝结水和锅炉给水的设备，抽汽完成加热作用后被冷凝成的水称作疏水。按汽水介质传热方式不同，回热加热器可分为表面式和混合式两种。在混合式加热器中，两种介质直接混合，系统中需要附加泵和水箱，现已很少采用。在表面式加热器中，两种介质通过金属受热面实现热量传递，虽然热经济性较低，金属耗量大，但是系统结构简单，运行可靠，被大型机组广泛采用。

按水侧承受的压力不同，回热加热器分为低压和高压加热器两种。低压加热器布置在凝结水泵后，其水侧承受的压力为凝结水泵出口工质压力，其疏水逐级流入凝汽器。高压加热器布置在给水泵后，其水侧承受的压力为给水泵出口工质压力；其疏水逐级流入除氧器。300MW 以上的机组，其回热系统一般采用八级回热，即 3 台高压加热器、4 台低压加热器和 1 台除氧器，简称“三高四低一除氧”，其目的是提高整个热力系统运行的经济性。

按布置方式不同，回热加热器分卧式和立式两种。现代大容量机组采用卧式的较多，其结构如图 2-100 所示。加热器由筒体、管板、U 形管束和隔板等主要部件组成。筒体的右侧是加热器水室 3，它采用半球形、小开孔的结构形式；水室内有分流隔板，将进、出水隔开。给水由给水进口 1 进入水室 3 下部，通过 U 形管束 12 吸热升温后，从水室上部给水出口 2 离开加热器。加热蒸汽由入口 6 进入筒体，经过过热蒸汽冷却段 8、疏水冷却段 16 后，蒸汽由汽态变为液态，最后由疏水出口 17 流出。卧式加热器因其换热管横向布置，在相同凝结放热条件下，其凝结水膜比竖管薄，其单管放热系数比竖管高约 1.7 倍，所以换热效果好；因此经济性要高于立式，但其缺点是占地面积较大。

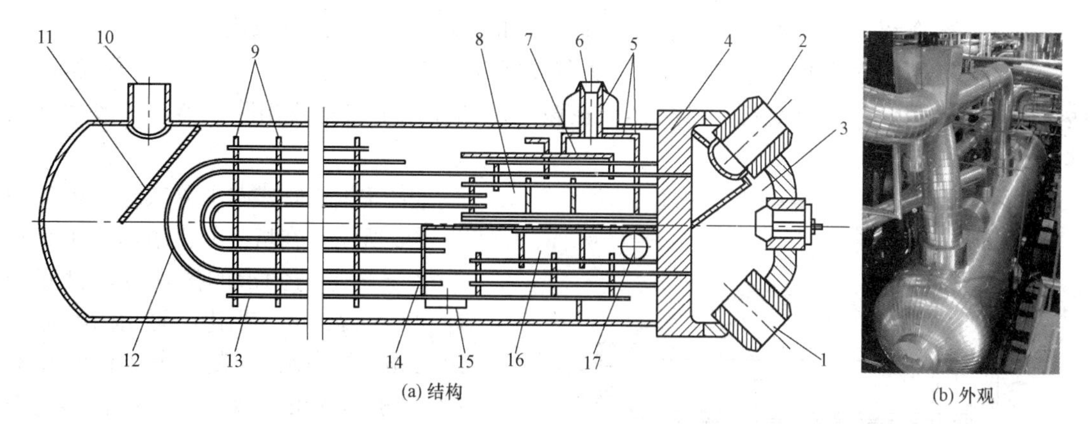

(a) 结构　(b) 外观

图 2-100 卧式管板-U形管式高压加热器

1—给水进口；2—给水出口；3—水室；4—管板；5—遮热板；6—蒸汽进口；7—防冲板；8—过热蒸汽冷却段；9—隔板；10—上级疏水进口；11—防冲板；12—U形管；13—拉杆和定距管；14—疏水冷却段端板；15—疏水冷却段进口；16—疏水冷却段；17—疏水出口

5. 除氧器

除氧器的作用是除去锅炉给水中的各种气体，其中主要是指给水中游离的氧气，这些气体不仅会妨碍传热，而且能严重腐蚀金属。除氧器实际上是一个混合式加热器。电厂中一般采用加热法进行除氧，即用蒸汽将水加热到沸腾状态，水中溶解的氧就会逸出。热力除氧原理的理论基础是亨利定律和道尔顿定律。

根据水在除氧塔内的播散方式，除氧器可分为水膜式、淋水盘式（细流）和喷雾式（雾化水珠）等。根据压力大小，除氧器可分为真空式、大气压式和高压除氧器。大气压式和高压除氧器由除氧塔（或除氧头）和除氧水箱构成，水的除氧主要在除氧塔内完成，除氧后的水进入除氧水箱。除氧塔布置有立式和卧式两种，除氧水箱都为卧式布置。图 2-101 所示为卧式除氧塔与除氧水箱组合图，卧式除氧器实际上是由卧式除氧塔与除氧水箱两个独立的长圆筒连接而成，中间用两根下水管 1 和两根蒸汽平衡管 2 焊接连通。

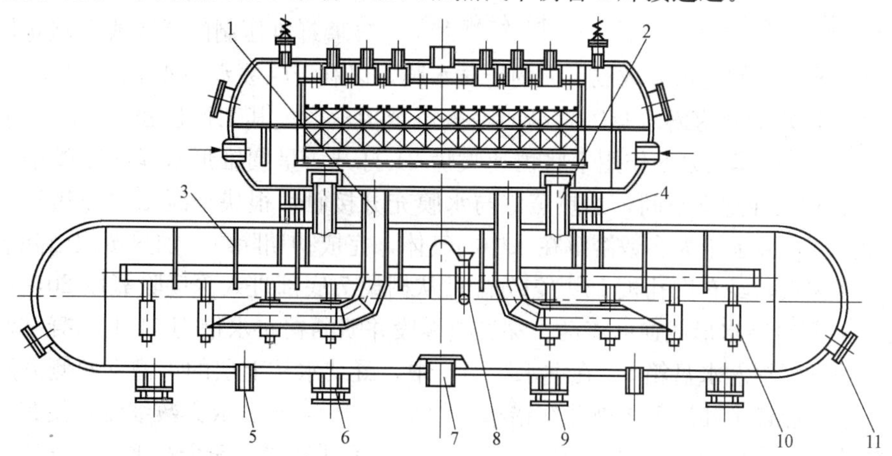

图 2-101 卧式除氧塔与除氧水箱组合图

1—下水管；2—蒸汽平衡管；3—吊架；4—上支座；5—放水口；6—活动支座；7—出水口；8—溢流管；9—固定支座；10—启动加热装置；11—人孔

下面主要介绍大气压式立式淋水盘式除氧塔和喷雾淋水盘卧式高压除氧塔。

(1) 大气压式立式淋水盘式除氧塔。大气压式除氧器内的工作压力较大，气压应稍高一些（约0.118MPa），以便离析出的气体能在该压差的作用下自动排出除氧器，一般为立式淋水盘式。

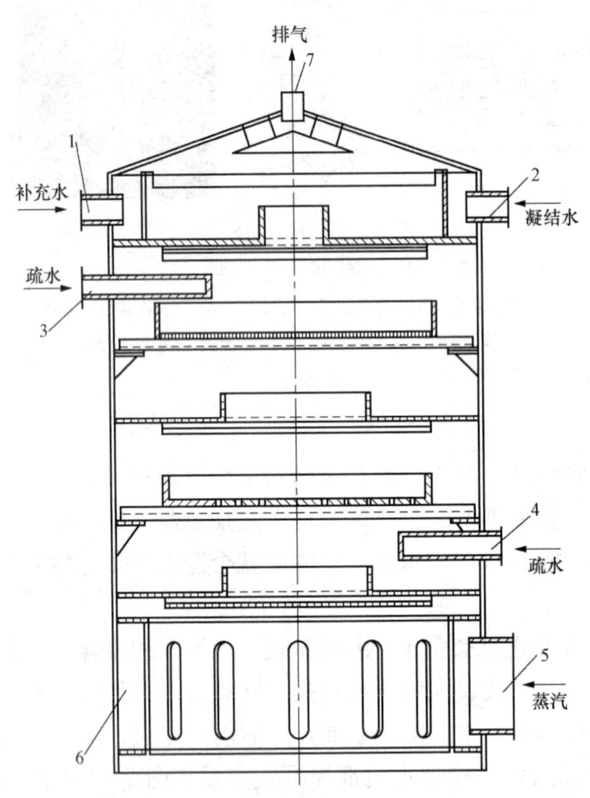

图 2-102 大气压式立式淋水盘式除氧塔

1—补充水管；2—凝结水管；3—疏水箱来疏水管；4—高压加热器来疏水管；5—进汽管；6—汽室；7—排气管

大气压式立式淋水盘式除氧塔如图 2-102 所示。在塔内，沿塔高交叉布置 5～8 层环形与圆形的淋水盘，盘底开有 $\phi4\sim\phi6$mm 圆孔，淋水盘高约 100mm。补充水 1、凝结水 2 和疏水 3、4 分别被引入淋水盘，通过小孔形成表面积较大的细水流；回热加热蒸汽 5 从下部进入汽室 6，与细水流成逆向流动换热除氧；逸出的气体从上部排气管 7 排走，除了氧的水则汇集到给水箱中。由于大气压式除氧器的工作压力低，造价低，对负荷的适应能力差，适于中、低参数发电厂、热电厂补充水及生产返回水的除氧设备。

(2) 喷雾淋水盘卧式高压除氧塔。600MW 机组多采用喷雾淋水盘式卧式除氧塔；它由两部分组成，上部为喷雾层，可除去水中大部分氧气，下部为淋水盘或填料层，可除去水中残余的氧。填料层通常由一些比表面积很大的材料组成，如不锈钢 Ω 形钢片、丝网或屑，玻璃纤维压制的圆环或蜂窝状填料，以及不锈钢角钢等，它们把水分散成巨大的传质水膜，以利于除去水中残余的气体。

图 2-103 所示为喷雾淋水盘卧式高压除氧塔结构示意。其工作过程是：凝结水由进水管 9 进入水室 8，在其压力的作用下将恒速喷嘴 21 打开，呈圆锥形水膜从喷嘴中喷出，进入喷雾除氧段 10。在这个空间，加热蒸汽与水膜充分接触，很快把凝结水加热到除氧器压力下的饱和温度，除去绝大多数溶解在水中的气体，完成初期除氧。加热蒸汽由除氧塔两端进汽管 1、13 进入，经布汽孔板 15 均匀分配后从栅架 7 底部进入深度除氧段 20，再向上流入喷雾段 10，与凝结水形成逆向流动。穿过喷雾段并喷洒在布水槽钢 11 上的凝结水，被布水槽钢均匀地分配给淋水盘箱 5。在淋水盘箱 5 中，凝结水从上层的小槽钢两侧分别流入下层的小槽钢中，经过十几层上下彼此交错布置的小槽钢后，被分成无数细流，使其有足够的时间与加热蒸汽充分接触，见图 2-103（c）。凝结水不断沸腾，残余在水中的气体在淋水盘箱中进一步离析出来，完成深度除氧。离析出的气体，通过水室 8 上部的排汽管 6 排入大气。除氧后的水从除氧塔下部的下水管 19 流入除氧水箱，并由给水泵升压后经过各级高压加热器加热后送至锅炉。

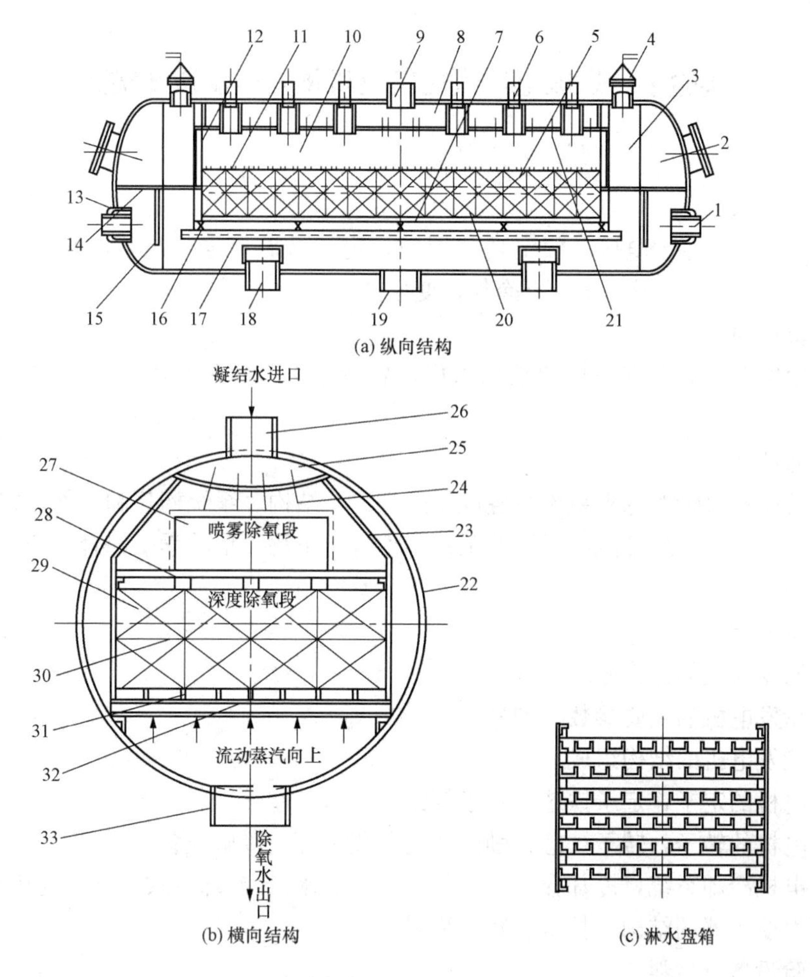

图 2-103 喷雾淋水盘卧式高压除氧塔结构示意

1、13—进汽管；2—搬物孔；3—除氧塔；4—安全阀；5、26—淋水盘箱；6—排气管；7、31—栅架；8、25—凝结水进水室；9、29—凝结水进水管；10、27—喷雾除氧空间；11、28—布水槽钢；12—人孔门；14—进口平台；15—布汽孔板；16、32—工字梁；17—基平面角铁；18—蒸汽连通管；19、33—除氧水出口管；20、30—深度除氧段；21、24—恒速喷嘴；22—除氧塔外壳；23—侧包板

除氧器的工作压力可以是固定不变的，也可以是随机组负荷的变化而变化的，前者称为定压运行，后者称为滑压运行或变压运行。后者热经济性高，故越来越多地被大容量机组采用。

六、实验步骤

现场参观燃煤电厂 200MW 亚临界、600MW 超临界、1000MW 超超临界压力的汽轮机模型，汽轮机实物构件、凝汽器冷却水管和除氧器填料等。观看教学录像片与三维动画演示，结合上述介绍认知热力系统、凝汽系统的组成和作用；识别凝汽器、自然通风冷却塔、高压加热器、低压加热器和除氧器等设备与构件；熟悉水环式真空泵的结构及工作原理，并进行动手拆装。

七、思考题

（1）画出火电厂热力系统流程图。

（2）简述凝汽系统的作用与组成。

（3）简述水环式真空泵的拆装步骤。

实验十　燃煤电厂汽轮发电机及变压器认知实践

关键词

同步电机，额定定子电压，额定功率因数，定子铁芯，定子绕组，转子铁芯，励磁绕组，集电环，静态励磁，水-氢-氢冷却，变压器。

一、实验目的

了解汽轮发电机的工作原理和结构组成，熟悉定子、转子和冷却系统等；了解电力变压器。

二、能力训练

通对分析比较汽轮发电机系统中各设备的作用、结构、系统构建和工作性能，使学生对相互关联设备所构建的总发配电系统的工作特性有所了解，培养学生综合分析、选择配置系统的工作能力。

三、实验内容

（1）汽轮发电机的工作原理。

（2）汽轮发电机的主要参数与型号。

（3）汽轮发电机的结构组成。

（4）发电机的定子，定子铁芯、定子绕组、机座、端盖等。

（5）发电机的转子，转子铁芯、励磁绕组、集电环、励磁设备。

（6）发电机冷却系统，冷却介质（空气、氢气和水）、冷却方式（外冷与内冷）。

（7）电力变压器的结构、技术参数与型号。

四、实验设备及材料

（1）燃煤电厂200MW亚临界、600MW超临界、1000MW超超临界压力的汽轮发电机模型各1套；定子绕组空心铜导线与腐蚀空心铜导线1批。

（2）教学录像资料1套，三维动画演示。

五、实验原理

1. 汽轮发电机的工作原理

发电机是发电厂的主要设备之一，它同锅炉、汽轮机合称为火电厂的三大主机。汽轮发电机是由汽轮机作原动机拖动转子旋转，利用电磁感应原理将机械能转换为电能的设备，它包括发电机本体、励磁系统和冷却系统等，其外观见图2-104。

图2-104　发电机和励磁机组

图 2-105 所示为旋转磁场三相交流发电机的工作原理。由图 2-105（c）可见，发电机可分为定子和转子两大部分。定子部分主要由定子铁芯和绕组组成，见图 2-105（b）。其定子铁芯的内圆均匀分布着 6 个槽，见图 2-105（a），嵌装着三个相互间隔 120°的同样线圈，分别为 A、B、C 相线圈，对应为 A、B、C 三相绕组，见图 2-105（b）。

在图 2-105（c）中，转子部分由转子铁芯（也称磁极）和绕组（也称励磁绕组）组成。其中，e_A、e_B、e_C 分别为 A、B、C 相电动势。发电机转子与汽轮机转子同轴连接，当蒸汽推动汽轮机高速旋转时，发电机转子随着同步转动。发电机转子绕组通过集电环和电刷与励磁电源相连，得以通入直流电流，建立起一个磁场；这个磁场有一对主磁极（即 1 个 N 极，1 个 S 极），它随着汽轮发电机转子旋转，形成一个旋转磁场。

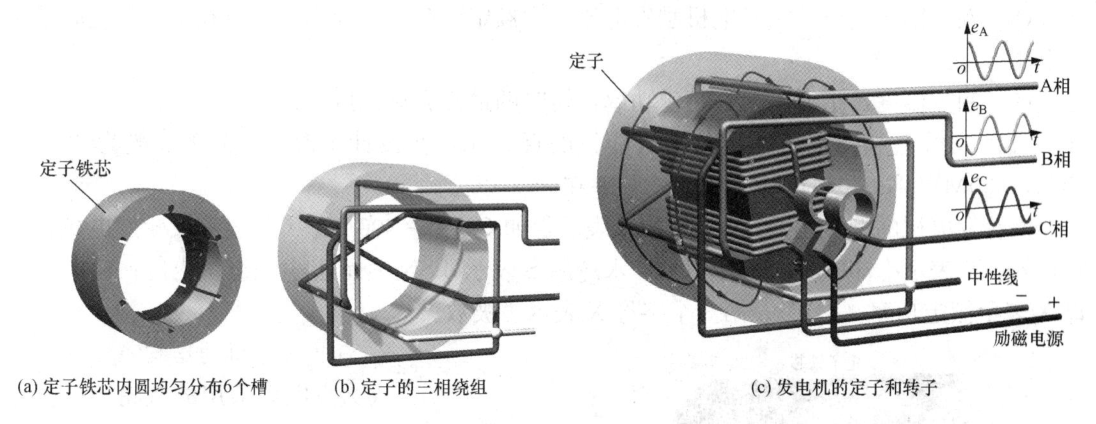

图 2-105 旋转磁场三相交流发电机的工作原理

（由鹏芃科艺授权使用）

按照电磁感应定律，导线切割磁力线感应出电动势。发电机磁极旋转一周，主磁极的磁力线被定子的三相绕组（导线）依次切割，在定子绕组内感应的电动势正好变化一次。当汽轮机以 3000r/min 的转速旋转时，发电机转子每秒要旋转 50 周，磁极也要变化 50 次，因此，在发电机定子的绕组中感应的电动势也要变化 50 次。三相绕组感应出不同相位的三相交变电动势，若将发电机定子三相绕组引出线的末端（即中性点）连在一起，首端引出线与用电设备相连接，定子绕组中即产生三相电流，如图 2-105（c）所示。此即为汽轮机转子输入的机械能在发电机中转化为电能的过程。

现代的汽轮发电机都属于这种同步电机。同步电机最主要特点就是转子转速 n、电势频率 f、磁极对数 P 之间保持着严格关系：$n=60f/P$（r/min）。汽轮发电机有 1 对磁极，在规定的电流频率 50Hz 下，发电机转子与同轴的汽轮机转速必须是额定的 3000r/min，也就是 50r/s；此时感生电压的频率与转子每秒转速相同，这也是“同步电机”的由来。

2. 汽轮发电机主要参数与型号

为使发电机按设计技术条件运行，一般在发电机出厂时都在铭牌上标注出额定参数，并在说明书中加以说明。这些额定参数主要有以下 10 个。

（1）额定容量（或额定功率）：额定容量是指发电机在设计技术条件下运行时输出的功率，用 kVA 或 MVA 表示；额定功率是指发电机输出的有功功率，用 kW 或 MW 表示。

（2）额定定子电压：是指发电机在设计技术条件下运行时，定子绕组出线端的线电压，用 kV 表示。我国生产的 300MW 和 600MW 发电机组额定定子电压一般为 20～22kV。

（3）额定定子电流：指发电机定子绕组出线的额定线电流，单位为A。

（4）额定功率因数（cos$q$）：指发电机在额定功率下运行时，定子电压和定子电流之间允许的相角差q的余弦值。100～300MW机组的额定功率因数为0.85，600MW机组的额定功率因数为0.9。

（5）额定转速：指正常运行时发电机的转速，用每分钟转数表示。我国生产的汽轮发电机转速均为3000r/min。

（6）额定频率：我国电网的额定频率为50Hz（即每秒50周）。

（7）额定励磁电流：指发电机在额定出力时，转子绕组通过的励磁电流，单位为A或kA。

（8）额定励磁电压：指发电机励磁电流达到额定值时，额定出力运行在稳定温度时的励磁电压。

（9）额定温度：指发电机在额定功率运转时的最高允许温度。

（10）效率：指发电机输出与输入能量的百分比，在设计工况下，效率一般为93%～98%，300MW和600MW大型机组的效率在98%以上。

汽轮发电机的型号用QFX-X-X来表示，如QFSN-300-2。QF表示汽轮发电机；第1个字母X表示冷却方式，氢冷用Q，水冷用S表示，SN表示定子绕组水内冷；第2个字母X表示额定功率（MW）；第3个字母X表示磁极数。

3. 汽轮发电机的结构

火力发电厂采用的汽轮发电机皆为二极、转速为3000r/min的卧式轴结构。发电机与汽轮机、励磁机等配套组成同轴运转的汽轮发电机组。

发电机最基本的组成部件是定子和转子。定子由铁芯和定子绕组构成，固定在机壳座上；转子由轴承支承置于定子铁芯中央，转子绕组上通以励磁电流，汽轮发电机结构如图2-106所示。

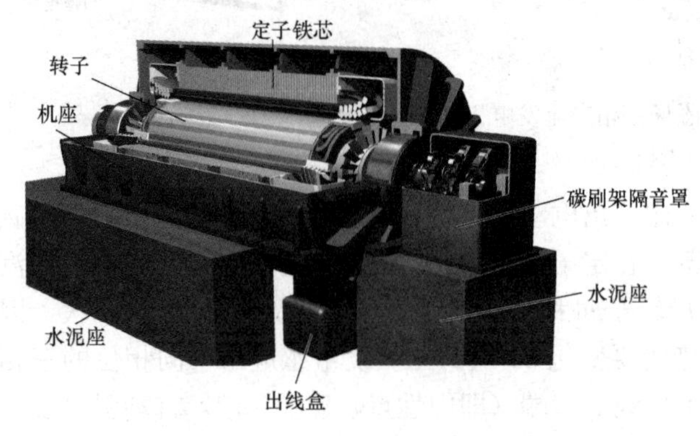

图2-106 汽轮发电机结构示意
（由鹏芃科艺授权使用）

为监视发电机定子绕组、铁芯、轴承及冷却器各重要部位的运行温度，在这些部位埋置了多只测温元件，通过导线连接到巡检装置，在运行中进行监控。

4. 发电机的定子

发电机的定子由定子铁芯、定子绕组、机座、端盖及轴承等部件组成。

（1）定子铁芯。定子铁芯是构成磁路并固定定子绕组的重要部件，通常由厚度为0.5mm或0.35mm、导磁性能良好的冷轧硅钢片叠装而成。大型发电机的定子铁芯尺寸很大，硅钢片冲成扇形，再由多片硅钢片拼装成圆形。300MW汽轮发电机的定子冲片及拼装情况如图2-107（a）所示。

扇形冲片两面涂刷有绝缘漆，相邻层冲片交错叠装，使片间接缝错开，以减小磁阻。铁芯沿轴向分段，每段由一二百层硅钢片叠层，段与段之间用隔板相隔，形成通风沟，让冷却氢气在硅钢片段之间的通风沟中径向流通，以增大铁芯的散热面积，这种布置可将硅钢片及定子绕组发出的热量充分带走，明显改善了冷却效果。在定子铁芯的两端用压圈与穿心螺杆压紧定子铁芯，见图 2-107（b）。

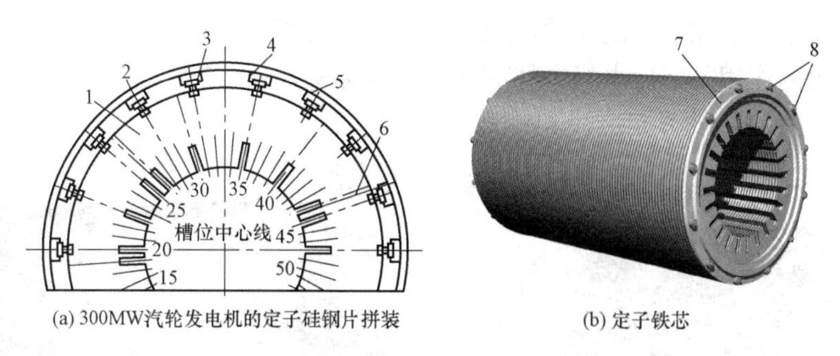

(a) 300MW汽轮发电机的定子硅钢片拼装　(b) 定子铁芯

图 2-107　汽轮发电机定子铁芯

［（b）由鹏芃科艺授权使用］

1—扇形硅钢片；2—定位筋；3—垫片；4—弹簧板；5—机座；6—测温元件；7—定子压圈；8—穿心螺杆

（2）定子绕组。定子绕组嵌放在定子铁芯内圆的定子槽中，分三相布置，互呈 120°角度，以保证转子旋转时在三相定子绕组中产生互呈 120°相位差的电动势。定子绕组均匀分布在定子的内圆上，以利于散热和充分利用空间。在定子铁芯内圆的每个槽内放有上、下两组绝缘导体（也称线棒），每个线棒分为直线部分（置于铁芯槽内）和两个端接部分，直线部分是切割磁力线并产生感应电动势的有效边，端接部分起连接作用，把各线棒按一定的规律连接起来，构成发电机的定子绕组。图 2-108（a）所示为排列在一起的 24 槽绕组示意。中、小型发电机的定子线棒均为实心线棒，大型发电机由于散热的需要，采用内部冷却的线棒，即由若干实心线棒和可通水的空心线棒并联组成。

定子绕组嵌装在定子铁芯的槽内后，还要在槽口插入槽楔，把线圈压紧固定。图 2-108（b）所示为嵌装好线圈的定子铁芯剖视图。

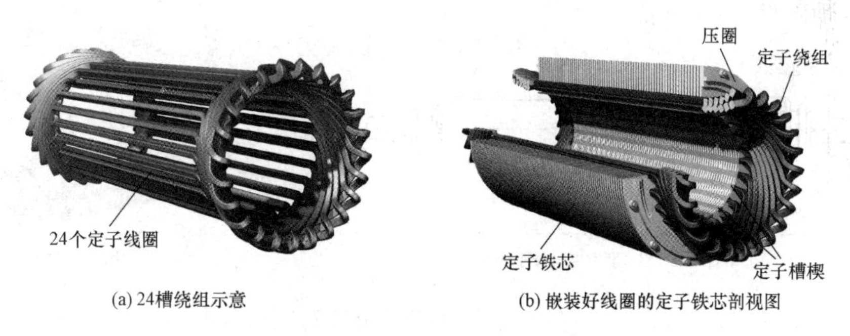

(a) 24槽绕组示意　(b) 嵌装好线圈的定子铁芯剖视图

图 2-108　汽轮发电机定子绕组

（由鹏芃科艺授权使用）

（3）机座及端盖。机座，也称机壳，其作用是支承和固定发电机定子，同时，还要承受转子的重量及运行时的电磁力矩及短路 10 倍以上的短路力矩。机座一般用钢板焊接而成，除应有足够的强度和刚度外，还应能满足通风散热的要求。为确保刚度，在机壳内壁焊有多圈圆环筋与多条轴向筋。为便于冷却气体流动，圆环筋上开有多个通气孔。在机座下方有发电机出线盒，发出的三相交流电从这里引出，见图 2-109。安装好的机座加端盖应有很好的气密性，以防止冷却介质泄露。

在图 2-110 中，两个转子轴承安装在机座两侧的端盖上，称为端盖式轴承。每块端盖由上、下两块组成；先安装好机壳两侧的下端盖，然后在端盖上安装轴承部件（轴瓦与轴承油密封等），轴承把转子支承起来，转子磁极与定子铁芯间留有气隙，转子可自由旋转；最后安装上端盖，上、下端盖中间用橡胶或填料密封，再用螺栓固牢，以防漏气。

因此，端盖的作用是将发电机本体的两端封盖起来，并与机座、定子铁芯和转子一起构成发电机内部完整的通风系统。

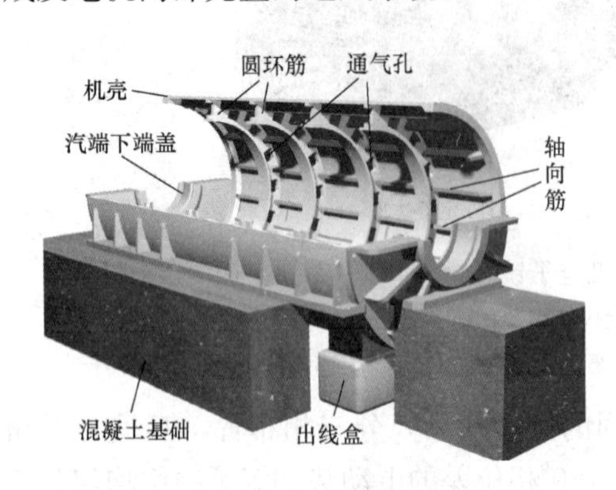

图 2-109 发电机机座

（由鹏芃科艺授权使用）

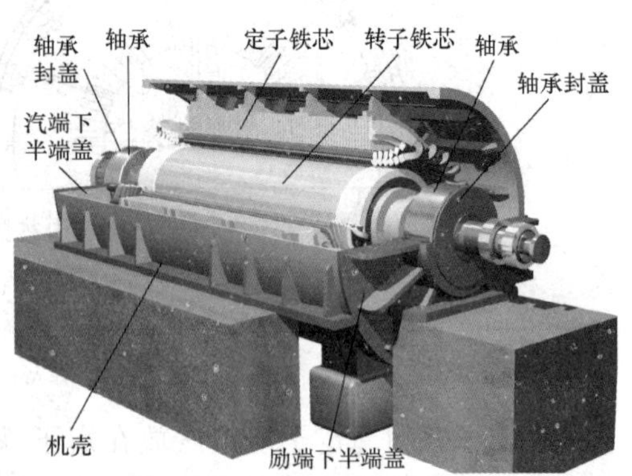

图 2-110 发电机转子轴承与端盖

（由鹏芃科艺授权使用）

5. 发电机的转子

发电机的转子是汽轮发电机最重要的部件之一，它的作用是产生一个磁场，通过电磁感应原理将汽轮机传过来的机械能转变为定子绕组中的电能。

QFSN-300-2 型发电机转子外形如图 2-111（a）所示，它主要由转子铁芯、励磁绕组（转子线圈）、护环和风扇等组成，是发电机最重要的部件之一。由于发电机转速高，转子受到的离心力很大，所以转子外径不能太大，通常呈细长形，卧式安装，且制成隐极式，以便更好地固定励磁组。

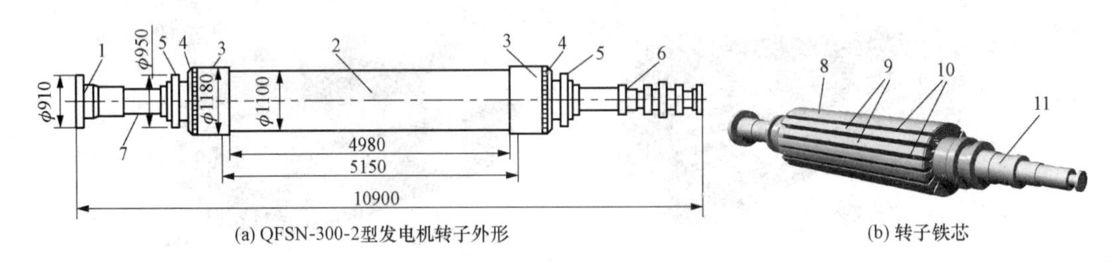

图 2-111 汽轮发电机转子

［（b）由鹏芃科艺授权使用］

1—联轴器（与汽轮机相连）；2—转子本体（铁芯）；3—护环；4—风扇；5—滑环；6—励端轴颈；7—汽端轴颈；8—大齿；9—齿；10—槽；11—轴

（1）转子铁芯。发电机转子铁芯与轴采用高强度、导磁性能良好的合金钢加工而成。转子中间部分作为磁极，沿转子铁芯表面铣有用于放置励磁绕组的凹槽，如图 2-111（b）所示。从断面看，槽的排列方式一般为辐射式，分布在磁极的两侧，槽与槽之间的部分为齿。未加工的部分通称大齿，其余称小齿。大齿作为磁极的极身，是主要磁通回路，称为转子的隐极。在大齿表面沿横向铣出若干个圆弧形月牙槽，使大齿区域和小齿区域两个方向的刚度相同。沿轴的中心线膛有一个中心孔，可从中取出较粗的金属晶粒进行检验，同时，中心孔可作为转子绕组向滑环引线的通道。在转子铁芯部分有一些轴向与径向的孔隙，用来通风冷却。

图 2-112 所示为汽轮发电机定子铁芯与转子铁芯截面图，中部是隐极式转子铁芯，外部是定子铁芯，两铁芯间有气隙。定子铁芯的内圆周有嵌放定子线圈的槽，在槽口两侧有固定槽楔的小槽，槽楔用途是压住定子线圈。转子铁芯的外圆周有嵌放转子线圈的槽，在槽口两侧有小槽，用来固定槽楔，在槽底有用于通风的槽。

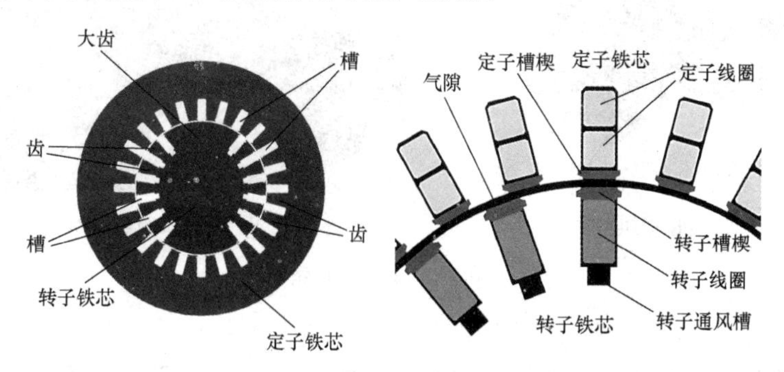

图 2-112　定子铁芯与转子铁芯截面
（由鹏芃科艺授权使用）

（2）励磁绕组。励磁绕组两端通过集电环（滑环）接到励磁电源，通入直流电流，在转子圆周两侧就形成南北极，旋转时就产生旋转磁场，见图 2-113（a）。

励磁绕组又称转子绕组，是由若干个线圈组成的同心式绕组。线圈用矩形扁铜线绕制而成。励磁绕组放在槽内，绕组的直线部分用槽楔压紧，端部径向固定采用护环，防止线圈被离心力甩出，使绕组端部不发生径向位移和变形；轴向固定采用云母块和中心环，中心环套于轴上绕组的两端，对护环起固定、支持和保持与转轴同心的作用，并限制端部绕组的轴向位移。励磁绕组的引出线经导电杆接到集电环（滑环）上再经电刷引出，见图 2-113（b）。为降低发电机的温度，在转子两端还装有轴流风扇对机内气体进行强制循环，见图 2-113（c）。

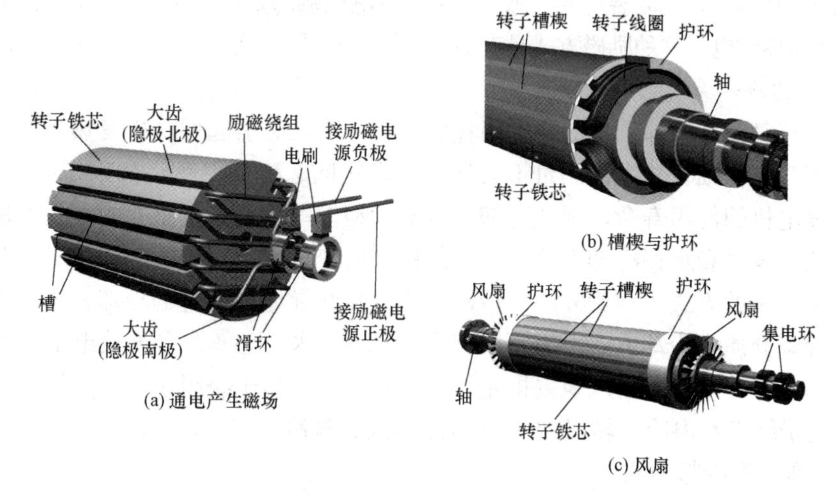

图 2-113　励磁绕组
（由鹏芃科艺授权使用）

（3）集电环。集电环又称滑环，分为正、负两个环，分别通过引线接到励磁绕组的两端，并借电刷装置引至直流电源。集电环由坚硬耐磨的合金锻钢制成，装于发电机的励磁端外侧，热套于隔有云母绝缘的转轴上，外罩电刷隔音罩，见图 2-114。

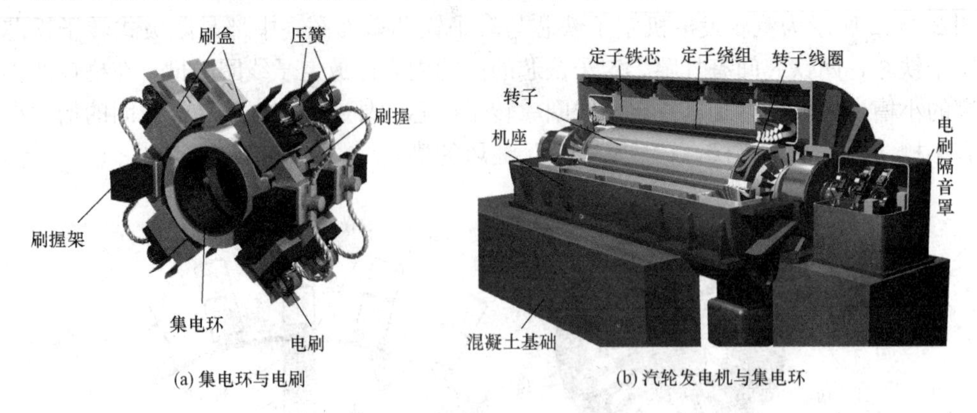

(a) 集电环与电刷　(b) 汽轮发电机与集电环

图 2-114 集电环

（由鹏芃科艺授权使用）

为加强滑环散热，在滑环表面加工有螺旋沟槽和通风孔，还在两环间装有离心式风扇，用以加快氢气在定子铁芯和转子部位的循环，提高冷却效果。

（4）励磁设备。同步发电机若要能正常工作，就必须为它提供一定的励磁电流，才能建立起旋转磁场。励磁设备的作用是为发电机转子绕组提供直流电流，形成转子磁场。励磁设备主要有以下两种：

1）由一台与主发电机同轴的交流发电机产生交流电，再经过整流设备转变成直流电，作为主发电机转子的励磁。这是中小型同步发电机常采用的一种励磁方式。

2）将发电机产生的交流电经变压器降压后，再经整流设备整流成直流电，作为发电机转子的励磁。这种励磁方式在 300MW 的机组中有广泛应用。

另外，在 600MW 大容量机组上，特别是大型水轮发电机上，有的采用了无励磁机的静止晶闸管励磁系统。其晶闸管整流装置的电源，可采用发电机端的整流变压器供电，也可由厂用母线引出的整流变压器供电。这种励磁方式具有简单可靠、容量不受限制、设备费用低等优点。

6. 发电机的冷却系统

发电机运行时，其内部产生的各种损耗转化为热能，会引起发电机发热。尤其是大型汽轮发电机，因其结构细长，中部热量不易散发，发热问题更显严重。如果发电机温度过高，会直接影响发电机的使用寿命，因此冷却技术对大型发电机是非常重要的。发电机的冷却介质主要有空气、氢气和水；冷却方式主要是外冷和内冷。用冷却介质吹拂定子铁芯和导体绝缘表面，带走热量的方式，称为外冷；冷却介质直接在导体内运行的冷却方式，称为内冷。

上述的冷却介质和冷却方式可有不同组合，如水-水-空（即定子绕组水内冷、转子绕组水内冷、铁芯空冷）；水-水-氢（即定子绕组水内冷、转子绕组水内冷、铁芯氢冷）；水-氢-氢（即定子绕组水内冷、转子绕组氢内冷、铁芯氢冷）。目前，国产大型汽轮发电机组大都采用水-氢-氢冷却方式。

空气冷却的主要优点是简单、安全、廉价；缺点是冷却效果差、摩擦损耗也大。

氢气冷却的优点是因为氢气重量轻、导热性能好，因此采用氢冷可使总损耗减小 30%～40%，提高效率，冷却效果也好；其缺点是易引起爆炸和需要增加复杂的制氢系统。

水具有很高的导热性能（比空气大 50 倍），化学性能稳定、不燃烧；其缺点是要增加水系统和易漏水等。

7. 电力变压器

发电厂为了将生产出的电能输送到电网中或者供应厂用负荷，都需各种类型和型号的变压器，变压器是输变电系统中的重要设备之一。发电厂的主变压器担负着升高电压、进行电力经济输送和分配电能的作用。厂用变压器担负着降低电压，供应厂用负荷电源的作用。

变压器形式很多，它可分为单相、三相变压器，可分为双绕组、三绕组变压器，可分为普通结构和自耦结构的变压器，可分为无载调压和有载调压变压器，可分为升压型和降压型变压器，也可分为油浸式和干式变压器，还可分为常规组别接线和全星形接线的变压器。采用何种形式变压器，要根据容量大小、电压等级、电网规划要求、交通等诸多因素确定。

(1) 电力变压器结构。以油浸电力变压器（图 2-115）为例，它由铁芯、高低压绕组、绝缘套管、油箱、油枕、调压系统和冷却系统等组成。

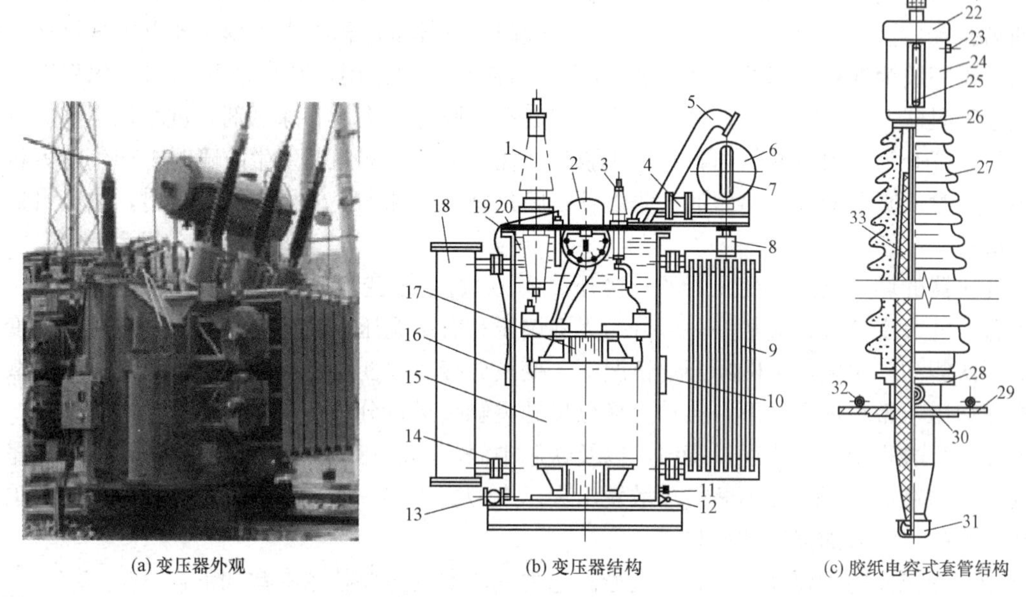

(a) 变压器外观 (b) 变压器结构 (c) 胶纸电容式套管结构

图 2-115 油浸变压器

1—高压套管；2—分接开关；3—低压套管；4—气体继电器；5—安全气道（防爆管）；6—储油柜（油枕）；7—油表；8—吸湿器；9—散热器；10—铭牌；11—接地螺栓；12—油样活门；13—放油阀门；14—活门；15—绕组；16—信号温度计；17—铁芯；18—净油器；19—油箱；20—变压器油；21—接线端子；22—均压罩；23—放气塞；24—储油器；25—油位计；26—密封垫圈；27—伞形瓷套；28—取油样塞；29—法兰盘；30—接地套管；31—均压球；32—单环；33—电容芯子

铁芯 17 是变压器的基本组成部分之一，变压器的一次侧和二次侧绕组 15 都绕在铁芯上。铁芯的磁导体是变压器的磁路，它把一次电路的电能变为磁能，再将磁能转为二次电路电能，是能量转换的媒介。

绕组 15 也是变压器基本部件，高压绕组和低压绕组构成了变压器的电路系统。内铁型变压器采用由铜线或铝线制成的同心圆筒形绕组套在铁芯 17 上，从满足绝缘要求出发，通常高压绕组在外层，低压绕组在内层。

绝缘套管和引线是变压器高、低压绕组与外线路的连接部件。引线通过高压套管 1 和低压套管 3 引至油箱外部；套管不仅作为引线对地绝缘，而且起固定引线的作用。套管有纯瓷、充油和电容等形式。图 2 - 115（c）所示为 220kV 及以上电压等级的胶纸电容式套管结构。电容芯子 33 由单面上胶纸的铝箔，经加温加压制成与中心导电管并列的同心圆柱体电容屏，利用电容分压原理使芯子电位分布均匀。电容芯子的最内屏与导电管相连接形成同电位，最外屏与法兰盘 29 连接在一起接地，成为零电位。电容芯子与瓷套 27 之间的空隙中注入变压器油，可通过空心导电铜管与变压器油箱中的油连通，导电铜管既是电容芯子的骨架，又是引线穿过的通孔。瓷套 27 以电瓷作为绝缘体，瓷表面涂一层釉，表面做成高低凹凸的裙边，以增长沿面放电距离；或做成一层层伞形，以阻断雨水。

油箱 19 就是变压器的外壳，用钢板制成，内装铁芯、绕组，并充有变压器油 20。一台 30 万 kVA 的主变压器，油箱内需装油 30～50t。变压器油起绝缘、冷却作用，要求十分纯净，不能含杂质，铁芯和绕组完全浸在变压器油里。为了适应油箱内油的体积因热胀冷缩发生的变化，通常在大、中型变压器上装有一只辅助油箱 6（油枕或储油柜）。

油枕 6 是用钢板焊成的一个圆筒形容器，水平地安装在油箱 19 的顶盖上，通过弯形管与油箱连接。该管道上装有气体继电器 4 和阀门。气体继电器可保护变压器以免被烧坏。油枕的容积一般为油箱容积的 10%，起储油和隔绝空气的作用，减少油受潮和氧化程度。油枕通过吸湿器 8 与大气连通，进行呼吸；内装有硅胶等吸附剂和除氧剂，可净化空气。

防爆管 5 为一根钢制长筒，管口用膜片封住。当变压器内部发生故障时，产生的大量气体不能及时从吸湿器 8 排出而涌入防爆管，膜片破裂，油和气体由防爆管喷出，油箱可避免破裂事故。

变压器的调压装置指变压器的分接开关 2，通过它改变变压器绕组匝数来进行调压。按照是否停电改变分接开关触头，可分为无载调压和有载调压。无载（无激磁）调压是指变压器的一次侧和二次侧与电网断开的情况下，变换分接头改变绕组匝数进行分级调压。有载调压指在变压器带负荷运行下，自动变换分接开关触头进行分级调压。

在运行过程中，电流通过绕组，以及铁芯中涡流和磁滞损耗都要产生热量；这些热量依靠变压器油在散热器 9 中不断循环散发出去。大型变压器一般采用强迫油循环风冷、强迫油循环水冷的方法来加强冷却散热。

（2）变压器的主要技术参数及型号。电力变压器的主要技术参数如下：

1）额定容量：指变压器在厂家铭牌规定的额定电压、额定电流条件下能连续运行时所输送的容量。

2）额定电压：指变压器长时间运行所能承受的工作电压（三相系统指线电压）。

3）额定电流：指变压器在额定容量下所允许通过的电流。

常见电力变压器的型号，如 SFSZ9 - 31500/110/4，它表示三相，风冷，三绕组有载调压，设计序号为 9，额定容量为 31500kVA，高压侧额定电压 110kV，低压侧额定电压 4kV。具体解释如下：

第 1 个字母 S 表示三相，还可能出现 D（单相），O（自耦变，在型号首位降压，末位升压）。

第 2 个字母 F 表示风冷，还可能出现 W（水冷），P（强迫油循环），D（强迫油导向循环）。

第 3 个字母 S 表示三绕组（双绕组不表示）。

第 4 个字母 Z 表示有载调压（无载不表示），还可能出现 L（铝绕组，铜绕组不表示）。

第 5 个数字 9 表示设计序号。

31500kVA 表示变压器的额定容量，110kV 表示高压侧额定电压，4kV 表示低压侧额定电压。

六、实验步骤

现场参观燃煤电厂 200MW 亚临界、600MW 超临界、1000MW 超超临界压力的汽轮发电机模型，定子绕组空心铜导线等。观看教学录像片与三维动画演示，结合上述介绍认知汽轮发电机系统、变压器的组成和作用；识别定子铁芯、定子绕组、转子铁芯、励磁绕组、风扇、集电环、励磁机、冷却系统、变压器的铁芯、高低压绕组、绝缘套管、油箱、油枕、调压系统和冷却系统等设备与构件。

七、思考题

（1）简述汽轮发电机的工作原理。

（2）简述汽轮发电机的结构组成。

（3）简述电力变压器的结构。

实验十一　燃煤电厂烟气净化系统认知实践

关键词

超低排放，超超低排放；选择性催化还原脱硝法（SCR），高温高尘脱硝工艺，脱硝剂，SCR 催化剂，卸氨臂，液氨蒸发器，氨/空气混合器，喷氨格栅，静态混合器，吹灰系统；板卧式电除尘器，双室四电场静电除尘器，电袋复合除尘，低低温静电除尘，旋转电极除尘，湿式电除尘；石灰石－石膏湿法烟气脱硫，喷淋脱硫吸收塔，除雾器；套筒式烟囱。

一、实验目的

了解燃煤电厂的烟气污染控制措施；熟悉烟气脱硝、除尘、脱硫、烟囱超低排放的原理、工艺流程及其主要设备。

二、能力训练

通对分析比较烟气净化系统中各设备的作用、结构、系统构建和工作性能，使学生对相互关联设备所构建的烟气净化系统的工作特性有所了解，培养学生综合分析、选择配置系统的工作能力。

三、实验内容

（1）燃煤电厂的烟气流程与污染控制措施。

（2）烟气脱硝，选择性催化还原法（SCR）的原理、系统构成及其主要设备。

（3）烟气除尘，电除尘器的工作原理及结构。

（4）烟气脱硫，石灰石－石膏湿法烟气脱硫的原理、工艺流程及其主要设备。

（5）燃煤电厂烟囱的构造与选材。

四、实验设备及材料

（1）燃煤电厂高温高尘烟气脱硝工艺、静电除尘器、石灰石－石膏湿法烟气脱硫系统模型各 1 套。

（2）教学录像资料 1 套，三维动画演示。

（3）板式和蜂窝式 SCR 催化剂、静电除尘器电晕线、脱硫石膏与脱硫系统防腐材料等一批。

五、实验原理

1. 烟气流程与污染控制

燃煤电厂烟气系统流程如图2-13所示。煤粉和空气在炉膛中混合燃烧形成烟气，烟气在炉膛中向上流动，依次经过水冷壁、过热器、再热器、省煤器、空气预热器后离开锅炉。煤粉燃烧后形成的烟气中含有少量飞灰和底渣，底渣经过炉膛下部的冷灰斗和排渣口排出炉膛，飞灰随着烟气流动离开锅炉本体，在静电除尘器（ESP）中被捕捉下来；烟气中的SO_2、NO_x气体，分别在烟气脱硝装置（SCR）和烟气脱硫装置（FGD）中被脱除。净化处理后的烟气经引风机送入烟囱，排向大气。

燃煤烟气中主要的污染物有粉尘、硫和氮的氧化物、碳的氧化物等。它们排入大气后，会形成雾霾、光化学烟雾、酸雨等，产生温室效应，使全球气候变暖，既危害自然生态系统，又威胁人类的生活环境，损害人体健康。

燃煤电厂烟气污染的治理主要是控制烟尘、SO_2及NO_x的排放。烟气先经过安装在锅炉尾部省煤器与空气预热器之间的高效率SCR（选择性催化还原法）脱硝装置，氮氧化物脱除效率一般在80%左右；接着进入静电除尘器，除尘效率可达99%以上；然后进入烟气脱硫系统，采用石灰石-石膏湿法工艺，脱硫效率可达97%以上；最后经高210～240m、出口内径6.2m的烟囱排放。大气污染物排放浓度最后应该达到：在基准氧含量6%条件下，烟尘、SO_2、NO_x排放浓度分别不高于10、35、50mg/m^3，称为超低排放。

电厂还设有烟气在线自动连续监测系统（CEMS），自动连续监测烟气中烟尘、SO_2、NO_x等污染物浓度，以加强对电厂污染物排放的监控，为控制污染物排放提供科学依据。

2. 烟气脱硝

烟气脱硝技术有很多种，有选择性催化还原法（selective catalytic reduction，SCR）、非选择性催化还原法（NSCR）、选择性非催化还原法（SNCR）、臭氧氧化吸收法、活性炭联合脱硫脱硝法等。这些技术有各自的优缺点，在选择脱硝方法时应按具体情况而定。由于SCR法脱硝效率高，运行可靠，无二次污染，是目前世界上先进的燃煤电厂烟气脱硝主流技术之一。

（1）SCR技术原理。选择性催化还原SCR是将氨气作为脱硝剂喷入高温烟气脱硝装置中，在催化剂的作用下只选择将烟气中NO_x分解成为氮气和水，从而使烟气中NO_x含量降低。其反应公式如下：

$$4NH_3+4NO+O_2 \longrightarrow 4N_2+6H_2O$$

$$2NO_2+4NH_3+O_2 \longrightarrow 3N_2+6H_2O$$

$$NO+NO_2+2NH_3 \longrightarrow 2N_2+3H_2O$$

通过使用适当的催化剂（如TiO_2、V_2O_5与WO_3或MoO_3等），上述反应可以在310～420℃的范围内有效进行。在NH_3/NO_x摩尔比接近1的条件下，可以得到80%～90%的脱硝率。

（2）催化剂系统。催化剂是SCR工艺的核心，它约占其投资的1/3；为了使电站安全、经济运行，对SCR工艺使用的催化剂应达到下列要求：高活性，抗中毒能力强，机械强度和耐磨损性，有合适的工作温度区间。催化剂一般是由基材（构成催化剂的骨架）、载体（使活性金属成分能够较好的分散和保持的材料）及活性金属（起催化作用的成分）构成。

燃煤电厂锅炉 SCR 催化剂的主流结构形式有板式和蜂窝式两种。板式催化剂通常采用金属网架或钢板作为基体支撑材料，制作成波纹板或平板结构；以氧化钛（TiO_2）为载体，加入氧化钒（V_2O_5）与氧化钼（MoO_3）活性组分，均匀分布在整个网架表面，形成催化剂涂层结构；将几层波纹板或波纹板与平板相互交错布置在一起，形成板式催化剂模块。蜂窝式催化剂则是将氧化钛粉、其他活性组分以及陶瓷原料以均相方式结合在整个催化剂结构中，按照一定配比混合、搓揉均匀后形成模压原料，采用模压工艺挤压成型为蜂窝状单元，最后组装成标准规格的催化剂模块，见图 2-116。

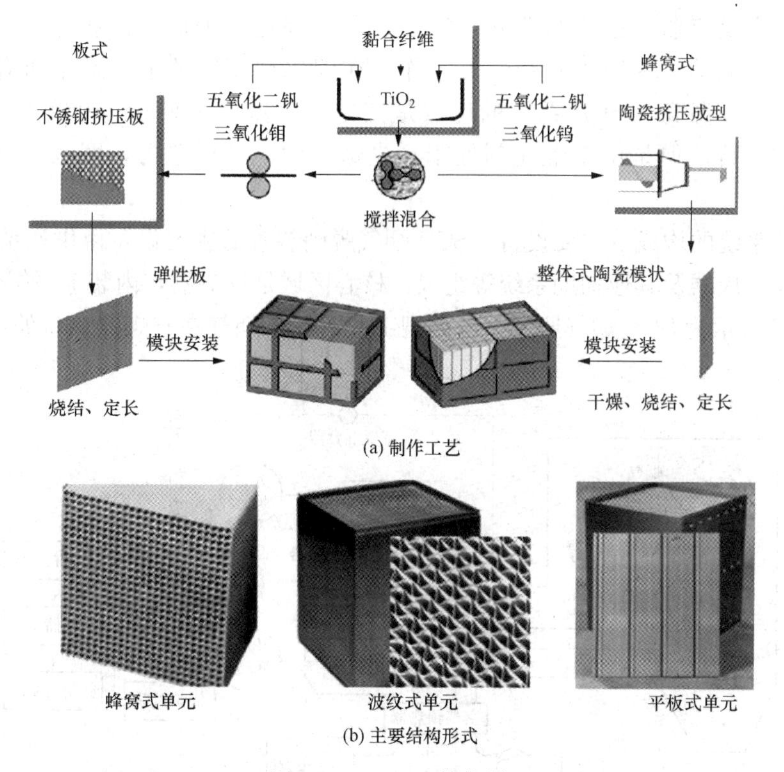

(a) 制作工艺

(b) 主要结构形式

图 2-116　SCR 催化剂

在 SCR 催化剂的制备过程中通常还加入一些其他的物质来改善其机械性能，如加入玻璃丝、玻璃粉和硅胶等以增加强度，减少开裂；而加入聚乙烯、淀粉、石蜡等有机化合物可以作为成型黏结剂。

在运行一段时间后，SCR 催化剂的反应活性会降低，导致氨逃逸量增大。催化剂活性降低主要是由于重金属元素如氧化砷引起的催化剂中毒、飞灰与硫酸铵盐在催化剂表面的沉积引起的催化剂堵塞、飞灰冲刷引起的催化剂磨蚀这三方面的原因。

为了使催化剂得到充分合理利用，通常在反应塔底部或顶部预留 1 或 2 层备用层空间，即 2+1 或 3+1 方案。采用 SCR 反应塔预留备用层方案可延长催化剂更换周期，一般节省高达 25%的需要更换的催化剂体积用量，但缺点是烟道阻力损失有所增大。更换下来废弃催化剂一般可进行再生处理，再生处理后得到的催化剂脱硝效果和使用寿命接近于新催化剂，再生处理费用约为新催化剂的 40%～50%。

（3）SCR 系统的布置方式。根据 SCR 反应器安装在锅炉之后的不同位置，主要分为高温高尘、高温低尘及低温低尘三种布置形式。由于在300～400℃高温下，静电除尘器的运行条件差，所以高温低尘SCR系统少有工业应用。低温低尘SCR系统需加热烟气，消耗热能，几乎没有工业应用；若能开发低温催化剂，则极有应用前景。这里主要介绍工程应用较多的高温高尘SCR系统。

高温高尘SCR系统布置在省煤器的下游、空气预热器和电除尘器的上游，如图2-13所示。在这个位置布置，采用金属氧化物催化剂，烟气温度通常处于SCR反应的最佳温度区间；但由于未经过除尘器，烟气进入反应器的时候会携带较多尘粒。在燃煤锅炉中，通常采用竖直放置的SCR反应器，烟气自上而下通过催化剂床层，在反应器内通常布置多层催化剂。在反应器中还要布置吹灰装置以移除催化剂表面上沉积的颗粒物。为保证稳定均匀的烟气流动，并便于吹灰装置工作，在催化剂床层的上方通常布有旋转风板和流动矫正栅格。高温高尘SCR系统的优点是催化反应器处于300～400℃的温度范围内，有利于反应的进行；但是由于催化剂处于高尘烟气中，条件恶劣，磨刷严重，寿命将会受到影响。

(4) SCR系统的构成及主要设备。SCR烟气脱硝装置的主要设备由供氨系统、氨/空气混合器、SCR反应器及其他辅助系统等组成，核心区域是反应器，内装金属氧化物催化剂。

图2-117所示为SCR烟气脱硝系统典型工艺流程。烟气在省煤器出口处被平均分成两

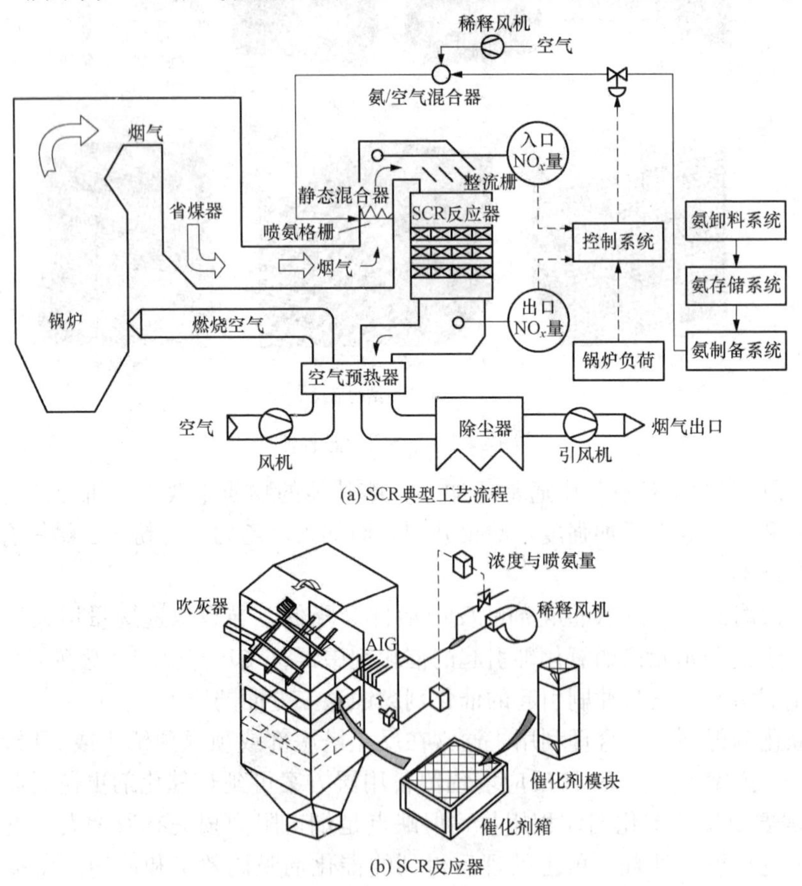

(a) SCR典型工艺流程

(b) SCR反应器

图2-117 SCR烟气脱硝系统典型工艺流程与设备

路，每路烟气并行进入一个垂直布置的SCR反应器里，即每台锅炉配有两个反应器。外运来的液氨储存在氨罐内，通过液氨蒸发器蒸发为氨气；由于氨在空气中的爆炸极限为15.7%～27%（体积比），为保证安全和分布均匀，在氨气注入烟道前，先由稀释风机提供空气进行体积浓度稀释，实现氨气与空气的混合比低于5%；然后将氨与空气混合物通过喷氨格栅（AIG）的喷嘴喷入烟气中与烟气混合，再经静态混合器充分混合后进入催化反应器。当达到反应温度且与氨气充分混合的烟气流经SCR反应器的催化层时，氨气与NO_x发生催化氧化还原反应，将NO_x还原为无害的N_2和H_2O。

1）供氨系统。供氨系统包括氨的卸料、储存、蒸发和输送等。氨的供应有三种方式：液氨（纯氨NH_3，也称无水氨或浓缩氨）、氨水（氨的水溶液，通常为25%～32%的氢氧化铵溶液）与尿素（40%～50%的尿素溶液）。目前，电厂使用的脱硝剂普遍为液氨；电厂专设储氨区，如2×600MW燃煤电厂设计有3个液氨储罐，每个容积为105m^3，实际液氨最大储存量可达189t，属于危险化学品重大危险源。考虑到电厂安全运行的要求，现在越来越多的电厂选用尿素颗粒作为脱硝剂。

液氨槽车将液氨运送至电厂氨站，液氨卸料压缩机利用卸氨臂将槽车里的液氨压至储罐，将氨储罐里的气氨压入槽车，见图2-118。

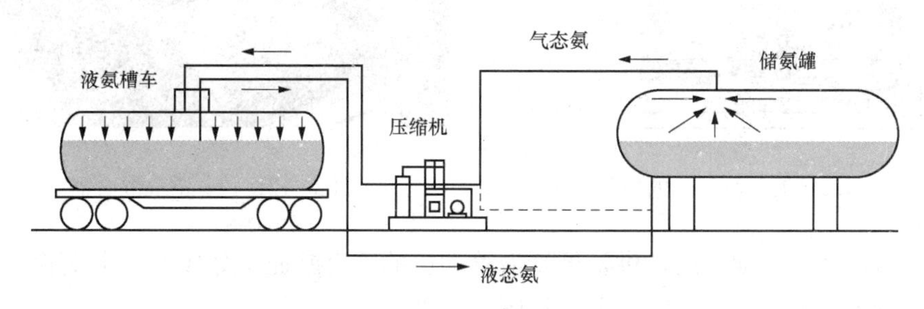

图2-118　压缩机卸氨的工作原理

卸氨臂属于流体装卸臂，又称鹤管，主要由固定、回转、操作、平衡等机构和管路组成，见图2-119。

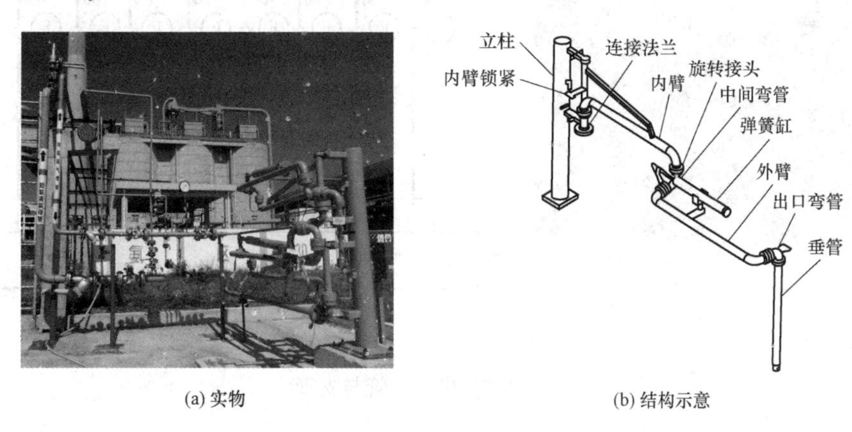

(a) 实物　　(b) 结构示意

图2-119　卸氨臂

储罐中的液氨在储存量比较大压力高时，通过储氨罐气氨管道直接进入氨缓冲罐；储存量比较小压力低时，自流至液氨蒸发器（见图 2 - 120），液氨在蒸发器内蒸发为氨气，进入氨气缓冲罐。氨气缓冲罐提供稳定的氨气，与来自稀释风机的空气在氨/空气混合器内充分混合后，外送至 SCR 反应器系统。

2）SCR 反应器。SCR 反应器由喷氨格栅、静态混合器、整流装置、催化剂系统、吹灰系统等部分组成。

来自氨制备系统的氨气与稀释风机来的空气在氨/空气混合器内充分混合（见图 2 - 121）。氨在空气中的体积爆炸极限为 15.7%～27%，为保证安全和分布均匀，稀释风机流量按 100%负荷氨量的 1.15 倍，对空气的混合比为 5%来设计。

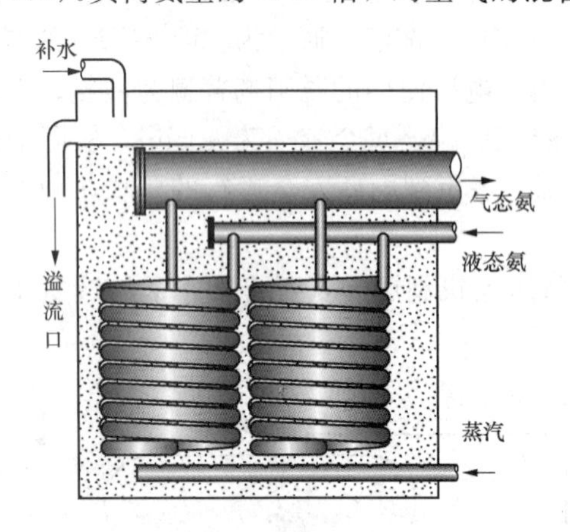

图 2 - 120　液氨蒸发器的内部结构

图 2 - 121　氨/空气混合器

在混匀的氨气注入烟道前，供氨母管沿着烟道的垂直断面又分成若干个支管，便于喷入的氨气均匀分布在烟道的各个断面上，见图 2 - 122。

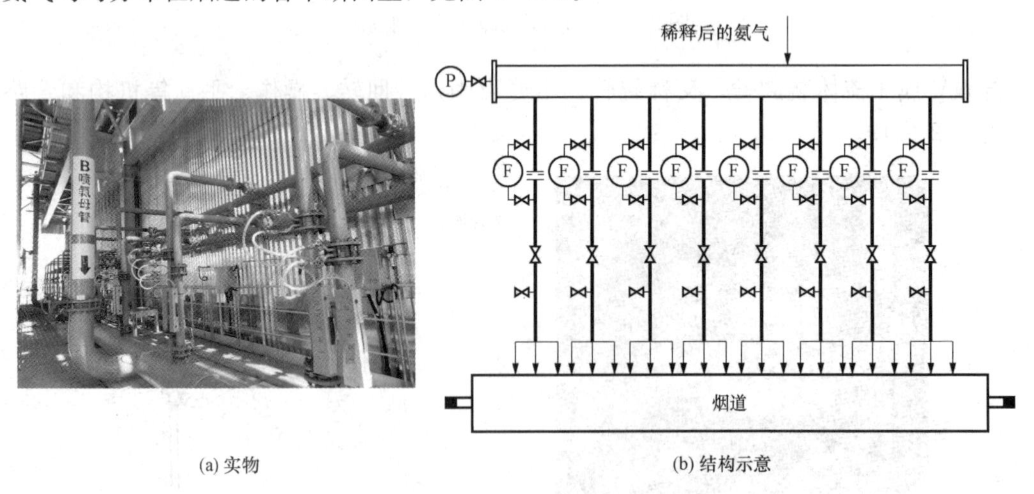

(a) 实物　(b) 结构示意

图 2 - 122　供氨母管与支管

氨气通过位于垂直上升烟道的喷氨格栅注入烟道。喷氨格栅（ammonia injection grid，AIG）是 SCR 系统中的关键设备；保证注入的氨气在烟道中与烟气均匀混合是选择性催化反应顺利进行的先决条件，直接关系到脱硝效率和氨的逃逸率两项重要指标。喷氨格栅一般采用碳钢材质，由安装在烟道垂直断面上的若干喷氨支管与支管上的喷嘴组成（见图 2－123）。大型燃烧设备的 SCR 喷射系统中，喷嘴达数百个之多。

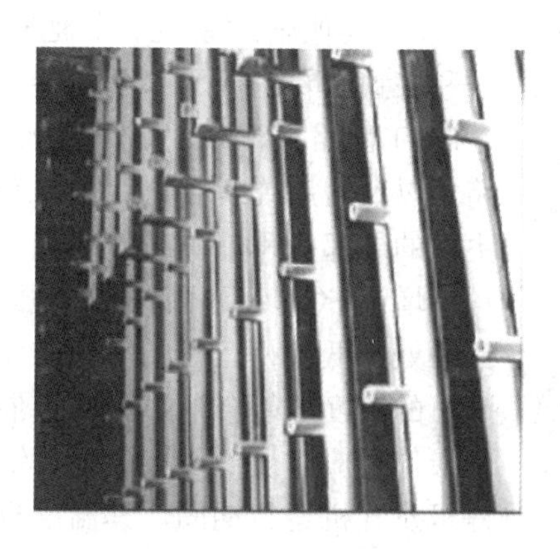

(a) 喷氨格栅喷嘴

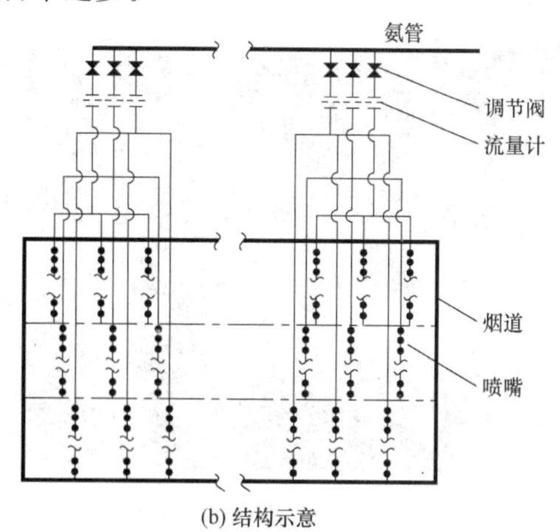

(b) 结构示意

图 2－123　喷氨格栅

为了进一步提高氨气/烟气的混合效果，在喷氨格栅喷嘴的下游还设置了静态混合器，来控制整个反应器入口的横断面上烟气温度分布和流速分布（见图 2－124）。另外，在所有烟气转向处都安装了导流板，保证烟气流向正确，整个系统的压力损失降到最低程度。

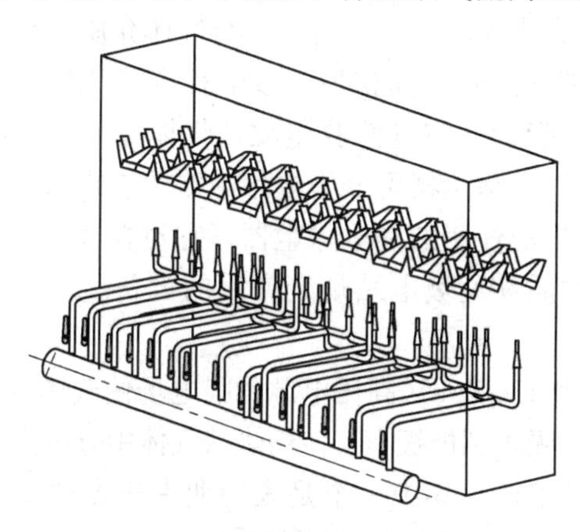

(a) 喷嘴/静态混合器布局图

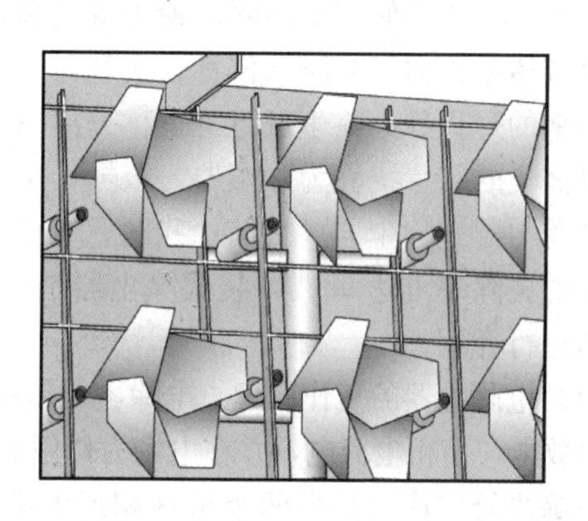

(b) 静态混合器

图 2－124　静态混合器

烟气中的 NO_x 与上游注入的氨气一起通过 SCR 反应器的催化剂层，将 NO_x 还原为水汽和氮气。SCR 反应器是安装催化剂的容器，为全封闭的钢结构设备，外形为矩形立方体，四壁为侧板，并形成壳体，催化剂分若干层布置在壳体内，另外设置一个预备层。为了使反应器内的烟气均匀流过催化剂层，在烟气进口处设置了导流板，在催化剂层的上方设整流装置。反应器本体有足够的强度，可充分地承受催化剂重量、自重和内部压力等负荷。

在高温高尘 SCR 系统内设置声波和蒸汽吹灰器，吹扫介质为压缩空气和蒸汽互为备用，吹扫根据 SCR 压差及运行周期决定。蒸汽吹灰器采用耙式吹灰器；由阀门、阀门启闭机构、内管、吹灰枪（耙管）、大梁、跑车（减速箱）及电动机、吹灰器炉外支撑、吹灰器炉内耙管支撑系统、弹性电缆组件、前端托架、接口墙箱、电气控制箱及行程开关等组成（见

图2-125)。炉外的吹灰器本体支吊于反应器壳体上，炉内的吹灰器滑行道轨悬吊于上一层催化剂支撑梁下部。

图 2-125 炉外的耙式吹灰器

3) 其他辅助系统。其他辅助设备和装置主要包括SCR反应器的入口和出口管路、SCR旁路、省煤器旁路，以及增加脱硝装置后需要升级或更换的尾部引风机。

增设SCR旁路系统主要是因为当锅炉处于低负荷运行的时候，反应器入口的温度可能会下降到低于催化剂的最佳反应温度区间，此外在锅炉的停机及开机运行期间，其温度也会产生很大的波动，因此增设SCR反应器的旁路使烟气绕过反应器，以避免在非活性温度区间内使催化剂中毒或使催化剂的表面受到污染。省煤器旁路的设置是用来调节温度的，即通过调节经过省煤器的烟气与通过旁路的烟气比例来控制反应器中的烟气温度。

3. 烟气除尘

任意形状与任何密度的固体粉尘或液滴，大小为10^{-3}～$10^{3}\mu m$，与气体介质一起组成的气态分散体系称为气溶胶（俗称含尘气体）。把气溶胶中固相粉尘或液相雾滴从气体介质中分离出来的过程称为除尘过程（也称分离捕集过程）。将气溶胶尘粒从气体介质中分离出来并加以捕集的装置统称为除尘器。根据作用机理，除尘器可分为电除尘器、袋式除尘器、机械除尘器与湿式除尘器。目前，我国燃煤电厂广泛使用的是电除尘器，它对粒径1～2μm细微尘粒的去除率可达99%，袋式除尘器是生物质和垃圾电站规定使用的设备。现主要对电除尘器进行介绍。

(1) 电除尘器的工作原理。电除尘器是利用35～90kV高压电源的强电场使气体电离，产生电晕放电，使粉尘荷电，并在电场力作用下，吸附到极板上，使粉尘从气体中分离出来。

电除尘器实质上是由两个极性相反的电极组成，其中一个是表面曲率很大的线状电极（通常是负极），称放电极或电晕线（见图2-126），另一个是板状电极（通常是正极），称收尘极[见图2-127(a)]。图2-126(a)～(h)所示分别为RS管形芒刺线、新型管形芒刺线、星形线、麻花线、锯齿线、鱼骨针刺线、螺旋线和角钢芒刺线。锯齿形、鱼骨形、芒刺形放电极线效果较好，星形仅次于芒刺形，因制作容易而广泛采用；电晕线一般由2～4mm耐热合金钢（镍铬钢丝）制成。板状收尘极用厚1.2～2mm普通碳素钢板制成。

在两个曲率半径相差较大的放电极和收尘极之间施加足够高的直流电压，两极之间便产生极不均匀的强电场。放电极附近的电场强度最高，使周围空气电离，生成大量正离子和自由电子，极间电流（称电晕电流）急剧上升，空气便成了导体；放电极周围的空气全部电离后，在放电极周围可以看见一圈淡蓝色的光环，称为电晕。电晕区的负离子和电子在电场力作用下向收尘极（正极）移动，途中和烟气中的飞灰尘粒互相撞击，并黏附其上。由于在静电场中，作用在荷电粒子上的电场力比重力大得多（对于直径为1μm的粒子，电场力比重力约大10^{4}倍，对于直径10μm的粒子，电场力比重力约大10^{3}倍），所以在电场力作用下，

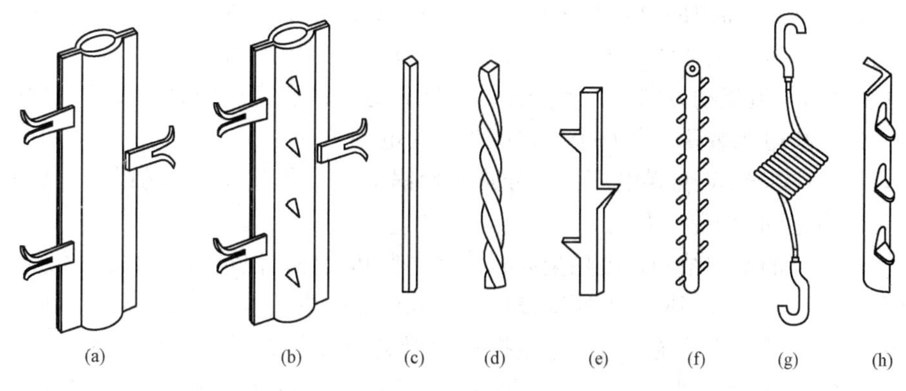

图 2-126 常用放电极线形式

这些带负电的粒子将被驱往收尘极，放出所带电荷而沉积在收尘极上。沉积粉尘到一定厚度时，通过机械振打等手段将收尘极上的粉尘捕集下来，从下部灰斗排出；净化后的气体从除尘器上部出气管排出，达到净化含尘气体的目的，见图 2-127（b）。

因为放电极周围的电晕区范围很小，负离子是通过范围更大的电晕外区向收尘极方向移动，而进入极间含尘气体的大部分也是在电晕外区通过的，所以大多数尘粒带负电荷，向收尘极方向运动并沉积其中；只有少数尘粒带正电荷而沉积在放电极上，使放电极线肥大，影响除尘效果，需定期振打清除。

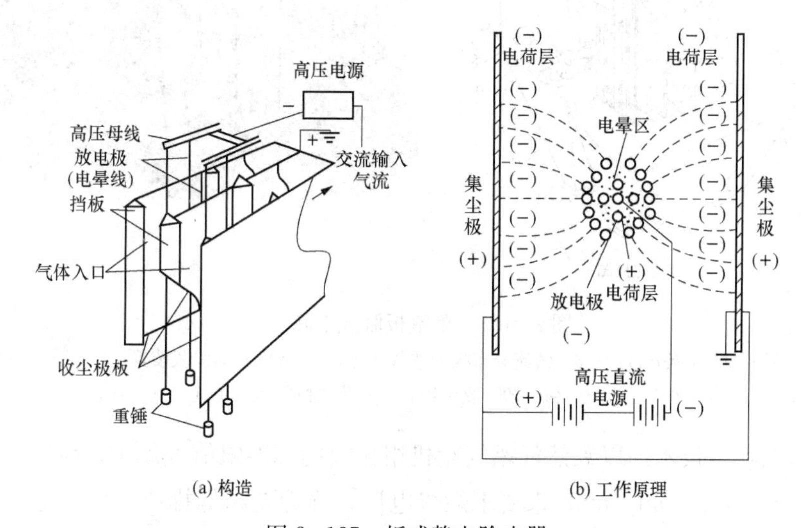

图 2-127 板式静电除尘器

综上所述，电除尘器的除尘过程可概括为气体的电离、粉尘的荷电、荷电粉尘的沉积和清灰 4 个阶段。目前，火电厂中主要应用的是板卧式静电除尘器，见图 2-127（a），它是在每一供电段（电场）内设置多排平行极板组成收尘极，放电极均匀安装在两排收尘极构成的通道中间，靠下端的重锤张紧。气流在除尘器内沿水平方向流动的称为卧式电除尘器。为了提高除尘效率，沿气流方向分为若干个电场，各电场配备独立的供电装置，可分别施加不同的电压。

（2）电除尘器的常用术语。

1）台：具有一个完整的独立外壳的电除尘器称为一台。

2）室：在电除尘器内部由外壳（或隔墙）所围成的一个气流的流通空间称为室。一般电除尘器为单室，有时也把两个单室并联在一起，称为双室电除尘器。

3）电场：沿气流流动方向将各室分为若干区，每一区有完整的放电极和收尘极，并配以相应的一组高压电源装置，称每个独立区为一个电场。

目前，600～660MW燃煤电厂大部分是每台锅炉配二台双室四电场或五电场静电除尘器，除尘效率可达到99.9%以上。

（3）电除尘器的本体结构。电除尘器有许多类型和结构，但它们都由机械本体和供电电源两大部分组成，基本按照同样的原理设计。电除尘器的机械本体系统主要包括收尘极系统（含收尘极振打）、放电极系统（含放电极振打和保温箱）、烟箱系统（含气流分布板和槽形板）、箱体系统（含支座、保温层、梯子和平台）和储卸灰系统（含阻流板、插板箱和卸灰阀）等。常规板卧式电除尘器如图2-128所示。

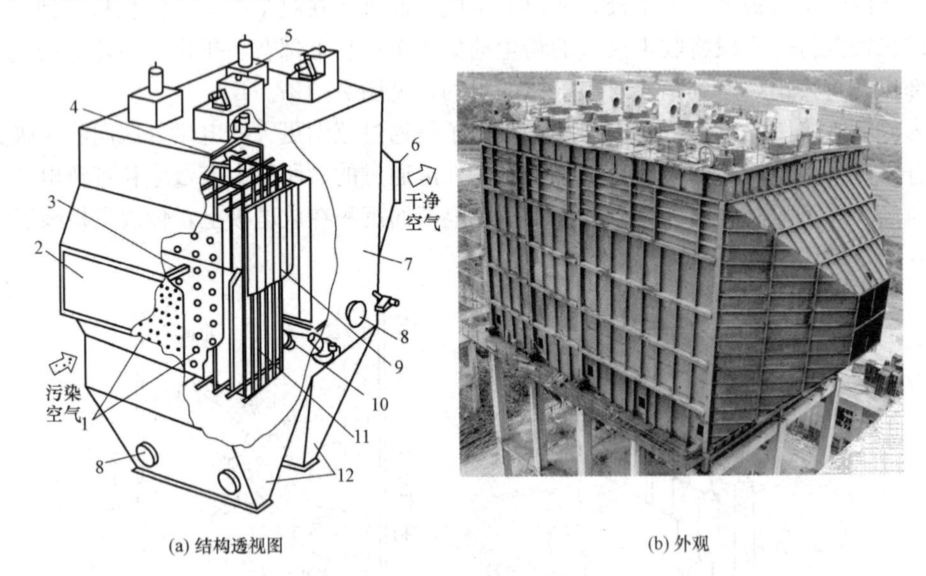

(a) 结构透视图　　(b) 外观

图2-128　单室板卧式电除尘器

1—入口；2—气流分布板；3—气流分布板的清灰装置；4—放电极的清灰装置；5—绝缘子室；6—出口；7—除尘器外壳；8—观察孔；9—收尘极；10—收尘极的清灰装置；11—放电极；12—集灰斗

（4）新的电除尘技术。以天然气燃气轮机组排放的标准限值（烟尘、SO_2、NO_x 排放浓度分别不高于5、35、50mg/m^3）来要求燃煤电厂，称为超超低排放。如某新建燃煤机组采用如下烟气处理路线：空气预热器→低温省煤器→低低温静电除尘器→引风机→FGD→湿式静电除尘器→烟囱。现将新的电除尘技术简介如下。

1）电袋复合除尘。电袋复合除尘技术有机结合了电除尘和袋除尘（见实验项目五）的优点。如图2-129所示，含尘烟气先进入电除尘区，再进入袋收尘区；通过电除尘预收了烟气中80%～90%的粉尘量，降低了进入滤袋的烟尘浓度和烟尘中粗颗粒粉尘的含量，改善了进入袋区的烟气工况条件，使滤袋阻力上升率平稳、清灰周期延长，避免了粗颗粒粉尘对滤袋的冲刷磨损。同时，由于进入袋区的大部分烟尘经过电除尘区后成为荷电粉尘，改变了滤袋表面粉尘沉积结构，在同极荷电粉尘相互排斥的作用下，颗粒之间排列规则有序，粉尘层孔隙率高、透气性好、易于剥落，可降低袋区阻力，延长滤袋的使用寿命。

2）低低温静电除尘。通常烟气经过空预器后的区域被称为低温区间（120～150℃）；而低低温静电除尘技术是在空预器之后、电除尘之前加装低温省煤器或烟气换热装置，将电除尘入口烟温进一步降低至90℃左右的低低温状态，除尘器工作温度在酸露点之下，即称为低低温静电除尘器。低低温静电除尘器使烟气中的大部分SO_3冷凝形成硫酸雾，黏附在烟尘表面并被碱性物质中和，飞灰电阻率大幅降低，减小烟气量，防止反电晕，提高除尘效率。

3）旋转电极除尘。旋转电极技术是将静电除尘器末级电场的阳极板分割成若干长方形极板，用链条连接并旋转移动；附着于回转收尘板上的粉尘在尚未达到形成反电晕的厚度时，就被布置在非电场区的旋转清灰刷清除，避免了反电晕；旋转的清灰刷也可清除高电阻率、黏性烟尘，减少了二次扬尘，提高除尘效率。旋转电极原理如图2-130所示。

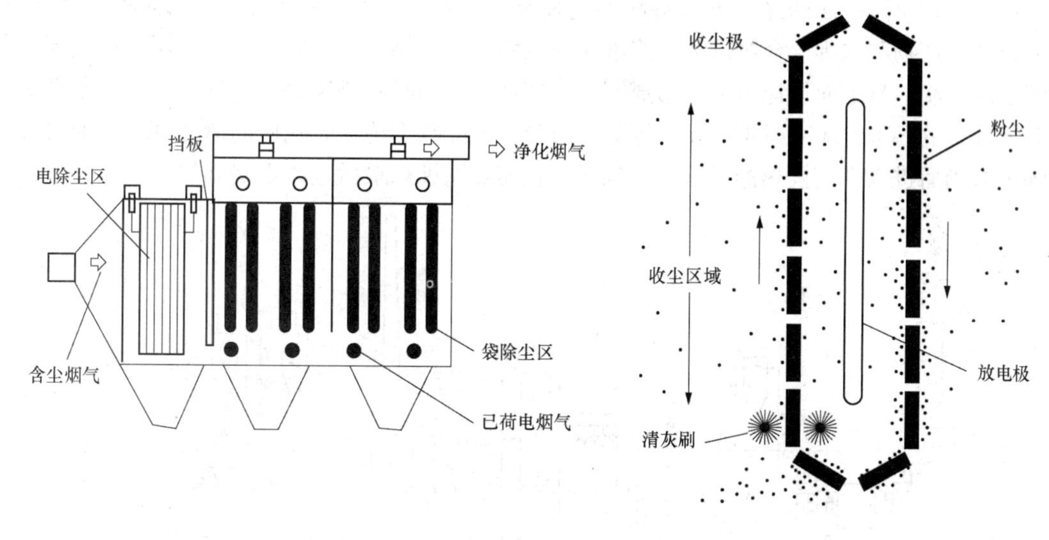

图2-129 电袋复合除尘器示意

图2-130 旋转电极原理

4）湿式电除尘。湿式静电除尘器通常布置在脱硫吸收塔后，可以有效去除烟气中的烟尘微粒、$PM_{2.5}$、SO_3微液滴、汞及除雾器后烟气中携带的脱硫石膏雾滴等污染物，是一种高效的静电除尘器，是实现烟尘浓度低于5mg/m^{3}的超超低排放的关键设备。

湿式电除尘器的主要工作原理与干式电除尘器基本相同。不同的是，干式电除尘器通过振打将极板上的灰振落至灰斗，湿式电除尘器是将水喷至集尘极上形成连续的水膜，流动水将捕获的烟尘冲刷到灰斗中，随水排出。由于没有振打装置，湿式电除尘器除尘时不会产生二次扬尘；同时，喷到烟道中的水雾既能捕获微小烟尘，又能降低电阻率，利于微尘向极板移动。

目前国内湿式电除尘器主流技术有两种类型：一类是以引进为主，阳极板为不锈钢材质；另一类则是以自主研发为主，阳极板分别为柔性纤维织物和导电玻璃钢。

4. 烟气脱硫（flue gas desulfurization，FGD）

按脱硫剂的种类划分，FGD技术可分为五种方法：以$CaCO_3$（石灰石）为基础的钙法，以MgO为基础的镁法，以Na_2CO_3为基础的钠法，以NH_3为基础的氨法，以有机碱为基础的有机碱法。目前，各国普遍使用的商业化技术是钙法，所占比例在90%以上。按吸收剂及脱硫产物在脱硫过程中的干湿状态又可将FGD技术分为湿法、半干法、干法。湿法烟气脱硫技术占85%左右，其中，石灰石-石膏法约占36.7%，其他湿法脱硫技术约占48.3%。

在大型火电厂中，90%以上采用石灰石-石膏湿法烟气脱硫工艺，该工艺技术成熟可靠，脱硫效率可达97%以上。

（1）石灰石-石膏湿法烟气脱硫的原理和工艺流程。该工艺采用石灰石（$CaCO_3$）作脱硫吸收剂；石灰石破碎后与水混合，磨细成粉状，制成吸收浆液。碱性的石灰石浆液与烟气中的SO_2气体在吸收塔中发生逆式气液接触反应，在鼓入空气的氧化下，生成脱硫石膏$CaSO_4 \cdot 2H_2O$，SO_2被脱除。吸收塔排出的石膏浆液经脱水装置脱水后回收。脱硫后的烟气经除雾器去水、换热器加热升温后进入烟囱排向大气。脱硫过程的化学反应原理如下：

$$2CaCO_3 + H_2O + 2SO_2 \longrightarrow CaSO_3 \cdot 1/2H_2O + 2CO_2$$

$$2CaSO_3 \cdot 1/2H_2O + O_2 + 3H_2O \longrightarrow 2CaSO_4 \cdot 2H_2O$$

图2-131所示为石灰石-石膏湿法烟气脱硫工艺流程。在添加新鲜石灰石浆液的情况下，石灰石、副产物和水等混合物形成的浆液从吸收塔浆池经循环浆液泵打至喷淋层，由喷嘴雾化成细小的液滴，自上而下地落下，形成雾柱。在液滴落回吸收塔浆池的过程中，碱性浆液吸收上升烟气中的SO_2、SO_3、HCl、HF等酸性组分。经吸收剂洗涤脱硫后的清洁烟气，通过除雾器除去雾滴后进入烟气换热器升温侧，加热防止露点腐蚀，最后进入烟囱排放。

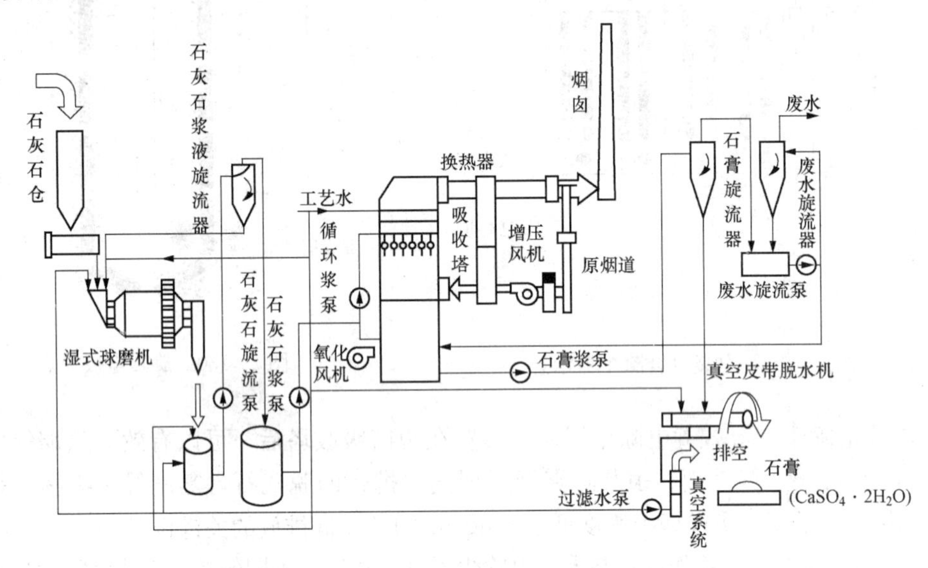

图2-131 石灰石-石膏湿法烟气脱硫工艺流程

在吸收SO_2过程中，浆液循环系统一般由三台或四台循环浆泵和对应的喷淋系统组成，循环浆液的水将烟气冷却至饱和温度。消耗的水量由工艺水补偿。为优化吸收塔的水利用，这部分补充水被用来清洗吸收塔顶部的除雾器。

被吸收的SO_2与浆液中的石灰石反应生成亚硫酸盐，进入塔底部的浆液池，浆液池中设有空气分配管和搅拌器。浆液中的$CaSO_3$在外加空气的强烈氧化和搅拌作用下，由氧化空气氧化生成硫酸盐，转化成石膏，当石膏过饱和后，溶液开始结晶。为了有利于$CaSO_3$的转化，氧化池内浆液的pH值保持在5左右。氧化池内的石膏通过石膏浆液排出泵进入水力旋流器浓缩、真空皮带脱水机去除表面水分，获得脱硫石膏（$CaSO_4 \cdot 2H_2O$），储存至石膏仓；可用于生产建筑石膏、纸面石膏板、水泥缓凝剂等，综合利用率接近100%。

湿法脱硫工艺主要包括烟气系统、SO_2吸收系统、石灰石卸料及浆液制备系统、石膏脱水系统、工艺水及冷却水系统、脱硫废水处理系统、压缩空气和管道等。主要设备包括吸收塔、喷淋管、除雾器、增压风机、氧化风机、烟气挡板门、石膏排浆泵、水力旋流器、真空皮带脱水机、石膏仓、工艺水箱、烟气换热器、衬胶管道和阀门等，实际工程设备见图2-132。

图 2-132 石灰石-石膏湿法烟气脱硫工程设备

(2) 吸收塔。吸收塔有喷淋塔、液柱塔、填料塔、喷射鼓泡塔等多种形式。由于喷淋塔塔内构件较少，结垢的概率较小，运行维修成本较低，因此喷淋塔已逐渐成为目前应用最广泛的塔型之一。图 2-133 所示为喷淋吸收塔的结构简图，吸收塔为圆柱形，由锅炉引风机来的烟气，经增压风机升压后，从吸收塔中下部进入吸收塔，脱硫除雾后的净烟气从塔顶侧向离开吸收塔。塔的下部为浆液池，设 4 个侧进式搅拌器。氧化空气由 4 根矛式喷射管送至浆池的下部，每根矛状管的出口都非常靠近搅拌器。烟气进口上方的吸收塔中上部区域为喷淋区，喷淋区的下部设置一合金托盘，托盘上方设 3 个喷淋层，喷淋层上方为除雾器，共二级。塔身共设六层钢平台，每个喷淋层、托盘及每级除雾器各设一个钢平台，钢平台附近及靠近地面处共设 6 个人孔门。喷嘴采用碳化硅等耐磨材料制成。吸收塔内沿高度方向布置的 3 层喷淋层叠加，并在水平面内错开一定角度，每层喷淋层之间距离一般为 2m，见图 2-133 (b)。

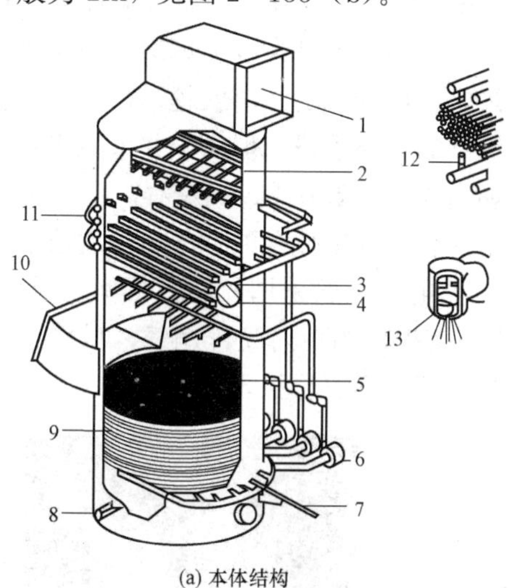

(a) 本体结构

(b) 喷淋层布置与结构

图 2-133 喷淋吸收塔

1—烟气出口；2—除雾器；3—喷淋层；4—喷淋区；5—冷却区；6—浆液循环泵；7—氧化空气管；8—搅拌器；9—浆液池；10—烟气进口；11—喷淋管；12—除雾器清洗喷嘴；13—碳化硅空心锥喷嘴

(3) 除雾器。脱硫后的烟气依次经过除雾器除去雾滴，再由烟囱排入大气。除雾器用于分离烟气中夹带的雾滴，降低对下游设备的腐蚀、减少结垢和降低吸收剂及水的损耗。

除雾区由上、下两级除雾器及冲洗水系统（包括管道、阀门、喷嘴等）组成。经过净化处理后的烟气，在流经两级卧式除雾器后，其所携带的浆液微滴被除去。在一级除雾器的上、下部及二级除雾器的下部，各有一组带喷嘴的集箱。集箱内的除雾器冲洗水经喷嘴依次冲洗除雾器中沉积的固体颗粒，见图 2-134。经洗涤和净化后的烟气流出吸收塔，最终通过烟气换热器和净烟道排入烟囱。

除雾器可分为折流板和旋流板两种形式，折流板在大型工程中应用较多。折流板除雾器的工作原理见图 2-135，烟气中的液滴在折流板中曲折流动，与壁面不断碰撞凝聚成大颗粒液滴后，在重力作用下沿除雾器叶片往下滑落至浆液池，从而除去烟气所携带的液滴。在正常运行工况下，除雾器出口烟气中的雾滴浓度应不大于 $75mg/m^3$，应尽可能地将不大于 15μm 的微滴除掉。折流板除雾器一般采用聚丙烯和聚丙烯/云母制成，两板之间的距离为 30～50mm。

图 2-134 除雾器及冲洗水喷嘴

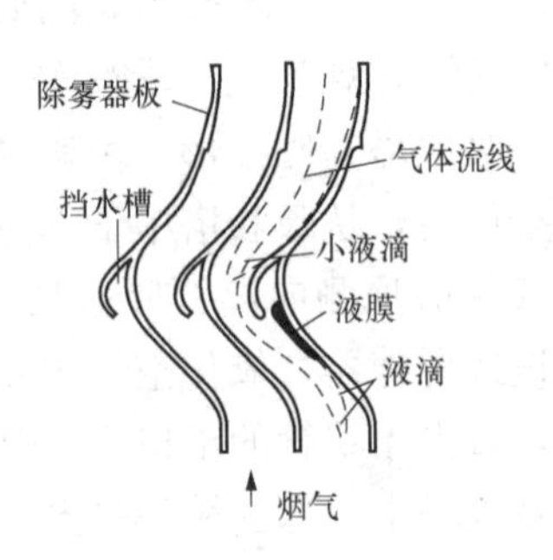

图 2-135 折流板除雾器工作原理图

5. 高烟囱排放

烟囱是利用外界冷空气与设备内热烟气的密度差所产生的抽吸力进行自然通风的设备，但其主要作用是将除过尘的烟气排放到约 200m 的高度，使有害物质远扬稀释。根据烟囱所排污染物散落到地面的浓度与烟囱的有效高度（即烟气抬升高度加烟囱自身高度）的平方成反比，烟囱越高，对烟气的扩散作用越大，污染物离开人的距离就越远，污染程度越小。高烟囱排放是减少火电厂对局部地区造成大气污染的必要手段，但由于并未减少排放量，它不是根本解决大气污染的好办法。燃煤电厂的烟囱高度一般在 240m 左右，出口内径约 6m。

脱硫后的烟气湿度增加，温度降低，为了防止烟气中残余酸性气体冷凝成酸液，对烟囱内壁材料造成露点腐蚀，影响烟囱的安全运行，电厂一般采用套筒式烟囱（见图 2-136 和图 2-137），外筒为承重的钢筋混凝土，起建筑支撑作用；内筒排烟气，材质选用碳钢加防腐内衬，现建的电厂如果取消烟气换热器，则选用钛钢复合板。

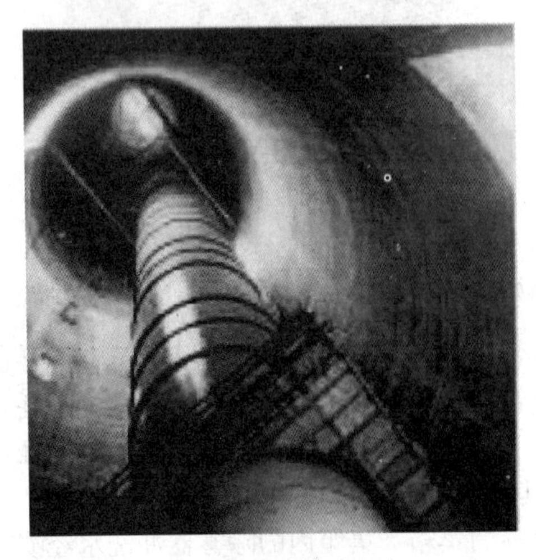

图 2-136 套筒式烟囱

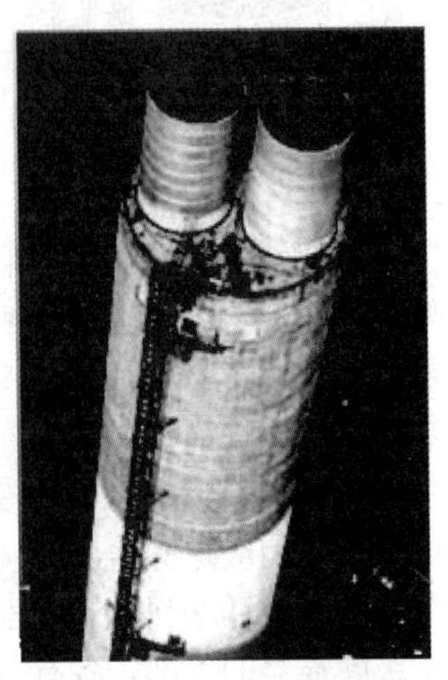

图 2-137 两炉合用一座双管套筒式烟囱

六、实验步骤

现场参观燃煤电厂高温高尘烟气脱硝工艺、静电除尘器、石灰石-石膏湿法烟气脱硫系统模型，观看教学录像片与三维动画演示，展示板式和蜂窝式 SCR 催化剂、静电除尘器电晕线、脱硫石膏与脱硫系统防腐材料等。结合上述介绍使学生了解燃煤电厂的烟气污染控制措施；认知烟气脱硝、除尘、脱硫和烟囱排放的工艺流程；识别高温高尘脱硝布置、双室四电场静电除尘器、喷淋脱硫吸收塔、除雾器、烟囱等设备与构件。

七、思考题

(1) 简述燃煤电厂的烟气污染控制措施。

(2) 简述酸雨的定义、成因及控制措施。

(3) 简述 $PM_{2.5}$ 的定义、主要来源，以及灰霾天气的成因。

拓展阅读1

气溶胶

项目三　燃气-蒸汽联合循环电站认知

关键词

单轴布置，多轴布置，液化天然气（LNG），LNG气化，轴流式压气机，环管形燃烧室，轴流式涡轮，三压再热循环余热锅炉，纯余热锅炉型联合循环，排气补燃余热锅炉型联合循环，增压燃烧锅炉型。

一、实验目的

了解和掌握燃气-蒸汽联合循环电站的基本原理、生产流程、优点、分类、主要设备、环境保护与经济效益。

二、能力训练

燃气-蒸汽联合循环电站是一个非常复杂的系统。通过现场观察和实习，学会将书本的知识与现场设备结合起来，并能发现对象的主要工程特征；对重要设备、系统及相应的实际生产流程、经济效益应能形成简单明确的基本认识，并能与燃煤电厂进行比较认知。

三、实验内容

（1）燃气-蒸汽联合循环发电的基本原理与优点。

（2）燃气-蒸汽联合循环发电系统的生产流程。

（3）天然气与液化天然气的性质，LNG气化站。

（4）燃气轮机的基本工作原理与结构，压力机、燃烧室和涡轮机。

（5）余热锅炉的基本工作原理与结构。

（6）燃气-蒸汽联合循环的类型。

四、实验设备及材料

（1）燃气-蒸汽联合循环电站整体模型1套。

（2）教学录像资料1套，三维动画演示系统1套。

五、实验原理

利用天然气在燃气轮机中直接燃烧做功，使燃气轮机带动发电机发电，再利用燃气轮机产生的高温尾气，通过余热锅炉，产生高温高压蒸汽后推动蒸汽轮机，带动发电机发电，这就是燃气-蒸汽联合循环发电，此种发电方式为大多数燃机电厂采用（见图3-1）。

图3-1　燃气-蒸汽联合循环电站全景

燃气-蒸汽联合循环发电的主要优点如下：

（1）电厂的整体循环效率高。常规燃煤电厂由于其循环及设备的限制，其热效率已很难有突破性的提高。目前，超临界压力600MW火电机组的供电效率约为40%，而燃气－蒸汽联合循环供电效率可达55%以上。

(2) 对环境污染小。燃气－蒸汽联合循环采用油或天然气为燃料，燃烧效率高，没有SO_2排放，NO_x、CO排放量降低到几个至几十毫升/米^{3}的水平；燃气轮机噪声可作隔声处理，距机组1m处可降至80dB（A），100m处为60dB（A）。

(3) 占地小。燃气－蒸汽联合循环电站由于无须煤场、输煤系统、除灰等系统，厂区占地面积比燃煤电厂小得多。燃气轮机和余热锅炉都是户外布置，安装场地少。与同容量燃煤电厂相比，联合循环电厂占地面积只有燃煤电厂的30%～40%，建筑面积也只有燃煤电厂的20%。

(4) 耗水量少。燃气轮机不需要大量冷却水，一般联合循环的用水量为同容量燃煤电厂用水量的三分之一左右，这对于北方缺水地区建电厂尤为重要。

(5) 建厂周期短，且可分期投产。由于燃气轮机在制造厂完成了最大可能的装配后，集装运往现场，施工安装简便，建厂周期短，并可分单循环和联合循环两期建设。一般单循环只需5～6个月就可商业运行，而联合循环一般一年内可发电运行。

(6) 自动化程度高，运行人员少。由于联合循环电厂采用先进的集散式控制系统，因此控制人员可以大大减少，一般只有同容量燃煤电厂人员的20%～25%。

此外，燃气－蒸汽联合循环电站还具有调峰性能好、启停快捷、单位投资较低的优势。总之，燃气－蒸汽联合循环电站是一种具有显著优点、有较大发展潜力的动力装置。

燃气－蒸汽联合循环发电系统的生产流程如图3－2所示。经过加热后的天然气进入燃气轮机的燃烧室，与压气机压入的高压空气混合燃烧，产生高温高压气流推动燃气轮机旋转做功。从燃气轮机排出的高温气体高达600℃，进入余热锅炉把水加热成高温高压蒸汽。高温高压蒸汽推动蒸汽轮机旋转做功，将水蒸气内能转换成机械能。燃气轮机、蒸汽轮机、发电机的转轴相互连接，同轴旋转，实现燃气轮机、蒸汽轮机同时推动发电机旋转发电，这样的组合称为单轴系统，见图3－2（a）由于一套单轴系统只有一台发电机与相关电气设备，可节省设备费用，减小厂房面积，系统调控相对简单。目前，300MW以上的燃气－蒸汽联合循环发电机组多数采用单轴布置。

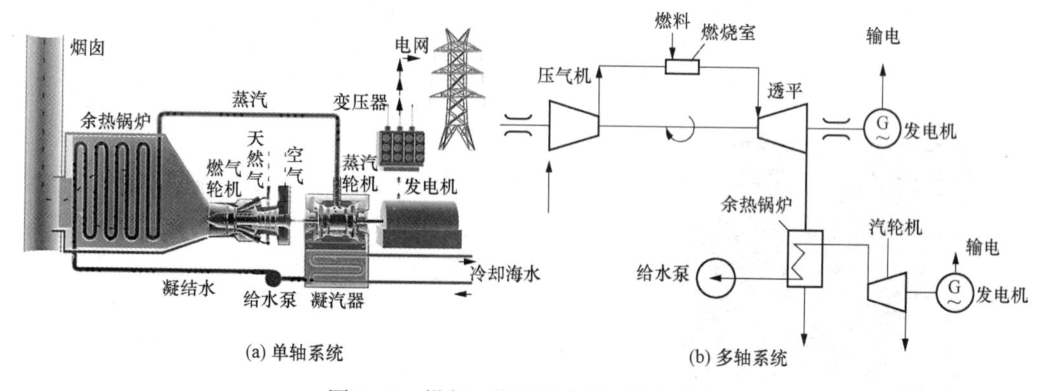

图3－2　燃气－蒸汽联合循环发电流程

多轴系统即燃气轮机带动一台发电机，蒸汽轮机带动一台发电机，各自一个轴系，如图3－2（b）所示。在电厂建设时，只要燃气轮机机组安装完毕即可发电（不必等到锅炉与蒸汽轮机安装完毕）；蒸汽轮机检修时燃气轮机仍可发电。系统启动快，燃气轮机可先启动发电（不必等到锅炉里的水加热成蒸汽）。在我国200MW以下的燃气-蒸汽联合循环发电机组多数采用多轴布置。

燃气-蒸汽联合循环电站的主要设备有燃气供应系统、燃气轮机、余热锅炉、蒸汽轮机和发电机等。蒸汽轮机和发电机与燃煤电厂中的设备相同，下面将重点介绍燃气供应系统、燃气轮机和余热锅炉的基本工作原理与结构。

1. 天然气与LNG气化站

天然气的主要成分是甲烷（CH_4），无色、无味、无腐蚀性。液化天然气（liquefied natural gas，LNG）是天然气在常压下冷却至－162℃后形成，外观如普通自来水。天然气液化后其体积缩小至1/600，方便大量储存和远距离运输。

天然气在低温液化过程中已脱除了其中的H_2O、Hg、S、CO_2和其他有害杂质；甲烷纯度很高，气化后燃烧生成H_2O和CO_2（见下式），尾气中无灰渣，基本不产生SO_2，NO_x的排放仅为燃煤（油）的19.2%，CO_2排放量仅为燃煤电厂的40%左右，是世界公认的清洁能源。

$$CH_4+2O_2 = 2H_2O+CO_2+890kJ/mol$$

由于我国天然气产业发展相对落后，缺乏天然气基础设施，其设备陈旧落后，产地远离消费地，天然气输送管网分散落后，分布不均，形不成系统。因此建设天然气液化站，将气态天然气液化后，能最大比例减小天然气的储存体积；然后用LNG船或陆上低温冷冻槽车运输代替长距离管道输送，可节省大量风险性管道投资，降低运输成本（见图3-3）。此种方法已为越来越多的燃气发电厂所采用。由于LNG需升温气化后才能进入燃机燃烧，因此需增加LNG气化站，此为LNG发电关键工艺技术。

LNG通过低温常压方式陆上运送至电厂，靠海电厂则可直接通过LNG船海上运送至电厂。在电厂LNG气化站内，天然气主要工艺为卸车工艺、增压工艺、液态加压工艺、气化加热工艺、调压计量工艺。由于天然气为易燃易爆物质，为安全考虑，还设有安全泻放工艺以集中排放。图3-4所示为燃气电厂LNG气化站工艺系统流程图。运送至电厂的LNG由卸车烃泵注入LNG储罐，在储罐内的LNG依靠液位差自流入或通过卸车烃泵输送至输液烃泵，液态加压至燃机要求压力后，输入低温水浴式气化器与热媒完成换热转化为气态NG，气态NG经过滤、调压、计量成为满足燃机进口品质的燃料后，进入燃气轮机。通常LNG气化站的主要设备为气化器、低温烃泵、调压设备和LNG储罐等。

图3-3 LNG低温冷冻槽车

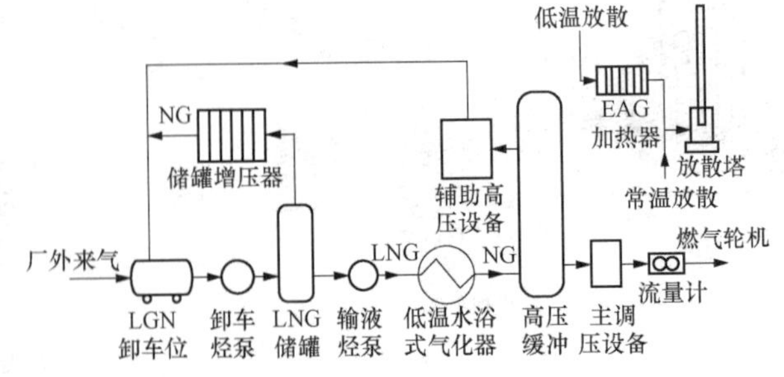

图3-4 燃气电厂LNG气化站工艺系统

2. 燃气轮机

燃气轮机属热机，空气是工作介质，空气中的氧气是助燃剂，燃料燃烧使空气膨胀做功，也就是燃料的化学能转变成机械能，其原理与中国的走马灯相同。如图 3-5（a）所示，走马灯的上方有一个叶轮，就像风车一样，当灯点燃时，灯内空气被加热，热气流上升推动灯上面的叶轮旋转，带动下面的小马一同旋转。从原理上讲，这就是现代燃气轮机的雏形；所不同的是在走马灯中仅用了自然对流来使气体流动，而没有压气机。燃气轮机是靠燃烧产生的高温高压气体推动燃气叶轮旋转，其装置主要由压气机、燃烧室和涡轮三个部分组成。图 3-5（b）所示为燃气轮机的模型。模型的前端是空气进入口，进入压气机；环绕燃气轮机安装的是燃烧室；在燃烧室端面有天然气的入口（燃料管）；燃气轮机的后面是涡轮和燃烧后的高温气体排出口。

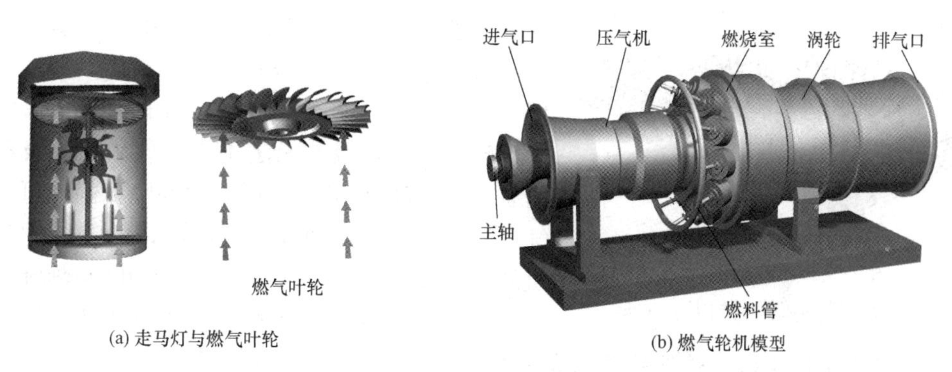

(a) 走马灯与燃气叶轮　(b) 燃气轮机模型

图 3-5　燃气轮机
（由鹏芃科艺授权使用）

图 3-6（a）所示为燃气轮机的剖面图，由三大部分组成，左边部分是压气机，有进气口，内部一排排叶片是压气机叶片；中间部分是燃烧器段，围绕一圈的是燃烧室；右边部分是涡轮，其中有涡轮叶片，右侧是燃气排出口。燃气轮机工作过程如图 3-6（b）所示。空气从进气口进入燃气轮机，高速旋转的压气机把空气压缩为高压空气；高压空气进入燃烧室，与燃料混合燃烧，燃气温度通常可高达 1800～2300K，这时二次冷却空气（占总空气量的 60%～80%）与高温燃气混合，使混合气体降低到适当的温度，而后进入涡轮。在涡轮中，混合气先在由静叶片组成的喷管中膨胀，形成高速气流，然后冲入固定在转子上的动叶片组成的通道，形成推力推动叶片，使转子转动而输出机械功。燃气轮机的做功一部分用于带动压气机，其余部分（净功量）对外输出，做功后的气体从排气口排出。

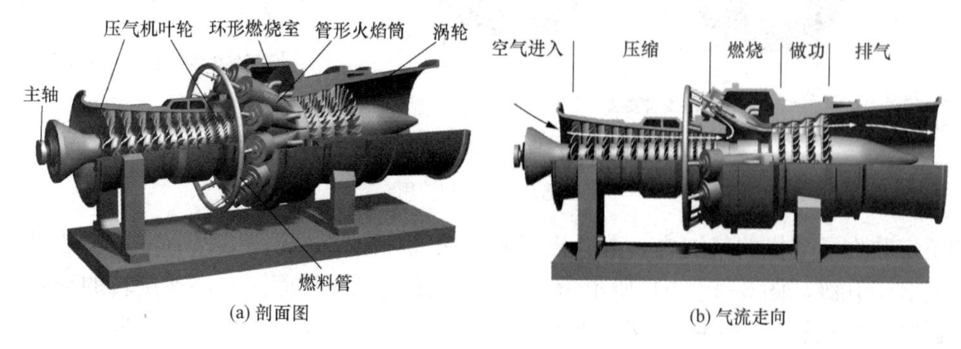

(a) 剖面图　(b) 气流走向

图 3-6　环管形燃烧室燃气轮机
（由鹏芃科艺授权使用）

燃气轮机装置的功率重量比大，起停和增减负荷可较快，在飞机、舰船、峰荷电站等场合均有广泛用途。下面主要介绍压气机、燃烧室和涡轮机。

(1) 轴流式压气机。压气机负责从周围大气中吸入空气，增压后供给燃烧室；从工作原理上讲，主要有轴流式与离心式，使用比较多的是轴流式压气机。

轴流式压气机的叶轮由叶片与叶盘组成，工作原理如同电风扇的叶片，电风扇的叶片旋转时拨动空气流动产生风；压气机的叶轮旋转把空气推进气缸压缩。为了生成高压空气，压气机在主轴轴向装有多级叶轮，若干叶轮固定在压气机的转轴上构成压气机转子（见图3-7），转子上的叶片与主轴一同旋转，称为动叶。

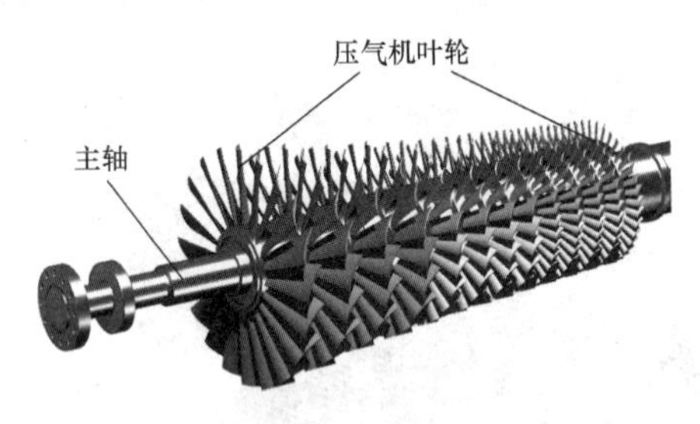

图3-7 压气机转子

(由鹏芃科艺授权使用)

光有动叶还不能有效地压气，因为空气经过动叶后运动方向不单是轴向前进，还沿着动叶旋转的方向运动。这会使下级动叶的压缩效率大大降低。倘若这样一级级下去，压气机内的空气变成跟着转子旋转的气团，根本无法正常压气。在两级动叶之间装上一组静止的叶片（简称静叶），静叶可以对空气进行整流，一组动叶与后面相邻的静叶称为压气机的一个级，图3-8(a)所示为动叶与静叶交替安装示意，静叶安装在机匣内，左边是打开机匣图，右边是闭合机匣图。图3-8(b)所示为运动的动叶与静叶的相对位置与气流走向示意（仅演示两级动叶一级静叶）。转子旋转时，空气从轴向进入，经过一级动叶后，空气运动角度转向右下方，这个角度的空气如果直接进入下级动叶，压缩效果会很差。但通过静叶整流后，空气运动方向转回轴向，再进入二级动叶压缩，效果可大大改善。

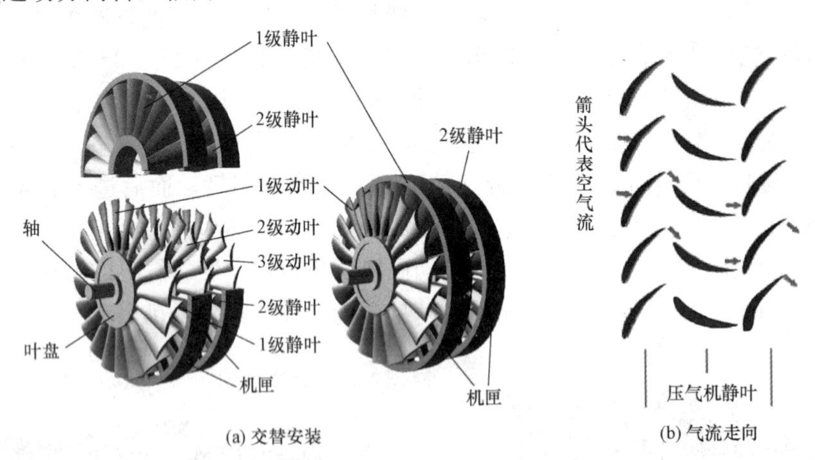

图3-8 压气机动叶与静叶

(由鹏芃科艺授权使用)

转子安装在压气机的气缸内，静叶机匣固定在气缸内壁，见图3-9(a)。多数燃气轮机的压气机有十几级，图3-9(b)所示为一个12级压气机的剖面图。高速旋转的动叶把空气从进气口吸入压气机，经过一级又一级的压缩，变成高压空气。由于压气机内气体流动方向与旋转轴平行，称为轴流式压气机。

燃气轮机的压气机由本身的涡轮机带动，燃气轮机启动时，先使用启动机带动压气机旋转，把空气压入燃烧室，待转速达到规定转速后，启动机脱开，燃气轮机点火进入运转状

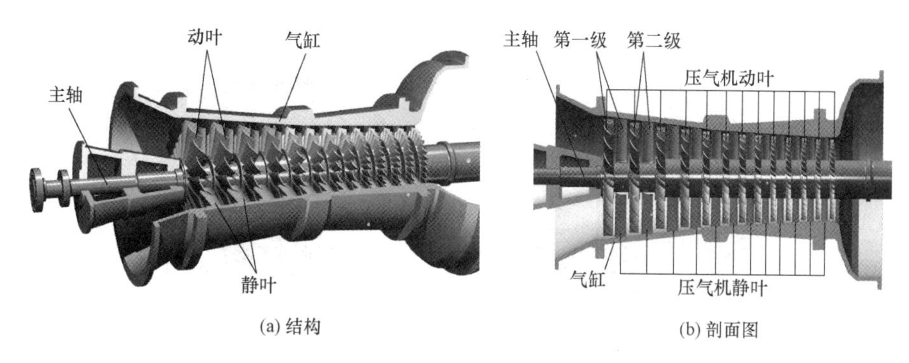

(a) 结构　　(b) 剖面图

图 3 - 9　压气机

（由鹏芃科艺授权使用）

态，则转变至由涡轮带动压气机旋转压气，燃气轮机增速至工作转速。

（2）环管形燃烧室。燃气轮机的燃烧室将燃料的化学能转变为热能，将压气机压入的高压空气加热到高温以便到涡轮区膨胀做功。燃烧室主要有圆筒形、分管形、环管形和环形四种类型。圆筒形燃烧室就是单个大号的管式燃烧室，较少应用。图 3 - 10 所示为分管形、环管形和环形燃烧室的截面示意（垂直于燃气轮机轴线的截面）。由若干个管式燃烧室环绕燃气轮机主轴排列，组成一个整体的燃烧室称为分管形燃烧室，见图 3 - 10（a）；在环形燃烧室内有一个环形火焰筒，称为环形燃烧室，见图 3 - 10（c）。目前，在燃气 - 蒸汽联合循环发电系统中使用的燃气轮机大多数采用环管形燃烧室，它只有一个整体的燃烧室，在燃烧室内有若干个火焰筒（包括过渡段）绕燃气轮机主轴排列，见图 3 - 6（a）和图 3 - 10（b）。

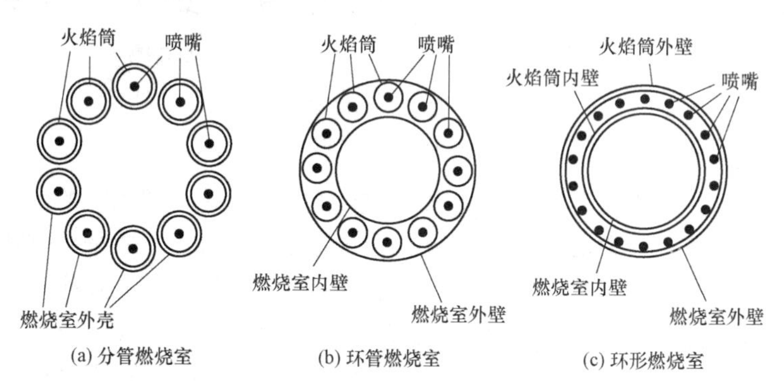

(a) 分管燃烧室　　(b) 环管燃烧室　　(c) 环形燃烧室

图 3 - 10　燃烧室截面示意

图 3 - 11 所示为由 12 个火焰筒组成的燃烧室剖面图，12 个火焰筒共用的空间就是燃烧室的空间，也就是燃烧段气缸内环绕主轴的空间。火焰筒绕燃气轮机主轴一周排列，过渡段出口对向涡轮叶片。

图 3 - 12 所示为一个火焰筒组件的剖面模型。燃烧室由外壳与火焰筒组成，在燃烧室外壳端部有燃料（天然气）入口，在燃烧室内装有燃料喷嘴，位于火焰筒前端内部。在火焰筒尾部连接过渡段，在过渡段上装有可控流量的补气口。燃料通过燃烧室端部燃料入口进入，由燃烧器喷嘴喷入火焰筒，喷入的天然气与压气机压入的高压空气在燃烧室火焰筒里混合燃烧。燃烧使气体温度剧烈上升，膨胀的高温高压燃气从过渡段喷出，进入涡轮做功。图 3 - 12（b）中的白色箭头线是压气机进入燃烧室的气流走向；灰色箭头线是燃烧室喷向涡轮叶

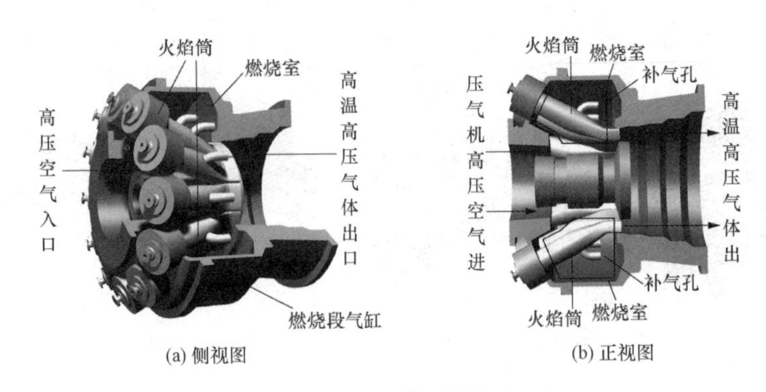

图 3-11　环管形燃烧室
（由鹏芃科艺授权使用）

片的气流走向。一般燃气轮机有六个至十几个火焰筒组件，多个火焰筒组件共同安装在一个环形燃烧室内，故称为环管形燃烧室。

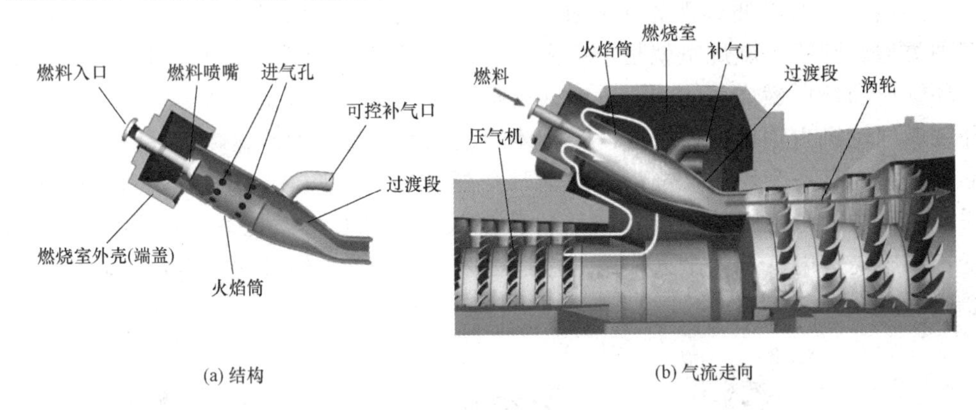

图 3-12　火焰筒组件
（由鹏芃科艺授权使用）

（3）轴流式涡轮。从燃烧室喷出的高压燃气推动涡轮旋转，把燃气的内能转化为涡轮的机械能。涡轮也称透平，分为轴流式与径向式两类，燃气轮机大多数采用轴流式涡轮。轴流式涡轮的工作原理就像风吹风车旋转一样，是靠燃气流对涡轮上的叶片作用使其旋转的，由于气流主方向与涡轮轴平行，故称为轴流式涡轮。

涡轮主要由涡轮叶片、涡轮盘（叶盘）、涡轮轴构成，涡轮上的叶片称为动叶，也就是带动涡轮轴旋转的叶片。涡轮机一般有 1～4 个涡轮，大多数燃气轮机的几个涡轮共一个转轴，一同组成涡轮转子。

在涡轮每级动叶的前方还安装一组静止的叶片（静叶），静叶是燃气的导向器，起着喷嘴的作用，使气流以最佳方向喷向动叶，静叶整流的工作原理见图 3-8（b）。一组静叶加一组动叶为一级涡轮。图 3-13（a）所示为 2 级涡轮结构，左图是两级涡轮动叶，右图是加上两级静叶的涡轮机，静叶安装在机匣内。为了充分利用燃气的热能膨胀做功，为获得最大的机械能，大型燃气轮机一般为 3、4 级涡轮。

旋转的涡轮除了向外输出强大的功率外，还要带动压气机压缩空气，在结构上燃气轮机的涡轮与压气机是同轴的，涡轮与压气机同步旋转。

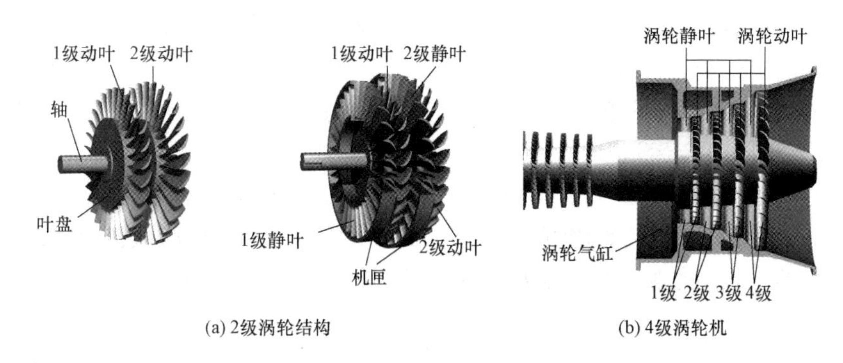

(a) 2级涡轮结构　(b) 4级涡轮机

图 3-13　涡轮动叶与静叶
（由鹏芃科艺授权使用）

3. 余热锅炉

从燃气轮机排出的气体温度高达 600℃，仍然具备很高能量，把这些高温气体送到锅炉，把水加热成蒸汽去推动蒸汽轮机，带动发电机发电，可使发电容量与联合循环机组的热效率相对增高 50%左右。这个靠燃气轮机排出气体的余热来产生蒸汽的锅炉称为余热锅炉。

(1) 余热锅炉的特点与分类。大型余热锅炉与燃煤电厂锅炉原理和组成基本相同，主要少了燃料运输粉碎与燃烧系统，并在微正压下工作，可取消引风机；全部是对流受热面，而且不设空气预热器；需设置旁路烟囱，以保护余热锅炉。

余热锅炉可分为立式和卧式两类。一般来说，自然循环余热锅炉采用卧式布置，强制循环余热锅炉采用立式布置。如图 3-14 所示，余热锅炉主要由进口烟道、炉体、汽包和烟囱组成。在炉体内有省煤器、蒸发器、过热器或再热器等模块的密集管道，给水泵将要加热的水压进这些管道，燃气轮机排出的高温气体将管道内的水加热成高压蒸汽。

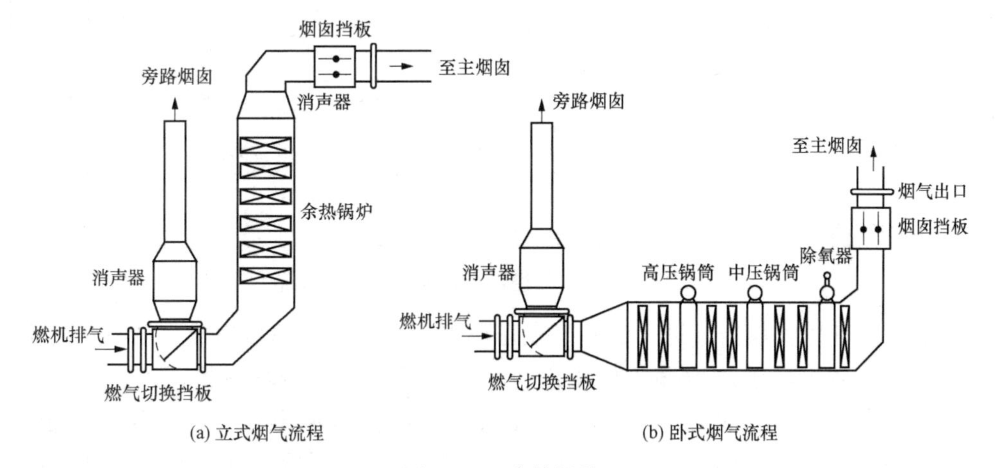

(a) 立式烟气流程　(b) 卧式烟气流程

图 3-14　余热锅炉

(2) 余热锅炉汽水侧的多压特征。提高蒸汽压力和温度可提高蒸汽动力循环的效率。但随着给水压力升高，其饱和温度也随之增加。在采用单压汽水系统时，余热锅炉的排气（烟）温度仅能降低到 160～200℃。为了提高余热锅炉的效率，必须降低排气温度。为此采用了双压和三压的汽水系统，使排气温度降低到 110～120℃。所谓双压或三压汽水系统，是在同一余热热源中应用两套或三套压力不同的汽水系统，产生两种或三种不同压力的过热蒸汽，送入汽轮机做功。

大型燃机电厂采用三压再热循环余热锅炉，汽水系统主要由低压、中压、高压和再热系统四部分组成，可同时产生低压、中压和高压过热蒸汽，分别驱动低压、中压和高压汽轮机，可最充分地把燃气的热能转换成机械功，一起带动发电机发电，大大增加燃气轮机发电厂的发电量。三个压力系统的给水都来自于凝结水系统并在进入低压汽包前先经过给水加热器（低压省煤器）进行预热；每一压力等级配有一个汽包，如图 3-15 所示。

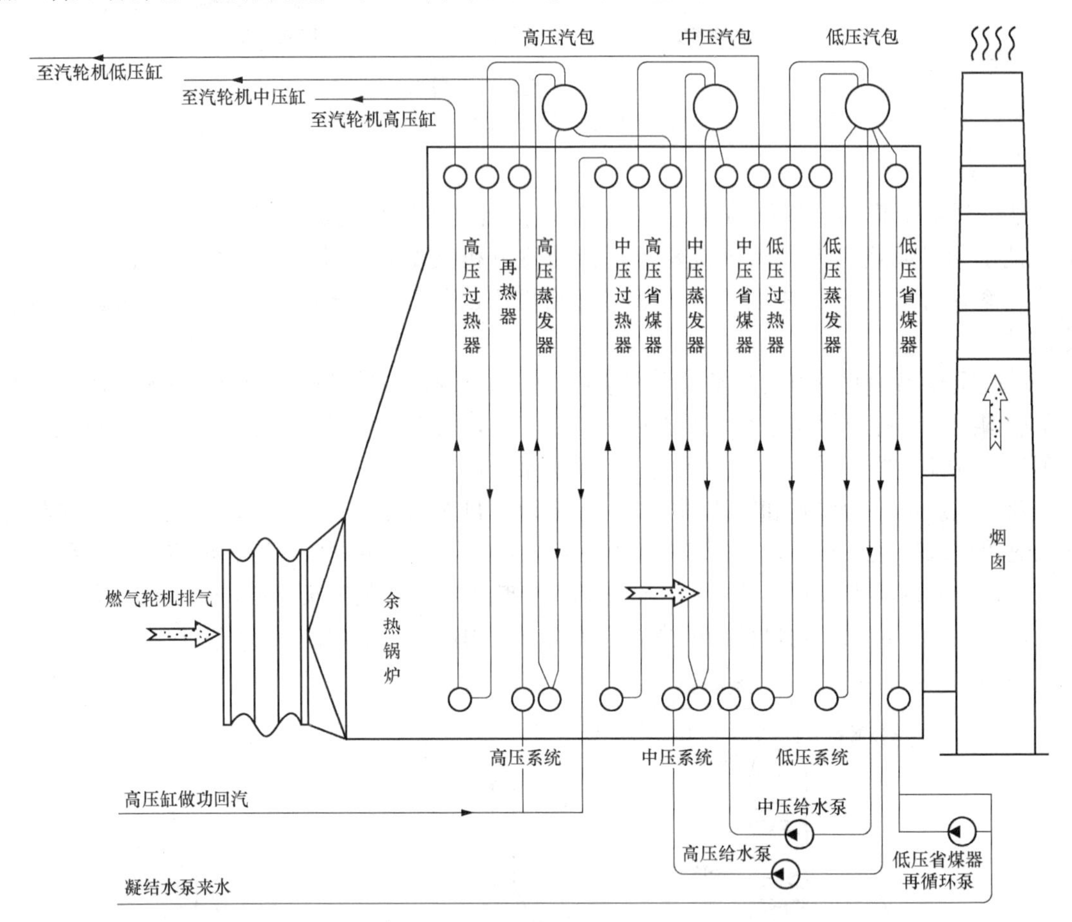

图 3-15 三压再热循环余热锅炉的汽水系统

低压部分由低压省煤器、低压汽包、低压蒸发器、低压过热器组成。从凝结水泵来的冷水，通过低压省煤器预热后输入低压汽包，汽包下面连接着蒸发器，水在低压蒸发器内加热成饱和蒸汽上升到低压汽包。饱和蒸汽从低压汽包输出再通过低压过热器加热，产生低压过热蒸汽，用来驱动低压蒸汽轮机旋转做功，也可用来加热给水及送入除氧器中除氧，或供其他生产或生活用汽。由于低压蒸发段的饱和温度低，可降低排烟温度，提高循环效率。

中压部分由中压省煤器、中压汽包、中压蒸发器、中压过热器、再热器组成。通过低压汽包出来的水由中压给水泵注入中压省煤器继续加热，然后进入中压汽包，在中压蒸发器内加热成饱和蒸汽上升到中压汽包。从中压汽包输出的饱和蒸汽通过中压过热器加热，然后再与高压缸做功回汽混合，一同经过再热器加热，产生中压再热蒸汽，用来驱动中压蒸汽轮机旋转做功。

高压部分由高压省煤器、高压汽包、高压蒸发器、高压过热器组成。通过低压汽包出来的水由高压给水泵注入高压省煤器加热，然后进入高压汽包，在高压蒸发器内加热成饱和蒸汽上升到高压汽包。从高压汽包输出的饱和蒸汽通过高压过热器加热，产生高压过热蒸汽，用来驱动高压蒸汽轮机旋转做功。

4. 燃气-蒸汽联合循环的类型

燃气-蒸汽联合循环由燃气轮机与蒸汽轮机结合而成，是燃气轮机循环与朗肯循环联合的热力循环。根据燃气与蒸汽两部分组合方式的不同，常见的燃气-蒸汽联合循环有纯余热锅炉型、排气补燃型、增压燃烧锅炉型三种基本方案，见图 3-16。

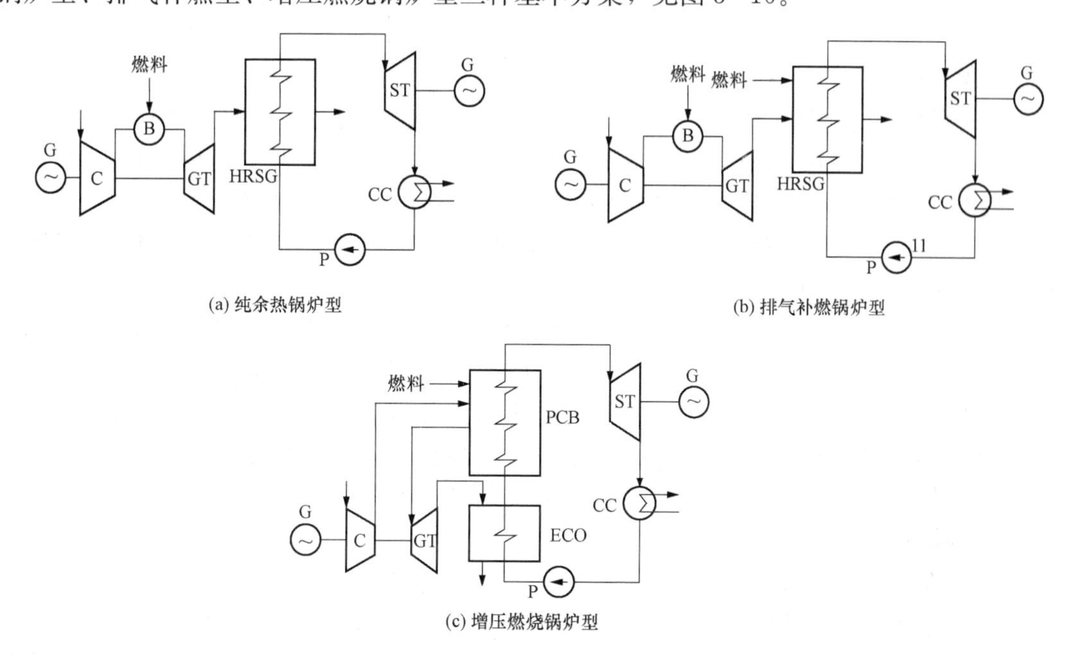

图 3-16　联合循环的基本形式

C—压气机；B—燃烧室；GT—燃气轮机；HRSG—余热锅炉；ST—蒸汽轮机；CC—凝汽器；P—给水泵；G—发电机；PCB—增压锅炉；ECO—省煤器

（1）纯余热锅炉型联合循环。将燃气轮机的排气通至余热锅炉中，加热锅炉中的水产生蒸汽驱动汽轮机做功，蒸汽部分纯粹利用燃气轮机排汽余热，故称为纯余热利用型，其方案如图 3-16（a）所示。

这种形式的联合循环技术很好地实现了能量的梯级利用，可大幅度提高循环效率，技术成熟，系统简单，造价低，启停速度快，主要用于新建电站和对已有的燃气轮机或蒸汽轮机电站进行改造。但在燃气轮机排气温度较低的情况下，存在着余热锅炉效率低、蒸汽参数受限、蒸汽流量不能单独调节的缺陷。输出功率以燃气轮机为主，蒸汽轮机功率为燃机功率的 30%～50%。20 世纪 80 年代以前，燃气轮机的单机功率较小，燃气初温较低，排气温度也较低，在这种情况下，余热锅炉型联合循环由于余热锅炉效率较低，汽轮机的功率和效率也低，所以不仅机组功率不大，而且效率也不是很高。为克服这些缺陷，当时人们又分别发展了补燃余热锅炉型和增压锅炉型联合循环。

(2) 排气补燃余热锅炉型联合循环。排气补燃余热锅炉型联合循环的热力系统如图3-16 (b)所示。它与纯余热锅炉型联合循环的主要不同在于：在余热锅炉中也加入一定燃料，提高余热锅炉效率及蒸汽的参数和流量。

排气补燃包括两种方案。一种是在余热锅炉前加一个补燃室——烟道补燃器，另一种是在锅炉中加入燃料，它们都利用燃气中剩余的氧气燃烧。由于补燃，锅炉中的蒸发量增大，蒸汽轮机的功率明显增加，可达到燃气轮机功率的5～6倍。与纯余热锅炉型相比，排气补燃型的蒸汽初参数不受燃气轮机排汽温度的限制，可选用535～550℃的高温，以提高蒸汽部分的循环效率；在部分负荷下，可在较大的输出功率变化范围内，不改变燃气轮机的工况而只改变补燃燃料，即只改变蒸汽轮机的功率来改变联合循环的输出功率，使部分负荷下的效率较高。但由于补燃燃料的能量仅在蒸汽部分循环中被利用，未实现能量的梯级利用，使得排气补燃型联合循环的效率一般低于余热锅炉型联合循环。

(3) 增压燃烧锅炉型联合循环。增压燃烧锅炉型联合循环的热力系统如图3-16 (c) 所示。该循环的特点是把燃气轮机的燃烧室与产生蒸汽的锅炉合二为一，形成在压力下燃烧的锅炉。这时燃气轮机的压气机向锅炉提供压缩空气用于燃烧，锅炉内气体侧的换热系数大大提高，因而增压锅炉的体积比常压锅炉小得多。为使最后排至大气的烟气温度降至较低的数值以减少热损失，利用外置的锅炉省煤器来回收燃气轮机排气的余热。在这种联合循环中，蒸汽轮机的输出功率约占联合循环总功率的80%。

增压燃烧锅炉型联合循环的优点是：在燃气轮机排气温度较低的情况下，可使蒸汽参数及流量不受任何限制，从而可达到较大的机组容量和较高的机组效率；同时由于燃烧是在较高的压力下进行的，且烟气的质量流速较高，所以锅炉的传热效率高，所需的传热面小，锅炉尺寸紧凑。但是，与补燃余热型联合循环类似，有一部分热量只参与了蒸汽轮机循环。另外，它还存在着系统复杂、制造技术要求高、燃气轮机不能单独运行的缺点。

六、实验步骤

现场参观燃气-蒸汽联合循环电站整体模型，观看教学录像片与三维动画演示，结合上述介绍认知循环电站的基本原理、生产流程、优点、分类、主要设备、环境保护与经济效益。识别单轴布置、轴流式压气机、环管形燃烧室、轴流式涡轮、三压再热循环余热锅炉等设备与构件，并与燃煤电厂进行比较认知。

七、思考题

(1) 试画出燃气-蒸汽联合循环电站的基本生产流程图。

(2) 简述燃气-蒸汽联合循环电站的优点。

(3) 试比较燃气-蒸汽联合循环电站与燃煤电厂的主要设备差异。

项目四 生物质燃烧发电厂认知

关键词

生物质，大型收集场，小型收储站，秸秆打捆机，秸秆粉碎机，秸秆存放场；层燃炉，水冷振动炉排；露点腐蚀，空气预热器；经济效益，生态环境效益，社会效益，京都议定书，CDM。

一、实验目的

了解和掌握典型生物质（秸秆）燃烧发电厂的主要设备、生产流程和效益分析等；了解京都议定书和CDM机制。

二、能力训练

生物质（秸秆）燃烧发电厂是未来可再生能源的一个重要发展方向。通过现场观察和实习，学会将书本的知识与现场设备结合起来；并能发现对象的主要工程特征；对重要设备、系统及相应的实际生产流程、经济环境社会效益分析应能形成简单明确的基本认识，并能与燃煤电厂进行比较认知。

三、实验内容

(1) 生物质的概念和分类。

(2) 生物质燃料收集、存放及输送系统。

(3) 生物质直燃锅炉燃烧系统，层燃炉、振动炉排、水冷振动炉排。

(4) 秸秆燃烧振动炉排锅炉发电工艺流程，露点腐蚀、空气预热器外置。

(5) 秸秆燃烧发电厂效益分析，经济效益、生态环境效益、社会效益。

四、实验设备及材料

(1) 秸秆生物质燃烧发电厂整体模型1套。

(2) 教学录像资料1套，三维动画演示。

五、实验原理

1. 生物质能概述

(1) 生物质概念和分类。生物质是指利用大气、水、土地等通过光合作用而产生的各种有机体，即一切有生命的可以生长的有机物质通称为生物质，包括植物、动物和微生物。生物质能是太阳能以化学能形式储存在生物中的一种能量形式，一种以生物质为载体的能量，它直接或间接地来源于植物的光合作用。

能够作为能源使用的生物质资源有很多种，大致可分为植物和非植物两大类。其中，植物类主要包括森林、农作物、草类等陆生植物和水草、藻类等水生植物；非植物类主要有动物粪便、动物尸体，以及废水、垃圾中的有机成分等。农业生产过程中的废弃物，如农作物收获时残留在农田内的秸秆，和农业加工业的废弃物（如稻壳等），就属于植物类生物质。

(2) 秸秆生物质燃烧发电厂。秸秆生物质燃烧发电厂以稻草、麦秸、玉米秆、高粱秸、豆秸、棉杆、油菜杆、谷壳等农林业废弃物作为燃料；燃料燃烧时的化学能被转换为水蒸气的热能，再借助汽轮机等热力机械将热能变为机械能，并由汽轮机带动发电机将机械能变为电能。

秸秆生物质燃烧发电厂主要生产系统包括燃烧系统、汽水系统和电气系统。燃烧系统由生物质燃料准备及输送系统、锅炉燃烧系统和烟气净化等部分组成。秸秆生物质燃烧发电厂与常规燃煤发电厂最为突出的区别就在于生物质燃料准备及输送系统和锅炉燃烧系统，这两者也构成了秸秆生物质燃烧发电厂的技术特点。

2. 生物质准备及输送系统

生物质的密度、流动性等物理特性对生物质原料的输送和燃烧效果有较大影响。秸秆等生物质原料一般较为松散，流动性差，对旋转设备易于缠绕、挤塞。原料堆积密度差别较大，如棉花秸秆的堆积密度为200～350kg/m^3，玉米秸秆的堆积密度为120～200kg/m^3，远小于燃煤（烟煤堆积密度为800～900kg/m^3），造成生物质燃料占地面积大。由于生物质的发热值明显低于煤，对于发电厂来说，燃料的储备体积要远远大于燃煤电厂，要求电厂中有较大面积的场地用于燃料的储存和处理。而且对于发电厂外围的燃料收集、运输也存在同样的问题，以致运输量大，增大了电厂周边道路的交通压力。对于发电厂内的燃料处理单元，如干燥、粉碎、除杂、输送等，也同样存在着处理量大、设备要求高等问题。并且生物质燃料一般具有较强的吸水性，潮湿的生物质燃料容易腐烂变质，同时还会造成微生物的滋生和料堆温度的升高，并有自燃的可能性，而干燥的生物质燃料又存在着火风险增加的问题。因此，生物质储存场所要注意防雨、防水并配备必要的消防设施。目前，国内的生物质直燃发电厂所采用的燃料系统一般采用以下模式：

（1）电厂外燃料收集系统。对于生物质直燃电厂，秸秆等生物质燃料的收集和储运有多种方式，可根据电厂的装机容量、周边生物质原料种类、资源可获得性及土地状况选择具体实施方案。

1）大型收集场模式。在电厂附近（几十到几百米范围内）建设一处集中的大型收集场，收购、存放电厂较长时间内可用的原料。该模式便于集中管理，可以使用大型机械作业，能降低秸秆原料的保管和短途运输成本，还可保证原料收购质量；但对于装机较大的秸秆发电厂来说，也存在着秸秆进场车辆运输压力大、原料保管困难、占地面积大等一些问题。

2）小型收储站模式。在电厂周围一定半径（一般为25～35km）范围内建设多处小型收储站，负责就近收集秸秆、加工打包和储存，并定期向发电厂运送秸秆捆。该模式可以分散集中收储秸秆燃料的风险，每个收储站占地面积小。收储站将已打包成型的燃料运输到电厂，装卸运输可使用专用机械，能够降低运输成本。但该模式会增加中间作业环节、增加二次运输成本，还会增加总体投资。

生物质燃料的收集、预处理技术因生物质的种类、特性而不同。麦秆、玉米秆、稻秆等软质秸秆一般采用打捆处理，即在燃料收集时采用专用设备压制成一定尺寸和质量的打捆，可在田野直接打捆（见图4-1），也可在收购站打捆，然后用车辆运输到电厂，在电厂内采用秸秆捆抓斗起重机进行上料、卸料，经过去绳、切碎、散包后送入锅炉，这也是目前国内大多数秸秆电厂的做法。棉秆、木片、树枝等硬质原料，多采用打碎方式进行处理（见图4-2），即将原料通过削片、破碎等方式处理成尺寸较小的片状、颗粒状，进行运输和存放，然后再运输到电厂。

图 4-1　在收割完水稻田中工作的秸秆打捆机

图 4-2　大型秸秆粉碎机

(2) 电厂内燃料存放。打包或切碎、散装的生物质原料送入电厂后，将存放于电厂内的燃料存放场，以备电厂较短周期内使用。燃料存放场的设计参照制浆造纸行业的相关规范，燃料堆的尺寸、堆间距等需符合相关消防要求，同时燃料堆上应覆盖遮雨物，燃料堆下部地面需做防水处理。目前多数秸秆电厂设置两三个秸秆存放场，储存秸秆量为锅炉 3～5 天的消耗量，一般采用半封闭或全封闭形式，以满足电厂对燃料含水量的要求。在燃料存放场，设置多台起重机和叉车等，用于将秸秆捆从汽车上卸下并堆放到燃料堆，或者从燃料堆上取秸秆捆并放置到输送机用于上料。

(3) 电厂内燃料输送及处理。燃料存放场中燃料堆的秸秆捆，通过水平链式或者带式输送机输送，并经中间分配和转运输送装置输送到螺旋破碎机，在向上输送过程中对秸秆捆进行称重解包，并将秸秆捆破碎至锅炉要求的物料尺寸，然后进入螺旋给料机，由螺旋给料机经防火门给锅炉供料。

3. 生物质直燃锅炉燃烧系统

目前，生物质直燃锅炉主要有层燃炉和循环流化床锅炉两种。国内常见的生物质燃烧锅炉主要为以丹麦 BWE 公司为代表的高温高压振动炉排锅炉以及国内自主开发的中温中压流化床锅炉。这里主要介绍高温高压振动炉排锅炉。

(1) 层燃炉（炉排炉）。层燃方式是生物质直接燃烧中最为常用的方式，其特点是空气从炉排下部送入，流经一定厚度的燃料层并与之反应，层燃炉燃料层的移动与气流基本上无关。燃料的一部分（主要是挥发分释放之后的焦炭）在炉排上发生燃烧，而燃料的大部分（主要是可燃气体和燃料碎屑）在炉膛内悬浮燃烧。炉排的主要作用，一是在长度方向上输送燃料，二是分配炉排下进入的一次风。层燃方式下，沿着炉排前进方向，燃料燃烧可分为干燥区、热解区、着火区、气化区、碳燃烧区和灰渣形成区 6 个阶段，如图 4-3 所示。

炉排锅炉可用于高含水量、颗粒尺寸变化、高灰分含量的生物质燃料。在层燃方式下，炉膛内储存大量燃料，因此有充分的蓄热条件，这就保证了层燃炉所特有的燃烧稳定性。同时，采用层燃方式，燃料不需要特别破碎加工，有较好的着火条件，锅炉房布置简单，运行耗电少。但是，层燃方式下燃料与空气的混合较差，燃烧速度相对较慢，可能影响锅炉出力和效率。

层燃炉按照炉排形式和操作方式的不同，可分为固定炉排炉、往复炉排炉、旋转炉排炉、抛煤机炉、振动炉排炉和链条炉排炉等，每一种都有特定的优缺点且适合于不同的燃

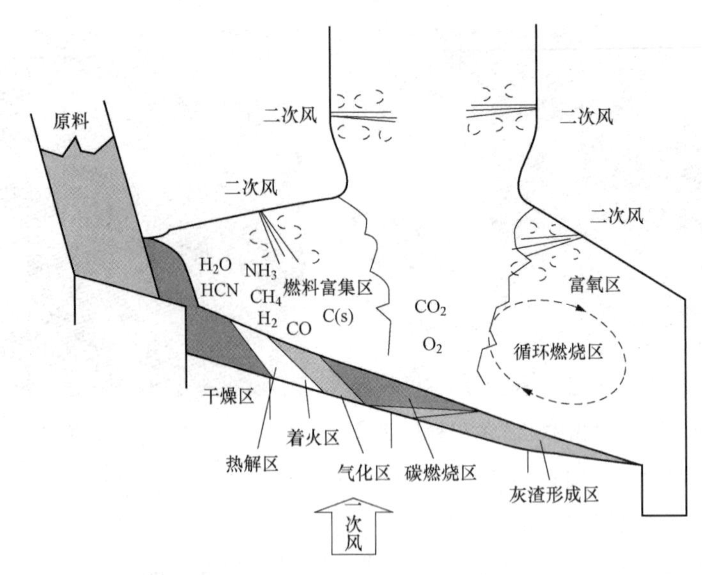

图 4-3 燃烧生物质炉排锅炉的送风和不同的区域

料。振动炉排可形成一种抖动运动，能够平衡地将燃料扩散并促进燃烧扰动，相对于其他运动炉排，其运动部件少，可靠性更高，并且燃烧效率也得到进一步提高，但可能引起飞灰量的增加，且振动可能引起锅炉密封、设备安全方面的问题。就目前国内外秸秆生物质燃烧发电厂所采用的技术来看，振动炉排应用较为广泛。

(2) 振动炉排。图 4-4 所示为振动炉排结构。炉排呈水平布置，主要构件有激振器、上下框架、炉排片、弹簧板等。

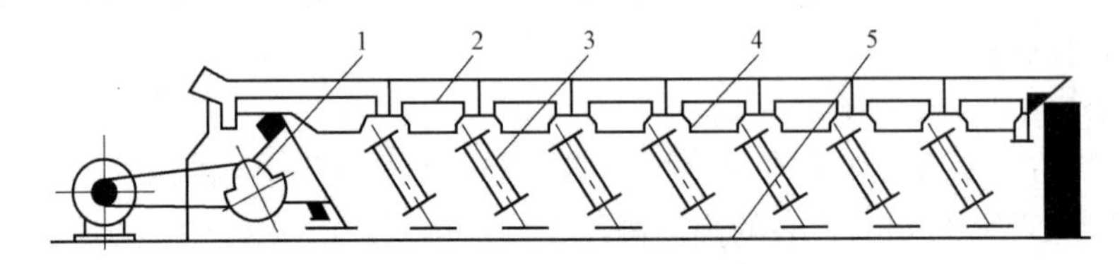

图 4-4 振动炉排结构

1—激振器；2—炉排片；3—弹簧板；4—上框架；5—下框架

上框架 4 是组成炉排面的长方形焊接框架，其前端横向焊有安置激振器的大梁，在整个长度方向上还横向焊接了一系列平行布置的 7 形梁。炉排片 2 用铸铁制成，通过弹簧和拉杆紧锁在相邻的两个 7 形梁上，并用拉杆钩住炉排片下的小孔，保证振动时炉排片不会脱落。下框架 5 是由左、右两条钢板和用以固定炉排墙板的型钢拼焊而成，并用地脚螺栓固定在炉排基础上。弹簧板 3 分左右两列连接于上、下框架之间，与水平呈 60°～70°夹角；弹簧板上端与 7 形梁相接支撑着上框架，下端与下框架的连接既可采用固定连接，也可采用活络连接。

激振器 1 是炉排的振源，由轴承座、转轴、偏心块、皮带轮等组成。当偏心块在电动机的驱动下旋转时，便产生一个周期性变化而垂直于弹簧板的作用力，此力振动上框架和整个炉排面，使之进行与水平呈一夹角的往复振动。在炉排面沿此夹角向上运动时，燃料因紧贴炉排而被加速；当偏心块变方向使炉排做反方向运动时，燃料借本身的惯性力以抛物线的运动轨迹脱离炉排面，落到一个新的位置上。此后燃料在炉排上重新被携带而得到加速，继而又被抛起，然后又落到炉排面上一个更远的位置上。这样随着炉排的振动，燃料周而复始做如前的运动，就形成了整个燃料层相对于炉排面的定向间断微跃运动，从而实现了加燃料、除渣的机械化。振动炉排应该选择在共振状态下工作，此时外力对炉排做功损耗为最小，而炉排振幅最大，燃料层的前进速度最快。

振动炉排由于炉排振动而具有自动拨火功能，燃料颗粒在振动时上下翻滚，增加了与空气的接触，燃烧强烈，炉排面积热负荷高。同时，振动还阻止了较大结渣颗粒的形成，因此特别适合于秸秆、废木材等具有烧结和结渣倾向的燃料。

振动炉排运行时，炉排片位置基本不变。燃烧旺盛区域的炉排片始终在高温下工作，由于炉排振动，炉排上燃料上下翻滚，没有一个灰渣垫，炉排片直接与红火接触，工作条件较为恶劣，导致炉排片变形，产生裂缝和烧坏堵孔等现象。为了避免结渣和延长炉排材料的寿命，炉排系统一般采用风冷或水冷，使用较多的是水冷振动炉排。

(3) 水冷振动炉排。图 4-5 (a) 所示为水冷振动炉排结构。燃料由播料风抛至炉膛后部落在炉排中、高端处，受到火床上部的辐射热，经过预热干燥、着火、燃烧和燃尽四个阶段，烧后的渣也因炉排振动而自动从炉排前部低端排入渣坑。燃烧中，一次风通过炉排面上布置的小孔从炉底稳压风室送入燃料床。振动炉排上燃料的着火属于单面着火，需要采用分段送风、炉拱及二次风等措施。

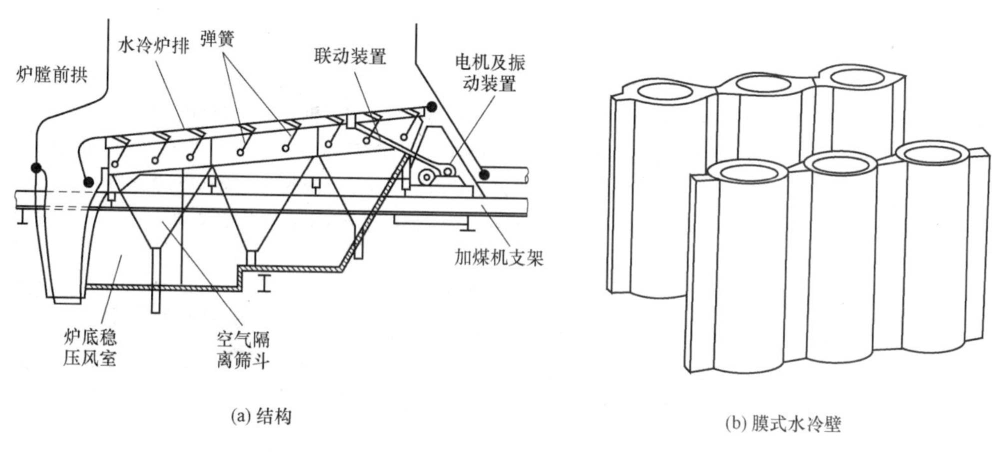

图 4-5 水冷振动炉排

水冷振动炉排是由管子及焊在管间的扁钢组成，实际上组成了一个膜式水冷壁，如图 4-5 (b) 所示。炉排属于锅炉水汽系统的一部分，通过灵活的连接管道与炉膛水冷壁连接以便于振动。炉排前后均有集箱，前后集箱分别通过上升管、下降管与锅筒相连，由水循环保证炉排的充分冷却。炉排管间的扁钢上开有细长通风孔，通风截面比仅约为 2%，使漏料量大为降低。炉排具有一定的倾角，一方面可保证水循环可靠性，另一方面是为了便于炉排在轻微振动时，燃料靠自身平行炉排面的向下分力，可顺利向后移动。为了避免炉排及排上燃料的重量加载在下降管和上升管上，炉排的后端架在固定但有弹性的立式金属板支座上，前端是架在可摆动的支座上。此外炉排下部的风量隔板还起着支持炉排的作用。

4. 秸秆燃烧振动炉排锅炉发电工艺流程

秸秆燃烧振动炉排高温高压蒸汽锅炉为自然循环、单汽包、单炉膛、平衡通风、固态排渣、全钢构架、底部支撑结构型锅炉，如图 4-6 所示。炉膛 10 和过热器通道 20～22 采用全封闭的膜式壁结构，以保证锅炉的严密性能。尾部竖井依次布置着省煤器 19、二级空气预热器 11 和烟气冷却器 26。经过烟气冷却器的烟气和飞灰进入袋式除尘器 28 净化，最后经引风机 12 由烟囱排入大气。

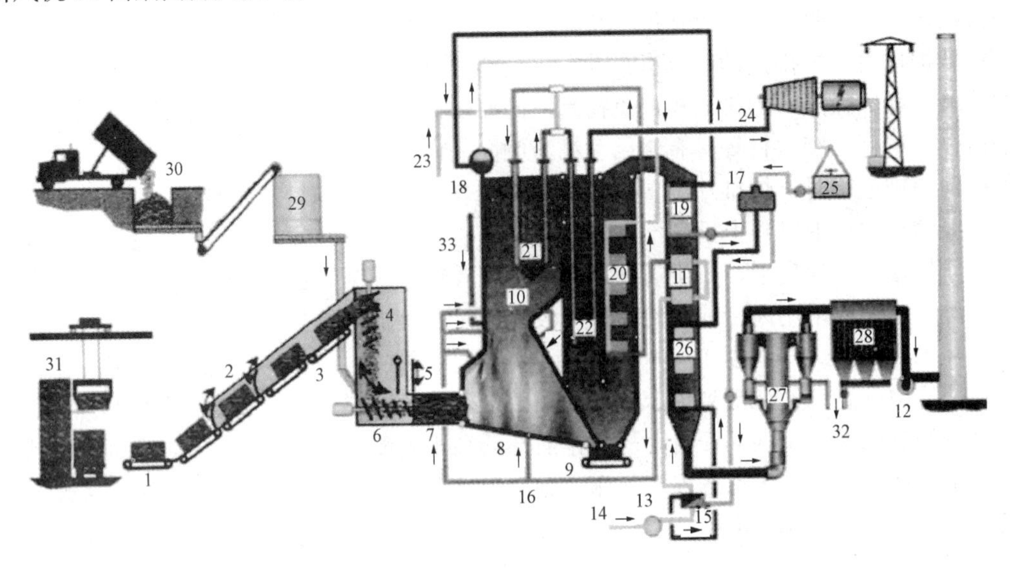

图 4-6　秸秆燃烧振动炉排锅炉发电工艺流程

1—链条输送机；2—密封门；3—给料机；4—切碎机；5—防火挡板；6—自动添料机；7—水冷通道；8—振动炉排；9—捞渣机；10—炉膛；11—二级空气预热器；12—引风机；13—送风机；14—进风口；15—一级空气预热器；16—热风；17—给水箱；18—汽包；19—省煤器；20～22—过热器；23—减温水；24—蒸汽轮机；25—空冷凝汽器；26—烟气冷却器；27—气体悬浮吸收器；28—袋式除尘器；29—木屑筒仓；30—木片；31—草料；32—副产品及灰处理；33—轻柴油

本类型锅炉设计规范中冷风温度为 35℃，排烟温度为 124℃，如果直接把一级空气预热器 15 布置在尾部烟道内，出口处的管子壁温会达到烟气的酸露点温度。同时由于秸秆中氯元素含量高，烟气中的较多 HCl 和 SO_3 气体在露点以下形成盐酸和硫酸，造成尾部烟道的严重低温腐蚀。因此与其他形式的火电厂不同，一级空气预热器 15 布置在烟道以外，采用给水箱 17 的高温给水作为加热介质预热送风机 13 鼓入的冷空气，经一级预热后的空气再进入二级空气预热器 11 由高温烟气进行二级预热，形成热风 16。从一级空气预热器 15 出来的给水通过烟气冷却器 26 进入给水箱 17，再流经省煤器 19 到汽包 18。

图 4-6 所示的炉膛前墙设计有 2～6 个给料口，螺旋给料机 3 将散料输送至炉前切碎机 4，经过自动添料机 6，由来自热风 16 的布料风吹入炉膛 10。布料风将燃料抛至炉膛后部，落在炉排中高端处，在高温烟气和一次风的作用下逐步预热、干燥、着火、燃烧。燃料边燃烧边向炉排前部低端运动，直至燃尽，最后灰渣落入炉前的出渣口。在排渣口下方设有捞渣机 9，能使灰渣安全有效地排出炉外。

在炉膛下部，前后墙各布置有许多二次风口，这些二次风约占总风量的一半。二次风在此类锅炉的燃烧中起到十分关键的作用；二次风搅拌炉内气体使之混合，使炉内烟气产生旋涡，延长悬浮的飞灰及飞灰可燃物在炉内的行程，使飞灰及飞灰可燃物进一步降低；它的合理使用可以使飞灰量减少，使飞灰可燃物降低。另外，对悬浮可燃物供给部分空气，有利于提高锅炉热效率，有利于降低锅炉初始排烟浓度，有利于设计锅炉的节能与环保。

锅炉启动采用轻柴油点火，在炉膛右侧墙装有启动燃烧器。某生物质发电厂 130t/h 锅炉典型的参数见表 4-1。

表 4-1　振动炉排锅炉主要设计技术参数

名　　称	单位	数值	名称	单位	数值
锅炉额定蒸发量	t/h	130	冷风温度	℃	35
过热蒸汽出口压力	MPa	9.2	空气预热器出口风温	℃	190
过热蒸汽出口温度	℃	540	排烟温度	℃	124
饱和蒸汽压力	MPa	10.7	锅炉设计效率	%	92
给水温度	℃	210	允许负荷调节范围	%	40～100
排放	NO_x 低于 450mg/Nm³；CO 低于 650mg/Nm³				
生物质燃料粒度要求	<100mm，100%；<50mm，90%；>5mm，>50%；<3mm，⩽5%				

5. 秸秆燃烧发电厂效益分析

国能单县生物发电工程是我国第一个生物质直接燃烧发电示范项目，由国能生物发电有限公司和菏泽光源电力有限公司合资兴建。该工程总占地 9.6 公顷，其中厂区占地 7.3 公顷，辅助用地 2.3 公顷，注册资金 5000 万元，总投资约 3 亿元，于 2006 年 11 月建成并入网运行。该工程采用丹麦 BWE 公司技术，建设规模为 1×25MW 单级抽凝式汽轮发电机组，配一台 130t/h 生物质专用振动炉排高温高压锅炉，燃料以破碎后的棉花秸秆为主，可掺烧部分树枝、荆条等，年消耗生物质能燃料 15 万 t 左右，发电量约为 1.56 亿 kWh。下面以国能单县 2.5 万 kW 秸秆发电厂为例进行效益分析。

（1）经济效益。

1）生物质直接燃烧发电售电形成的直接经济效益。以国能单县 2.5kW 秸秆发电厂为例，发电成本由燃料费、人工费、维护开支、耗材开支构成。根据有关电价政策、法规，经协商确定上网电价为 0.80 元/kWh，电厂的直接经济效益分析见表 4-2。

表 4-2　国能单县 2.5 万 kW 秸秆发电厂的直接经济效益分析

项目名称	数额	项目名称	数额
年总发电量（万 kWh）	17812	年发电总成本（万元）	5306.5
年售电量（万 kWh）	14250	年毛利（万元）	6094
年产值（万元）	11400	投资回收期（年）	5

2）电厂灰渣综合利用所形成的经济效益。秸秆直接燃烧发电厂灰渣可以作为优质有机肥料出售给肥料场或者农民，可直接获利。

3）CDM 项目收益提高了生物质发电厂的经济效益。生物质 CO_2 的排放和吸收构成自然界碳循环，其能源利用可实现 CO_2 零排放，是减排 CO_2 的重要途径。通过 CDM 项目出售核定减排量的收入，能在很大程度上提高生物质发电厂的经济效益。2007 年 1 月 17 日，国能生物发电有限公司与丹麦外交部在北京签订国能单县 CDM 项目减排购买协议，丹麦同意购买国能单县项目自 2007 年至 2012 年这 6 年中的二氧化碳减排指标。

CDM（clean development mechanism 清洁发展机制）是《联合国气候变化框架公约（京都议定书）》规定的符合联合国相关要求的温室气体减排项目；主要内容是指发达国家通过提供资金和技术的方式，与发展中国家开展项目级的合作，通过项目所实现的"经核证的减排量"，用于发达国家缔约方完成在议定书第三条下关于减少本国温排放的承诺。一方面，发展中国家通过合作可以获得资金和技术，有助于实现自己的可持续发展；另一方面，发达国家可以大幅度降低其在国内实现减排所需的高昂费用。

（2）生态环境效益。

1）减少秸秆直接露天焚烧的烟尘污染和地面、水面的腐殖质污染。

2）大量减少 CO_2 排放。用秸秆替代矿物燃料发电，是减少 CO_2 排放的重要手段，有利于降低温室效应的影响。

3）减少 SO_2 排放。秸秆含硫是极低的（0.01%～0.17%），远低于煤炭中的含硫量。

4）秸秆发电厂的灰渣含丰富的 K、N、P、Ca 等元素，是优质肥料，有利于增加土壤有机物质含量，提高农作物产量和质量。

5）带动能源农业和林业的大规模发展，将有效地绿化荒山荒地，减轻土壤侵蚀和水土流失，治理沙漠，保护生物多样性，促进生态的良性循环。

（3）社会效益。国能单县 2.5 万 kW 秸秆发电厂产生的社会效益：

1）年消耗秸秆 20 万 t，可替代 7 万 t 标准煤。

2）年可向电力系统输出电能 1.4 亿 kWh，缓解社会电力短缺问题。

3）农民出售秸秆，年增收 3800 万～4000 万元。

4）增加本地农民的就业机会。发电厂用工及其秸秆收购、处理、运输等环节用工，可提供数百个工作岗位。

六、实验步骤

现场参观秸秆生物质燃烧发电厂整体模型，观看教学录像片与三维动画演示，结合上述介绍认知秸秆燃烧电厂的主要设备、生产流程和经济环境社会效益分析等。识别层燃炉、水冷振动炉排、外置空气预热器等设备与构件，了解京都议定书与 CDM 机制，并与燃煤电厂进行比较认知。

七、思考题

（1）简述水冷振动炉排锅炉的工作原理与特点。

（2）试比较秸秆生物质燃烧发电厂与燃煤电厂的主要设备差异。

（3）简述京都议定书中规定的联合履行、清洁发展机制和排放交易三种机制。

项目五　垃圾焚烧电站认知

关键词

垃圾池，桔瓣式抓斗；垃圾渗滤液，防渗土建，防臭气；循环流化床锥段，水冷布风板，钟罩型风帽，床料，水冷风室，管式空气预热器，高温绝热旋风分离器，汽冷旋风分离器，J形阀回料器；二噁英，SNCR脱硝，半干法脱酸，旋转喷雾干燥吸收技术，活性炭吸附，脉冲喷吹袋式除尘器，聚四氟乙烯覆膜滤袋，笼架，表面过滤。

一、实验目的

了解和掌握垃圾焚烧电站的基本原理、生产流程、主要设备、环保措施等。

二、能力训练

垃圾焚烧电站是一项利国利民的基础建设工程。通过现场观察和实习，学会将书本的知识与现场设备结合起来，并能发现对象的主要工程特征；对重要设备、系统及相应的实际生产流程、环保措施应能形成简单明确的基本认识，并能与燃煤电厂进行比较认知。

三、实验内容

(1) 垃圾焚烧电站的生产流程。

(2) 垃圾供料系统，垃圾池、垃圾抓斗起重机。

(3) 垃圾渗滤液收集、防渗漏及防臭气系统。

(4) 循环流化床锅炉，流化床燃烧室、旋风分离器、回料器。

(5) 烟气净化系统，SNCR脱硝、半干法脱酸、活性炭吸附、脉冲喷吹袋式除尘。

四、实验设备及材料

(1) 垃圾焚烧电站整体模型1套；钟罩型风帽、床料、聚四氟乙烯（PTFE）覆膜除尘滤袋、滤袋笼架等1批。

(2) 教学录像资料1套，三维动画演示。

五、实验原理

垃圾焚烧电站是通过垃圾的焚烧达到垃圾无害化、减量化和资源化的目的，一般规模要比燃煤电厂小很多。例如武汉郑店垃圾焚烧电站，其额定垃圾处理量为800t/d，额定蒸发量56t/h，汽轮机额定功率为12MW。垃圾电站的焚烧炉型一般选用炉排炉和循环流化床，这里主要介绍循环流化床焚烧炉，它的生产过程如图5-1所示。

生活垃圾由垃圾车收集压缩后运输进厂，经过地磅秤称重后进入垃圾卸料平台，卸入垃圾池；垃圾在垃圾池内存放约7天以上，便于垃圾渗滤液的析出，保证焚烧炉的稳定燃烧。经过前处理后的垃圾由垃圾抓斗抓起，放入循环流化床焚烧炉的垃圾受料斗上，经落料管进入焚烧炉与炉膛内的高温物料混合燃烧。垃圾经过干燥、燃烧、燃尽过程，使腐败性的有机物因燃烧而成为无机物，病原性生物因在高温焚烧下死灭。

为保证焚烧炉的稳定燃烧，生活垃圾一般与15%以内的原煤掺烧。粒度合格的燃煤经斗提机和输煤皮带送入主厂房的炉前钢煤斗，煤经螺旋给煤机送入循化床炉膛，与炉膛内的

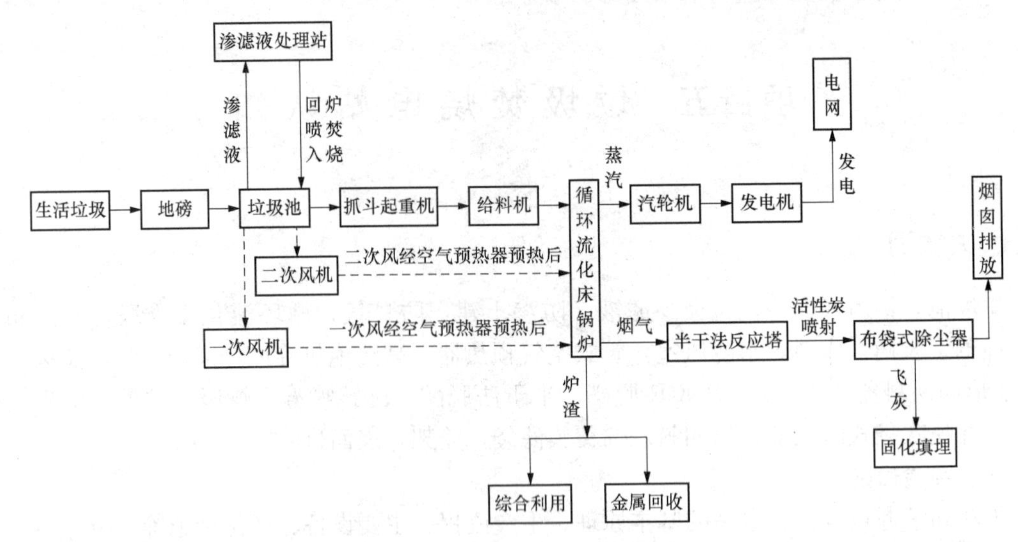

图 5-1 垃圾焚烧电站生产过程

高温物料混合，循环燃烧。

垃圾燃烧所需的助燃空气因其作用不同分为一次风和二次风，均取自于垃圾池，使垃圾池维持负压，确保池内臭气不会外逸。一次风经空气预热器加热后，由炉膛底部风室进入燃烧室参与燃烧。二次风由二次风机加压后送入炉膛，使炉膛烟气产生强烈湍流，以消除化学不完全燃烧损失和有利于飞灰中碳粒的燃尽。

垃圾和煤燃烧所产生的高温烟气经四周布置有膜式水冷壁的炉膛换热，携带大量床料经炉顶转向，通过循化床的高温旋风分离器进行气固分离，分离下来的固体颗粒通过回料器再次送入炉膛燃烧。

同时在高温旋风分离器喷入10%浓度的尿素溶液，SNCR法脱除烟气中的NO_x。分离后含少量飞灰的烟气进入水平烟道、炉后竖井，通过各级受热面放热，降至160℃左右，再经烟气净化装置（半干法脱酸＋活性炭吸附＋布袋除尘）脱除烟气中的大部分酸性气体、重金属、二噁英和细颗粒，再由引风机送入不低于60m高的烟囱排入大气。

循化床锅炉以水为工质吸收高温烟气中的热量，产生中温中压蒸汽（如4.0MPa，400℃）送入汽轮机做功，汽轮机带动发电机发电。电能通过升压站送往输电线路，供用户使用。

垃圾池收集的垃圾渗滤液由污水泵送至渗滤液处理站集中处理达标后，回喷至垃圾池内，随垃圾一起进入焚烧炉焚烧。干灰由气力输灰系统集中送至飞灰库，并经固化处理后装车运至垃圾填埋场进行填埋。炉膛排渣口下接一台冷渣器，垃圾充分燃烧后形成的炉渣经冷却后由耐高温带式输送机运至渣库，可用于建材原料和金属的回收利用等。

与燃煤电厂相比，垃圾焚烧电站主要在垃圾供料系统、垃圾渗滤液收集、防渗漏及防臭气系统、循环流化床锅炉部分和烟气净化系统有所区别，下面分别进行介绍。

1. 垃圾供料系统

垃圾焚烧电站的垃圾供料系统如图5-2（a）所示，垃圾运转流程如下：生活垃圾由专用垃圾车运入，经地磅房汽车衡自动称重后进入垃圾卸料大厅的卸料平台，见图5-2（b）。操作人员根据生活垃圾的情况进行调配，垃圾运输车可以直接投入垃圾池或是先进入前处理系统进行分选、除铁、破碎后进入垃圾池。投入垃圾池的垃圾经抓斗起重机充分混合搅拌均质化后，送入焚烧炉给料斗，由无轴双螺旋输送机给料，再由第二级无轴双螺旋输送机把垃圾均质定量地送入循环流化床垃圾焚烧炉焚烧。掺加的辅助燃料（煤）也通过皮带输送机输送到煤斗，再经煤斗下的煤供应装置按比例定量地供应流化床垃圾焚烧炉。

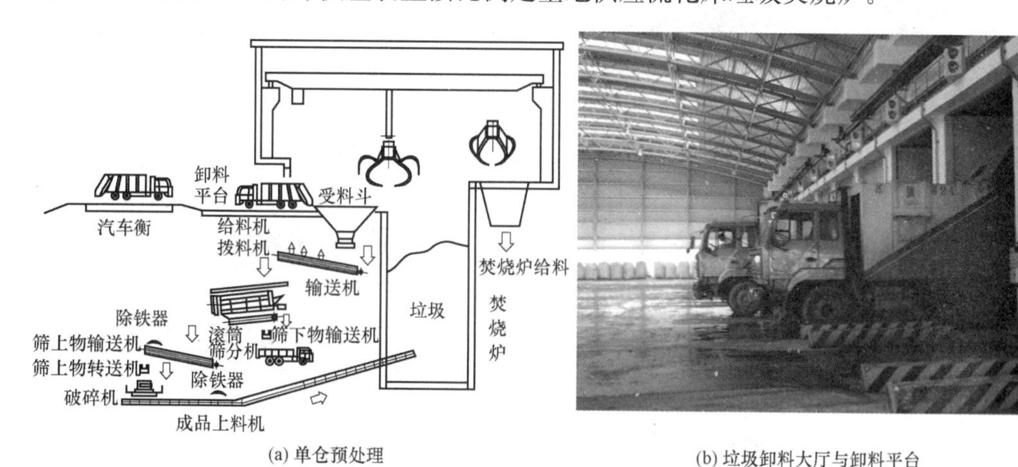

(a) 单仓预处理　(b) 垃圾卸料大厅与卸料平台

图 5-2　垃圾供料系统

垃圾供料系统的主要设施有垃圾池和垃圾抓斗起重机等，现简介如下：

（1）垃圾池。垃圾池储存垃圾，调节垃圾数量，并可利用其对垃圾进行搅拌、脱水和混合等处理，对垃圾进行质量调节。

垃圾池为钢筋混凝土结构，半地下结构，应满足全厂 1 周以上的垃圾焚烧量储存要求。垃圾池容积的确定要考虑到平衡垃圾日供应量可能出现的大波动，同时要考虑进厂原生垃圾含水量较大，不适合直接进炉焚烧，需要在垃圾池内堆存 7 天以上便于垃圾渗滤液的析出，保证焚烧炉的稳定燃烧。为减小垃圾池占地面积，增加有效容积，垃圾池设计为单面堆高的形式（见图 5-3）。垃圾池内的设备为防爆设计；垃圾池设有可燃气体报警器，用于检测池内甲烷浓度，防止发生意外。

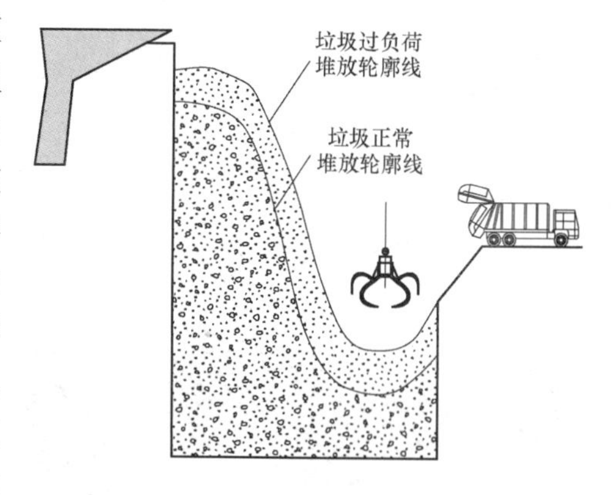

图 5-3　垃圾池立面示意

垃圾池为全封闭结构，卸料门处设置空气幕；锅炉一次风由垃圾池引出，使池内始终保持负压，防止臭气外溢；从垃圾池抽取的臭气进入焚烧炉，通过高温分解去除臭味；库顶设有风机，事故时启动，将坑内臭气排空。垃圾池还应具有防渗防腐功能，由垃圾池收集的渗滤液经渗滤液泵提升至污水处理站后，经管道泵输送至锅炉炉膛烧掉。

（2）垃圾抓斗起重机。垃圾抓斗起重机是垃圾供料系统的关键设备，配置一般以两台为主，一用一备，满足运行要求。垃圾抓斗起重机位于垃圾池的上方，主要承担垃圾的投料、搬运、搅拌、取物和称量工作。常用的垃圾抓斗有蚌式和桔瓣式（见图 5-4），材料是碳钢，爪的材料采用硬的合金，以防止磨损和腐蚀。

起重配备自动称量系统，可记录进入每台焚烧炉的垃圾量。垃圾抓斗起重机的上方屋架

图 5-4 桔瓣式垃圾抓斗

下设电动葫芦，可方便设备检修。焚烧炉给料斗位于垃圾给料平台上，其上方设置电视监视器，操作人员可在操作室内清楚地看到料斗中垃圾的料位，以便及时加料。

2. 渗滤液收集、防渗漏及防臭气系统

（1）渗滤液收集系统。由于生活垃圾含有较高水分，在存放过程中将有部分水分从垃圾中渗出，因此垃圾池的设计必须有利于垃圾渗滤液疏导；垃圾池底部按防渗设计，垃圾池内设有垃圾渗滤液收集系统。

渗滤液从垃圾池中采取分层排出的措施，在垃圾池的底部侧壁上设置两排共 16 个用于排出渗滤液的方孔，约 1.6m×0.8m，在方孔的上部设置 9 个直径约为 0.3m 的圆孔，分三层布置，满足分层排出渗滤液的要求（见图 5-5）。同时池底做成斜坡向一侧倾斜，以便垃圾中的渗滤液向一侧汇集到渗滤液收集池。收集池有效容积为 200m^3，保证 2 天的渗滤液存储量。收集到的垃圾渗滤液用三台渗滤液泵（一用两备）送至厂内渗滤液处理站处理，回喷至垃圾池内，随垃圾一起进入焚烧炉焚烧。

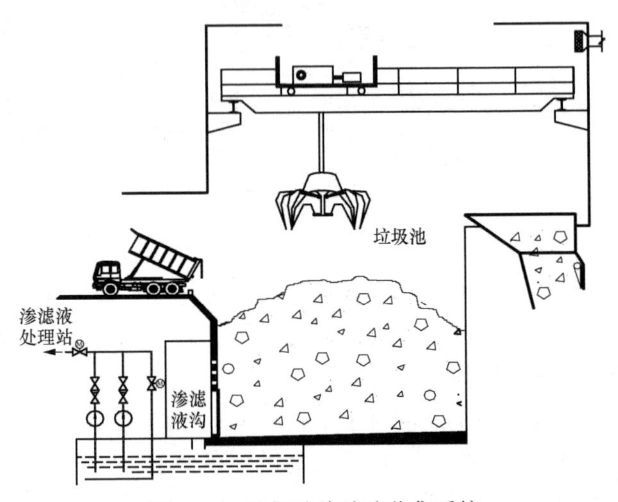

图 5-5 垃圾池渗滤液收集系统

（2）垃圾池臭气防治及利用系统。垃圾池臭气防治及利用包括焚烧炉正常运行和焚烧炉停炉时的除臭方案。

图 5-6 垃圾池吸风至一次风箱

焚烧炉正常运行时，垃圾池内有机物发酵产生污浊空气，主要污染物为 H_2S、NH_3、甲硫醇等。为使污浊空气不外逸，垃圾池设计成全封闭式。含有臭气的空气被焚烧炉一次风机从垃圾池上部的吸风口吸出（见图 5-6），作为燃烧空气送入焚烧炉，在炉内臭气污染物被燃烧、氧化、分解。焚烧炉所需的一次风从垃圾池抽取，保证垃圾卸料大厅及垃圾池内处于负压状态，有效防止臭气外逸。

焚烧炉停炉检修时，垃圾池内由垃圾产生的 NH_3、H_2S、甲硫醇和臭气在空气中凝聚外逸。为防止池内可燃气体聚集，在垃圾池内设置可燃气体检测装置，可燃气体检测超标时，自动开启电动阀门及除臭风机，臭气经过活性炭除臭装置吸附过滤达标后排至大气，从而有效确保焚烧电站所在区域内的空气质量。

(3) 防渗漏系统。由于垃圾池储量大、潮湿、有腐蚀性，且气味较重，所以垃圾池采用防渗漏钢筋混凝土结构，围护结构采用加气混凝土砌块，门采用密封门；垃圾池的卸料口及卸料口以下的坑壁、坑底内表面采用防水、防腐、防冲击、耐磨的环氧基面层材料。

对于垃圾焚烧电站，垃圾池、渗滤液收集池及相关设施的防渗处理效果如何，是衡量电站投资成败的一个重要指标。相关设施的防渗处理应确保渗透系数 $K<10^{-7}$cm/s，防渗土建措施见图 5-7。

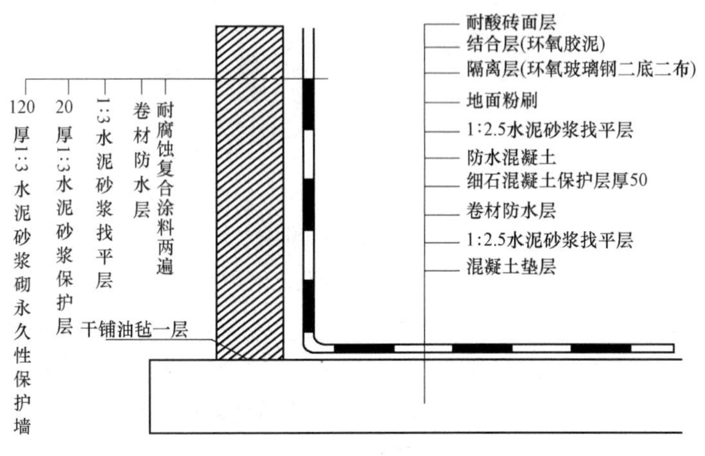

图 5-7 垃圾池防渗土建图

3. 循环流化床锅炉

循环流化床燃烧技术是近几十年迅速发展起来的高效清洁燃烧技术，这项技术在世界各国的火电厂锅炉、工业锅炉和废弃物处理利用等领域都取得了广泛的应用。

循环流化床锅炉原理如图 5-8 所示。将垃圾破碎成 0～10mm 的颗粒后，通过配料口送入炉膛。经过预热的主流化风通过风室由炉腔底部穿过布风板送入炉膛，作为入炉垃圾颗粒一次燃烧用风，同时炉膛内向上的气流将燃烧颗粒托起（被流化），并充满整个锅炉炉膛燃烧空间。二次风经过空气预热器加热后，从炉膛侧墙，左右对称，分上、中、下三层，分级送入炉膛悬浮段燃烧。炉膛内入炉垃圾颗粒的燃烧以二次风入口为界分为两个区，二次风入口以下为炉内还原气氛燃烧区，二次风入口以上为氧化气氛燃烧区，由此实现锅炉炉膛入炉颗粒的分级燃烧。大部分未燃尽的粉尘颗粒被烟气带出锅炉炉膛，进入旋风分离器，分离下来的固体颗粒通过回料器再次送入炉膛燃烧。回料器既是一个物料回送器也是一个锁气器，它的主要作用是将在旋风分离器中分离下来的未燃尽燃料颗粒重新送回锅炉炉膛继续燃烧，并控制锅炉流化床内的高温烟气不会从回料器短路回流入旋风分离器。

经过旋风分离器分离后，含少量飞灰的高温烟气进入尾部垂直竖井，向布置在尾部竖井内的各级对流受热面工质通过对流传热方式交换热量，经管式空气预热器进一步放热以加热入炉空气，见图 5-8（b）。

当炉膛底部布风板上的床料和沿给料斜管滑送入锅炉炉膛的燃料在一次风的吹顶下形成流化运动时，沿流化方向气固二相流在流态上分别形成开始的密相区、过渡区与稀相区。大颗粒燃料在加热、燃烧过程中，水分、挥发分的析出过程会引起燃料颗粒在密相区的一级碎裂，焦炭燃烧过程会引起燃料稀相区的二级碎裂，见图 5-8（c）。细颗粒焦炭不断参与外循环、再燃烧，颗粒粒径不断减小，最后以底渣的形式排出炉膛，或者以飞灰的形式排出烟道。

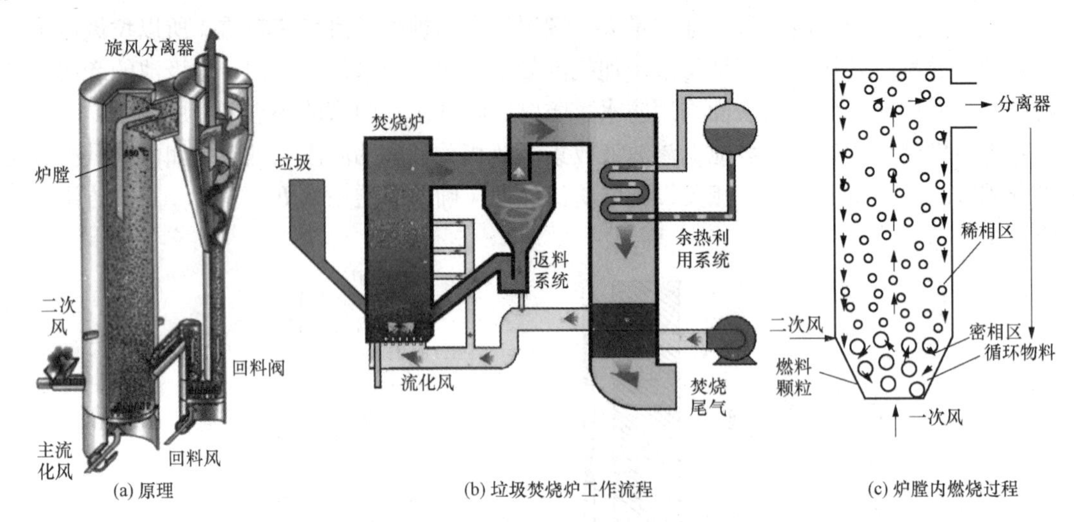

(a) 原理 (b) 垃圾焚烧炉工作流程 (c) 炉膛内燃烧过程

图 5-8 循环流化床锅炉

循环流化床锅炉的运行特点是：在燃烧过程中，被流化风携带离开炉膛仍带有可燃质的颗粒在进入旋风分离器后被分离下来，经回料器返送回炉膛形成循环燃烧，这为燃烧提供了足够的燃尽时间，使飞灰含碳量下降。由于循环燃烧的特点，循环流化床可以在相对较低的燃烧温度下获得与室燃煤粉炉在较高燃烧温度下的同等燃尽水平和燃烧效果。为控制 NO_x 排放，循环流化床燃烧床温一般为 850～920℃，属于中温过渡燃烧。循环流化床锅炉具有良好的燃烧适应性，用一般燃烧方式难以正常燃烧的石煤、煤矸石、泥煤、油页岩、低热值无烟煤及各种工农业垃圾等劣质燃料，都可在循环流化床锅炉中有效燃烧。由于其物料量是可调节的，所以循环流化床锅炉具有良好的负荷调节性能和低负荷运行性能，能适应调峰机组的要求，环境污染小等优点。

循环流化床锅炉的结构特点如下：全钢架悬吊结构、汽包锅炉，炉膛内有过热器扩展屏、风道点火、管式空气预热器、水冷布风板、高温旋风分离器、回料器、M 形布置；过热蒸汽温度用减温水调节，再热蒸汽温度用烟气挡板调节。下面主要介绍锅炉炉膛（流化床燃烧室）、旋风分离器、回料器等特有设备。

（1）炉膛（流化床燃烧室）。由炉墙、水冷壁管和布风板围成的供入炉燃料循环流化和燃烧的空间即为流化床燃烧室，如图 5-9（a）中 5、6、7 所围的空间；大约 50%的热量传递吸收过程在其中实现。

在燃烧室中，上部水冷壁为垂直管壁［见图 5-9（a）中的 5］，炉膛下部两侧水冷壁向内斜倾形成炉膛锥段［见图 5-9（a）中的 6］。锥形段及在物料流化循环通道上的易磨损受热管屏部位敷设耐火浇筑料，有效保护受热面，防止受热管壁磨损。炉膛底部为布风板 7，在布风板上嵌有大量用于鼓风的风帽，如图 5-9（b）所示。

风帽上开有许多通风的气孔，风帽气孔将风室内的一次风鼓入炉膛；一次风通过风帽对布风板上的炉内物料进行均匀流化，同时对布风板进行有效冷却保护，以防止因床料紧贴布风板，床温偏高而形成结焦与烧蚀。目前应用最广泛的是钟罩型风帽，其外观形状见图 5-9（c）。

布风板 7 下是风室 8。在循环流化床锅炉正常燃烧启动运行时，布风板上铺设有静止厚度为 600～1000mm 的床料。床料也称点火底料，是有一定粒度要求的固体颗粒，一般为底

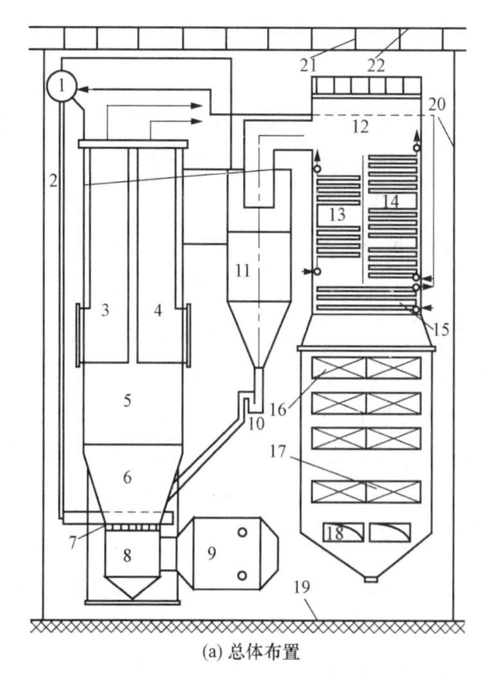

(a) 总体布置

(b) 风室、布风板、风帽及耐磨层

(c) 钟罩型风帽

图 5-9 国产亚临界压力 1025t/h 级循环流化床锅炉

1—汽包；2—下降管；3—扩展再热器（高温再热器）；4—扩展过热器（高温过热器）；5—炉膛、水冷壁；6—炉膛锥段、密相区；7—布风板、风帽；8—风室；9—床下风道；10—回料阀；11—中温汽冷旋风分离器；12—尾部烟道转向室；13—低温再热器；14—低温过热器；15—省煤器；16—管式空气预热器一次风道；17—管式空气预热器二次风道；18—烟气出口；19—地基；20—钢架立柱；21—吊架；22—大屋顶

渣或者为含有石英砂成分的砂子，见图 5-10（a）。循环流化床锅炉的布风板及风室往往是利用水冷壁管弯制而成，形成所谓水冷风室与水冷布风板结构，见图 5-10（b）。这种结构可以较好地控制布风板的温度，以防止启动运行过程中布风板发生高温变形。

(a) 炉膛内安装钟罩形风帽的布风板（风帽之间为耐火材料与点火底料）

(b) 水冷布风板与风室

图 5-10 风室、布风板、风帽

（2）旋风分离器。分离器是循环流化床锅炉的关键设备之一，它在设计上基本套用了常规旋风除尘器的设计方法，见图 5-11（a）。它是利用烟气高速旋转，切向进入分离器圆筒所产生的离心力对高温烟气中的大量固体颗粒进行分离，并将分离后的固体颗粒通过回料系统送回炉膛继续燃烧，以保证炉膛内的燃烧始终处于设计物料浓度控制范围内的流态化状

态，并让入炉燃料特别是较大固体颗粒能多次循环，充分燃烧。在生产现场常见的分离器形式主要是高温绝热旋风分离器和汽冷旋风分离器。

高温绝热型旋风分离器是最为成熟可靠，也是大型循环流化床锅炉分离器广泛采用的分离器形式。其筒体结构由耐火耐磨砖或浇注料、保温砖、保温棉和钢外壳体等组成（一般耐磨耐火保温层厚度超过 300mm），结构简单，见图 5-11（b）。由于分离器筒体处于绝热状态，而高温固体燃料颗粒在筒体内处于强烈地混合旋转流动状态，在筒体内燃烧会继续进行，这使高温绝热型旋风分离器内烟气温度高出汽冷旋风分离器 30～50℃，有利于烟气中固体颗粒的燃尽，这对于一些较难燃尽的煤种十分适合。但其缺点是耐磨绝热保温层较厚，浇注料用量大，运行维护与检修工作量也大，在锅炉启动过程中将会延长锅炉的启动时间。

另一种在大型循环流化床锅炉中常见的分离器形式是汽冷旋风分离器。这种分离器的结构特点是分离器外壳由过热器受热管和管间鳍片构成，在管子内壁密布的销钉上敷设一层耐磨耐火浇注料，通常厚度约为 50mm，见图 5-11（c）、（d）。汽冷旋风分离器增加了循环流化床锅炉过热器受热面，这将有助于减少在炉内布置屏式过热器的数量，减少因磨损所造成的爆管事故。汽冷旋风分离器最大的优点是其分离器外壁是由过热器管和薄型耐磨耐火材料内衬组成；相对于绝热型旋风分离器，运行过程中蓄热，内、外表面温差较小，锅炉的启停和变负荷速度不受分离器升温速度的限制，提高了锅炉的升降温速率和负荷调节能力；并且耐磨耐火材料用量的减少，也大大减轻了施工和维护工作量。

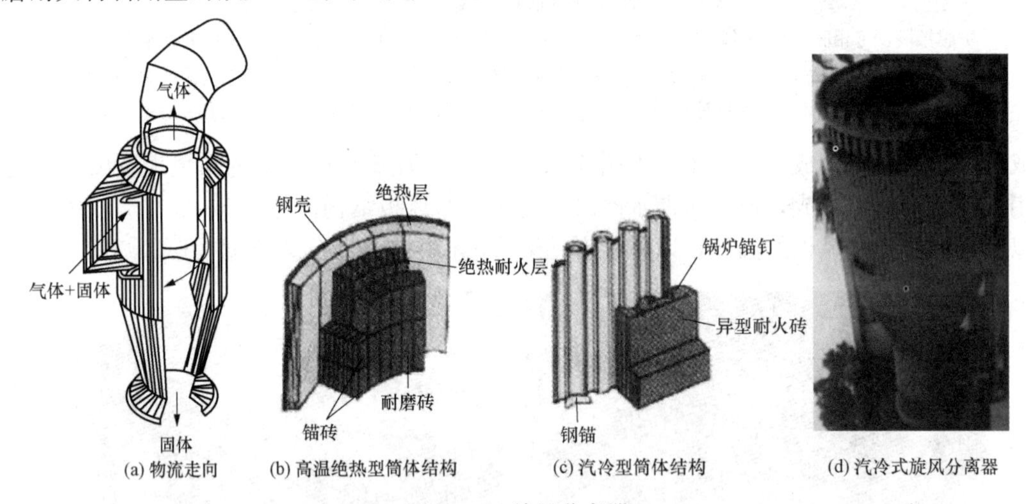

(a) 物流走向　(b) 高温绝热型筒体结构　(c) 汽冷型筒体结构　(d) 汽冷式旋风分离器

图 5-11　旋风分离器

（3）回料器。回料器是循化床锅炉主循环回路的重要组成部件，它和分离器下的立管一起有以下三个方面的作用：

1）将循环物料从压力较低的区域（分离器）送到压力较高的区域（炉膛）。

2）起密封作用，保证立管、回料器中的气固两相向炉膛方向流动，防止炉膛烟气短路进入分离器，破坏物料循环。

3）在有外置换热器时，调节物料循环量，适应锅炉负荷的变化需要。

现代大型循化床锅炉中一般都采用非机械型回料器，非机械型回料器分为阀型和自动调整型两类。J 形阀回料器应用较广泛，其外观和工作原理见图 5-12。J 形阀由风室、布风板、支持室、循环室、立管、回料管组成，物料被流化后，在循环室内以溢流和飞溅的方式经回料管返回炉膛。

4. 烟气净化系统

(1) 烟气污染物种类及净化流程。生活垃圾焚烧产生的烟气中含有大量的污染物，主要有以下五类：

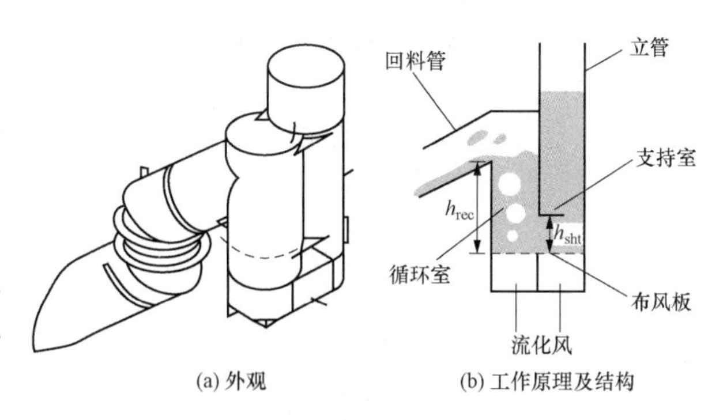

图 5-12 J形回料阀

1) 不完全燃烧产物（简称 PIC）：燃烧不良而产生的副产品，包括一氧化碳、炭黑、烃、烯、酮、醇、有机酸及聚合物等。

2) 粉尘：废物中惰性金属盐类、金属氧化物或不完全燃烧物质等。

3) 酸性气体：包括氯化氢、卤化氢（氟、溴、碘等）、硫氧化物（SO_2 及 SO_3）、氮氧化物（NO_x），以及五氧化磷（PO_5）和磷酸（H_3PO_4）。

4) 重金属污染物：包括铅、铬、汞、镉、砷等元素态、氧化物及氯化物等。

5) 有机剧毒污染物二噁英：多氯代二苯（PCDDs）/多氯二苯并呋喃（PCDFs），其分子结构见图 5-13。

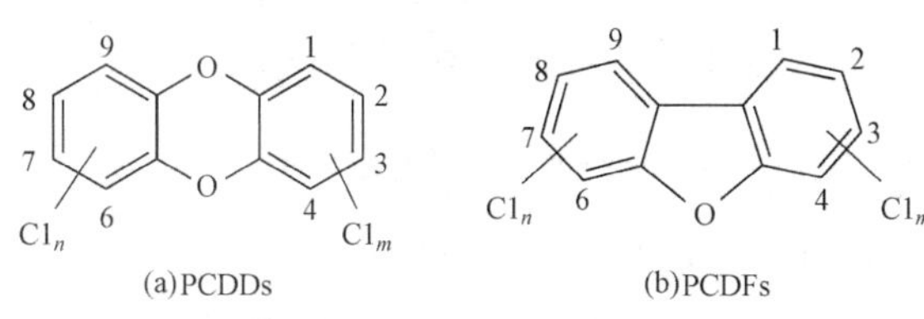

图 5-13 二噁英分子结构

上述这些物质视其数量和性质，对环境都有不同程度的危害。高效的焚烧烟气净化系统的设计和运行管理，是防止垃圾焚烧厂二次污染的关键，也是烟气净化效果达到 GB 18485—2014《生活垃圾焚烧污染控制标准》规定的排放指标的保证（见表 5-1）。

表 5-1 生活垃圾焚烧烟气净化系统处理后的污染物排放标准

序号	污染物名称	单位	GB 18485—2014	
			1h 均值	24h 均值
1	烟尘	mg/m^3	30	20
2	CO	mg/m^3	100	80
3	NO_x	mg/m^3	300	250
4	SO_x	mg/m^3	100	80
5	HCl	mg/m^3	60	50
6	Hg 及其化合物	mg/m^3	0.05	
7	Cd、Tl 及其化合物	mg/m^3	0.1	
8	Sb、As、Pb、Cr、Cu、Mn、Ni 及其化合物	mg/m^3	1.0	
9	二噁英类	$ngTEQ/Nm^3$	0.1	

注 1. 本表规定的各项标准限值，均以标准状态下含 11%O_2 的干烟气作为基准换算。
2. 烟气最高黑度时间，在任何 1h 内累计不得超过 5min。

为确保垃圾焚烧电站尾气达标排放，一般采用 SNCR 脱硝＋半干法脱酸＋活性炭吸附重金属气溶胶和二噁英类+布袋除尘烟气净化系统，包括分离器内脱硝+半干反应塔脱酸+活性炭喷射+布袋除尘+混凝土烟囱。烟气净化系统如图 5-14 所示，一般布置在每台循化床锅炉之后，依次是半干反应塔、布袋除尘器、引风机和烟囱，反应塔、布袋除尘器为室内布置，石灰仓、活性炭料仓布置在主厂房附近位置。

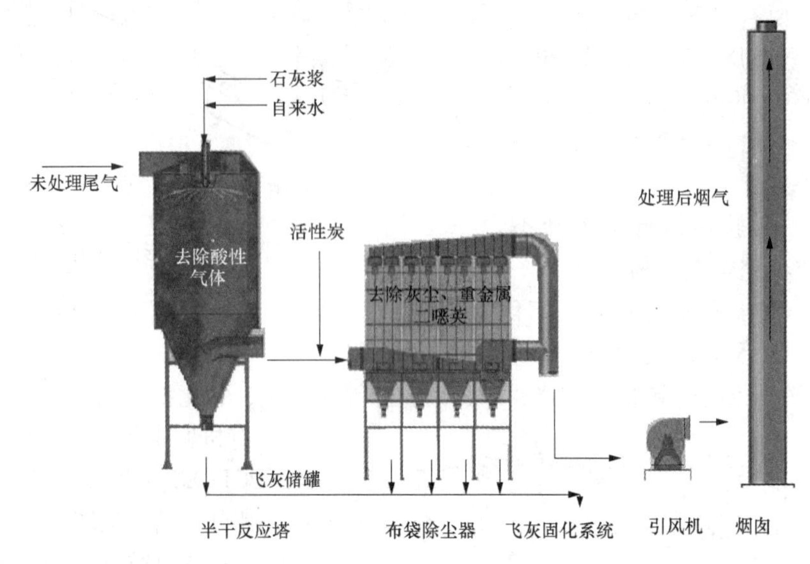

图 5-14 烟气净化工艺示意

在高温旋风分离器喷入 10%浓度的尿素溶液，脱除烟气中的 NO_x。分离后含少量飞灰的烟气进入水平烟道、炉后竖井，对布置其中的过热器、再热器、省煤器、空气预热器进行放热，烟气温度降至 160℃左右，进入烟气净化系统。首先烟气进入半干反应塔，与喷入的石灰浆液充分混合并发生化学反应，去除烟气中的酸性气体。在反应塔和布袋除尘器之间的烟道中喷入活性炭，以吸附烟气中的重金属和二噁英。烟气经布袋除尘器除掉粉尘及反应产物后，通过引风机送至高于 60m 的烟囱排入大气。

烟气净化系统由工业计算机自动控制，监测项目有 SO_2、NO_x、HCl、HF、CO、CO_2、O_2、H_2O、NH_3、粉尘、烟气流量、烟气温度等。

(2) 烟气 SNCR 脱硝系统。为了减少 NO_x 的生成，循环流化床燃烧床温一般控制在 850～920℃；由于其低温燃烧特性，产生的 NO_x 浓度一般小于 250mg/Nm^3。为了进一步降低 NO_x 的排放浓度，垃圾电站还采用 SNCR 脱硝技术，用尿素作为还原剂，在高温旋风分离器中喷入 10%浓度的尿素溶液，脱除烟气中的 NO_x，可将其排放浓度控制在 200mg/Nm^3 以下。其主要化学反应方程式为

$$NO+CO(NH_2)_2+1/2O_2 \longrightarrow 2N_2+CO_2+H_2O$$

SNCR 脱硝技术，即选择性非催化还原脱硝，它是向烟气中喷氨或尿素等含有氨基的还原剂，在高温（900～1000℃）和没有催化剂的情况下，通过烟道气流中产生的氨自由基与 NO_x 反应，把 NO_x 还原成 N_2 和 H_2O。在选择性非催化还原中，部分还原剂将与烟气中的 O_2 发生氧化反应生成 CO_2 和 H_2O，因此还原剂消耗量较大。与 SCR 法相比，SNCR 法除不用催化剂外，基本原理和化学反应基本相同。该法投资较 SCR 法小，但氨液消耗量大，NO_x 的脱除率也不高，为 40%～70%。SNCR 技术比较适合于中小型电厂改造项目。

（3）烟气半干法脱酸系统。脱硝之后的烟气，从半干反应塔顶部进入塔内，石灰浆经高度雾化后与烟气同向喷入反应塔。在塔内，流体的速度减慢，烟气中的酸性气体和碱性水膜充分接触反应；同时烟气的热量将喷入的雾滴水分蒸发，使反应产物形成干燥的粉状固体颗粒，和灰尘一起沉降到反应塔底部排出。因吸收剂石灰浆为湿态，产物为干态，故称半干法脱酸。

半干法脱酸工艺分为循环流化床技术（CFB）、新型一体化脱硫技术（new integrated desulfurization，NID）、喷雾干燥吸收技术（spray drying absorption，SDA）和旋转喷雾干燥吸收技术（rotary spray drying adsorption，R-SDA）。这里重点介绍 R-SDA 技术。

R-SDA 系统采用熟石灰浆 $Ca(OH)_2$ 作脱酸剂。将石灰粉送至石灰熟化池，经水稀释成25%的 $Ca(OH)_2$ 浆，并流至石灰浆液储罐进行储存；定期将配置好的石灰浆和工业水经泵送至 R-SDA 吸收室顶部的旋转雾化器，见图 5-15（a）。在喷雾器底部，一个特殊的分配器保证浆液恰到好处地提供给喷雾盘；在喷雾盘接近 10 000r/min 的高速旋转作用下，浆液被雾化成数以亿计的 50μm 的雾滴，见图 5-15（b）；这些微小的石灰浆粒子具有充分的反应面积。

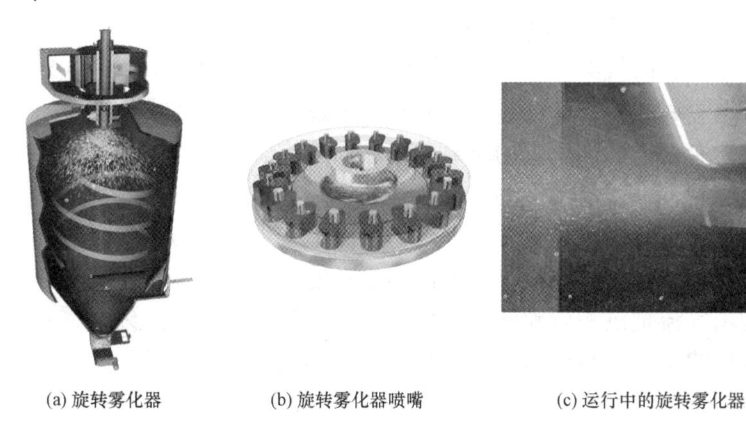

(a) 旋转雾化器　(b) 旋转雾化器喷嘴　(c) 运行中的旋转雾化器

图 5-15　旋转喷雾系统

烟气通过蜗形的通道从反应塔上部进入，分配板保证烟气以均匀向下的速度通过喷雾器。在喷雾器前端，导向板使烟气产生一个额外的旋涡气流，使喷雾盘四周布满旋转向下的烟气。

烟气和浆液薄雾的旋转方向相反，二者之间产生剧烈混合，见图 5-15（a）、（c）。烟气中的酸性成分（如 HCl、HF、SO_2、SO_3 等）被碱性的石灰浆吸收，也可去除一些重金属（如 Hg、Pb 等及二噁英），主要化学反应如下：

$$SO_2 + Ca(OH)_2 = CaSO_3 + H_2O \qquad CaSO_3 + 1/2O_2 = CaSO_4$$

$$2HCl + Ca(OH)_2 = CaCl_2 + 2H_2O \qquad 2HF + Ca(OH)_2 = CaF_2 + 2H_2O$$

同时，喷入反应塔内的水分在高温下蒸发，降低了烟气的温度，使上述反应更加强烈，提高烟气净化效率；也可以使烟气进入布袋除尘器时的温度控制在许可范围之内。半干反应塔的高度和直径保证了水蒸发及酸碱化学反应有充足的空间和时间；进塔烟气的酸碱度和温度分别决定了石灰浆和工业水的流量。

干燥的脱硫产物少量沉积在反应塔底部，由输送机送到飞灰固化系统；大部分产物随烟气进入塔后的布袋除尘器，收集在灰斗中，也通过机械或气力方式输送到灰仓，进行固化。经初步净化的气体进入布袋除尘器前的烟道内，喷入活性炭。在布袋除尘器中，脱酸剂 Ca（OH)$_2$和活性炭被吸附在布袋外表面，进一步与烟气中的残余酸气发生反应，以及吸附二噁英和重金属。

（4）活性炭吸附。在布袋除尘器的烟气管线上游，设置活性炭喷射装置，保证足量喷射粒径小于 100μm 的活性炭。活性炭具有大量的毛细孔，当有机物废气接触活性炭层时，靠分子间引力和毛细管的凝聚，可使有害气体吸附在活性炭的表面上，从而去除烟气中一部分有害重金属（Hg、Cd、Pb）及二噁英类有机废物气体。

（5）烟气袋式除尘系统。垃圾焚烧烟气中的粉尘是焚烧过程中产生的微小颗粒状物质，主要包括：①被燃烧空气和烟气吹起的小颗粒灰分，为粉尘主要成分；②未充分燃烧的炭等可燃物；③因高温而挥发的盐类和重金属等在冷却净化过程中又凝缩或发生化学反应而产生的物质。烟气粉尘含量为 450～20000mg/m^3，颗粒小，粒径小于 10μm 的颗粒物含量较高。

除尘设备的种类主要包括旋风除尘器、静电除尘器及袋式除尘器等。旋风除尘器除尘效率较低，主要去除直径大于 50μm 的粉尘；静电除尘器和袋式除尘器除尘效率较高。其中，袋式除尘器是《生活垃圾焚烧污染控制标准》规定使用的设备，可捕集粒径大于 0.1μm 的粒子，粉尘去除率达 99.8%，并有利于脱除部分重金属和二噁英。

烟气中的汞等重金属的气溶胶和二噁英类极易吸附在亚微米粒子上。这样在捕集亚微米粒子的同时，可将重金属气溶胶和二噁英类也一同除去。另外，袋式除尘器的滤袋迎风面上有一层初滤层，内含有尚未参加反应的氢氧化钙和尚未饱和的活性炭粉，通过初滤层时，烟气中残余的 HCl、SO_2、HF、重金属和二噁英类再次得到净化。

清灰是袋式除尘器运行中十分重要的一环，实际上多数袋式除尘器是按清灰方式命名和分类的。常用的清灰方式有三种，最早的方法是振动滤料使沉积的粉尘脱落，称为机械振动式。另外两种是利用气流把沉积颗粒吹走，即用低压气流反吹或用压缩空气喷吹，分别称为逆气流清灰和脉冲喷吹清灰。目前脉冲喷吹袋式除尘器应用最为广泛。

1）脉冲喷吹袋式除尘器的工作原理及组成。脉冲喷吹袋式除尘器是基于过滤原理的过滤式除尘设备，利用有机纤维或无机纤维过滤布将气体中的粉尘过滤隔离，清灰方式选用脉冲式压缩空气清灰，见图 5-16。它适用于垃圾焚烧产生的高温、高湿及腐蚀性强的含尘烟气处理。

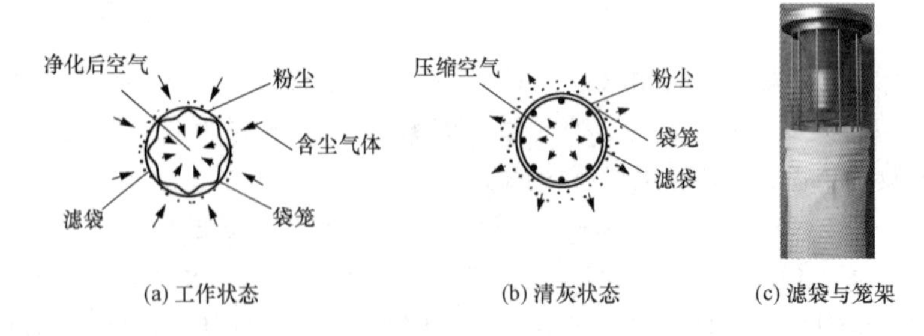

(a) 工作状态　(b) 清灰状态　(c) 滤袋与笼架

图 5-16　袋式除尘器的滤袋

过滤过程：经吸附后的含尘气体由进风口进入，经过灰斗时，气体中部分大颗粒粉尘受惯性力和重力作用被分离出来，直接落入灰斗底部。含尘气体通过灰斗后进入中箱体的滤袋过滤区，布袋垂直悬挂在圆形笼架上，见图 5-16（c）。气流由外至内穿过滤袋，粉尘被筛分阻留在滤袋外表面，净化后的气体经滤袋口进入上箱体后，再由净气出口排出，见图 5-17（a）。

清灰过程：随着滤袋表面粉尘不断增加，除尘器进出口压差也随之上升。当除尘器阻力达到设定值时，控制系统发出清灰指令，清灰系统开始工作。灰尘滤饼积累在布袋的外侧，干燥的脉冲压缩空气定期从布袋的清洁侧喷入布袋，一列列地吹扫。吹扫出的灰尘掉到灰斗中，通过飞灰输送系统送出，见图 5-17（b）。

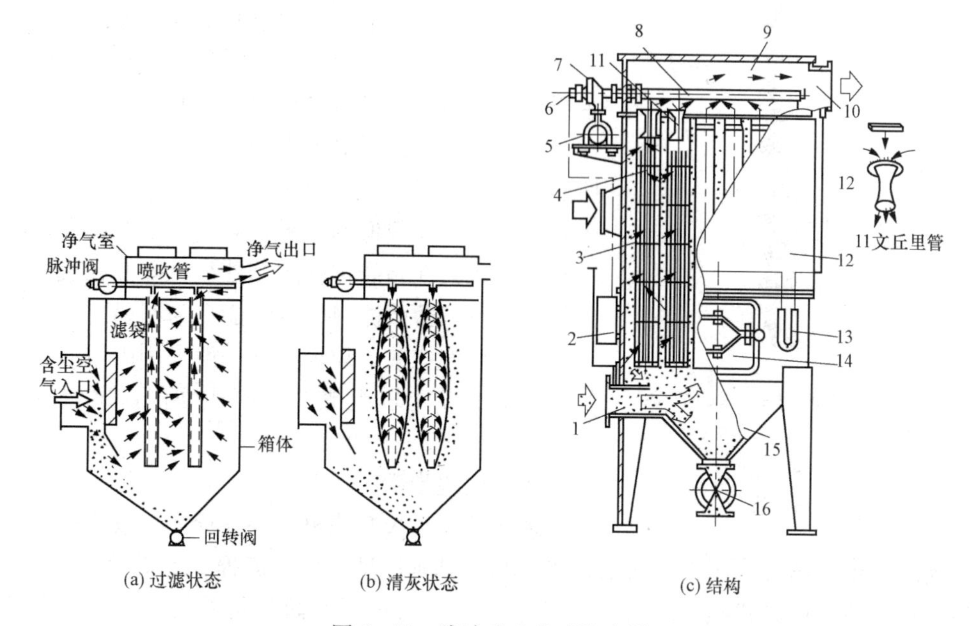

图 5-17　脉冲喷吹袋式除尘器

1—进气口；2—控制仪；3—滤袋；4—滤袋笼架；5—气包；6—控制阀；7—脉冲阀；8—喷吹管；9—净化箱；10—排气口；11—文丘里管；12—除尘箱；13—U 形压力计；14—检修门；15—灰斗；16—卸灰阀

脉冲喷吹袋式除尘器包括下列设备：灰斗 15、滤袋 3、笼架 4、维护和检修通道装置 14、每个仓室进出口烟道的隔离挡板、旁路烟道和挡板装置、灰斗加热、布袋清扫控制仪 2 和脉冲阀 7 等。除尘器外壳为气密式焊接钢制壳体，支承结构采用钢结构，见图 5-17（c）。

为了达到良好均匀的烟气分布，在烟道内部配备烟气均流装置。为了防止酸或水的凝结，布袋除尘器配备保温及伴热。保温层厚度足以避免器壁温度低于露点。为了防止灰及反应产物在布袋除尘器、输送系统及设备的有关储仓内搭桥和结块（如料斗、阀门、管道等），这些设备的外壁均采用加热系统。布袋除尘器的灰斗采用电伴热。

2）聚四氟乙烯覆膜滤袋。垃圾电站的过滤布袋选用具有表面过滤性能的聚四氟乙烯（PTFE）覆膜滤袋，耐温可达 260℃，并有优秀的耐酸、抗氧化性能。

布袋的过滤表面是一层多微孔、极光滑的聚四氟乙烯薄膜，它是一种透气极好而纤维组织又十分致密的材料；粉尘通过滤布时，经筛分、惯性、黏附、扩散和静电等作用而被捕集，并以筛分为主。

当含尘气体通过滤布时，直径大于滤布纤维间空隙的粉尘便被分离下来，称为筛分作用。新滤布第一次使用时，纤维间的空隙较大，含尘气体较易通过，筛分作用不明显，除尘效率较低。使用一段时间后，滤布表面建立了一定厚度的粉尘层，筛分作用才显著，该粉尘层称为初始层，如图 5-18 所示。

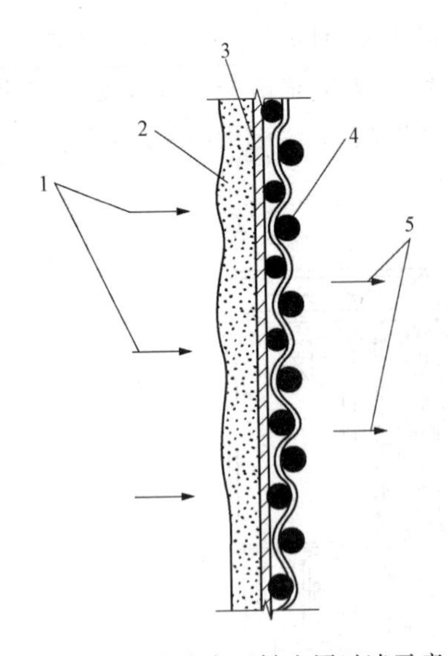

图 5-18　滤袋表面粉尘层过滤示意
1—含尘气流；2—粉尘层；
3—初始层；4—滤布；
5—净化后气流

袋式除尘器主要是以滤布为“骨架”，通过一段时间的使用，在若干种作用下于滤布表面聚积起初始层后，才能有效地过滤烟气中的粉尘。由此可见，袋式除尘器主要是利用烟气中的粉尘本身来过滤粉尘，其过滤效率几乎不受烟气中粉尘大小的影响。关键是初始层要积好，并且在运行过程中，特别是清灰时，要保护好初始层，否则净化效率将受到很大影响。

由于聚四氟乙烯薄膜本身具有不粘尘、憎水和化学性能稳定等优点，因此清灰性能极佳，结果使过滤工作压降始终保持在很低的水平，空气流量始终保持在较高的水平。尤其在布袋进行防酸处理，即使在气体湿度较大的情况下，薄膜滤料优越性能更为明显。

（6）烟囱排放。垃圾电站一般采用内钢质排烟道和外部保护混凝土墙组成的套筒式烟囱，出口内径约为3m，高度为80～100m。

六、实验步骤

现场参观垃圾焚烧电站整体模型，观看教学录像片与三维动画演示，结合上述介绍认知垃圾电站的基本原理、生产流程、主要设备和环保措施等。识别垃圾池、桔瓣式抓斗、垃圾渗滤液收集、防渗漏及防臭气系统、循环流化床、锥段、水冷布风板、钟罩型风帽、床料、水冷风室、管式空气预热器、高温绝热旋风分离器、汽冷旋风分离器、J形阀回料器、旋转喷雾反应塔、脉冲喷吹袋式除尘器、聚四氟乙烯覆膜滤袋、笼架、脉冲式清灰等设备与构件，并与燃煤电厂进行比较认知。

七、思考题

（1）简述循环流化床锅炉的工作原理与特点。

（2）简述垃圾焚烧电站的烟气净化系统。

（3）试比较垃圾焚烧电站与燃煤电厂的主要设备差异。

项目六　沼气发电工程认知

关键词

沼气，沼气发酵，厌氧微生物，不产甲烷阶段，水解液化过程（消化），产酸过程，产甲烷阶段，沼液，沼渣，沼气池，蛋形沼气池，水压式沼气池，竖井，横井；干式脱硫塔，湿式脱硫塔，脱水器，粗过滤器，细过滤器，恒压阀；内燃机，往复活塞式内燃机，燃料供给系，润滑系，冷却系，起动系，点火系，曲柄连杆机构，配气机构，气缸，活塞，曲轴，进气门，排气门，凸轮轴，机体，工作循环（奥托循环），进气，压缩，做功，排气，上止点，下止点，活塞冲程，四冲程内燃机，二冲程内燃机，气缸工作容积，内燃机排量，燃烧室容积，气缸总容积，压缩比，柴油发动机，压燃式，汽油发动机，点燃式，热效率，燃油率，单燃料式沼气发动机，双燃料式发动机；沼气发电机，余热回收，尾气，一次冷却水，二次冷却水，热电联产，热电冷三联供，废热锅炉；经济效益，热效益，生态与环境效益，CDM 收入。

一、实验目的

了解和掌握沼气发电工程的基本原理、生产流程、主要设备和特点等。

二、能力训练

沼气发电是随着沼气综合利用的不断发展而出现的一项沼气利用技术，它将沼气用于发动机上，并装有综合发电装置，以产生电能和热能，是有效利用沼气的一种重要方式。通过现场观察和实习，学会将书本的知识与现场设备结合起来，并能发现对象的主要工程特征；对重要设备、系统及相应的实际生产流程、特点应能形成简单明确的基本认识，并能与燃煤电厂、燃气-蒸汽联合循环电站进行比较认知。

三、实验内容

（1）沼气生产与收集，沼气发酵、沼气池、沼气收集。

（2）沼气净化与处理，脱硫、除水、除尘、稳压与防火防爆。

（3）沼气燃烧与内燃机，往复活塞式内燃机结构、常用术语、四冲程往复活塞式内燃机工作原理、沼气发动机。

（4）沼气发电机和余热回收系统，热电联产、热电冷三联供。

（5）沼气发电实例，德青源养殖场热电联产沼气发电工程。

（6）沼气发电特点。

四、实验设备及材料

（1）沼气发电工程整体模型、往复活塞式内燃机模型各 1 套。

（2）教学录像资料 1 套，三维动画演示。

五、实验原理

沼气发电是生物质能转换为更高品位能源的一种表现方式，其发电原理就是以沼气作为燃料产生动力来驱动发电机产生电能。

按燃料种类，沼气发电站可分为纯沼气电站和沼气-柴油混烧发电站。按生产规模，沼气发电站可分为50kW以下的小型电站、50～500kW的中型电站和500kW以上的大型电站。

典型的沼气内燃机发电系统如图6-1所示。其工艺流程一般包括沼气生产与收集系统，沼气净化处理与储存系统，沼气燃烧与发电系统、控制输配电系统和余热利用装置等。主要设备有消化池、气水分离器、脱硫塔、储气罐、稳压器、供气泵、沼气发动机、交流发电机和废热回收装置（冷却器、预热器、废热锅炉等）。沼气发电的生产过程如下：由消化池产生的沼气经气水分离器、脱硫塔（除去H_2S等）净化后，进入储气罐；再经稳压器（调节气流和气压）进入沼气内燃机，沼气与空气混合点火，燃烧膨胀推动活塞做功，带动曲轴转动，驱动交流发电机发电，将沼气中的化学能通过曲轴的机械能转化为电能。内燃机所排出的废气和冷却水所携带的余热经废热回收装置（冷却器、预热器和废热锅炉等）回收，作为消化池料液加温热源或其他热源再加以利用。发电机发出的电能经控制设备送出。

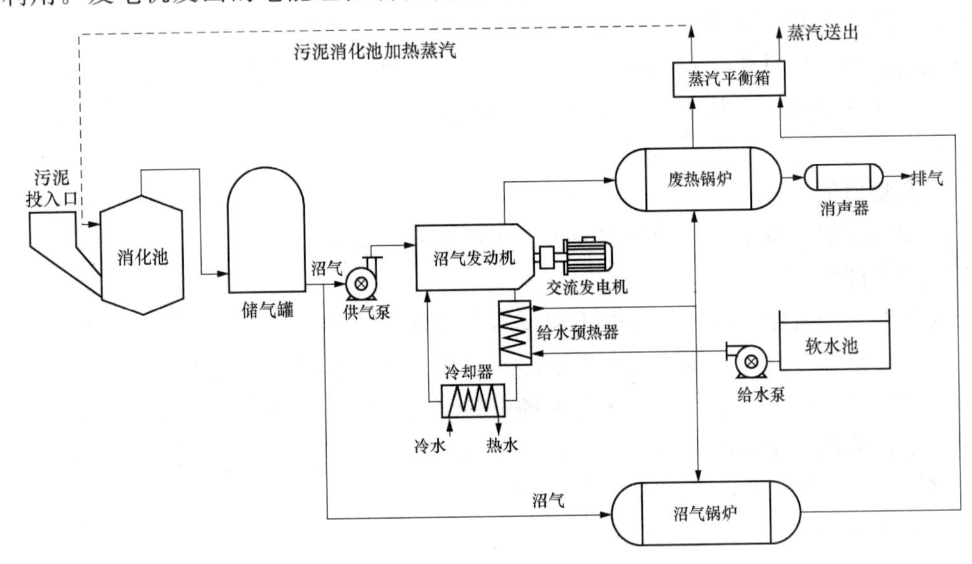

图6-1 典型的沼气内燃机发电系统

1. 沼气生产与收集

（1）沼气。人和动物的粪便、农作物的秸秆、谷壳等农林废弃物、城市垃圾、有机废水等有机物质在隔绝空气条件下，保持一定的湿度、浓度和酸碱度，经过各类厌氧微生物的分解与转化作用，产生以（CH_4）和CO_2为主要成分的可燃性气体，即为沼气；沼气最早发现于沼泽中。有机物是覆盖地表植被在阳光作用下的产物，从光合作用的角度来说，沼气是一种可再生的生物质能源。

沼气的主要成分是CH_4，通常占总体积的60%～70%；其次是CO_2，约占总体积的25%～40%；其余H_2S、NH_3、H_2和CO等气体约占总体积的5%。CH_4的发热量很高，达36.8MJ/m^3；混有多种气体的沼气，热值为20～25MJ/m^3，1m^{3}沼气的热值相当于0.8kg标准煤。

沼气多产生于污水处理厂、垃圾填埋场、酒厂、食品加工厂、养殖场等。从环保角度讲，沼气中的CH_4是一种作用强烈的温室气体，其导致温室效应的效果是CO_2的21倍。因此，有效控制沼气排放已成为环保领域关注的重要问题之一。从能源角度讲，沼气是性能良好的中等热值燃料。因此，开发利用沼气不仅有助于温室效应的减轻和生态系统良性循环，而且可替代部分石油、煤炭等化石燃料。

（2）沼气发酵。沼气是由种类繁多、数量巨大且功能不同的厌氧微生物混合作用后发酵而产生的。在这些厌氧微生物中，按微生物的作用不同，可分为纤维素分解菌、脂肪分解菌、果胶分解菌等；按它们的代谢产物不同，可分为产酸细菌、产氢细菌、产甲烷细菌等。在发酵过程中，这些微生物相互协调、分工合作，完成沼气发酵过程。沼气发酵过程可分为两个阶段，即不产甲烷阶段和产甲烷阶段。其中，不产甲烷阶段又可分为两个过程，即水解液化过程（消化过程）和产酸过程，见图6-2。

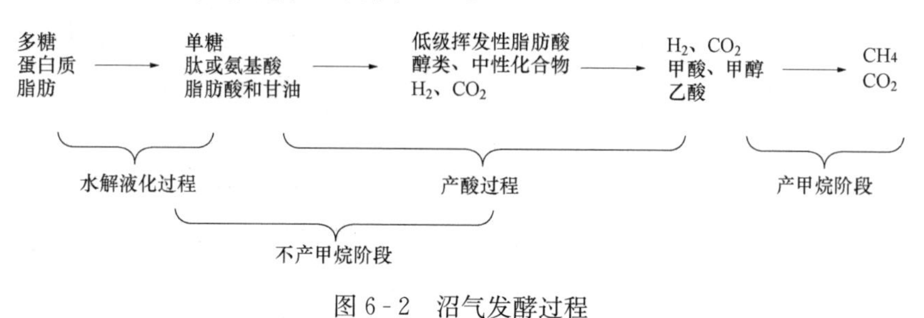

图6-2　沼气发酵过程

1）水解液化过程。多个菌种将复杂的有机物分解成为较小分子的化合物，例如纤维分解菌分泌纤维素酶，使纤维素转化为可溶于水的双糖和单糖。

2）产酸过程。由细菌、真菌和原生动物把可溶于水的物质进一步转化为小分子化合物，并产生CO_2和H_2。

3）产甲烷阶段。产甲烷阶段是由产甲烷菌把H_2、CO_2、乙酸、甲酸盐、乙醇等分解，并生成CH_4和CO_2。

沼气发酵产生的物质主要是沼气、沼液和沼渣三种。沼气以CH_4和CO_2为主，属于清洁能源；沼液也称消化液，含可溶性N、P、K元素，是优质肥料；沼渣就是消化污泥，主要成分是菌体、难分解的有机残渣和无机物，是一种优良有机肥，具有土壤改良功效。

有了大量的沼气微生物，并使各种类群的微生物得到最佳的生长条件，各种有机物原料才会在微生物的作用下转化为沼气。沼气发酵受温度影响较大，沼气发酵可分为高温（50～60℃）、中温（30～35℃）和常温（自然温度）。在一定范围内，温度越高，产气量越大。这是由于温度越高，原料消化速度越快。例如，15℃时每吨原料发酵周期为12个月，35℃时发酵周期仅为1个月，即35℃时1个月的产气总量相当于15℃时12个月的产气总量，但需要一定的热能来维持所需要的恒定温度。

（3）沼气池。沼气池或称消化器是沼气发酵的核心设备，微生物的繁殖、有机物的分解转化、沼气的生成都是在沼气池里进行的。根据应用环境不同，沼气池可分为城镇工业化发酵装置和农村家用沼气装置。城镇工业化发酵装置包括单级发酵池、二级高效发酵池和三级化粪池高效发酵池。农村家用沼气池包括水压式沼气池、浮动罩式沼气池和塑料薄膜气袋式沼气池。

1）工业化沼气池。工业化沼气池外形有矩形、方形、圆柱形、蛋形等。矩形池用于现场条件受限制的情况，它的造价最省，但操作很困难，主要是因为方形结构搅拌不均，易形成死区。过去普遍使用的圆柱池构造是带圆锥底板的低圆柱形；该圆池一般由钢筋混凝土制成，垂直边高度为6～14m，直径为8～40m，圆锥形底便于清扫。北方地区部分沼气池采用砖砌外表，中间有空气夹层，内填土、聚苯乙烯塑料、玻璃纤维和绝热板材料等。目前使用较广泛的是蛋形沼气池［见图6-3（a）］，蛋形池上部的陡坡和底板的锥体有助于减少浮渣和砂粒造成的问题，从而减少沼气池清掏的工作量。

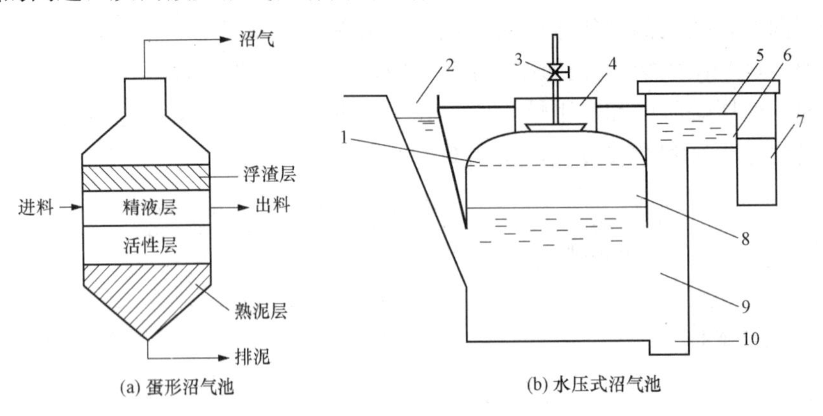

图6-3 沼气池

1—零压水位；2—进料口；3—输出阀门；4—盖板；5—溢流口；6—水压箱；7—储留室；8—储气室；9—发酵室；10—渗井

2）水压式沼气池。中国在农村推广的沼气池多为水压式沼气池，这种形式的沼气池又称“中国式沼气池”，已为第三世界各国采用。这种沼气池解决了进料和出料的矛盾，可以连续生产。正常情况下，在中国南方这样一个池子可达到年产250～300m^{3}沼气，提供一家农户8～10个月的生活燃料；北方在沼气池上加盖塑料大棚，使沼气与养猪种菜相结合，组装成“四位一体”模式，解决了冬季低温沼气发酵问题。

水压式沼气池结构如图6-3（b）所示。水压箱6也称反水箱，如建在发酵房间顶部则称为顶反式，如建在池侧称为侧反式。池顶覆盖泥土，既可保温，又可抗衡储气间内向上的气体压力；活动盖板4方便修理和清扫时工作人员上下活动和通风排气；斜置的进料管2便于进料，并可以从进料管中随时搅拌发酵液；发酵室9内大量产气后，把发酵液压至水压箱6，压力上升，一般控制在1.5m水柱压力之下；使用沼气时，池内压力降低，水压箱的发酵液流回发酵室。

（4）沼气收集。沼气发电适用于大中型沼气工程，生产原料一般来自四个方面：规模畜禽养殖场粪污厌氧处理、酿酒制糖业等工业有机废水厌氧处理、城市污水厂的污泥厌氧处理和城市垃圾填埋场。

常用的垃圾填埋沼气发电收集系统有两种：一种是竖井系统，另一种是横井系统。竖井主要应用在已封场的垃圾填埋场，当该场的填埋作业完毕后，可以集中打井收集。竖直沼气收集井的深度一般离防渗层最少4m以上，沼气收集经过低压运转可以保持40%的收集率。横井系统采用水平集气系统，主要用于新建的和正在运行中的垃圾填埋场，其特点是填埋垃圾的同时收集沼气。水平沼气收集管由高密度的聚乙烯有孔管和软管连接构成；为防止垃圾掉入造成有孔管堵塞，垂直沼气收集井与水平沼气收集管周围填入碎石。井口装置通过沼气收集支管和支管排水装置、垂直沼气收集管和水平沼气收集管相连，收集到的沼气通过母管经沼气输送管网送到沼气处理系统。

2. 沼气净化与处理

沼气的产生主要是通过厌氧消化，而厌氧消化是利用无氧环境下生长于污水、污泥中的厌氧菌菌群的作用，使有机物经液化、气化而分解成沼气。由于微生物对蛋白质的分解或硫酸盐的还原作用，也会有一定量的 H_2S 气体生成并进入沼气。由于厌氧消化中产生热量，部分水分蒸发成为水蒸气混在气体中，收集来的沼气往往含有饱和水蒸气。中温35℃运行的沼气池，沼气中的含水量为45g/m^3，冷却到20℃时，沼气中的含水量只有19g/m^3。

因此沼气是一种混合气体，主要成分是 CH_4，其次还含有 CO_2、H_2S、饱和水蒸气、高碳烃（从乙烷 C_2H_6 到庚烷 C_7H_{16}）等，有时还含有CO、N_2、He、H_2、硅氧烷、卤代烃及固体颗粒物等杂质。沼气中的 CO_2 既能减缓火焰传播速度，又能在发动机高温高压下工作时，起到抑制爆燃倾向的作用。这是沼气较 CH_4 具有更好抗爆特性的原因，因此可在高压缩比下平衡工作，同时使发动机获得较大功率，所以不必要进行沼气中 CO_2 的脱除。

沼气中 H_2S 和微量水分等腐蚀性介质会对输气管道和发动机部件产生腐蚀，影响发动机的正常运行和使用寿命。因此，在沼气发电工程应用中，必须设法脱除沼气中的 H_2S 和水。一般情况下，沼气的预处理包括脱硫、除水、除尘、稳压与防火防爆等过程；沼气净化系统由脱硫塔、脱水器、储气袋、过滤器和精滤器、阻火器等组成。

（1）脱硫与防腐。沼气脱硫处理使 H_2S 含量从10000mg/m^3 减少到500mg/m^{3}以下。可在进料废水中加入 $FeCl_3$ 以减少 H_2S 的生成，但对于长期运行的消化器，价格较高，并且氯还会腐蚀管道，对消化器内的微生物也会产生中毒作用。现多在进气管道上安装干式脱硫塔，脱硫剂为铁屑；或者湿式脱硫塔，脱硫剂为浓度30%的NaOH碱液；或者生物脱硫塔，得到单质硫。

沼气中含有的 H_2S 和水分形成弱酸液，对管道及发动机的金属部件产生腐蚀，特别是对铜质及铝质部件腐蚀更为严重。因此，应对输气管道、中冷器、增压器、活塞等部件进行涂漆、渗瓷、渗氮等防护处理。另外，由于 H_2S 燃烧后的产物 SO_2 具有更强的腐蚀性，燃烧室周围相关部件及排气管均应考虑采取防腐措施。

（2）除水。沼气中水蒸气的去除方法有冷却分离法、溶剂吸收法和固体物理吸收法。对于大型沼气利用工程，沼气的脱水可以在板式塔或填料塔内完成，对于小型沼气利用系统，可以采用干燥剂脱水或冷凝器脱水。

为了保证安全用气，在沼气发动机进气管处必须设置水封装置，防止水进入发动机。

（3）除尘。进入发动机前，要求沼气中所含颗粒物粒径小于3μm，一般在发动机前设置粗过滤器和细过滤器两道过滤装置。另外，根据发动机使用的环境情况，选择或改进空气过滤器，使经过滤后的空气含尘量不超过2.3～11.6mg/m^3。

（4）稳压与防火防爆。考虑厌氧消化系统可能带来的沼气压力不稳定，在沼气发动机的燃料入口前加装一个恒压阀，以保证进气压力变化满足要求。

另外，为了防止进气管回火引起沼气管路发生爆炸，应在沼气供应管路上安装防回火与防爆装置。

3. 沼气燃烧与内燃机

从能量利用的角度看，沼气可被多种动力设备使用，如内燃机、燃气轮机、蒸汽轮机等，如图 6-4 所示。由图 6-4（d）所示的采用不同种类动力发电装置的效率图可见，在 4000kW 以下的功率范围内，采用内燃机具有较高的利用效率。相对燃煤、燃油发电来说，沼气发电的特点是中小功率性，对于这种类型的发电动力设备，国际上普遍采用内燃机发电机组进行发电，否则在经济性上不可行。因此，采用沼气内燃机发电机组是目前利用沼气发电的最经济高效的途径。

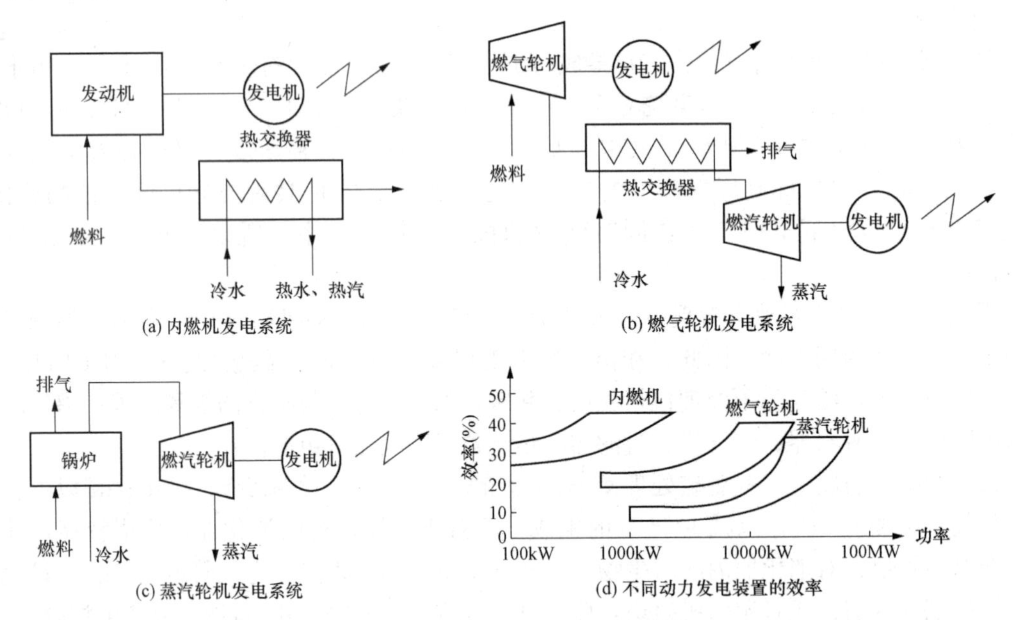

图 6-4　不同动力发电装置及效率

（1）内燃机。内燃机是一种动力机械，它是通过燃料在机器内部燃烧，将其放出的热能直接转换为动力的热力发动机，目前汽车、船舶、飞机都是用内燃机作为动力。利用燃料在气缸外加热工作介质来做功的发动机称为外燃机，蒸汽轮机与燃气轮机属于外燃机。

广义上，内燃机不仅包括往复活塞式内燃机、旋转活塞式内燃机和自由活塞式内燃机，也包括旋转叶轮式的燃气轮机、喷气式发动机，但通常所说的内燃机是指活塞式内燃机。活塞式内燃机将燃料和空气混合，在其气缸内燃烧，释放出的热能使气缸内产生高温高压的燃气。燃气膨胀推动活塞做功，再通过曲柄连杆机构或其他机构将机械功输出，驱动从动机械工作。活塞式内燃机以往复活塞式最为普遍；往复活塞式内燃机是指活塞在气缸内做往复直线运动的活塞式内燃机。这种内燃机具有效率高、体积小、质量轻和功率大等一系列优点，现在技术比较成熟，被极其广泛地用作汽车动力。根据常用燃料类型，一般分为柴油机和汽油机。

1）往复活塞式内燃机结构。内燃机的运行包括进气、压缩、燃烧、膨胀和排气等一系列过程，必须通过一些机构和系统来保证其工作的可靠性。内燃机具备五系两机构，即燃料供给系、润滑系、冷却系、起动系、点火系、曲柄连杆机构和配气机构。

燃料供给系：汽油机燃料供给系的作用是将汽油和空气加以混合，并将组成的可燃混合气供入气缸；柴油机燃料供给系的作用是将柴油按时喷入气缸，与进入气缸的空气组成可燃混合气，并将燃烧后的废气排出气缸。

润滑系：其作用是保证不间断地将全损耗系统用油输送到内燃机所有需要润滑的部位，以减少机件的磨损，降低摩擦功率的损耗，并对零件表面进行清洗和冷却。

冷却系：其作用是将受热机件的热量散发到大气中，以保证内燃机在最佳温度状况下工作。

起动系：其作用是将内燃机由静止状态起动到自行运转状态。

点火系：只用在点燃式内燃机上，其作用是按时将气缸中的可燃混合气点燃。

往复活塞式内燃机具体结构见图 6－5。其工作腔称作气缸，气缸内表面为圆柱形。在气缸内做往复运动的活塞通过活塞销与连杆的一端铰接，连杆的另一端则与曲轴相连，构成曲柄连杆机构。因此，当活塞在气缸内做往复运动时，连杆便推动曲轴旋转，或者相反。同时，工作腔的容积也在不断地由最小变到最大，再由最大变到最小，如此循环不止。气缸的顶端用气缸盖封闭。在气缸盖上装有进气门和排气门，进、排气门是头朝下尾朝上倒挂在气缸顶端的。通过进、排气门的开闭实现向气缸内充气和向气缸外排气。进、排气门的开闭由凸轮轴控制；凸轮轴由曲轴通过链条或齿形带或齿轮驱动。进、排气门和凸轮轴以及其他一些零件共同组成配气机构，通常称这种结构形式的配气机构为顶置气门配气机构。构成气缸的零件称作气缸体，支承曲轴的零件称作曲轴箱，气缸体与曲轴箱的连铸体称作机体。

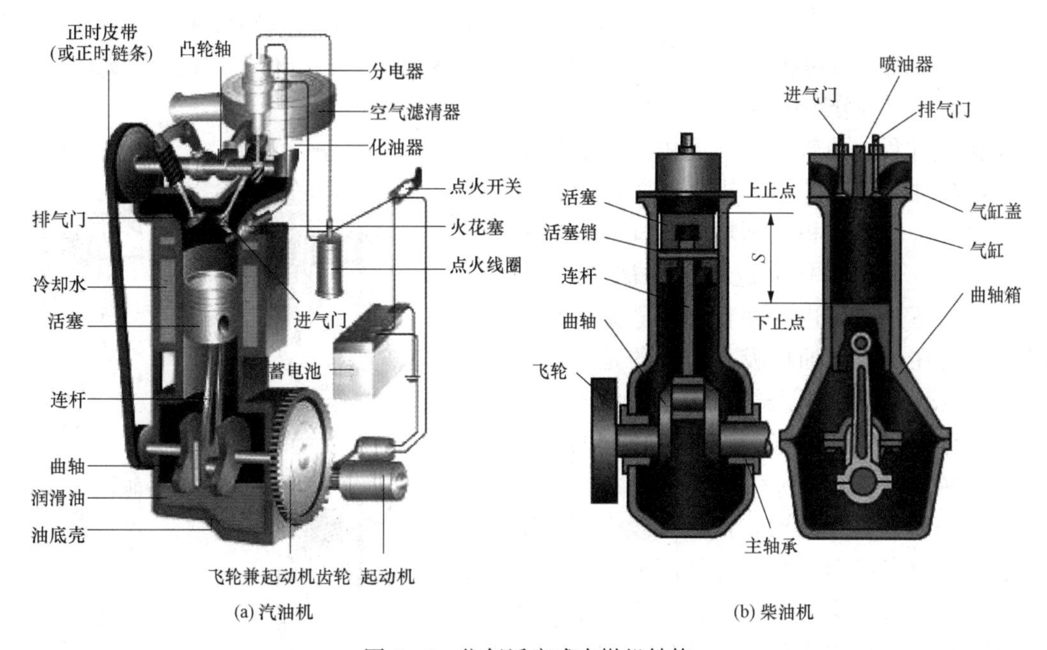

图 6－5 往复活塞式内燃机结构

2）活塞式内燃机常用术语。工作循环：活塞式内燃机的工作循环是由进气、压缩、做功和排气四个工作过程组成的封闭过程，也称奥托循环。在 1min 内重复这些过程数千次，内燃机才能实现热能和机械能的转换，持续做功。

上、下止点：活塞在气缸中移动时，最高的点称为上止点（或上死点），最低的称为下止点，见图 6 - 5 (b)。在上、下止点处，活塞的运动速度为零。

活塞冲程：活塞从上止点到下止点或从下止点到上止点的运动，称为一个冲程。对于四冲程内燃机，完成进气、压缩、做功和排气这一工作循环需要四个冲程，曲轴要转两圈；对于二冲程内燃机，完成进气、压缩、做功和排气这一工作循环需要两个冲程，曲轴要转一圈。

气缸工作容积：上、下止点间所包容的气缸容积称为气缸工作容积。

内燃机排量：内燃机所有气缸工作容积的总和称为内燃机排量。

燃烧室容积：活塞位于上止点时，活塞顶面以上气缸盖底面以下所形成的空间称为燃烧室，其容积称为燃烧室容积，也称压缩容积。

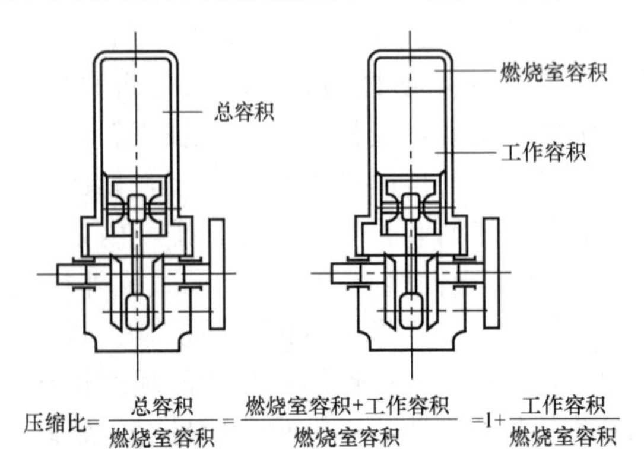

图 6 - 6 内燃机压缩比

气缸总容积：气缸工作容积与燃烧室容积之和为气缸总容积。

压缩比：用压缩前的气缸总容积与压缩后的气缸容积（即燃烧室容积）之比来表示。压缩比的大小表示活塞由下止点运动到上止点时，气缸内的混合气体被压缩的程度。压缩比越大，压缩结束时，气缸内的气体压力和温度就越高，内燃机的效率也越高（见图 6 - 6）。

3）四冲程往复活塞式内燃机工作原理。四冲程往复活塞式内燃机在四个活塞冲程内完成进气、压缩、做功和排气四个过程，即在一个活塞冲程内只进行一个过程（见图 6 - 7）。因此，活塞冲程可分别用四个过程命名。

a. 进气冲程。曲轴带动活塞由上止点向下止点运动，此时进气门开启、排气门关闭。在活塞移动过程中，气缸容积逐渐增大，气缸内形成一定的真空度，所以气体通过进气门被吸入气缸。当活塞到达下止点，进气冲程结束。柴油机和汽油机的区别在于：汽油机吸入气缸的是汽油和空气的混合气，柴油机吸入气缸的是纯空气。汽油机的供油系统提前在进气管将一定比例的汽油和空气混合好。

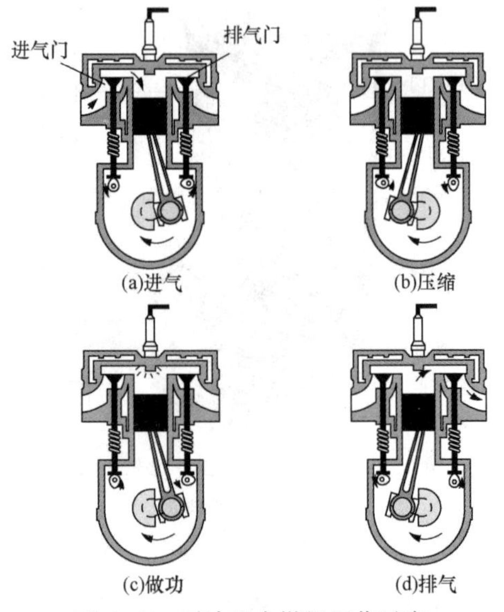

图 6 - 7 四冲程内燃机工作示意

b. 压缩冲程。压缩时，曲轴继续带动活塞由下止点向上止点运动，此时进气门和排气门均被关闭。随着活塞移动，气缸容积不断减小，缸内混合气（汽油机）或空气（柴油机）被压缩，压力和温度同时升高，机械能转化成内能。至活塞到达上止点，压缩冲程结束。因为汽油机和柴油机的压缩比不同，汽油机达 8～12，而柴油机可达 15～22，所以压缩结束时，柴油机气缸的压力和温度要明显高于汽油机。

c. 做功冲程。压缩冲程结束时，安装在气缸盖上的火花塞产生电火花，将气缸内的可燃混合气点燃，火焰迅速传遍整个燃烧室，同时放出大量的热能。燃烧气体的体积急剧膨胀，压力和温度迅速升高。在气体压力的作用下，活塞由上止点移至下止点，并通过连杆推动曲轴旋转做功，把燃料内能转化成机械能。这时，进、排气门仍旧关闭。四个冲程中只有做功冲程对外做功，其他三个冲程都是靠做功冲程的惯性完成的。

但是柴油机和汽油机在供油和着火方式有着明显的不同。对于汽油机，气缸内已是汽油和空气的混合气，在压缩冲程即将结束，活塞到达上止点前的某一刻，需要点火系统提供的高压电作用于火花塞，火花塞跳火，点燃气缸的混合气，因为活塞的运行速度极快而迅速越过上止点，同时混合气迅速燃烧膨胀做功，推动活塞下行。对于柴油机，在压缩冲程即将结束，活塞到达上止点前的某一刻，需要供油系统提供的高压柴油通过喷油器喷入燃烧室，与进气冲程时吸入气缸的空气迅速形成混合气；因为气缸的高温达到柴油的自燃温度，混合气自行点火。所以称汽油机为点燃式，而柴油机为压燃式；汽油机的可燃混合气用电火花点燃，柴油机则是自燃。

d. 排气冲程。排气冲程开始，排气门开启，进气门仍然关闭。曲轴通过连杆带动活塞由下止点移至上止点，此时膨胀过后的燃烧气体（或称废气）在其自身剩余压力和在活塞的推动下，经排气门排出气缸之外。当活塞到达上止点时，排气行程结束，排气门关闭，进入下一个进气、压缩、做功和排气的工作循环。

4）柴油机与汽油机的热效率比较。柴油发动机的热效率为 0.28～0.37，燃油率为 245～299kW，汽油发动机的热效率为 0.22～0.28，燃油率为 340～394kW。柴油机由于热效率高，经济性能较好，是目前我国保有量最多的内燃机。

（2）沼气发动机。沼气发动机一般由汽油机或柴油机改制而成，与通用的内燃机一样，沼气发动机也具有进气、压缩、燃烧膨胀做功及排气四个基本过程。常用沼气发动机分为单燃料式（也称点燃式或全烧式）和双燃料式（也称压燃式）两种。

1）单燃料式或点燃式发动机。由电火花将燃气和空气混合气体点燃，其基本构造和点火装置等均与汽油发动机相同。这种发动机不需要引火燃料，因此不需设置燃油系统，如果沼气供给稳定，则是经济的；如果沼气量供应不足，有时会使发电能力降低而达不到规定的输出功率。

2）双燃料式或压燃式发动机。点火采用液体燃料，在压缩程序结束时，喷出少量柴油并由燃气的压缩热将油点着，利用其燃烧点燃混合气体燃料。

双燃料发动机的特点是在燃气不足甚至没有的情况下，可增加进行燃烧的柴油量，甚至完全烧柴油，以保证发动机正常运行。因此，使用比较灵活，适用于产气量较少的场合（如农村地区的小沼气工程中）。这种方案的最大优点就是可以利用少量的引燃柴油压缩后点燃沼气。因为哪怕只有 5%左右的柴油，其着火能量就会大大高于火花塞点火的能量，就有可能使沼气的着火滞后期乃至整个燃烧期缩短，从而解决沼气机的严重后燃、高排温与热负荷大等问题。任何一台四冲程柴油机都不必更换主要零件，就可以改装成为柴油-沼气机，缺点在于系统复杂，发动机价格稍高。

根据德国沼气工程的经验，大型沼气发电机组均采用纯沼气的点燃式内燃发动机，中小型的工程多采用双燃料（柴油+沼气）的发动机。

4. 沼气发电机和余热回收系统

（1）沼气发电机。通用交流发电机将沼气发动机的输出转变为电力；根据具体情况，可选用与外接励磁电源配套的感应发电机和自身作为励磁电源的同步发电机，需与沼气发动机功率和其他要求匹配。当沼气的发热量为 23237kJ/m³，发动机的热效率为 35%，发电机的热效率为 90%时，每立方米沼气发电约 2kWh。

（2）余热回收系统。由于沼气中含有微量杂质和腐蚀性物质，因此，沼气发动机尾气排放温度要比其他燃气发动机高几十度，一般为 450～550℃，一台 800kW 进口机组尾气排放量约为 3100m³/h；若直接排入大气，不仅造成能源浪费，降低能源利用率，还会对环境造成影响。

沼气发动机与一般的汽油发动机和柴油发动机一样，都是用水冷却。为防止产生水垢，冷却水要用除盐水，有时还要添加缓蚀剂。为此，发动机采用二次冷却水的间接冷却方法，即把除盐后的水作为一次冷却水，在发动机内部循环，而用热交换器把热传到二次冷却水中。此外，润滑油吸收的热也通过润滑油冷却器传到二次冷却水中。

由尾气和冷却水等排放的热量，相当于沼气供热量的 50%左右。采用余热锅炉、废气-水热交换器、冷却水-水热交换器等余热回收装置，可将内燃机的中间冷却器、润滑油、缸套水和尾气中的热量充分回收利用。

1）沼气热电联产。沼气热电联产发电机组效率如图 6-8 所示。沼气发动机的能量收支随着发动机的种类和工作条件而不同；大约沼气总能量的 38%可直接转为发动机的机械能，有效电力输出为 35%；余热回收系统可回收 40%的余热，总效率高达 75%。

发电机组回收的余热，冬季可用于消化池的增温保温，确保池内维持 35℃中温发酵所需温度。另外，多余热量可用于蔬菜大棚或居民采暖等的供暖，节省燃煤。在夏季，发电机余热可用于固态有机肥的干化处理。

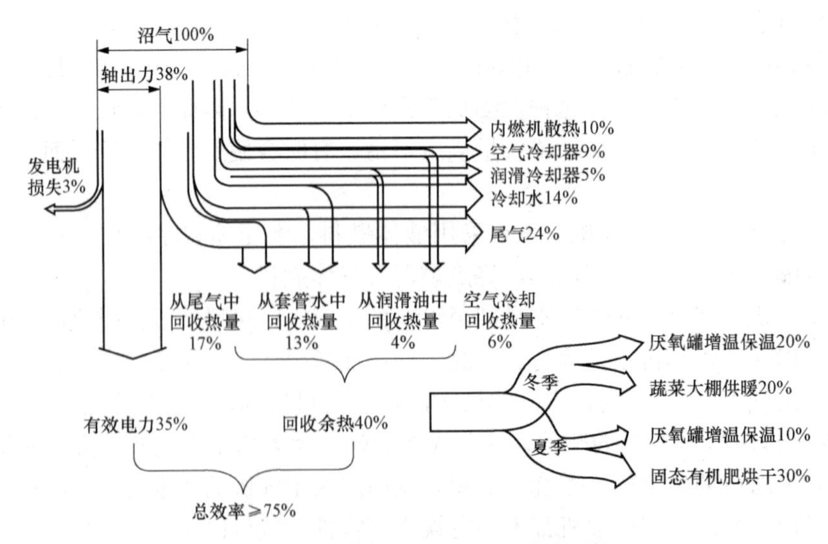

图 6-8 沼气热电联供发电机组能量平衡图

2）沼气热电冷三联供。可以利用沼气热、电、冷三联供，提高沼气发电系统的总体利用率，系统如图 6-9 所示。在沼气发动机尾气排放管后设置废热锅炉，流向废热锅炉的热废气加热软水，软水可通过缸套冷却水-水热交换器进行预热。冬季，废热锅炉送出的蒸汽通过热交换器用于加热消化池和采暖；夏季，可与溴化锂吸收式制冷器连接，作为空调制冷。

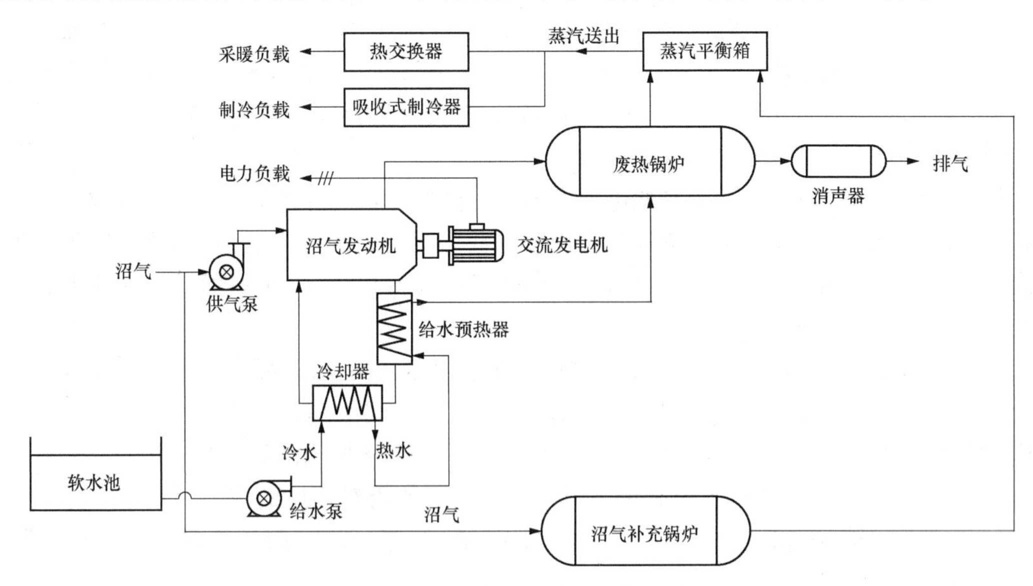

图6-9 沼气热电冷三联供系统

5. 沼气发电实例

当前，我国沼气发动机和沼气发电机组已向两极方向发展。农村主要向3～10kW方向发展，而酒厂、糖厂、畜牧场、污水处理厂的大中型环保能源工程，主要向单机容量为50～200kW方向发展。下面以德青源热电联产沼气发电工程为例，来说明其工艺流程及各种效益。

（1）工程概况。北京德青源农业科技股份有限公司是大型蛋鸡养殖与蛋品加工行业。德青源蛋鸡养殖生态园现有目前国内最大的养殖场沼气工程，以生态园每天产生的212t鸡粪（全固含量30%）为发酵原料，厌氧消化器总容积达$1\times10^4m^3$，每天产气量达$1.9\times10^4m^3$，发电3.8×10^4kWh，每年产生沼液$1.8\times10^5m^3$，沼渣1×10^4t。项目电、热的直接经济收益为783万元，CDM收入约800万元人民币。图6-10所示为该工程的主工艺流程图。

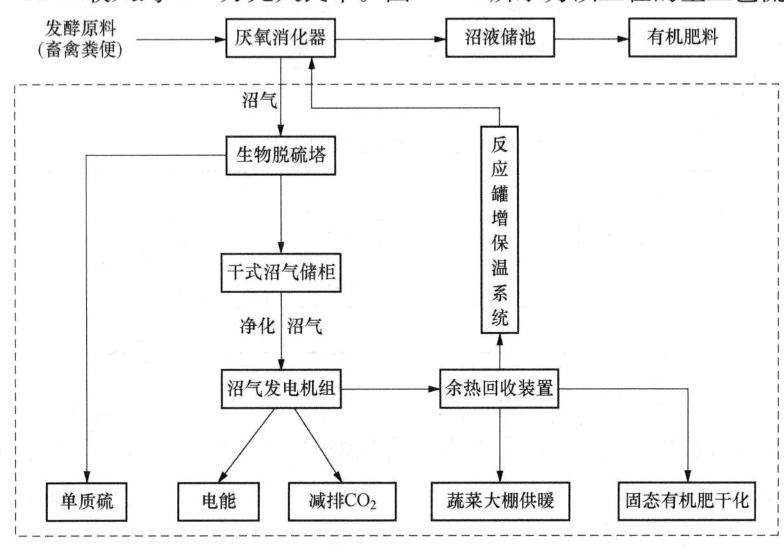

图6-10 德青源热电联产沼气发电工程工艺流程图

（2）效益分析。

1）经济效益。工程建成后，每日发电 3.8×10^4kWh；自身耗电设备包括螺杆泵、搅拌机、固液分离机、绒毛清理机、监控设备、发电机等部件，总功率约 300kW，其中常开功率约 45kW，间歇工作功率折合全日功率 68kW，自身每天耗电约 2710kWh；日可净输出电力 35 290kWh，年可输送电力约 1300 万 kWh。

同时，德清源公司已经取得华北电网公司的并网批复，允许将沼气工程所发电力并入京津唐电网，电价将按国家有关政策执行。而依据我国《可再生能源法》，华北地区沼气发电电价按 0.58 元/kWh 计算，每天仅发电的经济效益就达到 20 467 元，每年为 747 万元。发电的经济效益十分显著。

2）热效益。在发电的同时，经高效余热回收装置，系统每天可从烟气和缸套水中回收热量 47 500kWh，其中 50%用于发酵罐体增温，每天还可向外提供 21 714kWh 的热量。这些热量将用于冬季蔬菜大棚供暖和沼渣干燥制肥，每年可增加经济效益 36 万元。

3）生态与环境效益。该工程避免了每年 7.7 万 t 鸡粪对环境的潜在污染，每年减排的 CH_4 约相当于减排 CO_2 8 万 t，按欧洲 CO_2 减排指标（CDM），每吨市场价 10 欧元计算，CDM 收入约 800 万元人民币。

同时，工程每年还可提供 1 万 t 沼渣和 18 万 t 沼液肥料，供周边 2 万亩玉米和 1 万亩水果、蔬菜大棚等使用。所产无公害玉米又可作为词料原料，尾气中的 CO_2 可用于为蔬菜大棚提供气体肥料，从而形成了一套完善的循环经济体系。

6. 沼气发电特点

沼气发电在可持续发展、环保、节能、投资等方面都具有很好的优势。

（1）原料来源广泛，可持续发展。沼气的主要燃烧成分是 CH_4，由产 CH_4 菌厌氧消化有机物产生，所以只要在有机物存在的地方，再配以适合的环境条件，就会有 CH_4 的生成。例如，人畜的粪便、有机工业废水、垃圾填埋场、农作物秸秆等都可用作沼气产生的原材料。

（2）清洁污染少。沼气中含有少量的硫化物，经气体预处理后硫化物的含量已降至很低，基本上不会对环境造成影响。表 6-1 为沼气发电与常规燃煤发电的污染物排放比较。在功率相同的情况下，沼气发电比燃煤发电产生的污染物更少，特别是在 SO_2、灰、渣等方面，沼气发电排放几乎为零。

表 6-1　5000kW 电厂的污染物排放比较　t/年

发电类型	SO_2	NO_x	CO_2	灰	渣微粒	微粒
常规燃煤发电	8043	5060	294 237	125 000	35 000	428
沼气发电	7	971	124 129	0	0	21
沼气/燃煤比率	0	19%	42%	0	0	5%

（3）高效节能，节水省地。一般的燃煤电厂只生产一种产品，就是电。在发电过程中，大量的热能被循环水带走，排放到大气中，能源的利用率为 40%左右。目前用沼气发电，国内内燃机的发电效率约为 30%，国外先进机组可达 40%；如果通过余热回收装置进行热电联产，整个沼气的能量利用率可达 75%以上。由于是就地转换，就地供应，没有中间环节的损耗，其客户端能源利用效率大大提高，实现真正意义上的节能。

燃煤电厂用蒸汽轮机进行发电要消耗大量水源。以一座 1000MW 火力发电厂为例，每日的耗水量约为 10 万 t，而沼气发电只需要循环冷却水，耗水量仅为常规电厂的 30%左右。燃煤电厂工艺复杂，设备繁多，占地面积大。燃气电厂厂房简单，占地面积小，仅为常规燃煤电厂的 30%～40%。

（4）建设规模小，建站灵活，工期短。建立小型的沼气发电站可以在几周或几月内实现，并且可根据需求的发展随时增加和扩建，有利于资金的回收与周转。而一般的燃煤电厂都需要 1～2 年才能完工，整个工程很复杂，初期的投资也非常大。

综上所述，沼气发电在投资、环保、节能、可持续发展等方面都具有很好的优势，如果我国在保持内燃机组价廉的同时，开发出性能更加稳定、发电效率更高的机组，则我国的沼气发电站将取得更好的发展。

六、实验步骤

现场参观沼气发电工程整体模型、往复活塞式内燃机模型，观看教学录像片与三维动画演示，结合上述介绍认知沼气发电工程的基本原理、生产流程和主要设备（压燃式柴油发动机、点燃式汽油发动机、单燃料式沼气发动机和双燃料式发动机）等。识别沼气池、脱硫塔、往复活塞式内燃机（燃料供给系、润滑系、冷却系、起动系、点火系、曲柄连杆机构、配气机构、气缸、活塞、曲轴、进气门、排气门、凸轮轴和机体等）、沼气发电机和废热锅炉等设备与构件。熟悉内燃机的工作循环（奥托循环）、进气、压缩、做功、排气、上止点、下止点、活塞冲程、四冲程与二冲程内燃机、气缸工作容积、内燃机排量、燃烧室容积、气缸总容积、压缩比、热效率和燃油率等常用术语，并与燃煤电厂、燃气-蒸汽联合循环电站进行比较认知。

七、思考题

（1）简述沼气发酵过程。

（2）简述四冲程往复活塞式内燃机的工作原理。

（3）试比较沼气发电站与燃气-蒸汽联合循环电站的生产流程的主要差异。

项目七　核 电 站 认 知

实验一　核电站基本生产过程认知实践

关键词

同位素，核素，^{235}U，核裂变，链式反应；慢化剂，冷却剂；安全壳，堆芯，燃料组件，控制组件，中子源组件；轻水堆，重水堆，石墨堆，沸水堆；汽水分离器，干燥器，阱，堆芯应急冷却系统；压水堆，一回路，蒸汽发生器，二回路，汽水分离再热器，三回路；核岛辅助系统，专设安全设施，三废处理系统。

一、实验目的

掌握核能发电基本原理、核反应堆的分类、沸水堆和压水堆核电站的基本生产流程、压水堆核电站的主要系统设备；了解核电站选址原则与厂区布置，以及核电优势。

二、能力训练

核电是和平利用核能的主要方式，核电站系统庞大而复杂。通过学习，对核能发电有基本认知，对核电站有初步了解。

三、实验内容

（1）核能发电基本原理，核裂变的链式反应、裂变反应堆的基本构成。

（2）核反应堆的分类，沸水堆和压水堆核电站的基本生产流程。

（3）压水堆核电站主要系统设备，核岛（NI）、常规岛（CI）和电站配套设施（BOP）三大部分。

（4）压水堆核电站的选址与总体布置，L形、T形布置方式。

（5）核电站经济性分析，与煤电、风电、太阳能相比。

四、实验设备及材料

（1）先进沸水堆核电站模型一套、900MW压水堆核电站模型一套、AP1000型先进压水堆核电站仿真装置一套、汽水分离再热器模型一套。

（2）核电站虚拟漫游与仿真软件。

五、实验原理

1. 核能发电基本原理

（1）核裂变的链式反应。原子由原子核与核外电子组成；原子核由质子与中子组成；具有相同质子数与中子数的一类原子称为一种核素；而质子数相同、中子数不同的原子具有基本相同的化学性质，则称为同位素。例如，天然铀由^{238}U（占99.27%）、^{235}U（占0.71%）、^{234}U（占0.006%）三种同位素组成，但它们却是三种不同的核素。

当^{235}U的原子核受到外来中子轰击时，一个原子核会吸收一个中子分裂成两个质量较小的原子核，同时放出2、3个中子。裂变产生的中子又去轰击另外的^{235}U原子核，引起新的裂变。如此持续进行就是裂变的链式反应，见图7-1。

据测定，单个 ^{235}U 核裂变约有 200MeV（兆电子伏特，核物理中常用的能量单位）以上的能量释放出来，这是因为 ^{235}U 原子核吸收中子后，核内中子、质子等基本粒子进行了重新分配。而在火电厂中，煤的燃烧属于化学反应过程，只是物质的原子重新组合及其电子重新分配，一个 C 原子与两个 O 原子化合成一个 CO_2 分子，所释放出的化学能仅为 4.1eV。经过推算，1kg ^{235}U 裂变后释放出的热能，相当于 2800t 标准煤完全燃烧所释放出的热能，由此可见核裂变所释放出的能量非常巨大。

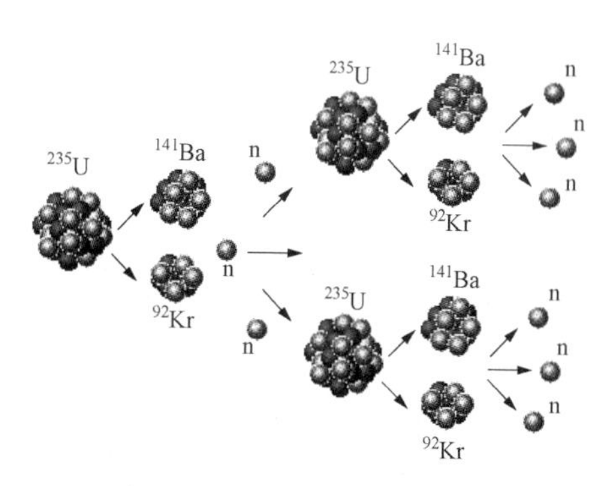

图 7-1 ^{235}U 的裂变链式反应

裂变能主要来自于反应中的质量亏损，大部分通过裂变碎片的动能形式转化为热能，它约占所释放总能量的 84%；其余约 16%的能量，则为裂变中子的能量和裂变产物衰变释放出的能量。

（2）核裂变反应堆的基本构成。

1）裂变原子核+冷却剂。反应堆内由裂变产生的热量必须使用合适的冷却剂排出，才能避免堆芯因过热烧毁；冷却剂在堆芯中循环流动，将热能不断传递给反应堆外的能量转换系统，如可以使水变成水蒸气，推动汽轮机发电。由此可知，核反应堆最基本的组成是裂变原子核+冷却剂。

常用的冷却剂有轻水（普通水、氕水 H_2O）、重水（氘水 D_2O）、液态金属、CO_2 和 He 等。

2）裂变原子核+冷却剂+慢化剂。只有裂变原子核+冷却剂是不能工作的。因为 ^{235}U 核裂变后所产生的次级中子，几乎全是平均能量在 2MeV、速度为 20 000km/s 的快中子，能量大的快中子击中 ^{235}U 核的几率不大，容易被 ^{238}U 吸收，反应过程中的中子数增加的可能性小；因此必须设法通过某种材料（慢化剂），消耗快中子的动能，减慢其速度，转变为 0.025eV、2.2km/s 的慢中子（也称热中子），慢中子更容易大量地击碎 ^{235}U 核。所以核反应堆的基本结构应该是裂变原子核+冷却剂+慢化剂。

常用的慢化剂是轻水（普通水）、重水和石墨。轻水的慢化能力大、便宜又容易得到，是目前使用较多的一种慢化剂，主要缺点是对热中子的吸收较强，沸点又低。重水的慢化能力只有轻水的 1/7，但对中子的吸收很少，是最好的慢化剂，不过重水在普通水中的含量很小，生产代价很昂贵。石墨的慢化能力不及重水的一半，对中子的吸收也远比重水大得多，但石墨比重水便宜得多、容易得到，而且没有轻水沸点低、易于汽化的缺点，且耐高温，有些反应堆选用石墨作慢化剂。

3）裂变原子核+冷却剂+慢化剂+控制设施+防护装置。核反应堆要由人的意愿决定工作状态，这就要有控制设施；铀及裂变产物都有强放射性，会对人造成伤害，必须有可靠的防护措施。因此，核反应堆的合理结构应该是裂变原子核+冷却剂+慢化剂+控制设施+防护装置。

4）裂变反应堆的基本构成。核电厂中的反应堆放置在密闭的安全壳内，以防止反应堆中的放射性物质发生意外泄漏。安全壳有着很厚的混凝土地基和墙壁，通常呈圆柱形。

反应堆主要由一个活性堆芯组成，在其中进行链式反应，而大部分裂变能也在其中以热能形式释放出来。堆芯置于反应堆压力容器（压力壳）中，由燃料组件、控制组件、中子源组件等组成，如图 7-2 所示。

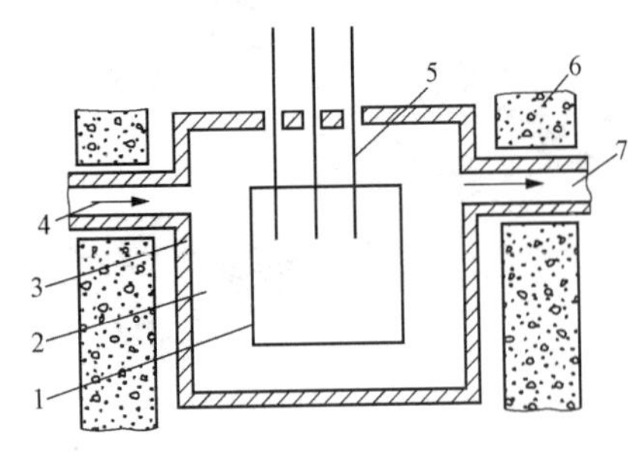

图 7-2 热中子反应堆示意

1—堆芯；2—反射层；3—堆容器；4—冷却剂进口；5—控制棒；6—屏蔽层；7—冷却剂出口

a. 燃料组件：多数反应堆内的核燃料通常做成棒状结构，每根燃料棒由一根中空的金属管（锆合金）中间填塞球状或圆柱状核燃料组成，中子可自由穿过管壁。若干根燃料棒排列成正方形组成一组燃料组件，并与控制棒导向管同时定位，堆内的燃料组件有若干组。

b. 控制棒组件：强中子吸收材料如碳化硼、银-铟-镉合金等封装在不锈钢包壳内形成控制棒，若干根控制棒为一组。通过压力容器外的机械装置可以操纵控制棒在导向管内上下移动，用以控制堆内链式反应的强弱，从而调节反应堆的功率。控制棒完全插入堆芯时，能够吸收大量中子，可阻止裂变链式反应的进行。

c. 中子源组件：为缩短反应堆的启动时间和确保启动安全，反应堆中采用中子源点火，由它不断地放出中子，引发堆内核燃料的裂变反应。常用的初级中子源是钋-铍源，钋放出 α 粒子打击铍核，铍核发生反应放出中子。

要维持热中子反应堆的正常运转还需要慢化剂和冷却剂。慢化剂充填在堆芯的燃料棒之间，不但可以使裂变产生的快中子慢化，还作中子反射层，将已逃出堆芯的中子散射回来，减少中子泄漏。冷却剂在堆芯中循环流动，将裂变产生的热量不断传递给反应堆外的能量转换系统。

2. 核反应堆的分类及核电站基本生产流程

（1）核反应堆的分类。核燃料、慢化剂和冷却剂是核反应堆的主要材料，这三种材料的不同组合，产生出各种堆型。目前常用的反应堆类型见表 7-1。

表 7-1 核电站反应堆常用类型

类型		燃料	慢化剂	冷却剂
轻水堆	压水堆	浓缩铀（UO_2）	轻水	轻水
	沸水堆	浓缩铀（UO_2）	轻水	轻水
重水堆	重水冷却型	天然铀	重水	重水
	轻水冷却型	浓缩铀（UO_2）	重水	轻水
石墨气冷堆	天然铀气冷堆	天然铀	石墨	二氧化碳
	改进型气冷堆	浓缩铀（UO_2）	石墨	二氧化碳
	高温气冷堆	浓缩铀（UO_2），钍	石墨	氦气
石墨水冷堆	压力管沸水型	浓缩铀（UO_2）	石墨	轻水

以普通水做慢化剂的轻水堆（压水堆和沸水堆）是目前使用最多的堆型，占到所有核反应堆的近 80%。此外，还有重水堆（只有加拿大发展的坎杜型压力管式重水堆核电站实现了工业规模推广，我国秦山三期即引进加拿大技术）和石墨堆。就冷却剂而言，有水冷和气

冷之分。

(2) 沸水堆核电站的基本生产流程。沸水堆发电原理如图 7-3 所示。沸水堆核电厂是以沸腾轻水为慢化剂和冷却剂，并在反应堆内直接产生饱和蒸汽，通入汽轮机做功发电；做完功的蒸汽凝结成水，由给水泵再送入反应堆。

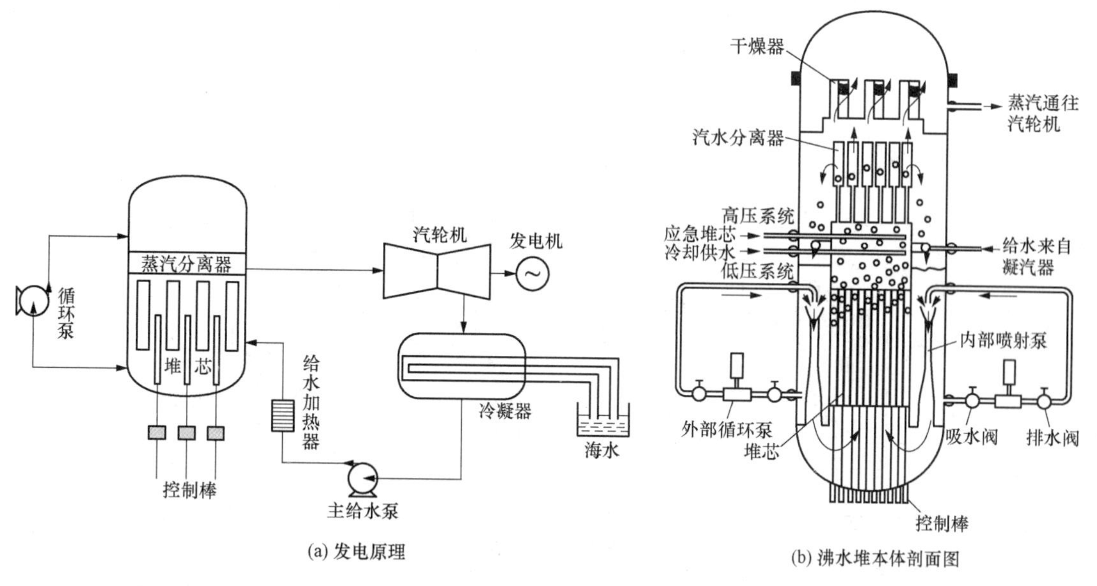

图 7-3 沸水堆核电站

与压水堆比较，沸水堆没有二回路系统，而是直接使反应堆堆芯内的水沸腾，并送往汽轮机发电。它的核蒸汽供应系统的主要部件是反应堆容器及主泵管道等，没有蒸汽发生器和稳压器。在同等功率情况下，沸水堆的压力容器比压水堆大，主要是沸水堆的功率密度较低，压力容器中设备部件也较多，堆芯中燃料棒直径稍大一些。

如图 7-3 (b) 所示，沸水堆在运行时，冷却剂从给水管进入压力容器，然后顺壁而下，由底部进入堆芯中央，加热后穿过堆芯，由堆芯顶部汽水分离器分离出蒸汽，再通过干燥器除去残余水分后离开反应堆，直接进入汽轮机驱动其发电，随后蒸汽经冷凝后再重新回到反应堆，完成一个循环。

在沸水堆中，控制棒位于反应堆的底部；当它的传动杆向上运动，可插入堆芯吸收中子，核反应的速度就降低。为了保护反应堆的安全运行，沸水堆有两层安全壳。反应堆容器及一回路管道装在一个钢制压力容壳内（即“阱”），这是保护反应堆一回路的安全壳。安全壳与一组管子相接，这些管子插在一个很大的环形水池内，其作用是承受事故条件下出现的瞬时压力。另外，干阱外紧包着一层钢筑壳，最外面为第二层安全壳，它可有效防止放射性气体泄漏。

在沸水堆中，还备有两套堆芯应急冷却系统，以及其他一些保护措施。一旦反应堆出现事故，这些系统可以帮助堆内衰变余热的排除，避免堆芯受损。

(3) 压水堆核电站的基本生产流程。目前，压水堆（PWR）是世界上在运行核电站中应用最广泛的堆型。在我国已经投运的商用核电站中，除了秦山三期采用重水堆（PHWR）外，其他都是压水堆。压水堆核电厂实际上是用核反应堆和蒸汽发生器代替一般火电厂的锅炉，加热水产生一定压力、温度的蒸汽，推动汽轮发电机组发电。

典型的压水堆核电站通常由三个回路组成，图 7-4 表示压水堆核电站的原理流程。核燃料在反应堆内发生裂变而产生大量热能，水作为冷却剂通过冷却剂泵（主泵）送入反应堆，由下至上流动，在反应堆中吸收核裂变反应产生的热能，成为高温高压水（一般保持在 12～16MPa，温度 300℃左右）流出反应堆，然后沿管道进入蒸汽发生器的 U 形管内，将热量传给 U 形管外侧的二回路主给水，使主给水沸腾变为饱和蒸汽。而一回路水被冷却后流出蒸汽发生器，再由主泵打回到反应堆内重新吸收核裂变产生的热能。

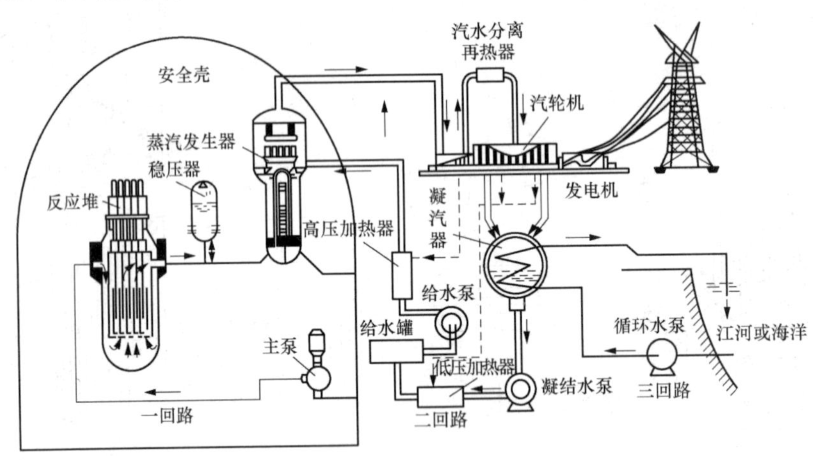

图 7-4 压水堆核电站原理流程图

汽轮机工质在蒸汽发生器中被加热成饱和蒸汽后，首先进入高压缸膨胀做功，推动汽轮机转子转动。高压缸的排气一部分送往高压加热器用于加热凝结水，大部分排往汽水分离再热器，在这里进行汽水分离，并由高压缸抽汽和主蒸汽对其进行再热。从汽水分离再热器出来的过热蒸汽进入低压缸内继续膨胀做功。

做完功后的蒸汽（乏汽）被排入冷凝器，由循环冷却水（如海水）进行冷却凝结成水。凝结水由一级凝结水泵升压后送到凝结水精处理装置进行水质净化，接着经轴封蒸汽加热器、各低压加热器加热，然后进入除氧器进行热力除氧。经过主给水泵提升压力后，经高压加热器进一步被加热，最后输入蒸汽发生器二次侧，给水吸收反应堆冷却剂热量后转变成饱和蒸汽，从而完成了汽轮机工质的汽水封闭循环，称此回路为二回路循环系统。二回路循环系统与常规燃煤发电厂蒸汽动力回路大致相同，故把它及其辅助系统、厂房统称为常规岛。

汽轮机转子与发电机转子刚性连接，蒸汽在汽轮机内膨胀做功推动汽轮机转子与发电机转子一起旋转，电就源源不断地产生出来，并通过电网送到四面八方。

在压水堆核电站中，一回路系统和二回路系统是彼此隔绝的；万一燃料元件的包壳破损，只会使一回路水的放射性增加，而不影响二回路水的品质，这样就大大增加了核电站的安全性。概括地讲，压水堆核电站的生产过程主要有四步，在四个主要设备中进行。

反应堆：将核能转变为热能（高温高压水作慢化剂和冷却剂）。

蒸汽发生器：将一回路高温高压水中的热量传递给二回路的给水，使其变为饱和蒸汽，在此只进行热量交换，不进行能量的转变。

汽轮机：将饱和蒸汽的热能转变为高速旋转的机械能。

发电机：将汽轮机传来的机械能转变为电能。

从能量转换的角度讲，核能发电包括核能→热能→机械能→电能的能量转换全过程。其中，后两种能量转换过程与常规燃煤发电厂内的工艺过程基本相同，只是在设备的技术参数上略有不同。

3. 压水堆核电站主要系统设备

压水堆核电站主要由压水反应堆、反应堆冷却剂系统（一回路）、蒸汽和动力转换系统（二回路）、循环水系统（三回路）、发电机和输配电系统及其辅助系统组成。通常将压水堆核电站分为核岛（NI）、常规岛（CI）和电站配套设施（BOP）三大部分。

（1）核岛。通常将一回路及核岛辅助系统、专设安全设施及相关的厂房统称为核岛。其作用是将反应堆堆芯内核裂变所释放的大量热能导出，传给蒸汽发生器二次侧的给水，使之产生饱和蒸汽，送入常规岛的汽轮发电机发电。核岛可以分为以下几个部分：

1）核反应堆本体：核反应堆本体是进行可控裂变反应的场所。

2）一回路主系统（反应堆冷却剂系统）：一回路主系统的任务是将裂变反应释放出的热量从堆芯导出至蒸汽发生器，使蒸汽发生器二回路侧产生饱和蒸汽，因此又称核蒸汽供应系统。

3）核岛辅助系统：保证反应堆和一回路正常启动、运行和停堆的系统，共有11项。它们是化学和容积控制系统、硼和水的补给系统、余热排出系统、反应堆和乏燃料水池冷却和处理系统、设备冷却水系统、核岛应急生水系统、蒸汽发生器排污系统、硼回收系统、核取样系统、核岛排气和疏水系统及核岛冷冻水系统。

4）专设安全设施：在反应堆发生事故时，专设安全设施可以自动投入，阻止事故进一步扩大，以保护反应堆的安全，同时防止放射性物质向大气环境扩散。这些系统包括安全注入系统、安全壳喷淋系统、辅助给水系统和安全壳隔离系统。

5）三废处理系统：主要任务是处理核电站排放的放射性气体、液体和放射性固体废弃物，保护周围环境免受放射性污染，防止工作人员和电站周围居民受到过量的放射性辐照。

（2）常规岛。常规岛系统可划分为汽轮机回路、循环冷却水系统和电气系统三大部分。

1）汽轮机回路（二回路）。汽轮机回路的主要设备有汽轮机、凝汽器、凝结水泵、低压加热器（简称低加）、除氧器、主给水泵和高压加热器（简称高加）等，这些设备与核岛部分的蒸汽发生器组成封闭的汽水循环回路，如图7-5所示。这个循环回路的流程原理与燃煤发电厂基本相同，只是由核岛部分的蒸汽发生器代替了燃煤发电厂的蒸汽锅炉。除此之外，与燃煤电厂相比，核电厂汽轮机回路还有以下特点：

a. 蒸汽参数低。压水堆核电站采用间接循环，反应堆冷却剂通过蒸发器传热管将二回路给水蒸发为饱和蒸汽，因此二回路新蒸汽参数受一回路温度限制；而一回路温度又与一回路压力密切相关，同时还受到反应堆压力容器结构设计限制，反应堆冷却剂温度提高的潜力已很小。二回路蒸汽一般为5～7MPa的饱和蒸汽。由于新蒸汽进口参数较低（与相同容量煤电机组中压缸进口参数相当），核电机组不设置单独的中压缸。

b. 体积流量大。由于蒸汽参数低，蒸汽可用比焓小于燃煤电厂使用的过热蒸汽；在相同单机功率下，核电站汽轮机需要更多的蒸汽，因此核汽轮机的体积和质量要比煤电汽轮机

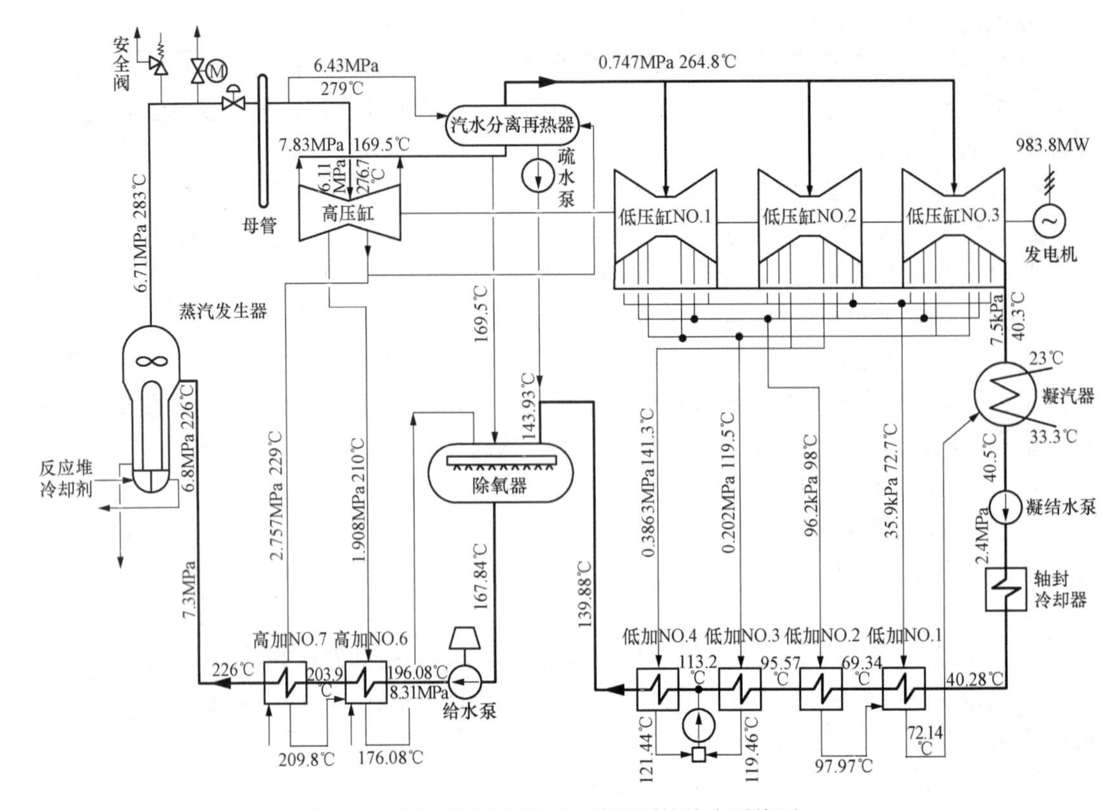

图 7-5 压水堆核电站二回路原则性热力系统图

的大得多。为了使汽轮机叶片不至于过长，通常采用半速汽轮机（1500r/min、末级叶片可长达 1300～1500mm）；发电机也相应为四极。

图 7-6 所示为某核电站 984MW 汽轮机，高中压合缸和三个低缸主要尺寸和质量见表 7-2。

表 7-2　　某核电站 984MW 汽轮机组件的尺寸和质量

参数 / 汽缸类别	汽缸组件				转子	
	长（m）	宽（m）	高（m）	质量（t）	长（m）	质量（t）
高压缸	6.3	3.25	2.89	160	6.3	32.5
低压缸	7.3	7.95	5.72	270	7.3	66

c. 采用汽水分离再热。由于新蒸汽是饱和蒸汽，膨胀后即进入湿蒸汽区，所以饱和蒸汽汽轮机在本体疏水和蒸汽除湿等方面都要采取相应的必要措施，以防止或降低湿蒸汽的冲蚀作用，保证低压缸的效率和安全性。在汽轮机的高压汽缸和低压汽缸之间设置了两台汽水分离再热器，采用两段蒸汽再热的方式，第一段加热汽源利用高压缸的抽汽，第二段加热汽源采用主蒸汽。经过这两段再热以后，蒸汽的湿度降到零（甚至过热），可维持低压缸排汽的干度在 86%～89%以上，而相应的凝汽器尺寸要增大，循环冷却水的需求量比常规煤电大得多。

d. 易超速。由于核汽轮机组多数级工作在湿蒸汽区，流通部分及管道表面覆盖一层水膜。当机组工作的压力下降时，水膜闪蒸为蒸汽，引起气流速度骤增，导致核汽轮机组易超速。

2）循环冷却水系统（三回路）。循环冷却水系统的主要功能是向凝汽器供给冷却水，确保汽轮机凝汽器的有效冷却。它是个开放式回路，循环水从海洋中抽取，流经凝汽器管路之后，又流回海里。

如图7-7所示，此核电站凝汽器的主体尺寸为：16.46m（不计算水室）×6.1m；由刚性支座支撑，用橡胶伸缩节（狗骨）与低压汽缸排汽口（7.62m×6.74m）连接。凝汽器具体结构参数与选材见表7-3，运行参数如下：汽侧，真空7.5kPa，凝结水出口温度40.32℃，凝结水容量30m³（正常水位）/90m³（最高水位）；循环水侧，温度23℃（进口）/33.3℃（出口），流量44m³/s，压降52kPa。

图7-6 核电汽轮机

图7-7 核电站凝汽器进水侧水室

表7-3 **某核电站凝汽器结构参数与选材**

汽轮机功率	冷却面积（m²）	钛管尺寸（mm×mm×mm）	钛管根数	管板（宽×高×厚，mm×mm×mm）	管板连接方式
一核（984MW）	17 883	ϕ25.4×0.711×16 600	2×6808	双管板（内钢外青铜）2488×5526×35	钛管与管板胀管连接
二核（990MW）	17 209	ϕ26×0.6（0.711受冲刷位置）×16 520	2×6400	单管板（钛板）2620×4240×30	钛管与管板胀管后焊接

3）电气系统。电气系统包括发电机（四极）、励磁机、主变压器、厂用变压器等。发电机出线电压经主变压器升压后与主电网相连。在正常运行时，整个厂的自用电由发电机的出线经厂用变压器降压后供给。当发电机停机时，则由主电网经过主变压器反向供电；若此时主电网失电，则由另一外部电网经过辅助变电器向厂内供电。当上述电源均故障不可用时，则由备用的柴油发电机组向厂内应急设备供电，以保障核电站设备的安全。

（3）电站配套设施：除核岛和常规岛以外的配套建筑物、构筑物及其设施的统称，包括机加工车间、仪修车间、除盐水生产厂房、淡水厂、厂区污水处理站、各种工程设施、环境监测设施、厂区警卫室、办公楼、食堂等。

4. 压水堆核电站的选址与总体布置

(1) 压水堆核电站的选址原则。核电站选址比火电厂具有更高的要求。选择核电站厂址的工作，涉及区域经济发展规划等因素，与气象、地质、地震和水文等自然条件有关，还与安全、环境有重要关系。核电站厂址选择除了要满足常规电厂所必需的条件，如接近电力负荷中心、有充足的冷却水源、交通运输方便、有良好的自然条件（如地形、地质和地震等）、减少废物废热排放对生物的影响和防止环境污染的可能性等，还应尽量减少释放的放射性对环境的影响，以确保居民在一般事故和严重事故条件下不受危害。

(2) 压水堆核电站厂房的总体布置。核电站选址确定后，在总平面布置设计时应考虑以下原则：

1) 合理区分放射性与非放射性的建筑物，脏区尽可能置于主导风向的下风侧。

2) 满足核电厂生产工艺流程要求，便于设备运输，减少厂区管线的迂回和纵横交叉。

3) 反应堆厂房、核辅助厂房和燃料厂房都应设在同一基岩的基垫层上，防止因厂房承载或地震所产生的沉降差异而造成管线断裂。

核电厂厂房布置应以反应堆厂房为中心，核辅助厂房、燃料厂房、主控制楼和应急柴油发电机厂房均环绕在反应堆厂房周围。对于双机组核电厂也可采用对称布置，并共用部分核辅助厂房。

反应堆厂房与汽轮机厂房的相对布置有 L 形和 T 形两种布置方式，大亚湾核电厂采用双堆 T 形平面布置，如图 7 - 8 和图 7 - 9 所示。

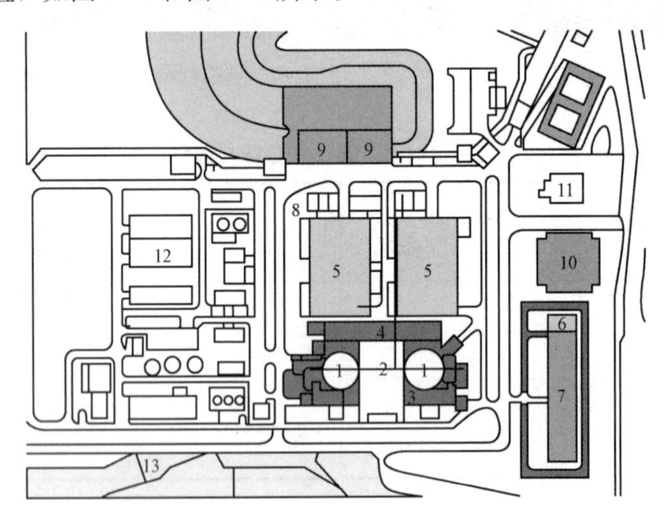

图 7 - 8　大亚湾核电站厂区 T 形布置

1—反应堆厂房；2—核辅助厂房；3—燃料厂房；4—电气厂房；5—汽轮机厂房；6—调度控制楼；7—主调度大楼；8—变电站；9—循环水泵房；10—行政办公大楼；11—餐厅；12—核电厂其他辅助厂房；13—海水进口

5. 核电站经济性分析

核电作为可以大规模运用的工业能源，与煤电、风电、太阳能比较，有明显的经济性优势。

与煤电相比，核电从 2013 年开始实施的二代改进型机组的含税 0.43 元/kWh 电价，都普遍低于电站所在沿海各省的煤电标杆电价，体现了核电的市场竞争优势。同时，核电成本

图7-9 大亚湾核电站鸟瞰图

的包容性大，是全成本，即核电的发电成本中除了燃料费、运行维护费、折旧费、财务费用外，还包括了电站退役的处置费用和对乏燃料的后处理费用（后者统一上缴国家财政）。而煤电的成本中目前有脱硫、脱硝、除尘成本，但没有对 CO_2 的收集、处置费用。这意味着，煤电成本在环保压力下有增长空间，而核电成本没有这个增长压力。

除了零排放有害气体的环保优势外，由于核电使用的燃料少，百万千瓦机组每年仅25～30t，而煤电要烧煤 300 万 t，所以燃料开采、运输优势明显，见表 7-4。

表 7-4　　核电与煤电燃料消耗量比较

比较项目	1000MW 级煤电厂	1000MW 级核电厂
年消耗燃料	200 万～300 万 t 煤	20～30t 核燃料
年运输	每天 100 节火车皮	每年一辆重型卡车

核电与风电、太阳能相比，单位投资相当，但核电的运行小时数高，每年在 7000h 以上，稳定可靠，是电网的基本负荷。而风电、太阳能每年有效上网小时数为 1500～2000h，且受自然条件影响大，电网还需要配备煤电、气电、抽蓄等来均衡波动性（调峰、调相、调频），加大电网运行成本。

据联合国经合组织（OECD）在 2010 年的研究报告指出，欧洲的核电发电成本是光伏发电的 1/5.3，风电的 1/1.8，使用褐煤发电的 1/1.2；中国的核电发电成本是光伏发电的 1/4.7，风电的 1/2.1。

六、实验步骤

现场参观先进沸水堆核电站模型、900MW 压水堆核电站模型、AP1000 型先进压水堆核电站仿真装置，使用核电站虚拟漫游软件，结合上述介绍认知核能发电的基本原理、生产流程、主要设备、厂房布置和经济效益等。识别安全壳、堆芯、燃料组件、控制组件、沸水堆、汽水分离器、干燥器、阱、堆芯应急冷却系统、压水堆、一回路、蒸汽发生器、二回路、汽水分离再热器、三回路等系统与设备，并与燃煤电厂进行比较认知。

七、思考题

（1）简述压水堆核电站的基本生产流程和能量转换过程。

（2）简述压水堆核电站的三大部分。

（3）查阅资料，简述你对核电的认识。

实验二 压水堆核电站核岛部分认知实践

关键词

核岛，冷却剂环路，安全壳；压水反应堆，压力壳，A508-3 钢，堆芯，燃料组件，燃料元件，燃料芯块，Zr 包壳；控制棒组件，星形架，吸收剂棒，黑棒组件，灰棒组件；组件骨架，控制棒驱动机构，下部堆内构件，堆芯吊篮，堆芯下栅格板，堆芯围板，热屏；上部堆内构件，导向筒支承板，堆芯上栅格板，控制棒导向筒；一回路，冷却剂泵，水力机械部分，轴封组件部分，电动机，飞轮；蒸汽发生器，U 形管束组件，Inconel-600，Inconel-690，Incoloy-800，汽水分离器，干燥器；稳压器。

一、实验目的

掌握压水堆核电站核岛的基本结构与工作原理，了解压水反应堆、反应堆冷却剂系统和核岛辅助系统的构成、主要设备、功能和选材。

二、能力训练

核反应堆是核电站的核心；为了保证反应堆冷却剂系统能够对堆芯进行有效冷却，设置了一系列核岛辅助系统。通过本次学习，对反应堆结构和一回路系统的组成及功能有更深入的了解，对反应堆的控制及核电站的运行有初步的认识。

三、实验内容

（1）核岛的基本结构与工作原理。

（2）压水反应堆，压力容器、堆芯、控制棒驱动机构和堆内构件。

（3）反应堆冷却剂系统（一回路主系统），冷却剂泵、蒸汽发生器和稳压器。

（4）核岛辅助系统，化学和容积控制系统（RCV）、硼和水补给系统（REA）、余热排出系统（RRA）、反应堆水池和乏燃料水池冷却和处理系统（PTR）、设备冷却水系统（RRI）、重要厂用水系统（SEC）。

（5）核电设备常用材料简介，包壳、压力容器、一回路管道、蒸汽发生器传热管的选材等。

四、实验设备及材料

（1）先进沸水堆核电站模型一套、900MW 压水堆核电站模型一套、AP1000 型先进压水堆核电站仿真装置一套。

（2）压水堆堆芯模型、冷却剂泵模型、蒸汽发生器模型各一套。

（3）核电设备常用材料一批。

（4）核电站虚拟漫游与仿真软件。

五、实验原理

1. 核岛的基本结构与工作原理

核岛部分是压水堆核电站的核心，在高压高温和带放射性条件下工作，布置在安全壳内，功能类似于火电厂的锅炉设备，其作用是产生蒸汽供给常规岛。

如图 7-10 所示，反应堆运行时，轻水（一回路水）既是慢化剂，又是冷却剂，经一回路循环泵（主泵）加压（通常为 15.2～15.5MPa），由压力壳顶部附近送入反应堆。冷却剂

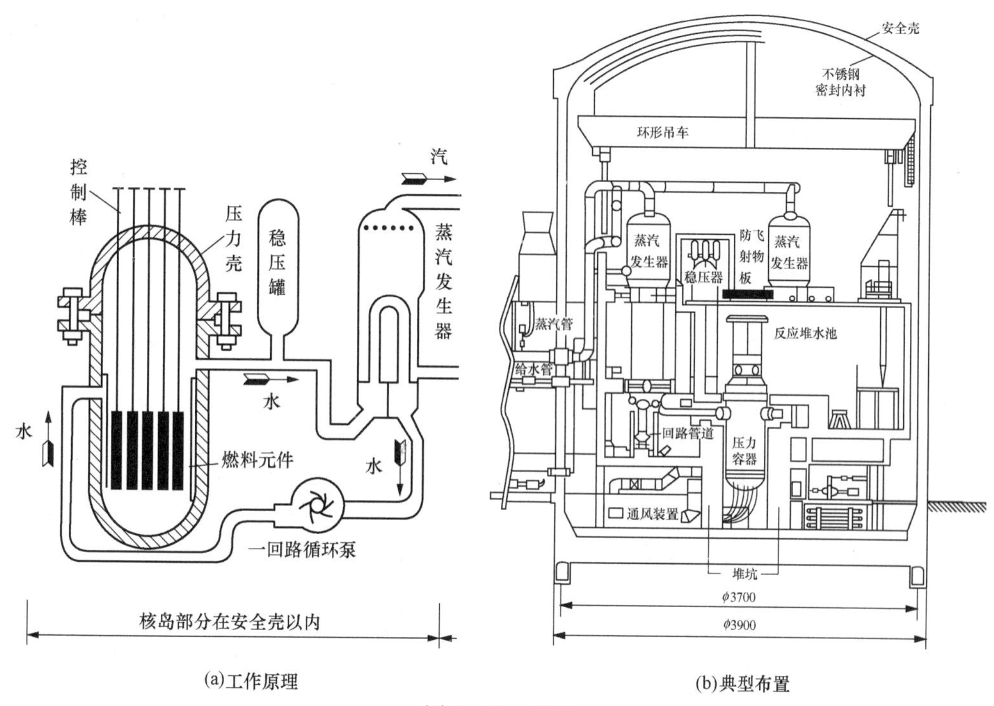

(a)工作原理　　(b)典型布置

图 7-10　核岛

从外壳与堆芯围板之间自上而下流到堆底部，然后由下而上流过堆芯中的燃料棒，带着核裂变放出的热量离开反应堆本体，温度升高 30℃左右。被加热后的一回路水引入压力壳外的蒸汽发生器，通过其内 3000 多根传热管，把热量传给管外的二回路除盐水，使之沸腾产生蒸汽，推动汽轮机发电。经过热交换后，一回路的冷却剂再由主泵送回反应堆，在一回路中循环流动；一回路系统通常布置有 2～4 条这样的并联封闭回路，称为冷却剂环路。压水堆的主要技术参数见表 7-5。

表 7-5　压水堆的主要技术参数

主要参数	环路数			主要参数	环路数		
	2	3	4		2	3	4
堆热功率（MW）	1882	2905	3425	燃料组件数	121	157	193
净电功率（MW）	600	900	1200	控制棒组件数	37	61	61
一回路压力（MPa）	15.5	15.5	15.5	回路冷却剂流量（t/h）	42 300	63 250	84 500
反应堆入口水温（℃）	287.5	292.4	291.9	蒸汽量（t/h）	3700	5500	6860
反应堆出口水温（℃）	324.3	327.6	325.8	蒸汽压力（MPa）	6.3	6.71	6.9
压力容器内径（m）	3.35	4	4.4	蒸汽含湿量（%）	0.25	0.25	0.25
燃料装载量（t）	49	72.5	89				

一般 900MW 压水堆有 3 个环路，分别与反应堆压力容器的进、出口接管相连，对称分布。每个环路设有 1 台蒸汽发生器、1 台主泵，三个环路共用一个稳压器；稳压器通过波动管设置在一个环路堆出口至蒸汽发生器入口间的管段上。在核电站的设计和建造中，为了确保运行安全，采取了一系列纵深防御措施，如安全壳喷淋系统、安全注射系统等，这些保护系统能对不正常运行进行控制，直至停堆，从而保护核电站的完整性，见图 7-11。

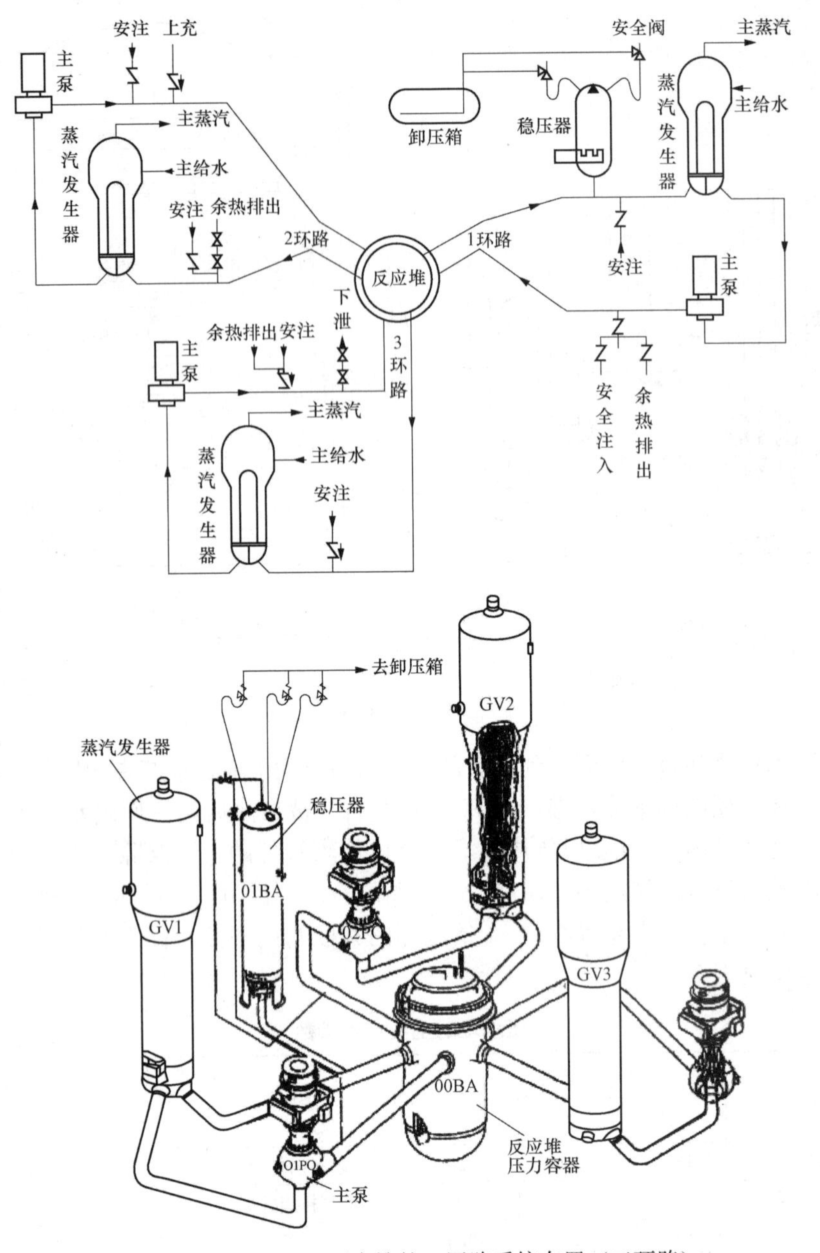

图 7-11 900MW 压水堆的一回路系统布置（三环路）

图 7-12 安全壳外观

冷却剂环路系统、设备、反应堆压力容器，以及与之相连的承压密封壳、2 道隔离阀前的管道组成一回路压力边界，是核电厂防止放射性物质外泄的又一道安全屏障。

核岛外的安全壳是一个大型圆筒形的预应力钢筋混凝土建筑物，顶部为半球形；内径约 37m，高 60m，壁厚 0.9m，内衬一层 19～33mm 厚钢板，见图 7-12。安全壳有良好的密封性能，能承受极限事故引起的内压和温度剧增，作为最后一道安全屏障包容放射性物质，对反应堆冷却剂系统的放射性辐射提供生物屏蔽，抗击地震、龙卷风等自然灾害，以及外来飞行物的冲击，保护反应堆。

综上所述，核岛主要由压水反应堆、反应堆冷却剂系统（一回路主系统）、核岛辅助系统、专设安全设施和三废处理系统等组成。

2. 压水反应堆

反应堆是核燃料进行可控链式核反应的容器，核反应堆本体结构的任务是确保堆芯能安全可控地进行链式反应；确保核裂变释放的热量能够有效导出；确保全寿期能满功率运行，堆内所有部件保持良好性能；在事故时能保证反应堆结构的完整性和安全性。

典型的压水反应堆本体结构包括压力容器、堆芯、控制棒驱动机构和堆内构件等几部分，如图 7 - 13 所示。

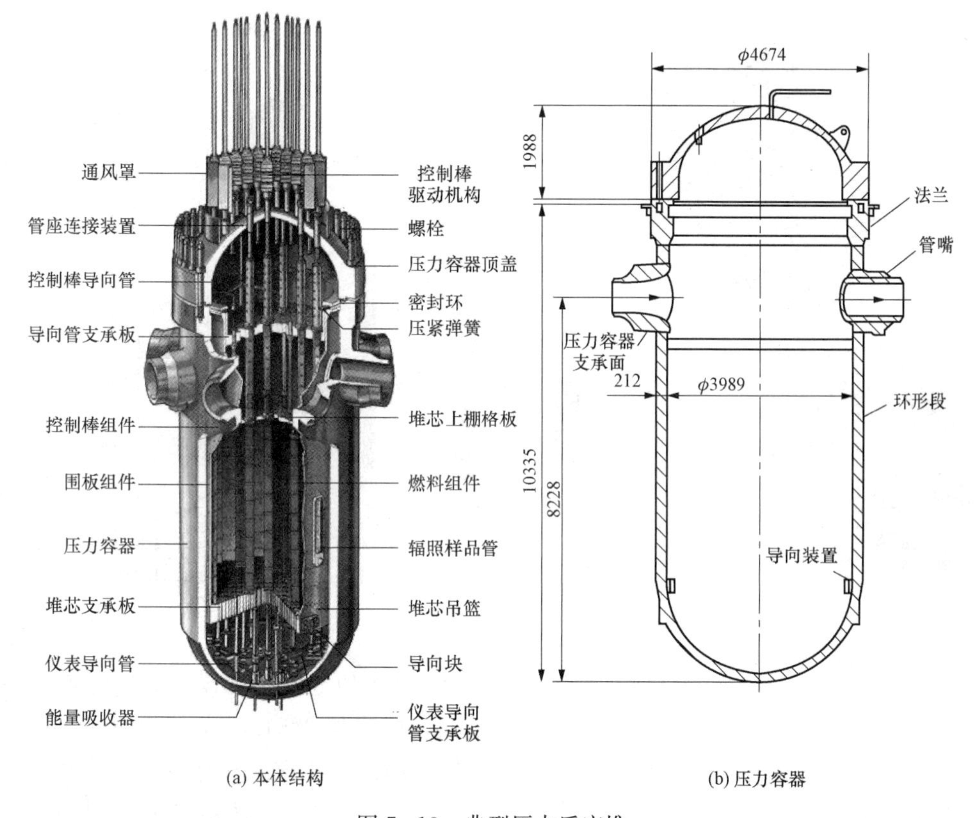

图 7 - 13　典型压水反应堆

(1) 压力容器。压力容器支承和包容堆芯和堆内构件，工作在高压（约 15.5MPa）、高温含硼酸介质环境和放射性辐照的条件下，寿命不少于 40 年（对于第三代反应堆，压力容器寿命 60 年）。

反应堆压力容器是一个底部为焊死的半球形封头，上部为法兰连接的半球形封头的圆柱形容器，分为压力容器顶盖和压力容器筒体两部分。对于三环路设计，容器上各有三个进口管嘴和出口管嘴与各冷却剂环路的冷热管段相接。这些进出口管嘴位于高出堆芯上平面约 1.4m 的同一平面上，如图 7 - 13 (a) 所示。

压力容器本体材料为 A508 - 3 低碳钢，与冷却剂接触表面堆焊一层约 5mm 厚的不锈钢，高度约 13m，内径约 4m，筒体壁厚约 200mm，总重约 330t。

（2）反应堆堆芯。反应堆堆芯由核燃料组件及其功能组件（控制棒组件、可燃毒物棒组件、中子源棒组件、阻力塞棒组件）组成，又称为活跃区，位于反应堆压力容器中心偏下的位置。反应堆冷却剂流过堆芯时起到慢化剂的作用。控制棒组件用于反应堆控制，提供反应堆停堆能力和控制反应性快速变化。与燃料组件组合在一起的还有一些功能组件，它们在堆启动和运行中起着重要作用。

1）燃料组件。燃料组件由燃料元件和组件骨架组成，呈 17×17 正方形栅格排列，共有 289 个栅格。其中，264 个装有燃料棒；24 个装有控制棒导向管，它们为控制棒的插入和提出导向；1 根通量测量管位于组件中心位置，为机组运行过程中测量堆芯内中子通量的测量元件提供通道，如图 7-14 所示。

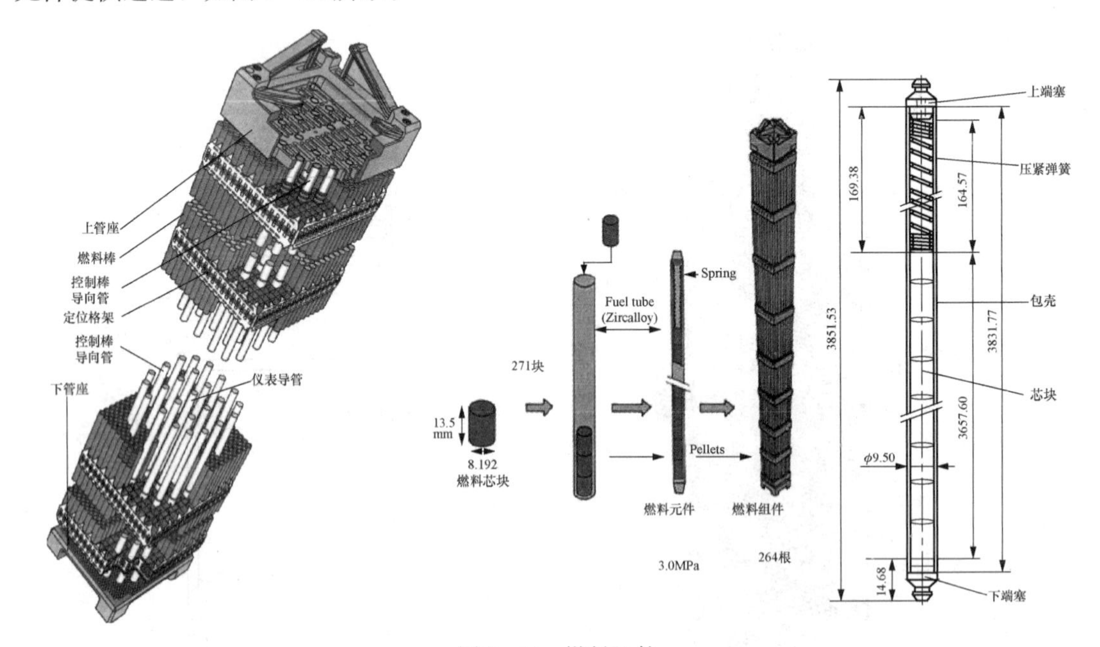

图 7-14 燃料组件

燃料元件是产生核裂变并释放热量的基本元件。271 块二氧化铀燃料芯块叠置在锆合金包壳管中，两端装上端塞，把燃料芯块封焊在里面，构成长 3851.5 mm、外径 9.5mm 的燃料棒。燃料包壳是压水堆的第一道安全屏障，它的作用是防止核燃料与冷却剂接触，并防止裂变产物逸出，以免造成放射性污染。包壳的理论熔点 1250℃，但 Zr 在温度达 820℃后开始发生锆-水反应并产生氢气，其化学反应式为

$$Zr + 2H_2O \longrightarrow ZrO_2 + 2H_2\uparrow + 热量$$

Zr 与水在 950℃时反应显著，以后每升高 50℃反应热增加一倍，在 1200℃以上时包壳会完全烧毁，所以在失水事故时必须及时限制包壳温度上升，以免第一道防护屏障被破坏。

燃料组件骨架由 8 个定位格架、3 个中间搅混格架、24 根控制棒导向管、一根中子通道测量管和上、下管座组成。骨架使 264 根细长的燃料元件形成一个整体，承受整个组件的重量和控制棒下落时的冲击力，准确引导控制棒的升降，保证组件在堆内可靠工作和装卸料的运输安全。

大亚湾核电站由 157 个几何形状和机械结构完全相同的燃料组件构成一个高 3.65m、等

效直径 3.04m 的准圆柱状核反应区；为了提高反应堆的功率，加深核燃料燃耗，堆芯采用不同富集度核燃料分区装料，见图 7-15。

2）功能组件及控制棒组件。在上述 157 个燃料组件中，每个组件都有 24 个控制棒导向管，导向管内安装堆芯的功能组件。其中约 1/3 导向管被控制棒组件占据，用来控制核裂变的速率；其他导向管内还装有可燃毒物棒组件、阻力塞组件和中子源棒组件。这里主要介绍控制棒组件。

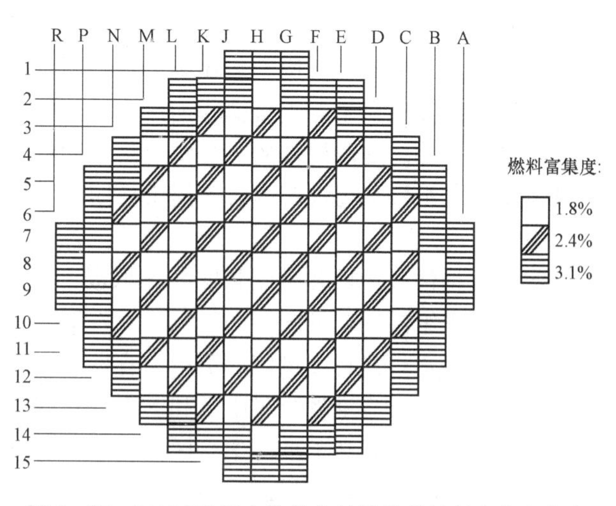

图 7-15 900MW 压水堆核电站堆芯首炉料富集度分布

控制棒组件可控制核裂变的速率；在正常工况下用于启动反应堆、调节堆功率和停堆；在事故工况下，使反应堆在极短时间内紧急停堆，以保证安全。

控制棒组件由星形架和吸收体细棒组成，星形架上有 16 个连接翼片固定在中央连接柄上，24 根细棒悬置固定在 16 个连接翼片上（见图 7-16），其他功能组件的结构与之相似。

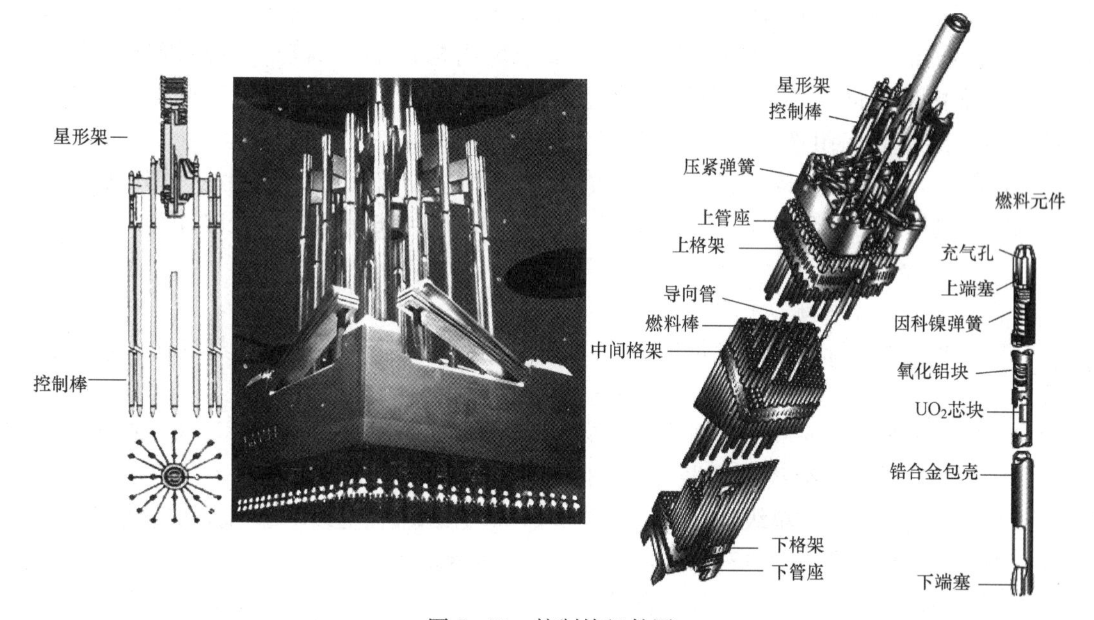

图 7-16 控制棒组件图

星形架材料为不锈钢，它的中央是一个连接柄，其内部通过丝扣与控制棒驱动机构驱动轴上的可拆接头相连接。连接柄下端装有弹簧组件，当控制棒快速下落时，弹簧可起缓冲作用，减小控制棒组件对燃料组件的撞击。

吸收体细棒分为吸收剂棒和不锈钢棒，吸收剂棒所用的中子吸收剂为银-铟-镉合金。由此，控制棒组件分为两类：一类是黑棒组件，带 24 根银-铟-镉吸收剂棒；另一类带 8 根吸收剂棒和 16 根不锈钢棒，称为灰棒组件。吸收能力强的黑棒组件用作安全棒，灰棒组件作为调节棒使用。

(3) 控制棒驱动机构。控制棒驱动机构是确保反应堆安全可控的重要部件，通过它的动作带动控制棒组件在堆芯内上下抽插，以实现反应堆的启动、功率调节、停堆和事故工况下的安全控制。控制棒驱动机构安装在压力容器顶盖的上部，其驱动轴穿过顶盖伸进压力容器内，与控制棒组件星形架的连接柄相连接。

(4) 堆内构件。堆内构件的主要作用是为燃料组件提供支承、对中和导向；引导冷却剂流入和流出燃料组件；为堆芯内仪表提供导向和支承。堆内构件分上部堆内构件和下部堆内构件。

下部堆内构件包括堆芯吊篮和堆芯支承板、堆芯下栅格板、流量分配孔板、堆芯围板、热屏、二次支承组件等，见图 7 - 17 (a)。堆芯吊篮是一个不锈钢制的圆筒，与堆芯支承板一起支承堆芯重量，并将重量传递给压力容器，同时使冷却剂沿固定方向流动。装在吊篮外侧的热屏可以减少反应堆运行时中子和 γ 射线对压力容器的辐射损伤，防止压力容器材料的辐照脆化。堆芯围板确立了堆芯燃料区的边界，它从堆芯下栅格板一直到上栅格板，顺着整个燃料区的外沿紧紧围住燃料区，引导冷却剂流过堆芯，减少冷却剂旁路。

上部堆内构件包括导向筒支承板、堆芯上栅格板、控制棒导向筒、支承柱、热电偶和压紧弹簧等，见图 7 - 17 (b)。堆芯上栅格板是燃料组件的上部定位板，与下栅格板一样，有许多流水孔和定位销。上栅格板周侧有四个键槽与吊篮内侧上的四个键相啮合，使上部堆芯构件对中定位。导向筒支承板的法兰坐落在吊篮法兰上面，两个法兰间有一个环形的板状压紧弹簧，可以限制整个堆内构件上下蹿动。控制棒导向筒为控制棒插入堆内起导向作用，它分用螺栓连接的上下两部分，上部为方形间断式导向板，下部为圆形连续导向组件。

在换料时，上部堆内构件是作为一个整体卸出和安装的。在所有燃料组件卸出后，下部堆内构件也可以作为一个整体卸出。通常只有在对压力容器进行在役检查时才卸出下部堆内构件。

3. 反应堆冷却剂系统（一回路主系统）

核岛一回路主系统也称反应堆冷却剂系统，主要设备有冷却剂泵、蒸汽发生器与稳压器等。

(1) 冷却剂泵。反应堆冷却剂泵即主泵，用于驱动冷却剂在堆内循环流动，连续不断地将堆芯产生的热量传递给蒸汽发生器二次侧给水；在冷起动升温升压时，可用于加热冷却剂。压水堆普遍采用立式单级轴封泵，典型 900MW 压水堆核电站冷却剂泵可分为水力机械部分、轴封组件部分和电动机三部分，如图 7 - 18 所示。

水力机械部分主要为水泵组件，包括吸入口和排出口接管、泵壳、叶轮、泵轴、扩压器和导液管、水泵轴承和热屏等部件。泵壳是冷却剂系统压力边界的一部分，应能承受设计工况及事故工况下的各类载荷。对泵的性能影响最大的是叶轮，它是一个单级螺旋叶片组成的不锈钢铸件，通过热套加键固定在泵轴的下部，泵轴的上端为刚性联轴器，与电动机相连接。热屏位于叶轮和水泵轴承之间，用来阻止反应堆冷却剂的热量向泵的上部传导，防止轴封和轴承的损坏。

电动机部分包括电动机、电动机下轴承、电动机止推轴承和上部轴承、惯性飞轮。惯性飞轮装于电动机轴顶端，重达几吨，当发生全厂断电时，飞轮可以有数分钟的惰转时间，维

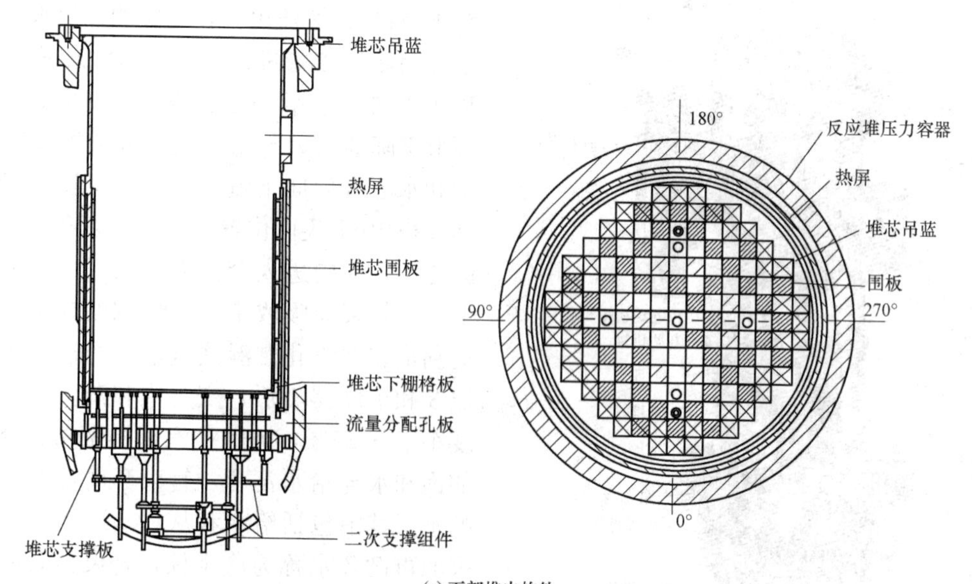

(a) 下部堆内构件

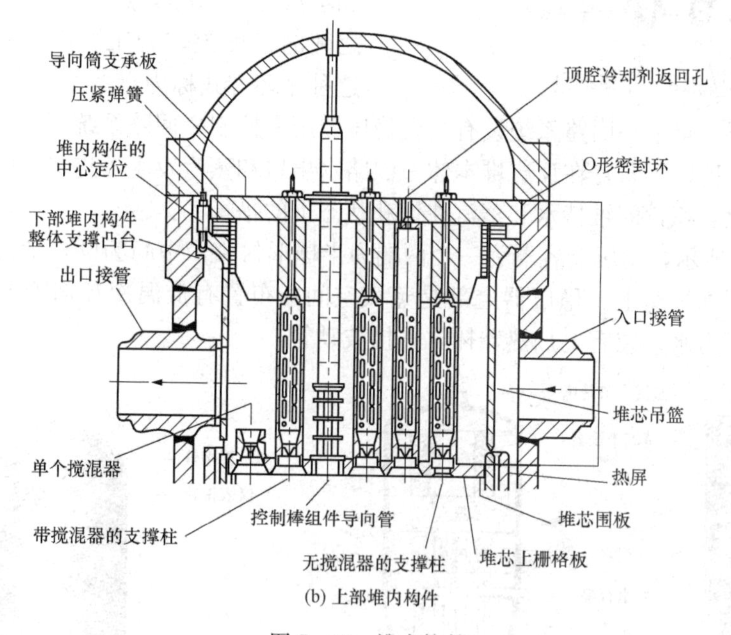

(b) 上部堆内构件

图 7-17 堆内构件

持冷却剂必要的惯性流量将堆芯余热带出。电动机上部还装有一个抗倒转装置，防止主泵因冷却剂回流而倒转。

(2) 蒸汽发生器。蒸汽发生器是核电厂一、二回路的枢纽，它的主要作用是将一回路冷却剂中的热量传递给二回路给水。蒸汽发生器传热管破损会造成放射性物质泄漏，对核电厂安全构成威胁。因此，蒸汽发生器的安全可靠与核电厂的经济性、安全性密切相关。

如图 7-19 所示，蒸汽发生器由筒体组件、下封头、管板、U 形管束组件和汽水分离组件等主要部件组成。来自压力容器出口的冷却剂由下封头接管 13 进入一次侧进口水室，然后通过倒置 U 形管 9 将热量传递给二回路给水，然后流出 U 形管，进入出口水室，从下封

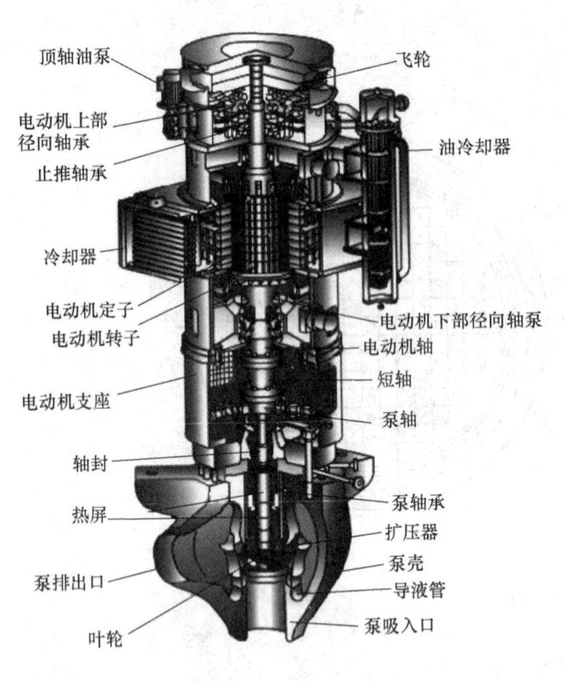

图 7-18 冷却剂泵

头出口接管 12 流出。在二次侧，给水由位于上部筒体的接管进入，通过给水环管上的管嘴 4 流向 U 形管束套筒与蒸汽发生器之间的环形下降通道，与来自汽水分离器分离出的饱和水汇合后向下流动。水流至管束套筒底部管板 10 上表面位置，通过管束套筒上预留的通道，横向进入套筒内管束底部，折流向上，在管束间吸收来自一次侧的热量，逐渐达到饱和并汽化。湿蒸汽依次经过汽水分离器 3 和干燥器 2 后，变为饱和蒸汽，蒸汽湿度小于 0.25%，被送往汽轮机做功。分离出的饱和水与给水汇合。管束套筒与筒体之间的水，其中包括给水和从汽水分离器分离出来的再循环水称为冷水柱，管束套筒内的水和蒸汽混合物称为热水柱，冷水柱和热水柱之间的密度差，为工质循环提供驱动压头，这种循环方式称为自然循环。

(3) 稳压器。整个一回路系统设有一台稳压器用来控制一回路系统压力，维持反应堆运行工况的稳定。稳压器布置在反应堆本体一回路水出口和蒸汽发生器进口之间，具有足够大的水容积和蒸汽容积，能维持水和蒸汽在饱和状态下的平衡。

如图 7-20 所示，稳压器容器为一个两端为半球形封头，中间为圆柱形的直立空心高压筒体，安装在下部裙座上。稳压器上部是蒸汽空间，布置有低温冷却剂喷淋装置和安全阀组；下部充满压力水，装有电加热器棒，连接波动管。

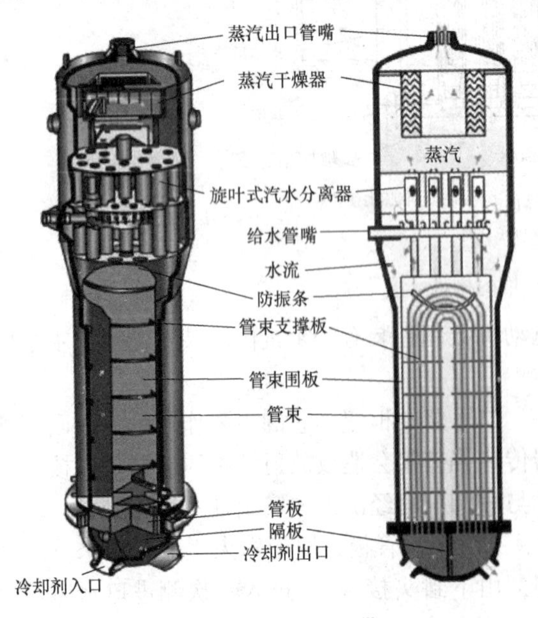

图 7-19 蒸汽发生器

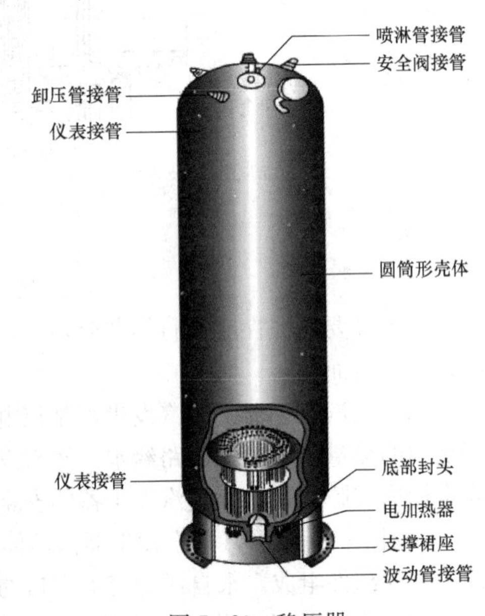

图 7-20 稳压器

在稳压器内，液相与汽相是处于饱和平衡状态，分别为饱和水及饱和蒸汽，此时水的密度大约是蒸汽密度的6倍。当核电站负荷突降时，冷却剂温度瞬时升高、体积膨胀、压力上升，部分冷却剂进入稳压器，汽空间减小、蒸汽压力升高，喷淋装置自动开启，喷入低温冷却剂，部分蒸汽凝结，从而控制压力的上升。当负荷突然升高时，冷却剂温度瞬时降低、体积收缩、压力下降，部分冷却剂流出稳压器，汽空间增大、蒸汽压力降低，后备电加热器自动投入，产生蒸汽，从而控制压力的下降。稳压器正是通过电加热器和喷淋来控制压力的。

4. 核岛辅助系统

核岛辅助系统是核岛的重要组成部分，它不仅是核电厂正常运行不可缺少的，而且在事故工况下，为核电厂安全设施提供必要支持。压水堆核电厂核岛辅助系统主要有以下功能：排出核燃料剩余功率、控制反应堆冷却剂的化学成分和体积变化、对设备进行冷却、对核岛进行通风排气和空气净化等。

核岛辅助系统设备众多、系统复杂，在此只简要介绍以下几个重要的系统：

(1) 化学和容积控制系统（RCV）。RCV系统主要功能是对一回路进行容积控制（维持稳压器水位在整定值）、化学控制（净化冷却剂、调节pH）、反应性控制（控制堆内反应性变化，确保足够的停堆深度）。除此之外，RCV还担负着以下辅助功能：为主冷却剂泵提供轴封水，为稳压器提供辅助喷淋水，一回路处于单相时（稳压器内充满水）的压力控制，以及对一回路进行充水、排气和水压试验等。其主要设备包括容控箱、上充泵、再生式热交换器、混床除盐器、阳床除盐器等。

(2) 硼和水补给系统（REA）。REA系统为化容系统储存并供给其容积控制、化学控制和反应性控制所需的各种流体；提供除盐除氧含硼水，以保证RCV系统的容积控制功能；注入联氨、氢氧化锂等药品，以保证RCV系统的化学控制功能；提供硼酸溶液和除盐除氧水，以保证RCV系统的反应性控制功能。主要有两个回路：补水回路包括两个除盐除氧水储存箱（两个机组共用），四台除盐除氧水泵（每台机组各两台），两个化学物添加箱（每个机组一个）；硼酸补充回路包括一个硼酸溶液配制箱（两个机组共用）、三个硼酸溶液储存箱（每个机组各用一个，第三个为共用）、四台硼酸溶液输送泵（每个机组两台）。

(3) 余热排出系统（RRA）。反应堆停堆后，由于裂变产生的裂变碎片及其衰变物通过放射性衰变过程释放热量，产生衰变热即剩余功率（余热），另外堆内结构还有显热，需要通过冷却剂的循环带出，以确保堆芯的安全。余热排出系统由两台余热排出泵、两台余热排出热交换器和相关的阀门、管道组成，其任务就是在停堆时带出堆芯衰变热、冷却剂和设备的显热、运行的主泵在一回路系统中产生的热量，使反应堆安全停堆。

除上述介绍的几个系统外，核岛辅助系统还包括反应堆水池和乏燃料水池冷却和处理系统、设备冷却水系统、重要厂用水系统、核岛应急生水系统、蒸汽发生器排污系统、硼回收系统、核取样系统、核岛排气和疏水系统及核岛冷冻水系统等。

5. 核岛材料简介

反应堆内具有强中子和γ射线辐照，以及大量的放射性裂变产物和巨大的能量释放，因此在结构材料选择方面，核电站远比火电厂复杂、庞大和严格。为了保证反应堆的安全运行和设计寿命，各部件在服役时必须满足稳定性、完整性和可靠性的要求，因此需要考虑材料的核性能、力学性能、化学性能、物理性能、辐照性能、工艺性能、经济性等性能条件。

随着核能工程的发展，反应堆材料学也不断发展起来，下面简要介绍一下反应堆重要部件的材料体系。

(1) 核燃料是反应堆中实现核裂变的重要材料，工况也最苛刻。固体核燃料分金属型（包括合金）、陶瓷型和弥散体型三类。

(2) 包壳材料是装载燃料芯块的密封外壳，适宜作包壳的材料主要有铝及铝合金、镁合金、锆合金、奥氏体不锈钢、高密度热解碳等。

(3) 堆内构件用材主要是奥氏体不锈钢，部分材料采用镍基合金。

(4) 反应堆压力容器包容着堆芯的所有部件，并在高温高压下运行；保证它的完整性对反应堆的安全和寿命十分重要。目前国内外广泛采用 A508-3 钢，其化学成分的要求见表7-6。

表 7-6　　A508-3 钢的化学成分　　质量/%

C	Si	Mn	P_{max}	S_{max}	Cr_{max}	Mo
0.17～0.23	0.15～0.30	1.20～1.50	0.012	0.015	0.25	0.45～0.60
Ni	**V_{max}**	**Cu_{max}**	**Co_{max}**	**Sn_{max}**	**As_{max}**	**Sb_{max}**
0.40～1.00	0.01	0.08	0.02	0.01	0.01	0.01

(5) 反应堆回路管道是维持和约束冷却剂循环流动的通道，它封闭着高温高压强放射性的冷却剂，对反应堆的安全和正常运行起着重要的保障作用。其材料主要是 316 不锈钢（0Cr17Ni14Mo3）；最初都用无缝钢管，现在广泛采用铸造管（直管为离心铸造，弯头为精密铸造）。

(6) 压水堆蒸汽发生器传热管材应具有良好的耐腐蚀和导热性能，以防止管子因高温水中的晶间腐蚀、碱腐蚀和应力腐蚀等而发生破裂，并减少回路的活化及管壁上的积垢。一般采用 Inconel-600、Inconel-690、Incoloy-800 等镍基合金作为蒸汽发生器传热管的材料，其抗应力腐蚀破裂性能均比奥氏体不锈钢好。这些合金的化学成分见表 7-7。

表 7-7　　蒸汽发生器传热管用镍基合金化学成分

合金钢号	元素（%）											
	Ni	Cr	Fe	C	Cu	S	P	Mn	Si	Al	Co	Ti
Inconel-600 (Cr15Ni75Fe)	≥72.0	14～17	6.0～10.0	≤0.03	≤0.5	0.015	≤0.015	≤1.0	≤0.5		≤0.015	
Inconel-690 (0Cr30Ni60Fe10)	≥58.0	28.0～30.0	7.0～11.0	≤0.04	≤0.50	≤0.015	≤0.025	≤0.50	≤0.50	≤0.50	≤0.10	
Incoloy-800 (Cr20Ni32Fe)	32.5～35.0	21.0～23.0	余量	0.03	≤0.75	≤0.015	≤0.015	≤1.0	≤0.75	0.15～0.45	≤0.015	≥0.035

六、实验步骤

现场参观先进沸水堆核电站模型、900MW 压水堆核电站模型、AP1000 型先进压水堆核电站仿真装置、压水堆堆芯模型、冷却剂泵模型、蒸汽发生器模型和核岛材料一批，使用核电站虚拟漫游与仿真软件，结合上述介绍认知压水堆核电站核岛的基本结构与工作原理，了解压水反应堆、反应堆冷却剂系统和核岛辅助系统的构成、主要设备和功能。识别核岛、冷却剂环路、安全壳、压水反应堆、压力壳、堆芯、燃料组件、燃料芯块、燃料元件、Zr

包壳、控制棒组件、星形架、吸收剂棒、组件骨架、控制棒驱动机构、下部堆内构件（堆芯吊篮、堆芯下栅格板、堆芯围板、热屏）、上部堆内构件（导向筒支承板、堆芯上栅格板、控制棒导向筒）、一回路、冷却剂泵、水力机械部分、轴封组件部分、电动机、飞轮、蒸汽发生器、U形管束组件、汽水分离器、干燥器和稳压器等系统与设备，并与燃煤电厂锅炉进行比较认知。

七、思考题

（1）简述核岛的基本结构与工作原理。

（2）简述压水反应堆堆芯的基本组成。

（3）简述反应堆冷却剂系统的主要设备及其功能。

实验三　核电站安全知识认知

关键词

放射性，α射线，β射线，γ射线，电离辐射，非电离辐射；天然辐射，人工辐射；外照射，内照射；纵深防御，安全注射系统，安全壳，安全壳喷淋系统，安全壳隔离系统，辅助给水系统，可燃气体控制系统；核燃料循环，铀浓缩离心机，乏燃料处理，直接处理，后处理，分离-嬗变处理。

一、实验目的

了解核电站放射性影响、防护原则、安全防护设施及安全功能和安全屏障等；了解核燃料的生产、乏燃料和三废处理的基本方法与流程。

二、能力训练

核安全是核电的生命。通过本次学习，需要对核安全、核辐射、乏燃料和三废处理有较为深入的了解，同时还要掌握一些必要的辐射防护方面的常识。

三、实验内容

（1）核电站放射性影响和防护原则，放射性与核电站电离辐射、核电站与日常生活中的辐射、内外照射的防护。

（2）核电站的安全防护，纵深防御原则、核电站专设安全设施及安全功能、核电站的安全屏障。

（3）核燃料循环与乏燃料处理，铀浓缩离心机、核废物的直接处理、后处理和分离-嬗变处理。

（4）核电站的三废处理，三废排放原则和基本处理流程。

四、实验设备及材料

（1）核电站虚拟漫游与仿真软件。

（2）教学录像与核安全展板1批。

五、实验原理

1. 核电站放射性影响和防护原则

（1）放射性与核电站电离辐射。

核电站对环境的影响主要是指运行中对环境造成的辐射或非辐射影响。正常运行时的辐

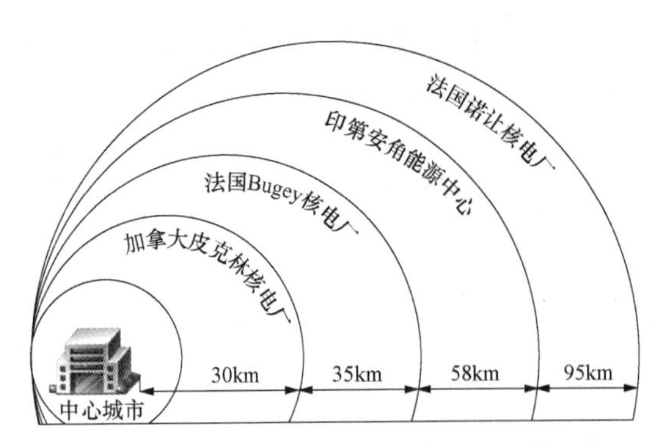

图 7-21　国外部分核电厂离中心城市的距离

射环境影响主要来源于汽、液态流出物的排放和放射性固体废物的储存和处置，非辐射环境影响主要是废热、废水排放（与火电厂类似）。国外部分核电厂离中心城市的距离如图 7-21 所示。

我们把原子核中质子数相同的原子归为同一种元素，而把具有相同质子数和中子数的一类原子称为核素。目前已发现 2000 多种核素，其中大部分都是不稳定的，只有大约 300 种稳定核素。不稳定核素会自发地向稳定核素转变，在这个过程中会有一些射线发射，如 α、β、γ 射线等成分。原子核自发地放射出各种射线的现象就称为放射性。

"辐射"术语用来表示各种不同波长的电磁波和粒子，按照有无电离能力，辐射可分为电离辐射和非电离辐射。一般来讲，非电离辐射能量很低，不足以改变物质的化学性质，通常不会对生物体造成严重损害。能够引起电离的带电粒子和不带电粒子称为电离辐射。所谓电离，是指具有一定能量的粒子与靶原子相互作用，使靶原子的核外电子脱离原子核的束缚而成为自由电子的过程。当生物体受到电离辐射照射时，会产生一系列生物学变化，主要归因于电离和电子激发对各种分子的破坏，例如破坏对活细胞功能极为重要的蛋白质和核酸。一切能够直接或间接引起电离的辐射都可能成为伤害人体的来源，如 α、β 粒子直接引起电离，γ 射线间接产生电离，质子和中子都包括在致电离辐射中。与核裂变有关的电离辐射主要有下列 6 种类型：

1）α 粒子：它是高速运动的 $^{4}_{2}He$ 原子核，常在某些原子核的反应中放出，穿透力弱，电离能力强。

2）β 粒子：它是高速运动的正电子或负电子，常在裂变产物和中子活化产物衰变时放出，穿透力比 α 射线强，电离能力比 α 射线弱。

3）γ 射线：它是波长比 X 射线更短的高能电磁波，可以在裂变过程中直接放出，也可以在核素的衰变过程中放出，穿透力极强。

4）裂变产物：它是重原子核分裂时产生的核素，或由于裂变产生的放射性核素衰变而形成的其他核素。

5）中子：它在裂变反应或其他核反应中产生。

6）质子：它是氢原子核，可以从某些原子核的反应中放出。

α 粒子在人体组织中射程很短，一般不构成危害，除非它们通过呼吸、吞食进入人体内。β 粒子只有能量最高的才能在人体组织中穿越几毫米以上，β 粒子发射体主要也是在体内产生危害；但如果 β 发射体接近皮肤，能够产生严重烧伤。然而，α、β 粒子都常伴随发射 γ 射线，γ 射线具有很强的穿透本领，能穿入人体相当大的距离，γ 射线的放射性物质不管是在体内体外都能构成危害。

（2）核电站与日常生活中的辐射。核电站的放射性是公众最担心的问题。其实自然界中放射性是到处存在的，我们每时每刻都在不知不觉地受到各种辐射，按照来源不同可分为天然辐射和人工辐射，见图7-22。天然辐射来自各种宇宙射线、宇宙射线与大气或地表相互作用产生的放射性核素（宇生放射性核素，如^{3}H、^{7}Be、^{14}C、^{22}Na）、地壳中天然存在的放射性核素（原生放射性核素），天然存在的辐射称为本底辐射。人工辐射源主要来源于矿物开采、核动力生产、核武器爆炸、放射性同位素的应用、加速器和 X 射线机等装置，以及医疗照射等。值得一提的是，由于人类处于食物链的顶端，自然界的放射性物质也会随着食物链向人类转移。

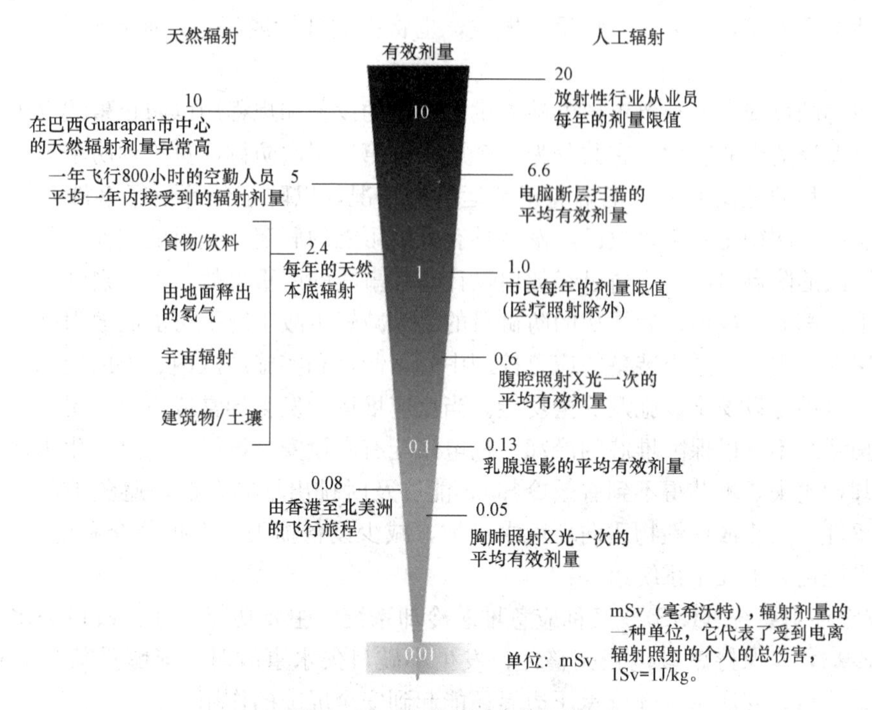

图 7-22　日常生活中的辐射

可见，饮食、乘飞机等都会使人们受到辐照的影响。事实上，与来自天然辐射和医学治疗的剂量相比，核电站正常运行时对环境产生的辐射剂量是极其微小的，甚至比同电功率的燃煤电厂要小得多，因为煤中含镭，燃烧时其辐射更强。对核电站的核辐射恐惧心理是完全没有必要的。

（3）内外照射的防护。辐射源在人体外部进行的照射称为外照射。对于外照射的防护应尽量减少或者避免射线从外部对人体的照射，使所受照射不超过国家规定的限值。外照射防护三要素是时间、距离、屏蔽，即减少受照射时间，尽量远离放射源，在人和辐射源之间加足够的屏蔽物。

除了在体外的照射，放射性物质还可以通过呼吸系统、消化系统、皮肤、伤口等进入人体内部对人体照射，这种照射称为内照射。内照射防护的一般措施包括以下 4 点：

包容：在操作过程中将放射性物质密闭起来。

隔离：根据放射性物质的毒性大小、操作量多少和操作方式等，将工作场所进行分级、分区管理。

净化：采用吸附、过滤、离子交换等方式尽量降低空气、水中的放射性物质浓度，降低物体表面的放射性污染水平。

稀释：合理控制下，利用干净的空气、水使空气、水中的放射性浓度降到控制水平以下。

在污染控制中，包容、隔离、净化是最主要的，稀释是次要的。

2. 核电站的安全防护

（1）纵深防御的核安全原则。为满足辐射安全准则，现有的核电站在设计、建造和运行中贯彻了纵深防御原则，其目的是使核设施和核活动都置于多重保护之下，并采取多道屏障防止放射性物质外泄，即使有一种手段失效，也将得到补偿或纠正，而不致危及工作人员、公众和环境。

纵深防御的核安全原则要求核电站提供多层次的设备和规程用以防止事故发生或在未能防止事故时保证适当的防护。它共分为 5 个层次：第一层次防御侧重于预防事故的发生；第二层次的防御目的是检测和纠正偏离正常运行的情况，以防止预计运行事件升级为事故工况；第三层次的防御是基于事故已经发生且有升级可能的假定，其目的主要就是防止事故扩大；第四层次的防御目的是应付已经超出设计基准事故的严重事故，使放射性后果保持在尽量低的水平；第五层次即最后层次的防御目的是为减轻事故工况下可能的放射性物质释放后果，这一层次要求具有适当装备的应急控制中心，制订和实施厂区内、外的应急响应计划。

（2）核电站专设安全设施及安全功能。当反应堆运行发生异常或事故工况下，仅仅依靠正常的保护系统不足以保障堆芯的冷却。核电站配有专设安全设施，一旦发生失水事故（即一回路冷却剂丧失，堆芯得不到有效冷却），能够及时排出堆芯余热，避免堆芯熔化，保持安全壳完整性，阻止放射性物质向环境中扩散，减少设备损失，保护公众和电厂人员安全。专设安全设施由以下几个系统组成：

1）安全注射系统（RIS）。又称应急堆芯冷却系统，主要功能是在大破口失水事故时对堆芯提供冷却，以保持燃料包壳完整性；发生小破口失水事故时，能够重新建立稳压器水位；失水事故后，安注系统部分承压边界还能起到安全屏障的作用。安注系统分为三个子系统，分别是高压安注系统、低压安注系统和中压安注系统，其中高压安注系统和低压安注系统是能动安全注入系统，需要使用泵作为注入动力，中压安注系统是非能动安全注入系统，利用预先充填的氮气压力实现安注。

2）安全壳喷淋系统（EAS）。在发生失水事故或者主蒸汽管道破裂导致安全壳内温度、压力升高时，安全壳喷淋系统能够从安全壳顶部喷洒冷却水，冷凝安全壳内的蒸汽，使温度和压力降低到可接受的水平，确保安全壳的完整性。此外，安全壳喷淋系统还具有对安全壳内气体除碘、手动喷淋灭火、冷却换料水箱等功能。

3）安全壳隔离系统（EIE）。核电站中有许多贯穿安全壳壁的管道和设备，为了保证安全壳作为第四道安全屏障的功能不受到损害，这些管道系统必须有适当设施，以便在发生事故时能将安全壳隔离，以隔离贯穿安全壳的非安全相关的流体系统，这些用于隔离的设施组成了安全壳隔离系统。安全壳隔离系统不是一个独立的系统，而是分散地单个地结合在各有关系统中。

4）辅助给水系统（ASG）。当蒸汽发生器主给水系统不能工作时，辅助给水系统向蒸汽发生器应急供水，及时带走堆芯热量，直至余热排出系统工作。在电厂启动、热备用、热停堆和从热停堆向冷停堆过渡的第一阶段，辅助给水系统代替主给水系统向蒸汽发生器二次侧供水。

5）可燃气体控制系统。可燃气体控制系统用来监测、控制安全壳气体空间的氢气体积分数，防止失水事故后安全壳内氢气积累，造成燃烧或爆炸事故。

核电站专设安全设施应该具有以下功能：在核电站发生事故时，向堆芯注入应急冷却水，防止堆芯熔化；对安全壳气空间进行冷却降压，保持安全壳完整性，防止放射性物质向大气释放；限制氢气在安全壳内浓集；向蒸汽发生器应急供水。

（3）核电站的安全屏障。为了阻止放射性物质向外扩散，核电站在核燃料与环境之间设置了多道安全屏障，最大限度地包容放射性产物，确保环境和公众免受放射性辐照的危害。

第一道安全屏障是核燃料本身。它大都制成物理、化学性能十分稳定的小圆柱形的 UO_2 陶瓷块，熔点高达 2800℃，能把 98%以上的裂变产物束缚在芯块内。只要芯块不被熔化，即使燃料包壳破裂，芯块与水接触也不易发生化学反应，芯块内的裂变产物也不会大量泄漏出来。

第二道安全屏障是燃料元件包壳。包壳用优质锆合金材料制成，其壁厚为 0.6～0.7mm。运行中从芯块逸出的少量裂变产物，能被保持在包壳密封之内。燃料包壳可以阻止冷却剂直接与燃料芯块相接触，防止裂变产物直接进入冷却剂。只有不到 0.5%的包壳在寿命期内可能产生针眼大小的孔，从而有漏出裂变产物的可能。

第三道安全屏障是压力容器和管道。反应堆的压力壳是 200～250mm 厚的钢制压力容器，它把燃料组件、控制组件等完全封闭起来。一回路冷却剂输送管道、蒸汽发生器传热管、主泵壳体等也是反应堆一回路压力边界的一部分，由 75～100mm 钢管构成，将反应堆冷却剂完全包容，防止泄露进冷却剂中的裂变产物进入二回路。

第四道安全屏障是反应堆的安全壳。庞大的安全壳把整个一回路的设备系统包覆起来，即使一回路出现破裂或渗漏，放射性物质也不会逸出安全壳跑到环境中去，是最后一道安全屏障。其设计原则是将一切可能的事故限制并消灭在安全壳内。反应堆运行时，所有进入安全壳的通道全部关闭，不允许人员进入。如 900MW 核电厂的安全壳，是一直径 37m、高 45m 的巨大圆柱体，顶部为半球形，安全壳的主体由厚度为 85cm 的混凝土浇筑而成，壳壁内层敷设 19～33mm 厚的钢板。

3. 核燃料循环与乏燃料处理

（1）压水堆核电站核燃料循环过程。发展核电就要建立相应的核燃料循环工业过程。压水堆核电站核燃料循环过程见图 7-23。它包括铀矿石的开采和加工，铀的精制和转化，铀的浓缩和还原，核燃料元件制造，核燃料在核电站反应堆中“燃烧”，乏燃料元件的后处理，以及放射性废物的处理和处置等环节。核电站是核燃料循环的中心环节。

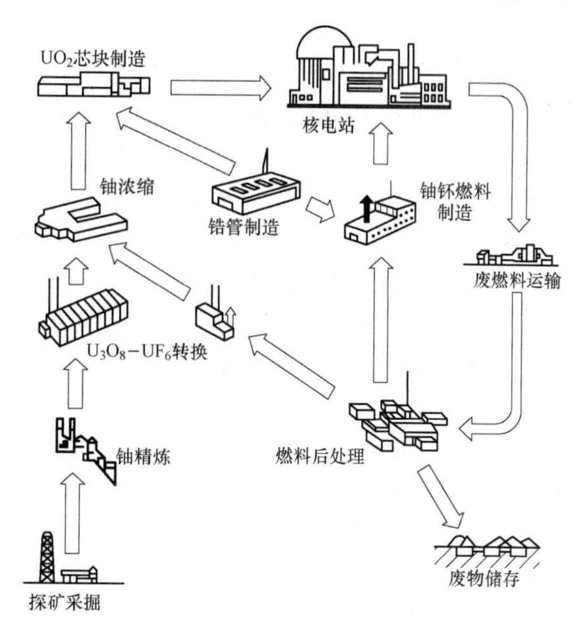

图 7-23　压水堆核电站核燃料循环

由于压水堆核燃料价格很高，同时核燃料在核电站中不可能一次就完全“燃耗尽”。在核燃料元件中逐渐积累的裂变产物会妨碍链式反应的进行，因此核电站运行一段时间以后，就要把核燃料元件从反应堆中卸出。通过后处理把未燃耗的铀、新生成的钚与裂变产物分离，回收的铀、钚可以重新加工成 UO_2 燃料元件或铀钚混合物燃料元件，返回核电站使用。

核电站的核燃料要求^{235}U含量为2%～5%，但在天然铀中，^{235}U含量只有0.7%，其余为^{238}U。提高^{235}U浓度的过程就是铀浓缩。当前主流的铀浓缩离心机技术，是利用在外周速度300m/s高速旋转的离心机中，UF_6气体受到比重力大几千倍的离心力，来实现$^{235}UF_6$和$^{238}UF_6$的分离。在离心机中，$^{238}UF_6$靠近外周浓集，$^{235}UF_6$靠近轴线浓集，从离心机的外周和中心分别引出气流，就可以得到^{235}U被相对贫化和加浓的两股UF_6气流，见图7-24。

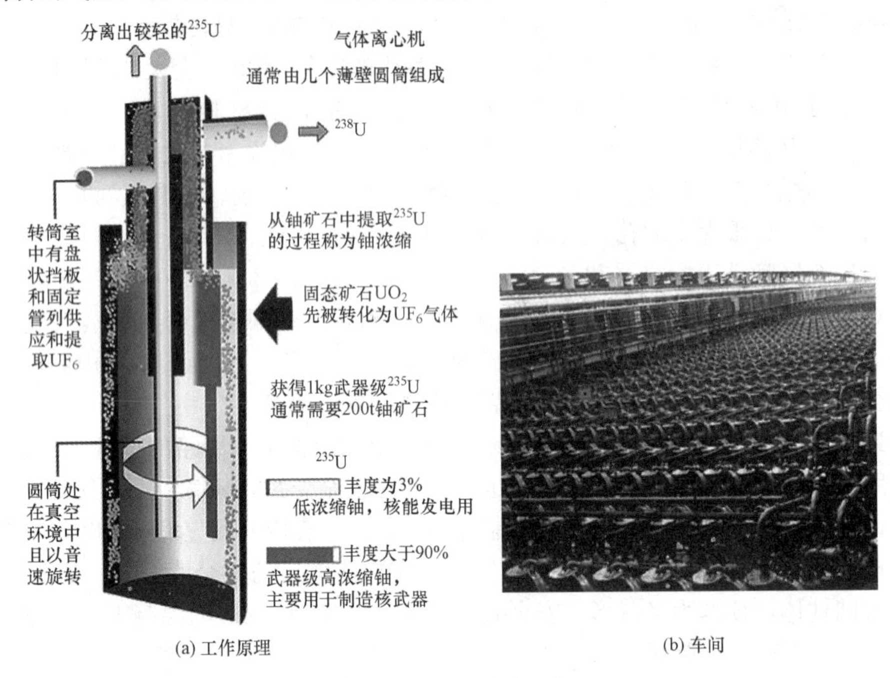

(a) 工作原理　　(b) 车间

图7-24　铀浓缩离心机

（2）乏燃料的处理。乏燃料是指从反应堆中卸出的辐照过的燃料元件，通常称乏燃料元件。乏燃料处理是核燃料循环的最后阶段，目的是将乏燃料中可用材料与放射性废物分开，使有用燃料得以循环利用，对无用的核废料固化封存处置。核废物中放射性的危害作用不能通过化学、物理和生物的方法来消除，只能通过自身固有的衰变规律降低其放射性水平，最后达到无害化。

现今通用的两种核废物处理方式为直接处理和后处理。直接处理是把从反应堆卸出的乏燃料直接当核废料，经过几十年冷却，固化为整体后装在大罐子里直接埋到很深的地层下，或将装有核废料的金属罐投入选定海域4000m以下的海底，其流程如图7-25（a）所示。像美国、俄罗斯、加拿大、澳大利亚等幅员辽阔的国家目前都是这样做的。

后处理是用化学方法对冷却一定时间的乏燃料进行后处理，回收其中的铀和钚进入核燃料再循环，将分离出的裂变产物和次锕系元素固化成稳定的高放废物固化物，进行地质埋藏处置，其流程如图7-25（b）所示。中国对高放射废物采取的是后处理方式，即先把乏燃料送到处置场进行固化，之后再放到至少500m深的地层内埋掉。

图7-25（c）所示为分离-嬗变处理流程示意，该处理可将高放废物中绝大部分长寿命核素转变为短寿命，甚至变成非放射性核素，可以减小深地质处理的负担，但不能完全代替深地质处理。

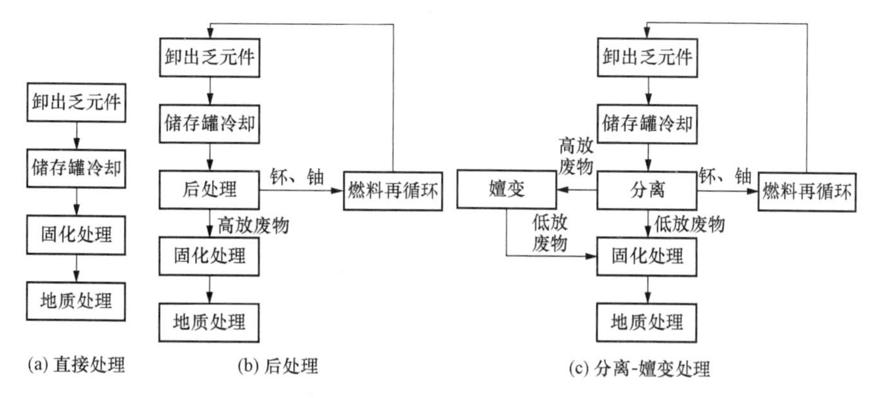

图 7-25　核废物处理方法

4. 核电站的三废处理

运行的核电站不可避免地会产生带有放射性的废水、废气和固态废料，称为核电站“三废”。核电站三废排放原则是尽量回收，把排放量降至最低。核电站固体废弃物完全不向环境排放；放射性活度较大的液体废弃物转化成固体废弃物也不排放；气体废弃物经检测合格后向高层排放。核电站三废的基本处理流程见图 7-26。

六、实验步骤

使用核电站虚拟漫游与仿真软件，观看教学录像与核安全展板；结合上述介绍了解核电站放射性影响、防护原则、安全防护设施及安全功能和安全屏障等；了解核燃料循环、乏燃料和三废处理的基本方法与流程。识别安全注射系统、安全壳、安全壳喷淋系统、安全壳隔离系统、辅助给水系统和可燃气体控制系统等；认知 α 射线、β 射线、γ 射线、电离辐射、非电离辐射、天然辐射、人工辐射、外照射、内照射、核燃料循环系统等，并与燃煤电厂进行比较认知。

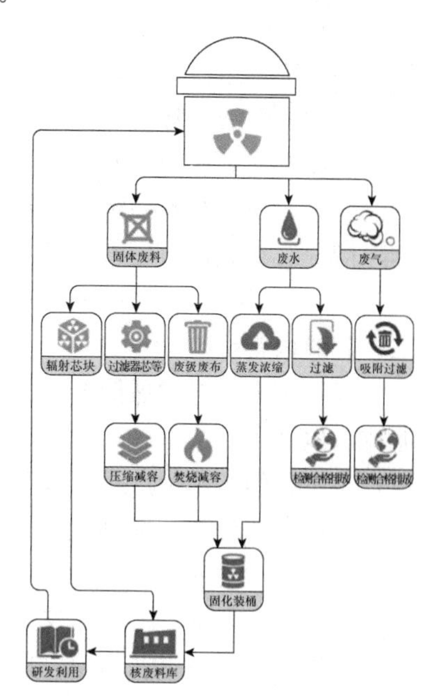

图 7-26　核电站三废处理的基本流程

七、思考题

（1）核电站电离辐射的类型有哪些？辐射防护原则是什么？

（2）简述核电站的四道安全屏障。

（3）简述乏燃料的处理方法。

（4）简述日本福岛核电站的事故原因。

项目八　水 电 站 认 知

实验一　水电站基本生产过程认知实践

关键词

水能，水电站，堤坝式水电站，河床式，坝后式，引水式水电站，混合式水电站，抽水蓄能式水电站，潮汐电站，水轮机，环境影响，经济效益。

一、实验目的

了解我国水力发电的发展状况，掌握水力发电的基本生产过程、特点、分类及经济效益，了解水电站对环境的影响。

二、能力训练

水电站是一个包含固体、流体、机械、电气设备的统一整体。水电站的布置及各种建筑物的设计、施工及运行特点，不仅取决于当地的自然条件和社会对该水电站提出的要求，而且取决于当时的政治形势和经济政策、设计及施工的水平、物资器材设备等的供应情况。因此，世界上没有完全相同的两座水电站，水电站建筑物的形式复杂多样。但是，在这种错综复杂的情况中，却存在着一定的规律。通过现场的观察和实习，学会理论与实践相结合，并结合实际情况，掌握水力发电的基本生产过程、特点、分类及经济效益，了解水电站对环境的影响。

三、实验内容

（1）我国水力发电发展简介，云南石龙坝水电站、三峡水电站、澜沧江小湾水电站、红水河龙滩水电站。

（2）水电站的基本生产过程及建筑物组成。

（3）水电站的分类，堤坝式（河床式与坝后式）、引水式、混合式、抽水蓄能式水电站和潮汐电站。

（4）水电站的环境影响，水文、微地貌、动植物和湿地水质。

（5）水力发电的特点及水电站的经济效益。

四、实验设备及材料

（1）隔河岩电站 300MW 水电机组模型一套，水电站仿真装置一套。

（2）长江三峡工程的教学录像片。

五、实验原理

1. 我国水力发电简介

我国地域辽阔、河流众多，径流丰沛、落差巨大，蕴藏着极为丰富的水力资源，居世界首位。早在 1912 年，我国就建成了第一座水电站——云南石龙坝水电站，其装机容量为 480kW。经过一百多年的发展，就技术而言，我国相当一部分的水电工程已经处于世界领先水平。我国的三峡水电站是世界上最大的水电站，创造了人类水利史上的多个世界之最。除此以外，澜沧江小湾水电站建有世界最高的混凝土双曲拱坝（292m），红水河龙滩水电站建有世界最高的碾压混凝土重力坝等，见图 8-1。

(a) 三峡电站

(b) 小湾电站

(c) 龙滩电站

图 8-1　我国部分水电站

2. 水电站的基本生产过程及建筑物组成

(1) 水电站的基本生产过程。“江河所以能为百谷王者，以其善下之”，自上而下的流动是大自然给予江河的本能，这种本能就是水能。水电站是将水能转变成电能的工厂，其生产过程见图 8-2。在河川的上游筑坝，集中河水流量和分散的河段落差使水库 1 中的水具有较高的势能，当水由压力水管 2 流过安装在厂房 3 内的水轮机 4 排至下游时，水流带动水轮机旋转，水能转换成水轮机旋转的机械能；水轮机转轴带动发电机 5 转子旋转，将机械能转换成电能，再经变压、输送、配电环节供给用户，这就是水电站生产的基本过程。

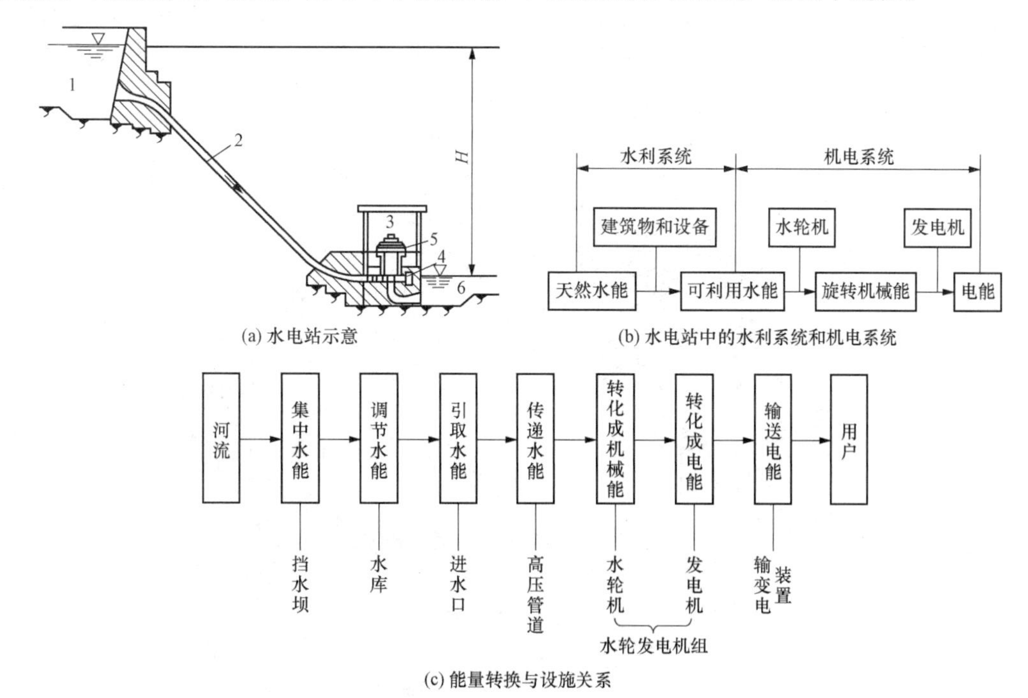

(a) 水电站示意　(b) 水电站中的水利系统和机电系统

(c) 能量转换与设施关系

图 8-2　水电站生产过程

1—水库；2—压力水管；3—水电站厂房；4—水轮机；5—发电机；6—尾水渠道

可以看出，水的流量 Q（m^3/s）和水头 H（m，上、下游水位差，也称落差）是构成水能的两大要素。水轮发电机组的输出功率 P_T（kW）可以表示为 $P_T = 9.81QH\eta$。其中，η 为水轮发电机组的总效率，$\eta = \eta_T \eta_G$；η_T 为水轮机效率，一般为 0.84～0.90；η_G 为发电机效率，一般为 0.95～0.98。

（2）水电站建筑物的组成。为了实现上述能量转化过程，水电站枢纽由一般的水工建筑物和特有的水电站建筑物组成，见图 8-2（c）。

挡水建筑物：用以截断河流，集中落差，形成水库。一般为坝或闸。

泄水建筑物：用以下泄多余的洪水，或放水以供下游使用，或放水以降低水库水位，如溢洪道、泄洪隧洞、放水底孔等。

其他建筑物：如过船、过木、过鱼、拦沙、冲沙等建筑物。

水电站进水建筑物：按水电站发电要求，用以将水引进引水道，如有压、无压进水口等。

水电站引水建筑物：用以将发电用水由进水建筑物输送给水轮发电机组，并将发电用过的水流排向下游河道，如明渠、隧洞、管道等。

水电站平水建筑物：当水电站负荷变化时，用以平稳引水建筑物中流量及压力的变化，如有压引水式水电站中的调压室及无压引水式水电站中的压力前池等。

厂房枢纽建筑物：包括主厂房（安装水轮发电机组及其控制系统）、副厂房、变电站、开关站、交通道路和尾水渠。厂房枢纽是发电、变电、配电的中心，是电能生产的直接场所。

水电站厂房结构组成见图 8-3。水电站地面厂房结构可分为上部结构和下部结构两大部分。上部结构包括屋面系统、构架、吊车梁、围护结构（外墙）及楼板，基本上属板、梁、柱系统，通常为钢筋混凝土结构，设计方法与一般工业建筑相同；下部结构主要由发电机机座、蜗壳、尾水管、基础板和外墙组成，为大体积水工钢筋混凝土结构，其结构设计比较复杂。

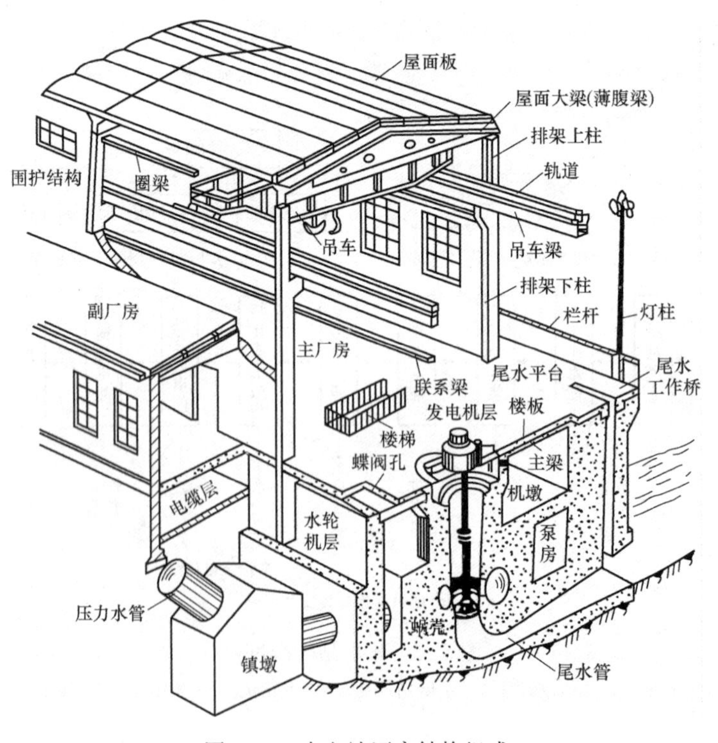

图 8-3　水电站厂房结构组成

3. 水电站的分类

按利用能源的种类，水电站可分为以下几种：将河川中水能转换成电能的常规水电站，也是通常所说的水电站，它按集中落差的方法有堤坝式、引水式和混合式三种基本形式；调节电力系统峰谷负荷的抽水蓄能式水电站；利用海洋能中的水流的机械能进行发电，即潮汐电站、波浪能电站和海流能电站。这里重点介绍堤坝式水电站、引水式水电站、混合式水电站、抽水蓄能式水电站和潮汐电站五种基本类型。

(1) 堤坝式水电站。在河道中拦河筑坝，形成水库，抬高上游水位，使上下游形成大的水位差，并利用水库调节流量的水电站，称为堤坝式水电站。按照电站厂房与坝的相对位置的不同，堤坝式水电站可分为坝后式和河床式两种基本形式。

1) 坝后式水电站。坝后式水电站的特点是：建有相对较高的拦河坝形成水库，利用大坝集中落差形成库容，并进行水量调节；此时上游水压力大，厂房不足以承受水压，因此将厂房布置在大坝后（下游），用沉陷缝将厂房与大坝分开，让大坝来承受上游的水压，厂房不起挡水作用。

坝后式水电站是我国目前采用最多的一种厂房布置方式（见图 8-4）。水电站建筑物集中布置在非溢流坝段，坝上游侧设有进水口，进水口设有拦污栅、闸门及启闭设备等，压力水管一般穿过坝体向机组供水，如我国的三峡水电站。若河床狭窄、洪水量大时，水电站厂房也可设在溢流坝段后，如新安江水电站；或者将水电站厂房设在溢流坝体内，如凤滩水电站。如果选用拱坝，坝身不宜布置引水管道，也可将水电站从河床部位移至河岸，形成旁引式水电站，如隔河岩水电站。坝后式水电站一般修建在河流的中、上游；由于筑坝壅水，会造成上游一定的淹没损失，允许淹没到一定高程而不致造成太大损失。

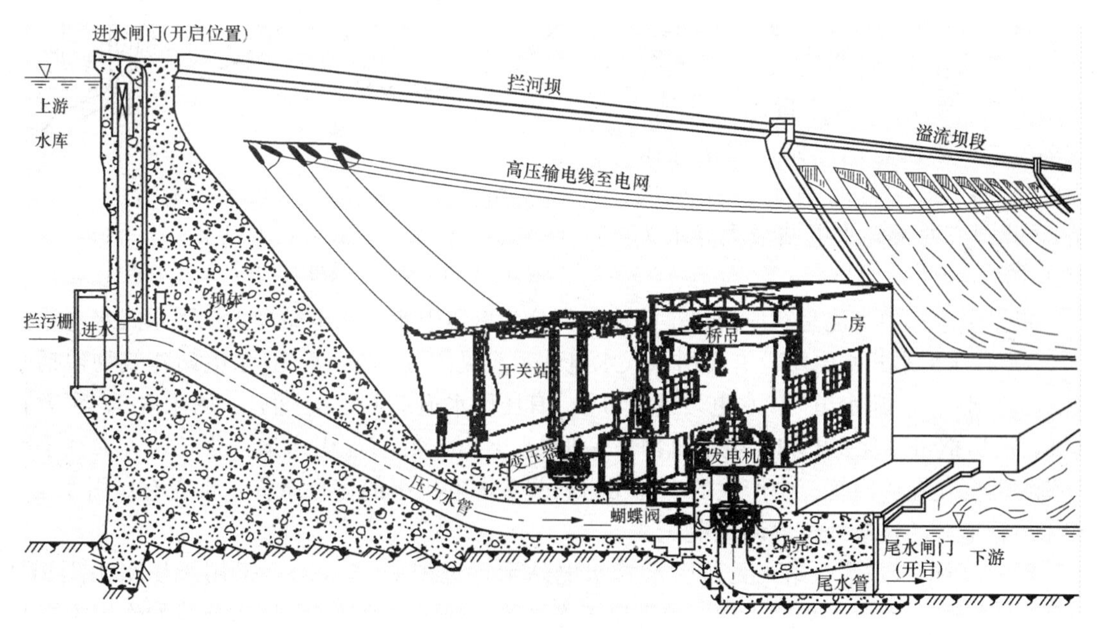

图 8-4 坝后式水电站

2) 河床式水电站。河床式水电站多修建在河流水面较宽、坡度较平缓的中下游河段上；葛洲坝水电站就是我国目前最大的河床式水电站。由于地形平坦，不允许淹没更多的土地，只能修建较低的闸坝来适当抬高水头。这种水电站因为水头低，流量相对较大，水轮机多采

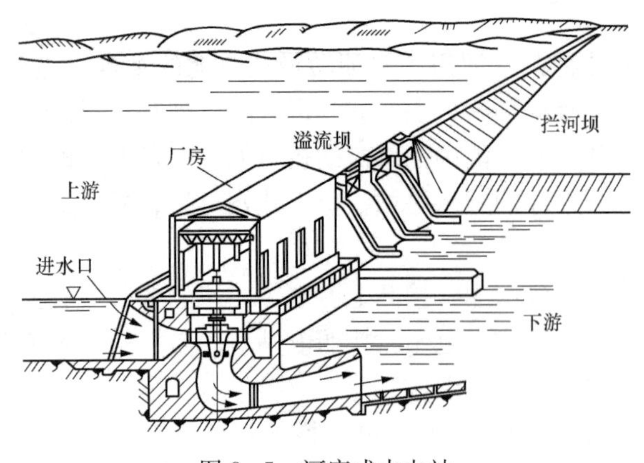

图 8-5 河床式水电站

用钢筋混凝土蜗壳。这样，厂房尺寸和重量均较大，厂房可以直接承受水压力，作为挡水建筑物的一部分与闸坝并肩位于河床中（见图 8-5）。河床式水电站没有专门的引水管道，上游水流直接由厂房上游侧的进水口进入水轮机。

（2）引水式水电站。当开发的河段坡降较陡，或存在瀑布、急滩等情况时，若采用坝式开发，即使修筑较高的坝，所形成的库容也较小，且坝的造价很高，所以这种情况采用坝式开发显然不合理。此时，可在河段上游筑一取水坝 3，将水导入明渠 2（引水道），引水道的坡降小于原河道 1 的坡降，所以在引水道末端和天然河道之间便形成了落差，再在引水道末端接压力水管 6，将水引入水电站厂房 7 发电。这种开发方式称为引水式开发，由引水道来集中落差的水电站称为引水式水电站（见图 8-6）。

由图 8-6 可见，在引水渠道进水口 4 附近的原河道上也筑有坝 3，但它的作用不是用来集中水头，而是起水流改道的作用。引水式水电站不存在淹没，不仅可沿河引水，甚至可以利用两条河流的高程差进行跨河引水发电。它多建在山区河道上，受天然径流的影响，发电引用流量不会太大，故多为中、小流量水电站；但最高水头已达 1767m（奥地利莱塞克水电站），我国广西天湖水电站最大静水头也达 1074m。

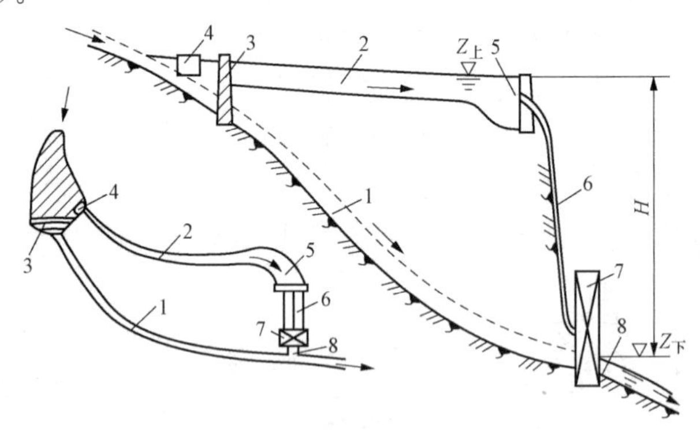

图 8-6 引水式水电站集中落差示意

1—河源；2—明渠；3—取水坝；4—进水口；5—前池；6—压力水管；7—水电站厂房；8—尾水渠

根据引水道中水流是有压流还是明流，可分为有压引水式水电站和无压引水式水电站。

1）有压引水式水电站。有压引水式水电站示意见图 8-7（a），其水电站建筑物包括水库 1、拦河坝 4、泄水道 5、水电站进水口 3、有压引水道 7（压力隧洞）、调压室 6、压力管道 8、厂房枢纽（含变电和配电建筑物）9 和尾水渠 10。在有压引水道 7 很长时，为减小因负荷突然变化在压力管道中产生的水锤压力和改善水电机组的运行条件，常在有压引水道 7 和压力管道 8 的连接处设置调压室 6。

2）无压引水式水电站。无压引水式水电站示意见图 8-7（b），采用无压引水渠道 4（或无压隧洞）；无压引水道 4 和压力管道 7 连接处设有压力前池 6。压力前池的作用主要是将引水道 4 引来的水通过压力管道 7 分配给水轮机 8，另外它还有清除污物、宣泄多余水量与平衡渠末水位等作用。当电站担任峰荷时，还可在压力前池 6 附近设日调节池 5。

（3）混合式水电站。混合式开发集中落差的示意见图 8-8。在河段的上游筑坝 1 来集中一部分落差，并形成水库 10 调节径流，再通过有压引水道 3 来集中坝后河段的落差；这种

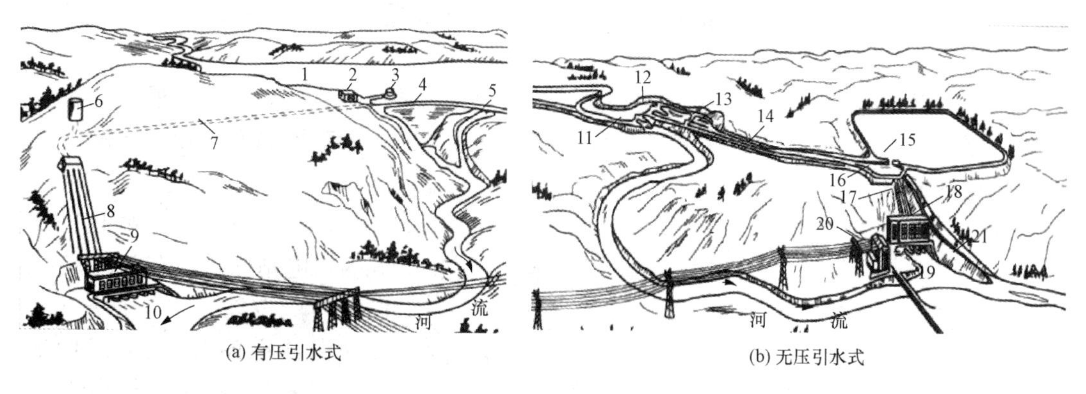

(a) 有压引水式　　(b) 无压引水式

图 8-7　引水式水电站

1—水库；2—闸门；3、12—进水口；4、11—坝；5、21—泄水道；6—调压室；7—有压隧洞；8、17—压力管道；9、18—厂房；10、19—尾水渠；13—沉沙池；14—引水渠道；15—日调节池；16—压力前池；20—配电所

在一个河段上，同时用坝和有压引水道结合起来共同集中落差的开发方式称为混合式开发，相应的水电站称为混合式水电站。混合式开发因有水库可调节径流，兼有坝式开发和引水式开发的优点，但必须具备适合的条件。一般来说，河段上游地势平坦宜于筑坝，形成水库，而下游坡度较陡（如有急滩或大河湾），宜用混合式开发。东北镜泊湖、广东流溪河等水电站都属于混合式开发，鲁布格水电站（装机 600MW，水头 372m）就是目前我国最大的混合式水电站。

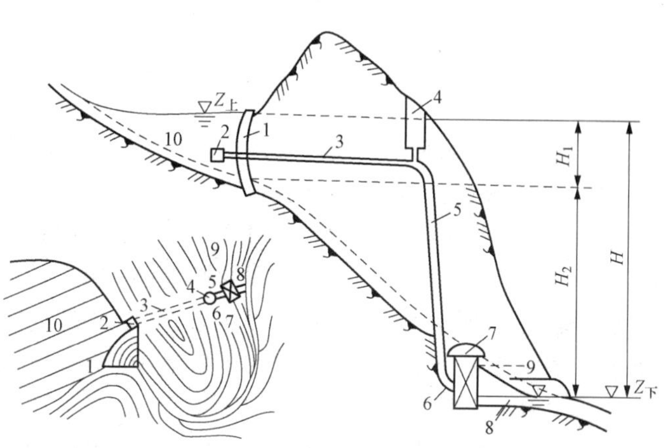

图 8-8　混合式水电站集中落差示意

1—坝；2—进水口；3—隧洞；4—调压井；5—斜井；6—钢管；7—地下厂房；8—尾水渠；9—交通洞；10—蓄水库

由建在上游的坝集中水头 H_1，再由引水隧洞集中水头 H_2，构成电站总水头 $H=H_1+H_2$。安徽省毛尖山混合式水电站，该电站由坝集中 20m 左右水头，再由压力引水隧洞集中 120 多米水头，电站总净水头达 138m，装机 25MW。

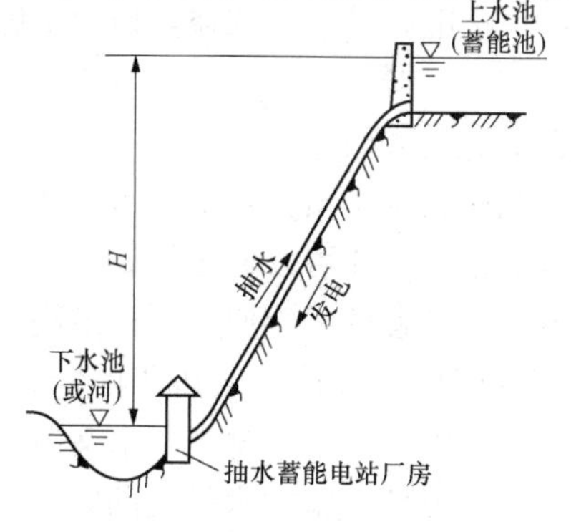

图 8-9　抽水蓄能水电站

（4）抽水蓄能式水电站。抽水蓄能电站是特殊形式的水电站，可能是堤坝式或引水式。抽水蓄能电站设有上游和下游两座水库，用压力隧洞或压力水管相连，装有可以兼做水泵和水轮机的抽蓄机组（可逆式水轮机，也叫水泵水轮机）。抽水蓄能电站并不利用河流水能来发电，而仅仅是在时间上把能量重新分配。一般在后半夜当电力系统负荷处于低谷时，利用火电站或核电站富余的电能，通过水泵将水自下游抽入上水池，以势能形式储存起来；在电力系统高峰负荷时，将上水池蓄存的水量通过水轮机放到下水池，将蓄存的水能转化为电能（见图 8-9）。由于能

量转换有损耗，大体上用 4 度电抽水可发出 3 度电，但抽水蓄能是目前全球公认的最好的电网调峰手段之一。

广州抽水蓄能电站是配合广东电网和大亚湾核电站的要求建立的，是世界最大的抽水蓄能电站。该电站设计装机容量为 240 万 kW，可有效地保证电力系统的安全和经济运行，改善电能供应的质量。

(5) 潮汐电站。除了上述形式的水电站外，还有利用涨潮落潮时的潮位差（水头）发电的。这种潮汐电站都是河床式的厂房，厂房作为挡水建筑物的一部分，与闸坝共同把海湾隔开，利用涨潮和落潮时的水位差（水头）来发电，见图 8 - 10。从图 8 - 10（a）可以看出，涨潮时坝内水位高于海湾，这个水位差就是驱动发电机的水能，落潮时海湾内水位又高于海洋的海平面，又构成了一个水位差，在潮差大的地区修建这种电站是比较合算的。

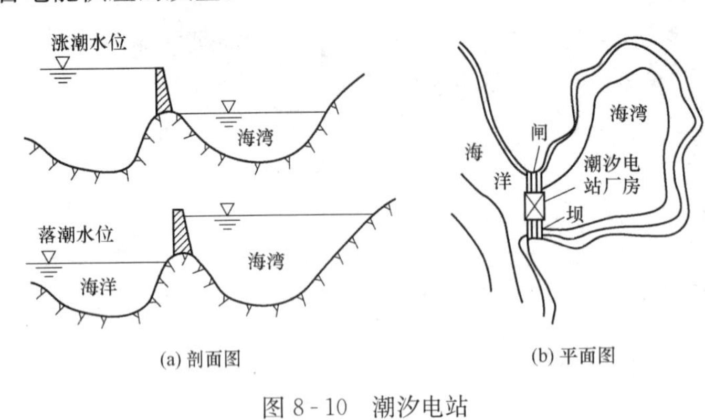

图 8 - 10 潮汐电站

世界海洋潮汐能蕴藏量约为 27 亿 kW，是一种值得开发的能源。一般海洋潮差较稳定，且不存在丰水年、枯水年的差别，因此潮汐能的年发电量稳定。但潮汐发电由于技术原因和开发成本较高，所以发展缓慢。目前，最大的潮汐电站为法国的朗斯电站，大汛潮差 10.85m，最大潮差 13.5m，工程于 1959 年开工，1966 年投产，装机 24 万 kW。

4. 水电站对环境的影响

自古以来，河流就是人类赖以生存的重要资源。作为人类文明的重要发源地，河流为人类的生存和发展提供了灌溉、养殖、航运等多重服务功能。进入现代文明后，人类对河流的开发日益加剧，其中拦河建坝修建水电站就是一个典型的代表。近年来，我国水电站的建设更是发展迅速，其中仅云南省已规划建设的大型水电站就有 50 多座，而 2003 年开始运行的三峡水电站更是引起了世界的高度关注。然而，任何水利工程的兴建对于河流及人类社会来说都是把双刃剑，水电站在给人类带来经济和环境利益的同时，也对河流及其下游生态系统产生了多层次的负面影响，如导致下游湿地生态系统退化、生物多样性下降等。因此，认知水电站对生态环境的影响并对其进行客观评价，对于正确认识水电站的综合效益，指导水电站的兴建具有重要的意义。

兴建水电站对河流及下游生态系统的影响可以概括为以下 4 个方面：

(1) 影响水文过程。水电站的兴建从根本上改变了河流原有的水文情势，引起水文输移规律的变化，并对下游湿地生态系统产生深远影响。首先水电站的兴建可以通过控制水流量来影响下游的水位、流量、洪水频率等。例如，石虎塘航电枢纽工程的兴建使得下游最高水位在非洪水期明显降低；三峡水电站的兴建对下游水文的影响更是显著，由于其具有 221.5 亿 m^3 的防洪库容，使得下游洪水暴发频率急剧下降。此外水电站的兴建还改变了水文时空分布不均的现象，使得下游水资源的分配更加趋于均衡，这对于降低下游洪水暴发的频率及维持下游灌溉、航运等活动在枯水季节的正常运行都是有利的。同时，水电站由于拦截大量流水，使得上游泥沙得到一定程度的沉降，进而导致下游湿地生态系统受泥沙淤积的程度逐渐减弱。据不完全统计，水库拦截泥沙率从33%到99%变化不等。这有利于下游湿地生态系统服务功能的维持和保护。

（2）影响微地貌。河道的稳定性对于维系沿岸人民生命财产的生命安全具有重要的作用。因此，水电站的兴建对河道结构影响的研究也一直是研究的热点问题之一。水电站的修建不可避免地会对河道的深度、宽度等形态特征产生影响。通常认为水电站的兴建将有利于下游河道的稳定性发展。这是因为水库的修建可以使水流流量更加趋于平和。然而在不同的河流中，水文情势的变化对河道影响的机理及结果又存在差异性。除了对河道影响外，水电站的兴建还对下游生态系统的地形地貌产生影响，如三峡工程的运行可通过长江中下游河段泥沙运动的调整来影响鄱阳湖区洲滩的稳定性，导致梅家洲等区域湖底不断抬高，进而影响鄱阳湖自身的演变进程。

（3）影响动植物多样性。生物多样性是指在一定范围内，多种多样活的有机体有规律地组合，构成稳定的生态综合体，可分为物种多样性、遗传多样性和生态系统多样性。生物多样性是人类赖以生存的物质基础。水电站修建后所导致水文过程的改变及相应的江湖关系调整是导致下游河流湖泊等湿地生态系统生物多样性变化的根本原因。其中水沙情势的变化是直接驱动力。当前有关水电站修建对生物多样性的研究较多，且主要集中于动、植物两个方面。通常认为水电站的兴建会降低动植物的多样性水平。水电站的修建阻隔了洄游性鱼类的通道，导致洄游性鱼类种群显著下降，且这种影响可能是毁灭性的。此外，水电站的兴建还可以通过影响下游河道的水温、水体理化性质等途径改变鱼类及其他水生生物的区系组成；然而对于一些有害生物而言，水电站的兴建还可能提高其多样性水平，例如，三峡电站建成后，洞庭湖、鄱阳湖鱼苗大量减少，许多名贵经济鱼类接近灭绝；而洞庭湖东方田鼠的数量呈不断增加的趋势，这主要是由于水位下降导致洲滩出露时间增加。对植物而言，水电站建设所形成的水库会造成一些当地特有植物物种的丧失，还会导致下游湿地植被生物多样性的下降，并推动植被演替的进行。此外，水电站的修建还会导致下游湖泊滩地大量裸露，大量湿地植被被开垦为农田，进而加速了湿地植物多样性减少，严重破坏了区域生态平衡。

（4）影响湿地水质。水电站的修建改变了水沙情势，导致河流及下游湿地水文周期、滞留时间产生变化，进而影响水污染物的稀释和扩散，使得水环境质量发生显著变化。如三峡工程修建后，每年的1～4月份增加的泄流量导致鄱阳湖水的稀释净化程度降低，可能加重鄱阳湖水体的富营养化，进一步影响湖区鱼类、候鸟及人类的健康。不仅如此，水电站放水冲刷时，还将导致吸附在泥沙表面的重金属重新释放到水体中，加重水体重金属污染的程度。

5. 水力发电的特点及水电站的经济效益

（1）水力发电的特点。与其他能源形式相比，水力发电具有以下几个特点：

1）水力发电的发电量易受河流的天然径流量的影响。这是因为河流的天然径流量在年内和年际间常有较大的变化，水库的调节能力常不足以补偿天然水量对水力发电的影响。因此水电站在丰水年发电多，在枯水年发电少；发电量受自然条件制约是水力发电最重要的特点。为了克服水力发电出力的变化，电网中必须有一定数量的火电厂与之配套，称为调峰电厂。

2）水电站在运行中不消耗燃料。天然径流量多时，发电量大，但运行费用并不因此增加；此外水电厂自用电少。根据这一特点，对电网而言，让水电机组在丰水期多发电，以节约火力发电煤耗，提高电网的经济性。

3）水电机组启停方便，机组从静止状态到满负荷运行仅需几分钟。因此，宜在电网中担负调峰、调频、调相任务，并作为事故备用电源。

4）水电站的主要动力设备简单，辅机数量少，易于实现自动化。因此，运行和管理人员少，运行成本低。

综上所述，水力发电的优点：不耗燃料，成本低廉（尤其是运行成本）；水火互济，调峰灵活；综合利用，多方得益（发电、供水、防洪、养殖、旅游、环境）；可再生能源；环境优美，能源洁净。缺点：受自然条件影响大；一次性投资大、移民多、工期长；事故后果严重；大型工程对环境、生态影响较大。

（2）水电站的经济效益。利用可再生水能建设水电站，替代煤、石油、天然气等矿物能源，满足生产发展和生活用电需求，具有较大的经济效益；与燃煤电厂相比，具体体现在以下三个方面：

1）水电站的单位千瓦投资和煤电加煤矿、运输工程的综合投资是相近的。但是如果考虑到煤电建设中增加脱硫、脱硝等环境保护投资（国外一般占煤电投资的30%左右）和水源工程投资，则煤电的单位千瓦综合投资要高。

2）水电站寿命比煤电长一倍，中间更新所需投资比煤电少，且不需要支付燃料费用。

3）水电的各种损失率小，水电站的能源利用率高，可达85%以上，而燃煤电厂的热能效率只有40%左右。

能源是当今世界技术革命的首要问题。今后煤、石油等矿物能源的价格将呈上升趋势，煤电对环境的恶劣影响也更加严重。世界能源结构将经历一场新的转变，水电在这一转变过程中将发挥其重要作用。

六、实验步骤

现场参观隔河岩电站300MW水电机组模型与水电站仿真装置；结合上述介绍，了解我国水力发电的发展情况，掌握水电站的基本运行过程，水力发电的特点和对环境的影响，以及水力发电的经济效益。识别水电站的屋面系统、构架、吊车梁、发电机机座、蜗壳、尾水管等结构。

七、思考题

（1）简述水力发电的生产过程和基本特点。

（2）在我国水电站中，哪些分别属于堤坝式水电站（分河床式和坝后式）、引水式水电站、混合式水电站和抽水蓄能式水电站？

（3）查阅资料，简述长江三峡工程对生态与环境的影响。

实验二　水轮机总体认知实践

关键词

水轮机，冲击式水轮机，切击式，斜击式，双击式；反击式水轮机，轴流式，轴流定桨式，轴流转桨式，混流式，斜流式，贯流式；水头，流量，出力，效率；转轮型号，比转速，立轴布置，卧轴布置，引水室特征，转轮直径。

一、实验目的

了解水轮机的分类、结构和适用范围，了解与水轮机有关的水头、流量、出力、效率等工作参数，能够识别水轮机的牌号。

二、能力训练

让学生能够理论结合实际，多思考，多观察，了解水轮机的分类、结构和不同类型水轮机的适用范围；能够结合具体水电站的实际情况，解释该类型的水轮机的选用依据。了解水轮机的一些重要工作参数，能够识别具体水轮机牌号。

三、实验内容

（1）水轮机的分类与应用：冲击式水轮机（切击式、斜击式、双击式）、反击式水轮机（轴流式、轴流定桨式、轴流转桨式、混流式、斜流式、贯流式）。

（2）水轮机的工作参数与型号：水头、流量、出力、效率、转轮型号、比转速、主轴布置、引水室特征、转轮直径。

四、实验设备及材料

（1）隔河岩电站300MW混流式水轮发电机组模型一套，轴流式水轮发电机组模型一套，切击式水轮发电机组实物模型一套（A237型转轮）。

（2）教学录像片与三维动画演示。

五、实验原理

水轮机是一种将水能转换为旋转机械能的水力机械，是水电站主要的动力设备之一。早在公元前，中国就有水轮用于提灌和粮食加工，称这些水轮为水车。图8-11所示为一种用于粮食加工的水车，水车轴连接墙内的加工设备。中国水轮机的设计与制造现已达世界领先水平。在水力发电过程中，来自水库中的水通过水轮机，带动水轮机转子旋转，将水能转换为旋转机械能；旋转的水轮机主轴带动发电机转子在磁场中切割磁力线运动，从而发电（见图8-12）。

由于河川水能的具体开发条件不同，各个水电站的水头、流量和出力存在着差别，所以需要设计和制造各种类型的水轮机以求高效率地适应不同水力条件及用户负荷变化的需要，从而达到充分利用水力资源的目的，因此水轮机结构复杂且多变。

1. 水轮机的分类与应用

水轮机是把水流的能量转换为旋转机械能的动力机械，是利用水流做功的水力机械；水轮机受水流作用而旋转的部件称为转轮。根据转换水流能量方式的不同，水轮机分为冲击式水轮机和反击式水轮机两大类，而每一大类又有多种形式不同的水轮机。

图 8-11 用于粮食加工的水车

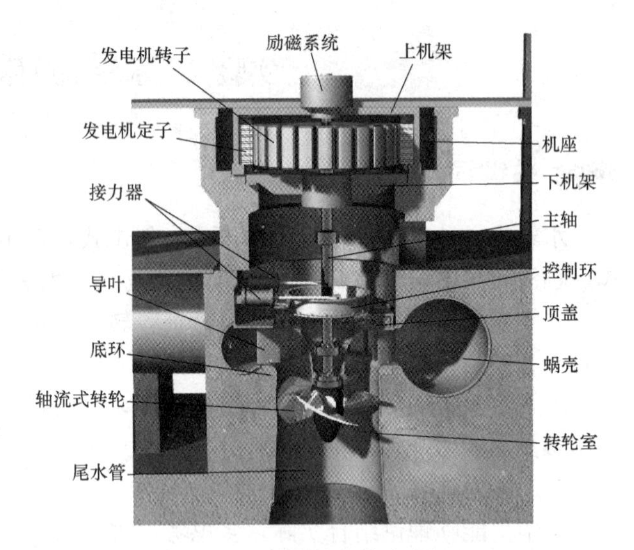

图 8-12 轴流式水轮发电机组

（由鹏芃科艺授权使用）

（1）冲击式水轮机。冲击式水轮机是利用高压喷射水流的动能做功的水轮机。高水头水库的水通过压力管道引到水轮机，高压水经过水轮机喷管，将能量全部转换成高速射流的水动能，冲向水轮机的转轮，使水轮机旋转做功。在同一时刻内，水流只冲击着转轮的一部分，而不是全部。冲击式水轮机主要有切击式、斜击式和双击式三种形式，这里主要介绍用得较多的切击式水轮机与斜击式水轮机。

1）切击式水轮机。切击式水轮机的转轮由轮盘与多个水斗组成，故也称水斗式水轮机。图 8-13（c）是水流喷射到水斗的流向图，从喷嘴喷射出的高速水流射向水斗，被进水边分向两侧的工作面，由工作面反射出水斗。高速喷射水流经水斗反射后把动能传给水斗，推动水斗前进。

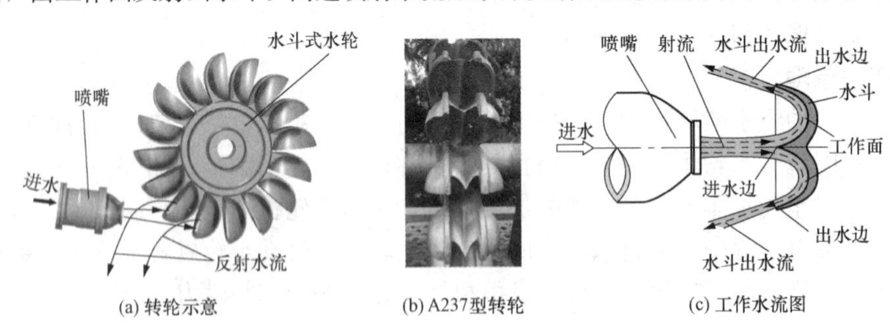

图 8-13 切击式水轮机的转轮

［（a）、（c）由鹏芃科艺授权使用］

为了提高水轮机的性能，大的切击式水轮机往往有 2～6 个喷嘴。较小型的切击式水轮机采用卧式安装，大型切击式水轮机采用立式安装，见图 8-14。切击式水轮机是目前冲击式水轮机中应用最广泛的一种机型，所以平常把切击式水轮机直接称为冲击式水轮机。它适用于 300～1700m 的高水头，目前单机功率已达 31 万 kW。

2）斜击式水轮机。图 8-15（a）所示为斜击式水轮机的转轮，转轮上装有轮叶，右侧是转轮的工作面，左侧是转轮的出水面。图 8-15（b）所示为斜击式水轮机工作时的水流向

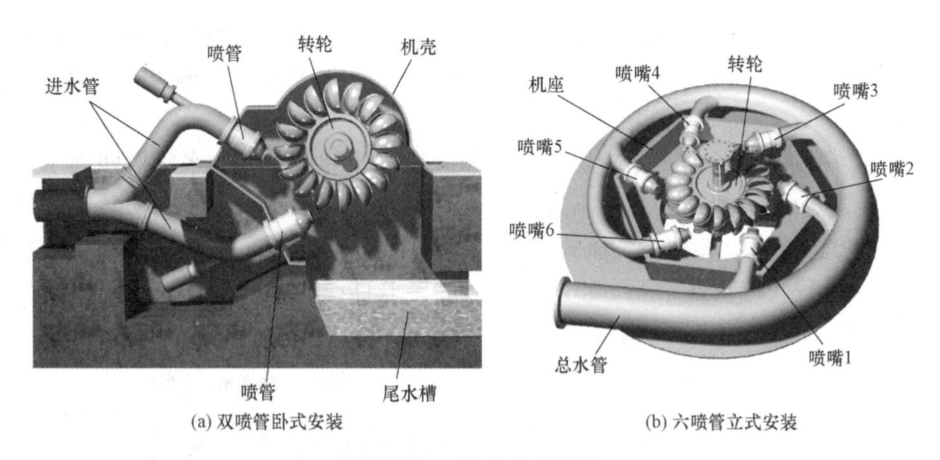

(a) 双喷管卧式安装　　(b) 六喷管立式安装

图 8-14　切击式水轮机

（由鹏芃科艺授权使用）

图，高速的喷射水流喷到转轮的轮叶上，在工作面折返后从出水边流出，水流把动能传给轮叶，推动转轮旋转。喷射水流与转轮进口平面倾斜一个角度，水从转轮一面进去，从另一面流出，故称为斜击式水轮机。

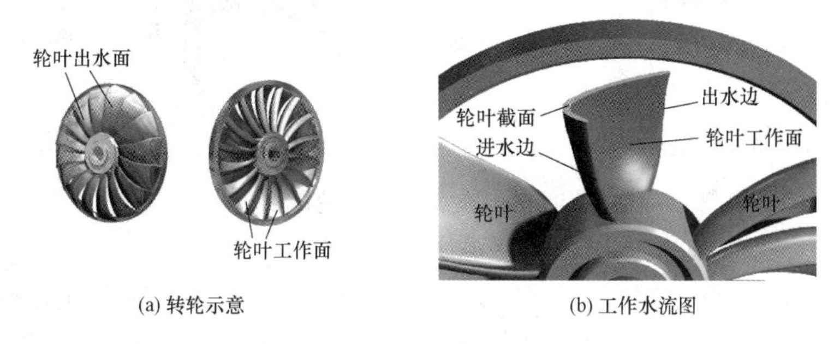

(a) 转轮示意　　(b) 工作水流图

图 8-15　斜击式水轮机的转轮

（由鹏芃科艺授权使用）

斜击式水轮机的结构图见图 8-16。转轮安装在机座上，水库水从进水管到喷嘴，从喷嘴喷出推动转轮旋转，流出的水从尾水池排出。斜击式水轮机适用于较小型水轮机，水头为 20～300m，功率在 500kW 以下。

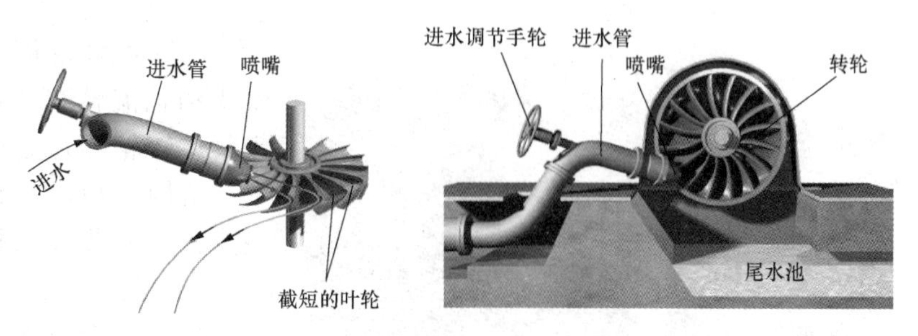

图 8-16　斜击式水轮机

（由鹏芃科艺授权使用）

(2) 反击式水轮机。与冲击式水轮机不同，反击式水轮机同时利用了水流的势能与动能；水流充满整个过水流道，在具有扭曲面的刚性转轮叶片约束下，水流改变流速与方向，从而对叶片产生反作用力，驱动转轮旋转；水流的大部分动能与势能都转换成转轮旋转的机械能。根据水流流经转轮的方式不同，反击式水轮机可分为轴流式、混流式、斜流式和贯流式四种类型。

1）轴流式水轮机。轴流式水轮机的转轮如同风扇叶片。水流从水轮机四周水平方向向中心流入（径向进入），然后转为向下方向，推动转轮叶片做功；由于推动转轮叶片的水流方向与转轮轴方向平行，故称为轴流式水轮机，见图 8-17（a）。葛洲坝的轴流式水轮机单机容量为 17 万 kW，转轮直径 11.3m，是目前世界上直径最大的轴流式水轮机；福建水口水电站单机容量为 20 万 kW，是目前世界上单机容量最大的轴流式水轮机。

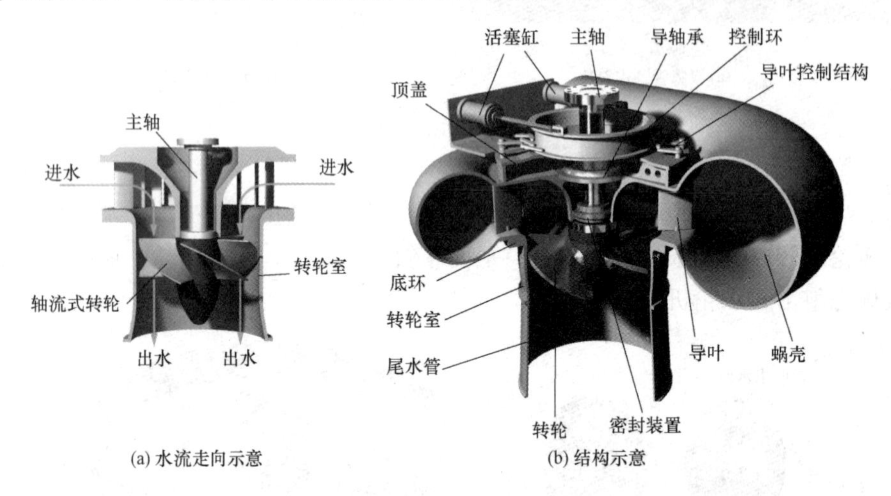

(a) 水流走向示意　　(b) 结构示意

图 8-17　轴流式水轮机
（由鹏芃科艺授权使用）

轴流式水轮机的结构见图 8-17（b），主要由转轮、转轮室、导水机构和蜗壳等组成。轴流式水轮机转轮安装在转轮室中，转轮室上端是水轮机的底环，在底环上端有顶盖。在底环与顶盖外沿安装蜗壳，水流进入蜗壳，经蜗壳均匀分配后，再经过导叶进入转轮室。顶盖中部的导轴承支撑水轮机转轮；顶盖中下部有密封装置，防止高压的水通过轴进入顶盖上部的设备空间。导叶安装在底环与顶盖之间，在顶盖上方安装控制环与接力器（活塞缸）等导水机构的有关部件。在转轮室下方连接有尾水管。水流经蜗壳，过导叶后进入转轮室，推动转轮旋转做功，然后从尾水管排出。

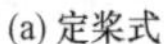
(a) 定桨式

(b) 转桨式

图 8-18　轴流式水轮机转轮

轴流式水轮机分为轴流定桨式和轴流转桨式两种。轴流定桨式转轮叶片是固定在轮毂上，结构简单，造价便宜，但只能通过调节导水机构控制出力，在水头与负荷变化较大时，水轮机效率会有较大下降，见图 8-18（a）。轴流定桨式水轮机通常使用在水头 25m 以下，功率不超过 5 万 kW。

轴流转桨式转轮叶片是可按水头和负荷变化做相应转动；通过改变叶片的攻角，可在水头和负荷有较大变化时，仍有良好的运行性能，见图 8-18（b）。控制叶片转动的机构在轮毂内，主要有推动叶片转动的液压缸，缸内活塞通过活塞杆、连杆、叶片臂等驱动叶片转动。图 8-19 所示为轴流转桨式转轮叶片转动角度示意，图（a）为叶片在关闭状态；图（b）为计算位置，是正常运转时的设计位置；图（c）为全开位置。

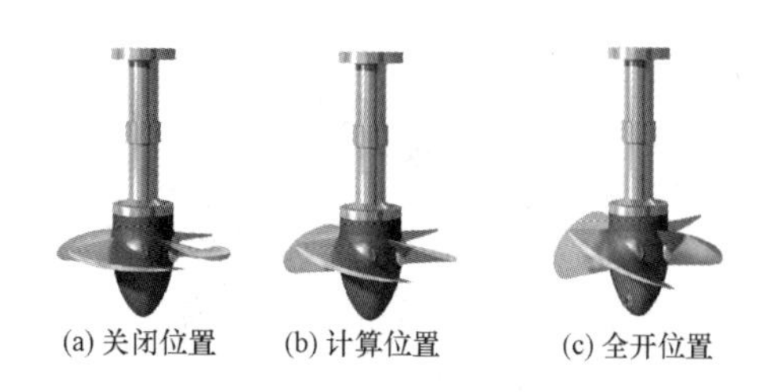

图 8-19　轴流转桨式转轮叶片转动角度示意
（由鹏芃科艺授权使用）

2）混流式水轮机。水流从水轮机四周水平方向向中心流入转轮（径向进入），然后转为向下方向出口。水流入转轮内部，向轴芯方向通过叶片时推动转轮，同时在向下通过叶片时也推动转轮，见图 8-20（a）。也就是说水流在径向与轴向通过叶片时都做功，故称为混流式水轮机，也称为幅向轴流式水轮机。

图 8-20（b）所示为混流式转轮的轴截面立体图。16 个叶片固定在上冠下面的锥面上，叶片下端固定在下环内侧；在上冠下方有泄水锥，上冠与泄水锥组成圆滑的曲面，使水能顺畅地流过。

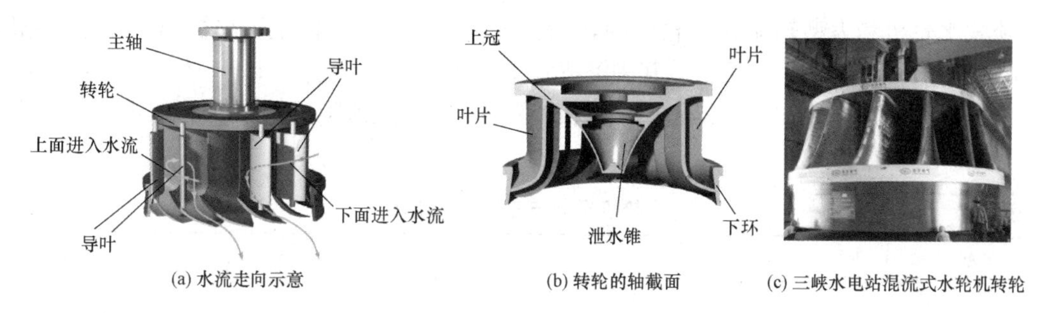

图 8-20　混流式水轮机
（由鹏芃科艺授权使用）

图 8-21 所示为混流式水轮机结构示意。转轮通过导轴承安装在水轮机顶盖下方，转轮下方有底环与尾水管，转轮可自由转动。在导轴承下方有轴密封装置，防止水沿轴漏入顶盖上方。转轮的上冠与顶盖间缝隙很小，在转轮的下环与底环间缝隙也很小，在保证转轮自由旋转的同时还要防止漏水影响水轮机效率。在顶盖与底环之间与安装导叶，导叶轴穿过顶盖连接到导水控制机构。在顶盖上方安装控制环与接力器（活塞缸）一同组成导水控制机构。转轮主轴上方将连接水轮发电机的主轴。蜗壳内沿连接着底环与顶盖，共同组成水轮机外壳。水从蜗壳入口进入水轮机，通过导叶形成向中心的环流进入转轮，推动转轮旋转做功后由下方尾水管排出。

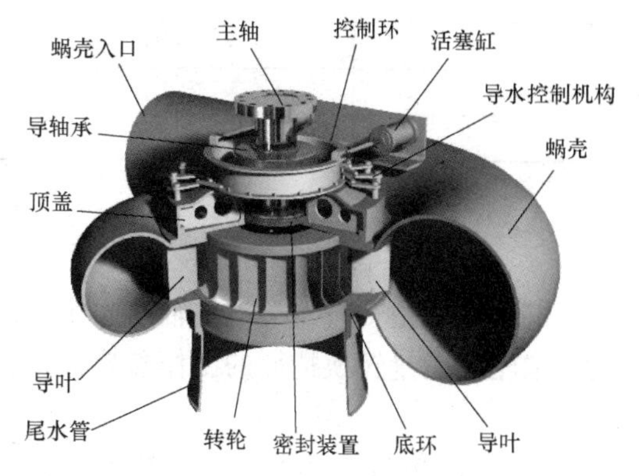

图 8-21　混流式水轮机结构图
（由鹏芃科艺授权使用）

3）斜流式水轮机。斜流式水轮机转轮类

似轴流式水轮机转轮，只不过通过叶片的水流是倾斜于轴向，其水流能量损失小，通过调节叶片角度可适应较大的水头范围，见图8-22。斜流式水轮机由于制造工艺复杂、造价高，目前使用还较少。

4）贯流式水轮机。贯流式水轮机转轮与轴流式水轮机转轮基本相同，但转轴是水平方向或略有倾斜，水流是沿水轮机轴线方向进入，沿水轮机轴线方向流出，见图8-23。

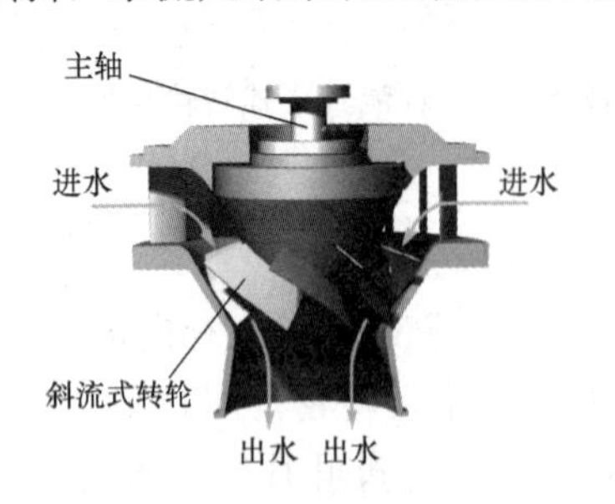

图8-22 斜流式水轮机水流走向示意
（由鹏芃科艺授权使用）

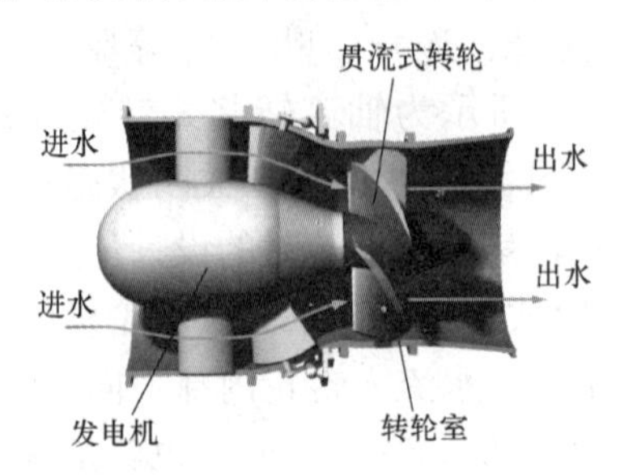

图8-23 贯流式水轮机水流走向示意
（由鹏芃科艺授权使用）

（3）水轮机的选择与应用。在生产和使用中，常按照水轮机的单机出力及转轮直径大小，将水轮机分为小型、中型和大型。大型水轮机一般是指出力大于30MW的水轮机，大型混流式水轮机和大型轴流式水轮机的转轮直径在2.25～3m以上；单机出力小于30MW的水轮机一般称为中、小型机组，其中混流式水轮机的转轮直径为1.0～2.25m，轴流式水轮机的转轮直径为1.2～3.0m。不同水轮机有不同的应用范围，水轮机类型的选择主要依据水头而定，见表8-1。

表8-1 水轮机类型与应用水头范围

类型	形式		比转速范围① (r/min)	使用水头范围 (m)
冲击式	切击式（水斗式）		10～15（单喷嘴）	100～1700
	斜击式		30～70	20～300
	双击式		35～150	5～100
反击式	混流式		50～300	<700
	斜流式		100～350	40～120
	轴流式	轴流定桨式	250～700	<70
		轴流转桨式	200～850	30～80
	贯流式	贯流定桨式	500～900	<20
		贯流转桨式	500～900	<20

① 比转速：也称比速，即当水头为1m，发出功率为1kW时，水轮机所具有的转速。

2. 水轮机的工作参数与型号

水轮机将蕴藏在水流中的能量转换成机械能，通过水轮机主轴与发电机主轴的连接，带动发电机转子旋转，将机械能转换成电能输出。决定水轮机能量转换特征的工作参数主要有水头、流量、出力、效率等。

（1）水头（H）。水轮机的工作水头是指作用于水轮机的单位水体所具有的能量，以水柱高度表示，单位为m。设Z_{μ}为上游水位（m），Z_D为反击式水轮机的下游尾水位或冲击式水轮机喷嘴的中心高程（m），Δh为水流通过引水系统时产生的水头损失（m），那么作用

在水轮机上的工作水头 H 为

$$H = Z_{\mu} - Z_{D} - \Delta h = H_{m} - \Delta h$$

其中，$H_{m}=Z_{\mu}-Z_{D}$，即为电站上下游水位差，也称水电站毛水头。所以，水轮机的工作水头 H 等于水电站毛水头扣除引水系统中水头损失后的值，它是水轮机可以利用的水头。

（2）流量（Q）。流量是指单位时间内通过水轮机的水量，单位为 m^3/s。水轮机引用流量的大小主要随着水轮机工作水头和出力的变化而变化；在设计水头下，水轮机以额定出力工作时，其过水流量最大。

（3）出力（P_{T}）。出力是指水轮机主轴轴端输出的机械功率，单位为 N·m/s，工程中常用 kW 表示。

（4）效率（η）。当水轮机的工作水头为 H(m)，通过流量为 Q(m^3/s) 时，水流给予水轮机的输入功率 $P_{W}=9.81QH$(kW)。水轮机效率 η 指水轮机的出力与输入功率的比值，即水轮机主轴输出的机械能与输入水轮机的水能之比，即

$$\eta = P_{T}/P_{W} \times 100\%$$

所以

$$P_{T} = 9.81QH\eta$$

（5）转速（n）。转速是指水轮机每分钟的转数，单位为 r/min。水轮机主轴和发电机主轴一般是用法兰和螺栓直接刚性连接或采用联轴器连接，所以水轮机的转速和发电机的转速应该相同，并满足同步电机的如下关系式：

$$n = 60f/P$$

对于一定的发电机，其磁极对数 P 是一定的，因此为了保证供电质量，使电流频率 f 保持 50Hz 不变，在正常情况下，机组的转速 n 也应保持相应的固定转速不变，所以此转速称为水轮机或机组的额定转速。

（6）水轮机型号。水轮机型号由三部分组成，各部分之间用短横线“—”分开：

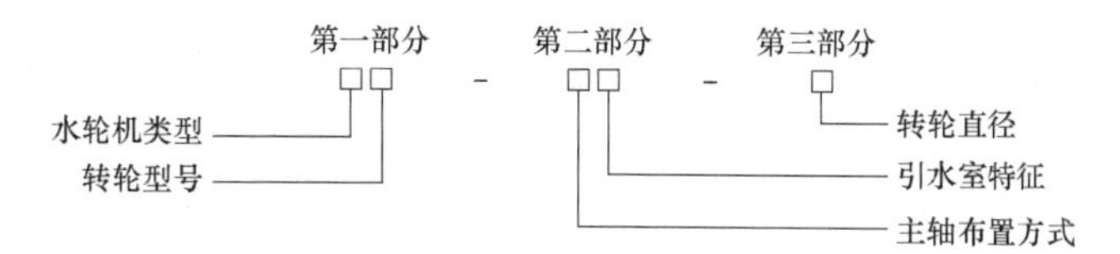

第一部分由两个汉语拼音字母和数字组成。汉语拼音字母表示水轮机类型（见表 8-2）；数字表示转轮型号，用统一规定的比转速表示。

表 8-2　水轮机类型代号

水轮机类型	代　号	水轮机类型	代　号
切击式（水斗式）	QJ	轴流定桨式	ZD
斜击式	XJ	轴流转桨式	ZZ
双击式	SJ	贯流定桨式	GD
混流式	HL	贯流转桨式	GZ
斜流式	XL		

第二部分表示主轴布置方式及引水室特征，也用汉语拼音字母表示。主轴布置方式分为立轴布置（L）和卧轴布置（W）。引水室特征分为 8 种，以汉语拼音字母表示（见表8-3）。

第三部分由转轮标称直径（mm）和其他必要的指标组成。

表 8-3 水轮机引水室特征代号

引水室特征	代　号	引水室特征	代　号
明槽引水	M	罐式	G
金属蜗壳	J	竖井式	S
混凝土蜗壳	H	虹吸式	X
灯泡式	P	轴伸式	Z

六、实验步骤

现场参观隔河岩电站 300MW 混流式水轮发电机组模型、轴流式水轮发电机组模型和切击式水轮发电机组实物模型（A237 型转轮），结合教学录像片与三维动画演示，了解水轮机的分类和结构，以及不同类型水轮机的适用范围；了解与水轮机有关的水头、流量、出力、效率和牌号等。能够识别切击式、轴流式和混流式水轮机；能认知水电机组的励磁系统、上下机架、机座、发电机转子与定子、主轴、导水机构（接力器、控制环）、顶盖、底环、蜗壳、导叶、转轮室、转轮、尾水管等结构；能认知混流式水轮机的叶片、上冠、下环和泄水锥，切击式水轮机的水斗与轮盘等部件。

七、思考题

（1）水轮机分为哪两大类，它们分别利用了水流的什么能量？

（2）简述切击式、轴流式和混流式水轮机原理与结构的不同之处。

（3）说明水轮机型号 HL220-LJ-550 所代表的意义。

实验三　反击式水轮机引水室和导水机构的认知实践

关键词

蜗壳式引水室，座环，上环，下环，支柱，碟形边；导水机构，导叶，导叶轴，底环，顶盖；导叶转动机构，接力器，接力器活塞杆，控制环，连杆，连接板（导叶臂）；导叶关闭，中开度，大开度。

一、实验目的

了解和掌握反击式水轮机的蜗壳引水室和导水机构的结构、功能、工作原理和过程，并且能够识别蜗壳引水室和导水机构的主要部件。

二、能力训练

引水室和导水机构是水轮机的重要部件。通过现场观察和实习，学生应该对水轮机有更深层次的认识，掌握调节水流量和改变水电机组出力的方法。

三、实验内容

（1）反击式水轮机的蜗壳式引水室，水流向、座环、上环、下环、支柱、碟形边。

（2）反击式水轮机导水机构的功能与构造，底环、顶盖、导叶、导叶轴、导叶转动机构。

（3）反击式水轮机导水机构的工作原理和过程，关闭、中开度、大开度。

四、实验设备及材料

（1）隔河岩电站 300MW 混流式水轮发电机组模型一套，轴流式水轮发电机组模型一套。

（2）教学录像片与三维动画演示。

五、实验原理

1. 反击式水轮机的蜗壳式引水室

反击式水轮机是实践中应用最为广泛的水轮机。蜗壳是反击式水轮机引水室的主要形式，通过蜗壳的水流能够均匀分布到转轮周围，轴对称地进入水轮机。图 8-24 所示为金属蜗壳结构，金属蜗壳一般用弯好的钢板焊接而成，或用铸钢件焊接而成，蜗壳内截面为圆形，既可节省钢材，还能承受较大水压。图 8-25 所示为轴流水轮机蜗壳的水流向图，水流形成一定的环量流向中部，与径向有一定的角度，再转向下方推动转轮。

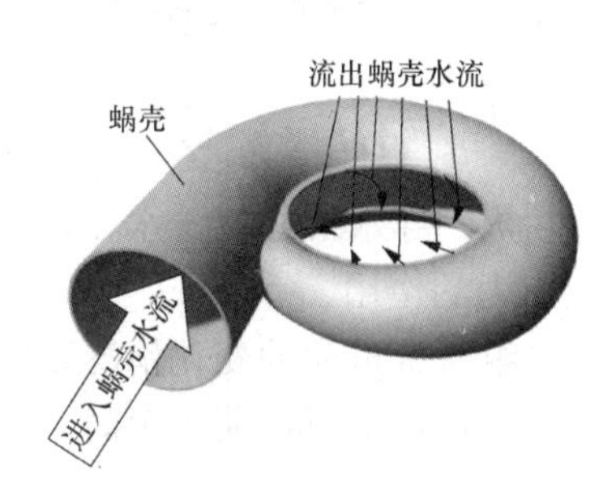

图 8-24 金属蜗壳的结构

（由鹏芃科艺授权使用）

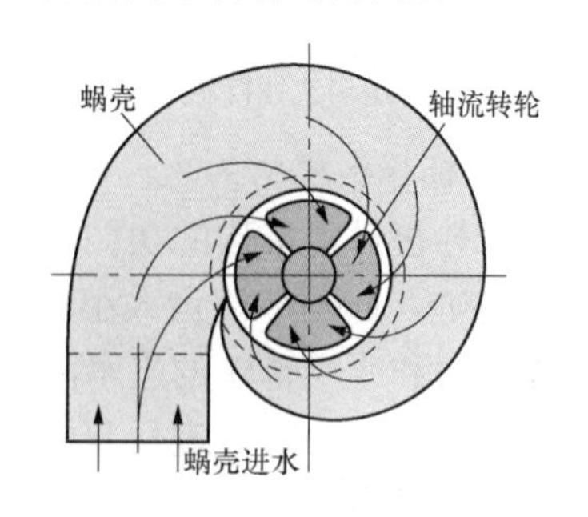

图 8-25 蜗壳的水流向

（由鹏芃科艺授权使用）

小型水电站的蜗壳可以直接铸造再经机械加工而成，稍大些的采用弯好的钢板焊接而成，再进行整体吊装（见图 8-26）。小型水轮发电机组多采用卧轴布置，即蜗壳垂直地面安装（见图 8-27）。

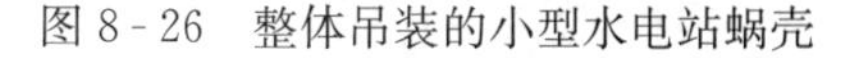

图 8-26 整体吊装的小型水电站蜗壳

图 8-27 卧轴布置的水轮机蜗壳

稍大些的水电站的水轮发电机组是采用立轴布置（蜗壳水平安装）。蜗壳被填埋在混凝土中，蜗壳要承受混凝土的压力，在蜗壳中部要安装水轮机，上方要安装水轮发电机，小机组数百吨，大机组数千吨，蜗壳通过座环承受这些压力。如图 8-28 所示，座环在蜗壳中部，座环由上环、下环和多个支柱组成，水流从支柱间流过。为减小水阻力，支柱做成流线型叶片状，叶片状支柱沿水流向有个斜角，对水流有导向作用，故也称支柱为固定导叶。上、下环沿环有碟形边，用来与蜗壳内边焊接，分段弯好的蜗壳钢板可以此为基准进行组装焊接。

蜗壳式引水室的水力损失较小，结构紧凑，可减小厂房尺寸和节省土建投资。图 8-29 所示为葛洲坝水轮机的蜗壳。

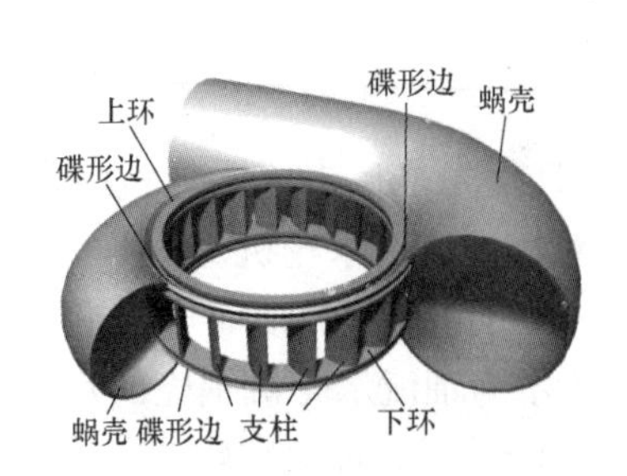

图 8-28 蜗壳与座环

(由鹏芃科艺授权使用)

图 8-29 葛洲坝水轮机的蜗壳

2. 反击式水轮机导水机构的功能与构造

(1) 反击式水轮机导水机构的功能。反击式水轮机的导水机构位于水轮机的引水室与转轮之间(见图 8-30),起调节流量大小和改变机组出力的作用。

导水机构能形成和改变转轮的进水流量;根据机组所带负荷的变化情况,随时调节水轮机的流量,以改变机组出力,并进行开机和停机操作。在机组甩负荷工况时,可迅速关闭导叶,防止飞逸事故的发生。

(2) 反击式水轮机导水机构的构造。水轮机的导水机构一般采用液压操作。根据水轮机调速功率大小,液压操作可分为单接力器操作与多接力器操作两种。如图 8-31 所示,接力器活塞杆产生推拉动作,带动连接在上面的控制环(调速环)转动,并带动全部导叶同时绕自己的轴线(导叶轴)转动,做打开或关闭导叶的动作,达到调节流量的目的。在导水机构操作功较大的情况下,需采用两个接力器或两个以上接力器带动控制环调节导叶开度。

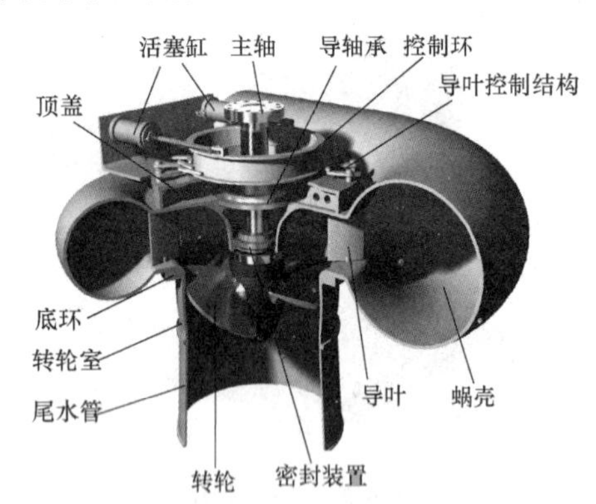

图 8-30 轴流式水轮机结构示意

(由鹏芃科艺授权使用)

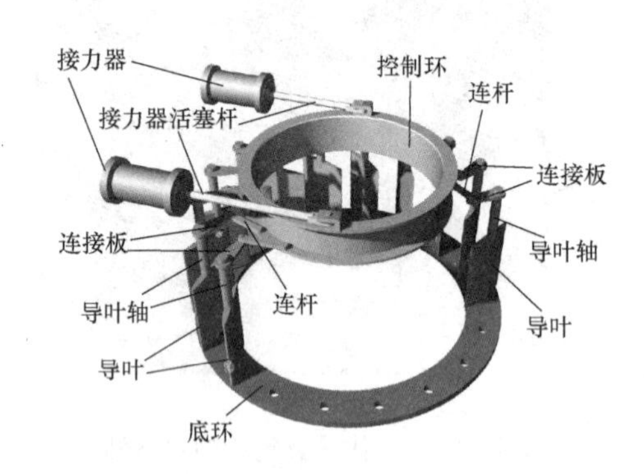

图 8-31 反击式水轮机的导水机构

(由鹏芃科艺授权使用)

反击式水轮机导水机构一般由导叶、导叶转动机构、底环、顶盖等组成。

1) 导叶。导叶也称为导水叶,是直接调节流量大小的过流部件,其水力性能直接影响水轮机工作效率。导叶绕导叶轴转动时,可改变导叶之间的间距,改变过水断面,即改变导叶开度,从而达到调节流量的目的。

2) 导叶转动机构。导叶转动机构用以转动导叶,调节导叶的开度,达到调节流量的目的。导叶转动机构主要由接力器、控制环、连杆和连接板等组成,见图 8-31。

导叶是同步转动的,采用接力器来驱动,一般由两个接力器与控制环组成传动机构。接力器固定在水轮机基础上,是液压伺服机构,主要由缸体、活塞、活塞杆等组成;在液压作用下，活塞杆带动控制环绕水轮机主轴线左右转动。

导叶轴上固定有连接板（导叶臂）；连杆一端连接到连接板，另一端连接到控制环上；控制环转动时带动连杆，连杆就通过连接板、导叶轴带动导叶转动。

3. 反击式水轮机导水机构的工作原理和过程

如图 8-32 所示，接力器活塞杆推拉控制环，使导叶实现关闭和开启；箭头线表示水流方向。图 8-32（a）所示为导叶关闭状态，水流被切断，在机组甩负荷时，关闭导叶使水轮机停止运行；图 8-32（b）所示为导叶转到中开度与大开度状态，通过改变导叶的角度，就可以改变进入转轮的水流大小与角度。

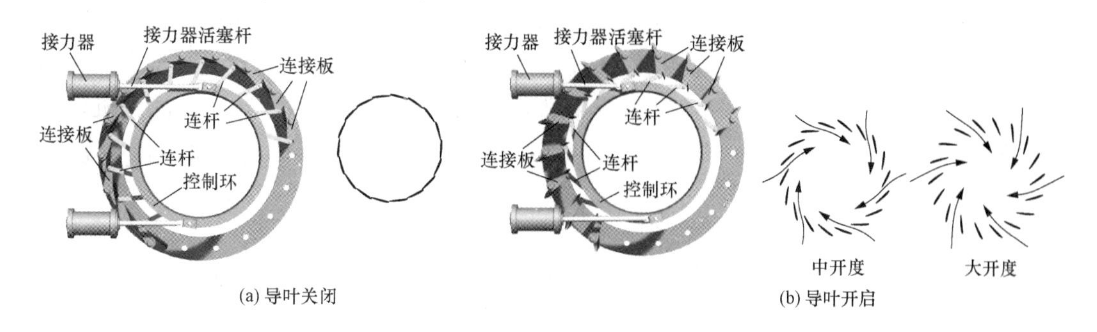

(a) 导叶关闭　(b) 导叶开启

图 8-32　导叶关闭和开启

（由鹏芃科艺授权使用）

六、实验步骤

现场参观隔河岩电站 300MW 混流式水轮发电机组模型和轴流式水轮发电机组模型；结合上述介绍和三维动画演示，了解和掌握反击式水轮机的蜗壳引水室和导水机构的结构、功能、工作原理和过程。能够识别蜗壳式引水室的水流向、座环、上环、下环、支柱、碟形边等结构；能够识别导水机构的具体部件如底环、顶盖、导叶、导叶轴、导叶转动机构（接力器、接力器活塞杆、控制环、连杆、连接板）等。

七、思考题

（1）简述蜗壳引水室的水流向与结构。

（2）简述反击式水轮机导水机构的构造。

（3）简述反击式水轮机导水机构的工作过程。

项目九　风力发电机认知

关键词

水平轴风力机，垂直轴风力机；风轮，叶片，轮毂，固定型桨距，变动型桨距；主轴，传动系统，增速齿轮箱，机架，机舱；偏航系统（对风装置）尾翼，舵轮，主动偏航系统；塔架，管式塔架，桁架型塔架，管柱型塔架；离网运行，直流发电机，交流同步永磁直驱发电机；并网运行，恒速/恒频系统，交流同步励磁发电机，直流励磁，异步交流电机，笼式异步交流电机，转差，转差率；变速/恒频系统，双馈异步交流发电机，交流励磁，交-直-交变流器。

一、实验目的

掌握风力发电的基本原理、能量转换过程及风力机分类；了解水平轴风力发电机的结构、运行方式及使用的发电机；了解风力发电的特点和效益。

二、能力训练

通过对风力发电机组的现场观察和实习，了解风力发电机的生产过程；学会将书本的知识与现场设备结合起来，对水平轴风力发电机的结构、运行方式及经济效益应能形成简单明确的基本认知。

三、实验内容

（1）风力发电的基本原理及风力机分类。

（2）水平轴风力发电机的结构，风轮、主轴与传动系统、机架与机舱、发电机、偏航系统、控制与安全系统和塔架。

（3）风电机组运行方式及发电机选用，离网型和并网型、恒速/恒频系统和变速/恒频系统、同步电机和异步电机。

（4）风力发电的特点和效益。

四、实验设备及材料

（1）水平轴风力发电机实物、笼式异步交流电机各1台，增速齿轮箱、机舱和沙盘式风力发电场布局模型各1套。

（2）教学录像片与三维动画演示。

五、实验原理

1. 风力发电的基本原理及风力机分类

风是地球外表大气层由于太阳的热辐射而引起的空气流动，大气压差是风产生的根本原因。风能是太阳能的一种转换形式，是一种重要的自然能源。

中国风能资源十分丰富，风能资源总储量约32.26亿kW，可开发和利用的陆地上风能储量有2.53亿kW，近海可开发和利用的风能储量有7.5亿kW，共计约10亿kW。截至2015年底，风电占中国电力能源总量的3.3%。在中国，风能资源主要分布在新疆、内蒙古等北部地区和东部至南部沿海地带及岛屿。其中，东南沿海、山东半岛、辽东半岛及海上岛屿，内蒙古、甘肃北部，黑龙江南部、吉林东部为风能最佳区。西藏高原中北部、三北（西北、华北和东北）北部、东南沿海（离海岸线 20～50km）为风能较佳区。东从辽河平原向西，过华北大平原经西北到最西端，左侧绕西藏高原边缘部分，右侧从华北向南面淮河、长江到南岭的地区及两广沿海、大小兴安岭山区为风能可利用区。

（1）风力发电原理。将风能转换为电能的发电方式，称为风力发电（见图 9-1)。风力发电的基本过程如下：风力机的叶片将风能转化为风轮轴的低速旋转机械能（为 18～33r/min)，行星齿轮增速箱将风轮轴上的低速旋转变为高速旋转（800r/min 或 1500r/min)，带动发电机发电；电能经电缆线路引至配电装置，然后送入电网。风电机组能量转换的基本过程是风能$\xrightarrow{\text{风力机}}$机械能$\xrightarrow{\text{发电机}}$电能。

(a) 海上风电场

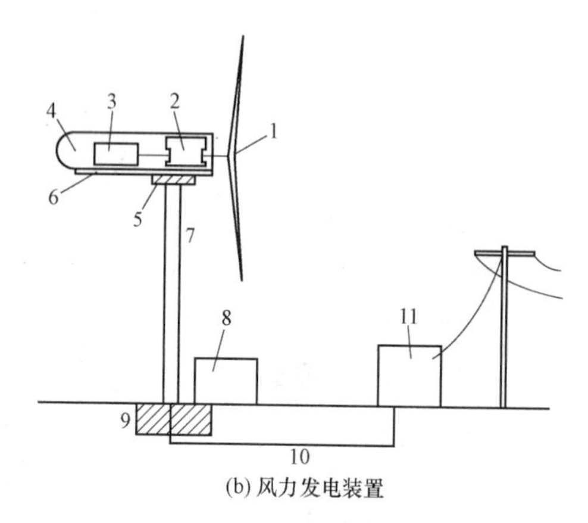

(b) 风力发电装置

图 9-1 风力发电

1—叶片；2—升速装置；3—发电机；4—感受元件、控制装置、防雷保护等；5—改变方向的驱动装置；6—底板和外罩；7—支撑铁塔；8—控制和保护装置；9—土建基础；10—电力电缆；11—变压器和开关等

（2）风力机分类。按容量不同，风力机可分为微型（1kW 以下)、小型（1～10kW)、中型（10～100kW）和大型机（100kW 以上)。

按风轮轴的方向，风力机可分为水平轴和垂直轴两类，见图 9-2。水平轴风力机发展早，功率系数高，应用广泛；垂直轴风力机运行平稳，噪声低，抗风能力强，所占空间小。垂直轴风力机又有 H 形、Φ 形等；H 形风力机（立式叶轮）结构简单，成本低；Φ 形风力机（螺旋式叶轮）空气动力效能高，但叶片制作复杂，成本较高。

目前世界上比较成熟的并网型风力发电机组多采用水平轴风力机，本实验主要介绍水平轴风力发电机。

2. 水平轴风力发电机

水平轴风电机组主要由风轮、传动系统、发电机、偏航系统、控制与安全系统、机舱、塔架、基础等组成，见图 9-3。大型 5MW 三叶片水平轴风力发电机，其风轮直径为 125m，风轮面积达 $12000m^2$，相当于两个足球场的面积；风轮和机舱重达数百吨，置于高 120m 的塔架上。水平轴风电机组的主要结构分别简介如下。

（1）风轮。风力机区别于其他机械的最主要特征就是风轮；风轮是集风装置，它由叶片、轮毂和变桨系统组成。风电机组通过叶片吸收风能，并转换成风轮的旋转机械能；风轮直径越大，风力机的功率就越大。

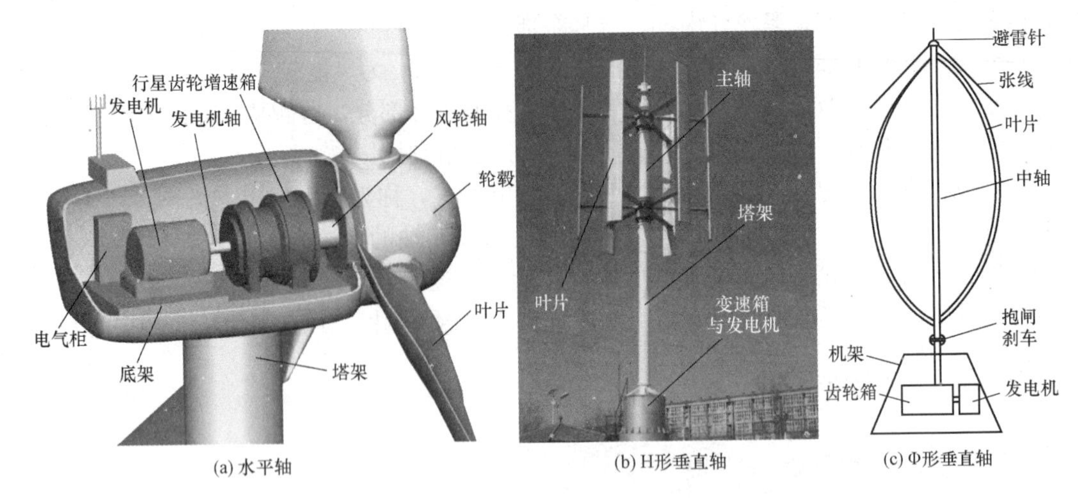

(a) 水平轴　(b) H形垂直轴　(c) Φ形垂直轴

图 9-2　风力机

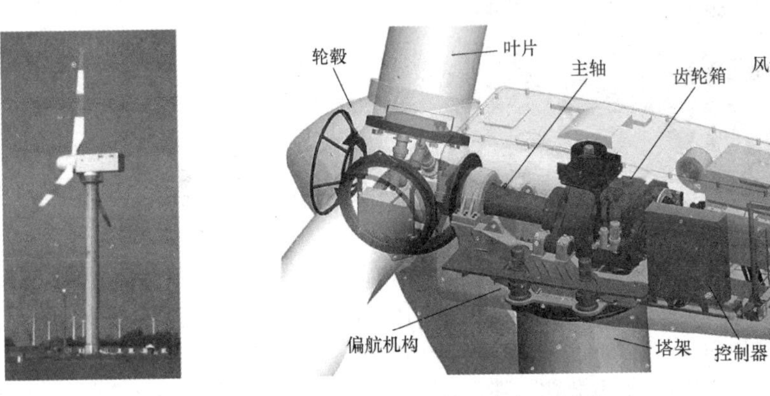

图 9-3　水平轴风电机组结构

风轮的叶片形式有单叶片式、双叶片式、三叶片式、风车多叶片式和自行车轮多叶片式等，见图 9-4。风电场的风力机通常采用 2 个或 3 个叶片，叶尖速度 50～70m/s。在现有技术基础上，3 叶片叶轮通常能够提供最佳效率，受力更平衡，轮毂设计与制造也较简单。叶片在风的作用下，产生升力和阻力，设计优良的叶片可获得大的升力和小的阻力。风轮叶片的材料根据风力发电机的型号和功率大小不同而定，现代常采用高强度低密度的复合材料，如玻璃钢、尼龙等。

图 9-4　风轮的叶片形式

轮毂是固定叶片的基座，叶片安装在轮毂上组成风轮，并通过轮毂与风轮主轴固定。图 9-5 所示为球形轮毂，轮毂上的三个变桨轴承法兰可以安装 3 个变桨轴承与 3 个叶片，构成 3 叶风轮；轴端法兰连接风轮主轴；同步变桨驱动机构安装在球形轮毂内；轮毂外面将安装导流罩。

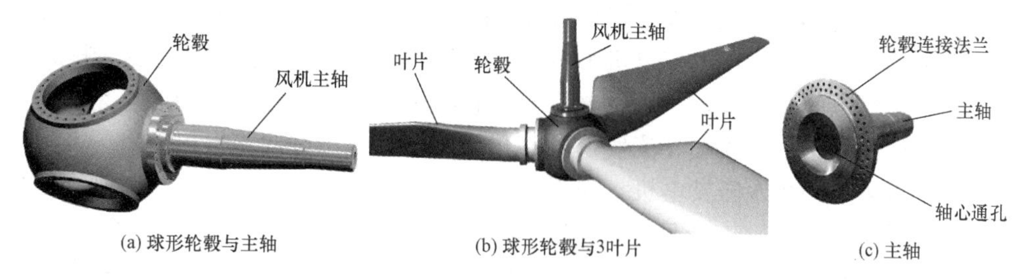

图 9-5　球形轮毂与主轴
［(a)、(b) 由鹏芃科艺授权使用］

风轮转速调节方法主要有风轮叶片桨距固定型和变动型两类。固定桨距型的调速方法：当风速增大时，通过各种机构使风轮绕垂直轴回转，以偏离风向，减少迎风面和受到的风力以达到调速的目的。变桨距型的调速方法：当风速变化时，通过一套桨叶角度调整装置转动桨叶，改变叶片与风力的作用角度，使风轮承受的风力发生变化，以此来达到调速的目的。大型风力发电机组大多采用变桨距调速方法。

(2) 主轴与传动系统。风轮通过风力机主轴与增速齿轮箱连接。主轴不但要传输风轮转动的力矩，还要抗拒风轮的摆动，由硬质不锈钢制作。风力机主轴前端有轮毂连接法兰，尾端连接齿轮箱。主轴轴心有通孔，是变桨机构控制电缆、油路或机械杆的通道，见图 9-5 (c)。主轴轴线向前仰起，与水平线有一个不大的夹角，目的是防止叶片碰到塔架，同时缩短风力机主轴的延伸长度。

风电机组的传动系统由主轴、增速齿轮箱、联轴器与刹车盘组成（直驱式除外）。传动系统将风轮产生的旋转机械能传递到发电机转子，并实现风轮转速与发电机转子转速的匹配，从而将机械能传递到发电机上。

增速齿轮箱的作用是将风力机轴上的低速旋转输入转变为高速旋转输出，以便与发电机运转所需要的转速相匹配。

(3) 机架与机舱。风力机主轴、增速齿轮箱与发电机都安装在机舱内；机舱的底盘称为机架，由横梁与纵梁组成，是风轮、齿轮箱、发电机等主要设备的支撑基座，并与塔架顶端连接，将风轮和传动系统产生的所有载荷传递到塔架上。

风力机主轴通过主轴轴承安装在机舱的机架上；主轴轴承在机架前端，承受来自风轮的巨大力量，主要是风轮的重量、推力和各种扭转力矩；主轴轴承采用球面滚子轴承，有良好的调心性能。主轴尾端通过联轴器直接与齿轮箱低速轴连接。齿轮箱右侧高速轴通过联轴器连接发电机。为了在大风、故障与检修时停止运转，在发电机轴上装有刹车盘，由刹车卡钳进行刹车，见图 9-6。

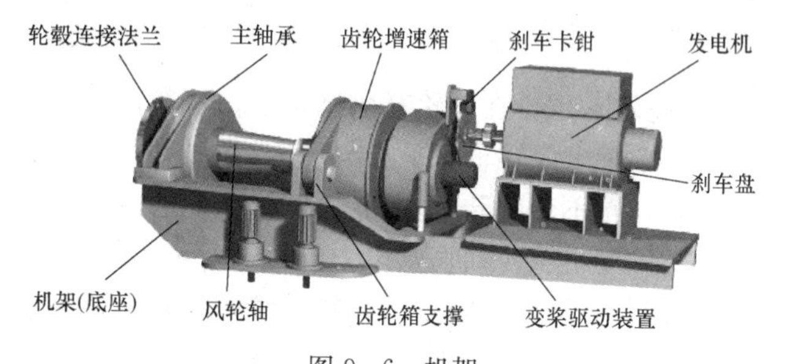

图 9-6　机架
(由鹏芃科艺授权使用)

水平轴风电机舱内设备的布置见图 9-3。在机舱底座下方有偏航机构，机舱顶部后方装有风向标与风速计，输出信号传给控制器，偏航装置按控制器的信号推动风力机对风。控制器还要根据风速变化来控制桨距角，以工作在最佳转速。在机舱里还装有齿轮箱的润滑系统，以保证齿轮箱的润滑；大型发电机还有专门的冷却系统。

(4) 发电机。发电机是风力发电机组中关键零部件，发电机性能好坏直接影响整机效率和可靠性。由于风电的特殊性，所用发电机与火电等其他方式采用的发电机性能要求有很大区别。风力发电机可采用直流和交流发电机；交流发电机中又分同步发电机和异步发电机；同步发电机中可采用同步永磁发电机、同步直流励磁发电机；异步发电机中可采用笼式异步发电机和双馈异步发电机（交流励磁）等。在实际风电系统中，要根据容量大小、运行方式、风力机的性能和参数等来选择合适的发电机。在大中型风电机组中，都采用同步直流励磁发电机和异步发电机。

(5) 偏航系统（对风装置）。偏航系统的主要作用有两个：一是与风力发电机组的控制系统相互配合，使风力发电机组的风轮始终处于迎风状态，充分利用风能，提高风力发电机组的发电效率；二是提供必要的锁紧力矩，以保障风力发电机组的安全运行。

风力发电机组的偏航系统一般分为主动偏航系统和被动偏航系统。被动偏航指的是依靠风力通过尾翼、舵轮等相关机构完成风轮的对风动作，适用于小型水平轴风力机。主动偏航指的是采用电力或液压拖动来完成对风动作，常见的有齿轮驱动和滑动两种形式。对于并网型风电机组，通常都采用主动偏航的齿轮驱动形式。

1) 尾翼对风。小型风力机普遍采用尾翼来对风，尾翼材料通常采用镀锌薄钢板，见图 9-7 (a)。

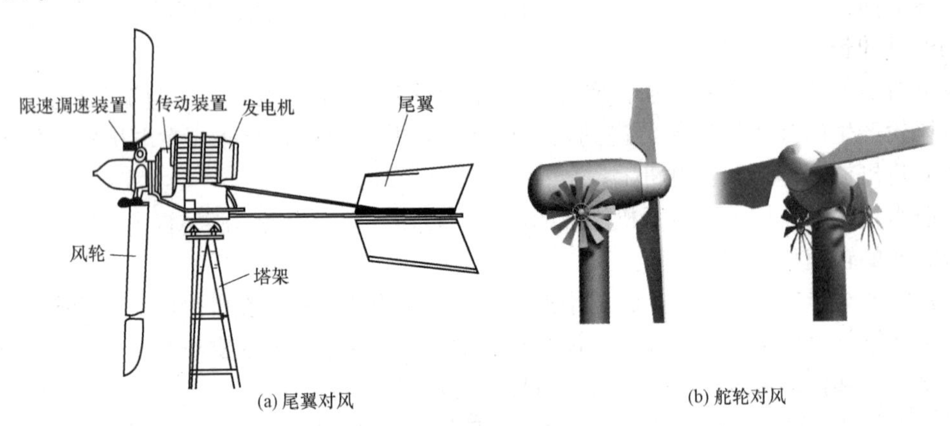

图 9-7　被动偏航系统
（由鹏芃科艺授权使用）

2) 舵轮对风。在舵轮对风结构中，机舱后部两侧有两个舵轮（侧风轮），两个舵轮一般在同一个转轴上，转轴水平并与风力机风轮主轴垂直。在风力机准确对风时，两舵轮面与风向平行，舵轮不会旋转；当风力机未对风时，舵轮与风有夹角就会旋转，并通过齿轮、蜗杆、蜗轮推动机舱转动直至风力机风轮对风后停止，见图 9-7 (b)。

3) 齿轮驱动形式的主动偏航系统。齿轮驱动形式的主动偏航系统包括偏航轴承、偏航齿轮、驱动电动机、控制系统装置与测风装置等，一般安装在机舱与塔架间，可实现中大型风力机的对风。

在塔架顶端的塔筒法兰上安装偏航轴承，偏航轴承的外圈固定在塔架顶端，偏航轴承的内圈将用来安装机舱底盘（机架）。偏航轴承有很强的轴向承重能力，能承受径向冲击力与倾覆力矩，在偏航轴承外圈的外围集成着偏航齿轮，见图 9-8（a）。把机架安装在偏航轴承的内圈上，机架通过偏航轴承可使机舱和风轮能以塔架轴线为轴转动，使风轮面对来风。

在机架上安装有 2～4 台偏航驱动电动机，通过电机的减速箱连接小齿轮，小齿轮与偏航齿轮啮合，偏航驱动电动机旋转时即可推动机舱底盘在塔架上转动，见图 9-8（b）。风向风速仪把信号传送到控制柜，通过微处理器处理后输出控制信号，该信号控制偏航驱动电动机的运行，当风轮轴与风向有一定偏差时就启动偏航驱动电动机进行对风。

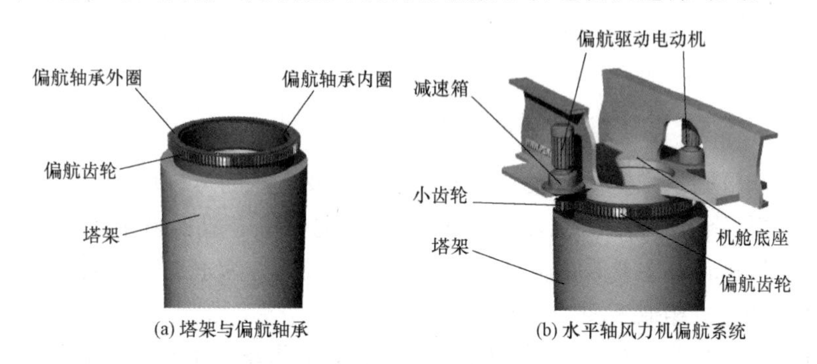

图 9-8　齿轮驱动的主动偏航系统
（由鹏芃科艺授权使用）

（6）控制与安全系统。大中型风电机组均配有由微机和控制软件组成的控制系统，包括变桨控制器、交流器、主控制器、机组控制安全链及各种传感器等；可以对机组的启动、停机、调速、故障保护进行自动控制，可以对机组的运行参数和工作状况自动显示和记录，以确保机组的安全经济运行。

（7）塔架。塔架将风轮和机舱置于空中，才能获得较大较稳定的风力。塔架是风电机组的支撑部件，承受机组的重量、风载荷及运行中产生的动载荷，并将这些载荷传递到基础。塔架的高度为叶轮直径的 1～1.5 倍，微小型风力机的塔架相对风轮会更高些。

塔架需要高强度也要考虑造价。百瓦级风力发电机通常采用管式塔架，以钢管为主体，在 4 个方向上安置张紧索。稍大的风力发电机塔架一般采用由角钢或圆钢制成的桁架结构，简单、造价低，但不美观，且人员上下也不安全，见图 9-9（a）。大型风力机基本采用管柱型塔架，其材料主要有钢结构和钢筋混凝土结构两种；由于钢塔架运输困难，可现场制作的混凝土塔架用得越来越多。塔架内敷设有发电机的电力电缆、控制信号电缆等，塔底有塔门，塔架内分若干层，层间有直梯便于维修人员上下，见图 9-9（b）、（c）。

3. 风力发电机组运行方式及发电机选用

风力发电机组有离网型和并网型两种运行方式。

（1）离网型运行方式。离网型运行方式又称独立运行的风力发电机组，一般单台独立运行，机组功率较小（主要为 5kW 以下）；所发出的电能不接入电网，常需要与储电装置或柴油发电机、太阳能光伏发电系统联合运行；主要用于边远农村、牧区、海岛等远离电网的地区。离网运行风电机组的发电机有直流和交流两种。

1）直流发电机。直流发电机常用于微小型风力发电机组，并与蓄电池配合使用，以保证供电稳定。虽然直流发电机可直接产生直流电，但由于直流电机结构复杂、价格贵，而且

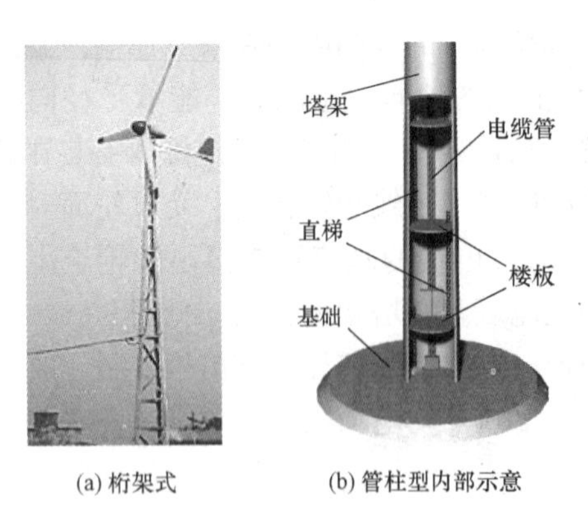

(a) 桁架式　(b) 管柱型内部示意

(c) 管柱型内部照片

图 9-9　塔架

[（b）由鹏芃科艺授权使用]

由于带有集电环和电刷，维护量较大，不太适于风力发电机的运行环境。

2）交流发电机。由于容量较小，离网运行的风电机组一般不采用齿轮箱增速，直接由风力机带动发电机运转；主要采用低速交流永磁发电机，称为永磁直驱风力发电机，采用多极结构，与水轮发电机相似。

永磁发电机定子与普通交流电机相同，包括定子铁芯及定子绕组，转子上无励磁绕组，而是一块永磁体，没有集电环，运行更安全可靠，维护简单；其缺点是电压调节性能差。

在这种系统中，风力交流发电机输出的交流电经整流器整流后直接供电给直流负载，并将多余的电能向蓄电池充电。在需要交流供电情况下，通过逆流器将直流电转换为交流电供给交流负载。

（2）并网型运行方式。并网运行的风力发电机组一般以机群布阵成风力发电场，并与电网连接运行，多为 10kW 以上直至兆瓦级的大、中型风力发电机组。采用风力发电机与电网连接，向电网输送电能，是克服风的随机性而带来的蓄能问题的最稳妥易行的运行方式，同时可达到节约矿物燃料的目的。并网运行又可分为恒速恒频和变速恒频两种不同的方式，其使用的发电机为交流发电机。

1）恒速/恒频系统及发电机结构。在风电机组并网运行过程中，恒速恒频系统的发电机转速不随风速的波动而变化，始终维持恒速运转，从而输出恒定额定频率的交流电。由于这种风电机组在不同风速下不满足最佳叶尖速比，因此没有实现最大风能捕获，效率较低。当风速变化时，维持发电机转速恒定的功能主要通过前面的风力机完成。其发电机的控制系统比较简单，所采用的发电机主要有同步交流发电机和异步发电机两种。前者运行的同步转速由磁极对数和电网频率所决定，后者则以稍高于同步速的转速运行。

a. 同步交流发电机。通常同步发电机电枢绕组在定子上，励磁绕组在转子上。转子励磁直流电由与转子同轴的直流电机供给或由电网经整流供给；结构与燃煤汽轮发电机类似。同步发电机的优点在于励磁功率小，效率高，可进行无功调节；但与笼型异步发电机相比，结构复杂，对调速及与电网并网的同步调节要求也高，其控制系统复杂，因此组成的恒速恒频系统成本较高。

b. 异步发电机。异步电机是一种交流电机，一般也称为感应电机，既可作为电动机，也可作为发电机。异步电机作为电动机，应用非常广泛，其总容量约占电网总负荷的 2/3 左右，其中笼式异步电动机占绝大多数。但异步电机作为发电机的较少，由于异步发电机具有结构简单、价格便宜、坚固耐用、维修方便、起动容易、并网简单等特点，在大中型风力发电机组中得到广泛应用。

笼式异步电机和同步电机一样，也是由定子和转子两大部分组成。笼型异步电机的定子铁芯和定子绕组结构与同步电机基本相同。转子采用鼠笼型结构；转子铁芯由硅钢片叠成，呈圆筒型，增大磁导率；槽内嵌入金属导条（铜或铝），在铁芯两端用铝或铜端环将导条短接，见图 9-10。转子不需要外加励磁，没有集电环和电刷，因此其结构简单坚固，基本上无须维护。

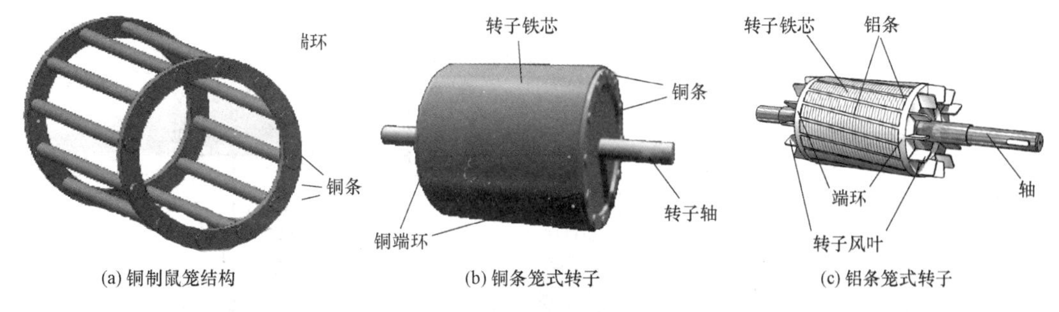

图 9-10　笼式异步电机的转子

［(c) 由鹏芃科艺授权使用］

把鼠笼转子放在定子铁芯中间；定子绕组通上三相交流电产生旋转磁场；当磁场旋转时，鼠笼的金属导条切割磁力线产生电流；旋转磁场与转子绕组中的感应电流相互作用产生电磁转矩，进行能量转换，于是鼠笼便旋转起来。

显然，鼠笼是不可能与磁场同步旋转的，只有鼠笼比磁场转得慢，才有鼠笼与磁场的相对转动，才能切割磁力线感生电流，感生电流在洛伦兹力作用下推动鼠笼转子异步旋转，故称为异步电机。旋转磁场的转速 n_s 与鼠笼转子转速 n 之差称为转差，转差与同步转速 n_s 的比值称为转差率，用 s 表示，即

$$s=(n_s-n)/n_s$$

当异步电机与电网连接时，随电机转速的不同，可以工作在电动机状态，也可以工作于发电机状态。当鼠笼转子转速 $n<n_s$ 时，即转差率 s 为正值时，电机作电动机运行；一般转差率 s 为 2%～6%，输入三相交流电为 50Hz 时，鼠笼转子转速 n 为 2820～2940r/min。当电机在风轮驱动下，转速 n 超过同步转速 n_s，即转差率 s 为负值时，电机作发电机运行，向电网输送电能；发电功率随转差率 s 绝对值增大而增加，并网运行的笼型异步交流发电机转速一般 $n=(1\sim1.05)\ n_s$。

异步发电机的优点是结构简单、价格便宜、并网容易，故目前恒速恒频运行的并网机组大都采用笼型异步发电机。缺点是其向电网输出有功功率的过程中，需从电网吸收无功功率来对电机励磁，使电网的功率因数恶化，因此并网运行的风力异步发电机要进行无功补偿。

2）变速/恒频系统及发电机结构。在不同风速下，为了实现最大风能捕获，提高风电机组的效率，发电机的转速必须随着风速的变化不断进行调整，处于变速运行状态，其发出的频率需通过一定的恒频控制技术来满足电网的要求。变速恒频风力发电机组是目前并网运行的主要形式，新建的 MW 级机组普遍采用变速恒频方式运行，其使用的发电机主要为双馈

异步交流发电机。

双馈异步交流发电机是转子交流励磁的异步发电机，转子由接到电网上的变流器提供交流励磁电流。在发电机转子转速变化时，若以转差频率的电流来励磁时，定子绕组中就能产生固定频率 50Hz 的电动势。

双馈异步交流发电机主要由风轮、增速齿轮箱、双馈异步发电机、交-直-交变流器、变压器、电力开关等组成，见图 9-11。风轮经过增速后带动发电机，发电机定子绕组线端是发电机电力输出端，通过开关箱连接到交流电网；发电机转子绕组通过集电环连接到交-直-交变流器，变流器通过三相变压器、开关箱连接到交流电网。这样组成的系统，可在发电机转速低于同步转速 40%和高于同步转速 15%内正常运行。

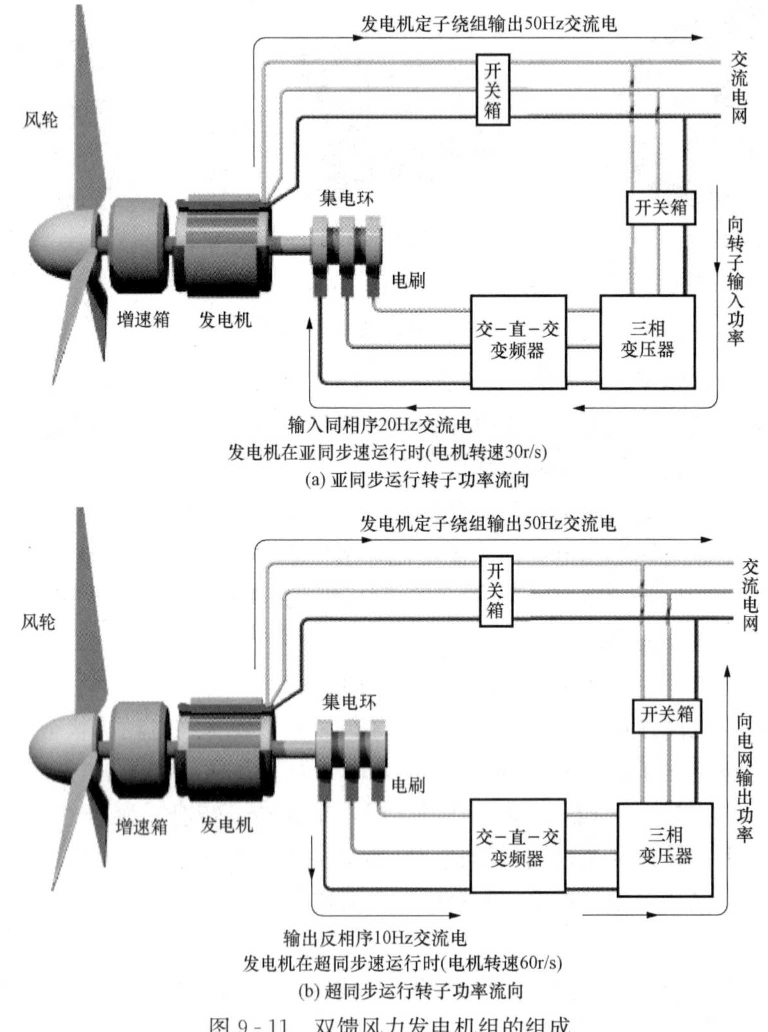

图 9-11 双馈风力发电机组的组成

（由鹏芃科艺授权使用）

在发电机转子处于亚同步运行时，如转速为 30r/s 时，低于同步转速 20r/s，电网通过交-直-交变流器向发电机转子绕组输入同相序 20Hz 的交流电，产生相对转子 20r/s 的旋转磁场，该旋转磁场与转子共同产生 50r/s 的合成磁场，使定子绕组发出 50Hz 的交流电，见图 9-11（a）。

在发电机转子处于同步运行时，转速为50r/s，电网通过交-直-交变流器向发电机转子绕组输入直流电，产生相对转子固定的磁场，使定子绕组发出50 Hz的交流电。

在发电机转子处于超同步运行时，如转速为60r/s时，高于同步转速10r/s，发电机转子绕组感生出反相序的10Hz交流电，交-直-交变流器把10Hz的反相序交流电转换为50Hz的交流电，通过变压器送往电网。由于转子绕组感生的10Hz的交流电是与定子绕组产生的交流电反相，使转子产生相对转子10r/s的反向旋转磁场，该旋转磁场与转子共同产生50r/s的合成磁场，使定子绕组发出50Hz的交流电，见图9-11（b）。

在结构上，双馈异步交流发电机和同步电机一样，也是由定子和转子两大部分组成。双馈异步发电机的定子铁芯和定子绕组结构与同步电机基本相同。转子铁芯由硅钢片叠成，把转子铁芯冲片压紧在转子支架上，转子支架紧固在电机转轴上。转子铁芯的槽内嵌放着转子绕组，按三相交流绕组绕制，三个绕组连接成星形接法；接入三相交流电源时，就会在转子铁芯外周产生旋转磁场。不管定子与转子的槽数各为多少，定子绕组与转子绕组的极数必须相同。

在转轴上安装三个集电环，三个集电环之间、环与转轴之间都是互相绝缘的；转子绕组的三根引出端线通过转轴的凹槽连接到三个集电滑环上。在转轴上安装两个轴流风扇用于发电机散热；发电机整个转子部分、转子和定子剖面图如图9-12所示。

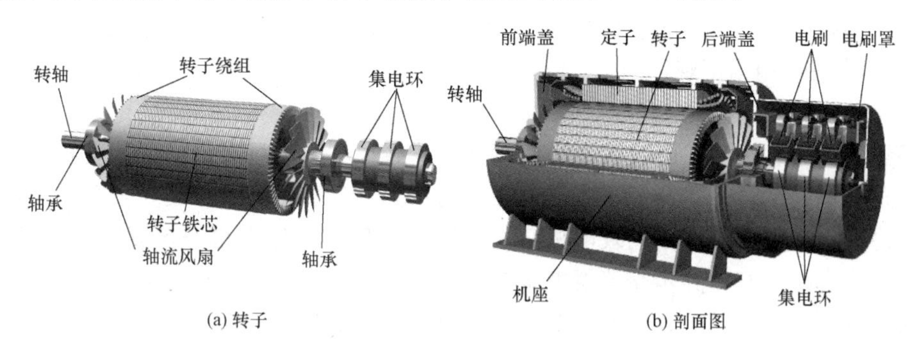

图9-12 双馈异步交流发电机

（由鹏芃科艺授权使用）

由于双馈异步交流发电机可以在变速运行中保持恒定频率（电网频率）输出，且变流器只需要转差功率大小的容量，所以成为目前兆瓦级有齿轮箱型风力发电机组的一种主流机型。

4. 风力发电的特点和效益

（1）风力发电的特点。风能作为一种清洁可再生新能源，对我国社会的节能减排有着重要意义；风力发电则是对风能这一新能源的高效利用，如广东省南澳县为全国第二大风电场、亚洲海岛第一大风电场，由此也成为南澳一处旅游景点。与传统能源形式相比，风力发电有如下特点：

1）清洁可再生的新能源，发电方式多样化。风电是一种可再生的洁净能源，不消耗资源，不污染环境（不排放粉尘、SO_2和CO_2），这是传统发电所无法比拟的优点。风力发电既可并网运行，也可以和其他能源，如柴油发电、太阳能发电、水力发电组成互补系统，还可以独立运行，因此对于解决边远无电地区的用电问题提供了现实可行性。

2）建设周期短，实际占地面积小，装机规模灵活。一个万千瓦级的风电场建设期不到一年；机组与监控、变电等建筑仅占火电厂1%的土地；可根据资金情况，决定一次装机规模。

3）可靠性高，运行维护简单。由于科技发展，中大型风电机组可靠性从20世纪80年代的50%提高到98%，高于火力发电，机组寿命可达20年。现代中大型风力机自动化水平高，完全可以无人值守，只需定期进行必要的维护，不存在火力发电大修问题。

但由于风能密度低，决定了单台风电机组容量不可能很大，与现在的水电机组和核电机组无法相比。另外，风况是不稳定的，有时无风，有时又有破坏性大风，风电机组对通信系统中使用的电磁信号可能造成干扰，这都是风力发电需解决的实际问题。

（2）风电场的经济效益。

1）离网微小型风电机组。微小型风力发电机组主要用于解决电网覆盖不到的地区，如海岛、边远农牧区的照明等生活用电问题。例如，内蒙古自治区目前安装微小型风力发电机组40 507台，装机容量15 061kW，解决了14万农牧户的生活用电问题。尽管牧户实际承担的发电成本为2.30元/kWh，然而，若用电网延伸的方法，供用电的还本付息成本将高于8元/kWh，燃油发电的供用电成本也将高于6元/kWh。因此，在这些地方采用微小型风电机组发电的经济效益相对较高。

2）并网大中型风电场。一个装机总容量为50MW的风电场，造价约为4.15亿元；以风电场运行年限20年计，发电总收入可达17亿元，税后净利润为5.8亿元，投资利润率大于10%，经济效益相当可观。

六、实验步骤

现场参观水平轴风力发电机实物、机舱和沙盘式风力发电场布局模型，观看教学录像片与三维动画演示；结合上述介绍掌握风力发电的基本原理、特点及分类；了解水平轴风力发电机的结构、运行方式及使用的发电机（交流同步永磁直驱发电机、交流同步励磁发电机、笼式异步交流电机、双馈异步交流发电机等）；识别水平轴风力机的风轮、叶片、轮毂、主轴、传动系统、增速齿轮箱、机架、机舱、偏航系统、管柱型塔架等。

七、思考题

（1）简述风力发电的基本原理。

（2）简述水平轴风力发电机的结构。

（3）简述异步电机的特征。

项目十　太阳能光伏电站认知

关键词

N型半导体，P型半导体，自由电子，空穴，载流子，PN结，内建电场，光生伏特效应，禁带宽度，光生电动势；伏安特性曲线，短路电流 I_{sc}，开路电压 V_{oc}，光照特性，最大输出功率 P_m，光电转换效率，单晶硅，多晶硅，非晶硅；绒面，减反射膜，细栅，主栅，太阳能电池组件，太阳能电池阵列，汇流带，串焊，钢化玻璃，热塑聚氯乙烯复合膜（TPT），热融胶黏膜（EVA），组件层压，装框；离网系统，并网系统，风光互补，蓄电池，控制器，并网逆变器，双向逆变器，交流柜，环境监测仪，控制箱。

一、实验目的

了解太阳能电池的工作原理与制作、主要特性与分类，了解太阳能光伏发电系统的组成和特点。

二、能力训练

通过对太阳能光伏发电系统的现场观察，了解太阳能光伏发电的基本原理，学会将书本的知识与现场设备结合起来；对太阳能光伏发电的主要设备结构及相应的生产流程、特点等能形成简单明确的基本认知。

三、实验内容

（1）太阳能电池的工作原理，PN结、光生伏特效应。

（2）太阳能电池的主要特性与分类，伏安特性曲线、单晶硅、多晶硅和非晶硅。

（3）太阳能电池的制作与组件。

（4）太阳能光伏发电系统的组成，离网系统、并网系统和风光互补。

（5）太阳能光伏发电的特点。

四、实验设备及材料

独立太阳能光伏发电系统（太阳能庭院灯）、分布式并网光伏发电系统（太阳能多晶硅光伏发电实验平台）、风光互补发电系统（风光互补路灯）各1套。

五、实验原理

1. 太阳能电池的工作原理

太阳能电池是太阳能光伏发电系统的重要器件，它是一种基于光伏效应将太阳能直接转化为电能的器件，所以太阳能电池又称为光伏电池。太阳能电池的工作原理如下。

（1）N型与P型半导体。在纯净的硅晶体中掺入少量的杂质，即5价元素磷（或砷、锑等），由于磷原子具有5个价电子，所以1个磷原子同相邻的4个硅原子结成共价键时，还多余1个价电子，这个价电子很容易挣脱磷原子核的吸引而变成自由电子。掺入了5价元素的硅晶体变成了电子导电类型的半导体，也称为N型半导体。

在N型半导体中，除了由于掺入杂质而产生大量的自由电子以外，还有由于热激发而产生少量的电子-空穴对。然而空穴的数目相对于电子的数目是极少的，所以在N型半导体材料中，空穴数目很少，称为少数载流子；而电子数目很多，称为多数载流子。

同样如果在纯净的硅晶体中掺入少量的杂质，即 3 价元素，如硼（或铝、镓、铟等），这些 3 价原子的最外层只有 3 个价电子，当它与相邻的硅原子形成共价键时，还缺少 1 个价电子，因而在一个共价键上要出现一个空穴，因此掺入 3 价杂质的半导体，也称为 P 型半导体。对于 P 型半导体，空穴是多数载流子，而电子为少数载流子。

（2）PN 结。若将 P 型半导体和 N 型半导体两者紧密结合成一体时，它们之间的过渡区域称为 PN 结。在 PN 结两边，由于在 P 型区内，空穴很多，电子很少；而在 N 型区内，电子很多，空穴很少。这样在交界面两边，电子和空穴的浓度不相等，因此会产生多数载流子的扩散运动。

扩散运动过程如下：在靠近交界面附近的 N 区中，电子越过交界面与 P 区的空穴复合，使 P 区出现一批带负电荷的硼元素的离子。同时在 N 型区内，由于跑掉了一批电子而呈现带正电荷的磷元素离子。

扩散的结果是在交界面的 N 型半导体一边形成带正电荷的正离子区，而交界面的 P 型半导体一边形成带负电荷的负离子区，称为空间电荷区，这就是 PN 结，是一层很薄的区域。在 PN 结内，由于两边分别积聚了负电荷和正电荷，会产生一个由正电荷指向负电荷的电场，即由 N 区指向 P 区的电场，称为内建电场，或称势垒电场，见图 10 - 1。

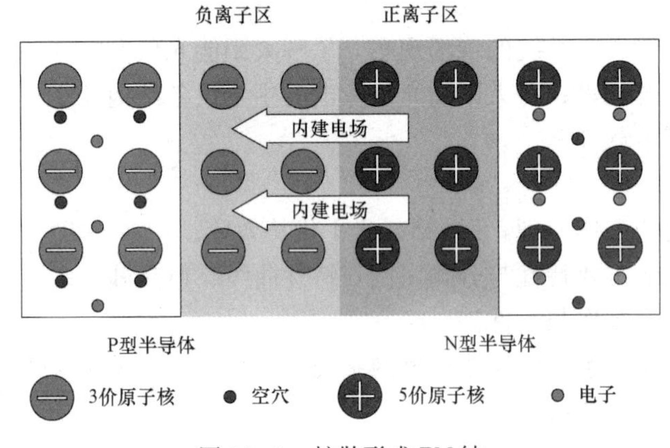

图 10 - 1　扩散形成 PN 结

（3）光生伏特效应。室温下从硅原子的价电子层中分离出一个电子需要 1.12eV 的能量，该能量称为硅的禁带宽度。在太阳光照耀下，能量大于半导体禁带宽度的光子能使半导体中原子的价电子受到激发而成为自由电子，形成光生电子 - 空穴对，也称光生载流子。

太阳能电池由 PN 结构成，在 P 区、空间电荷区和 N 区都会产生光生电子 - 空穴对，这些电子 - 空穴对由于热运动，会向各个方向迁移。

在空间电荷区产生的与迁移进来的光生电子 - 空穴对被内建电场分离，光生电子被推进 N 区，光生空穴被推进 P 区。在空间电荷区边界处总的载流子浓度近似为 0。

在 N 区，光生电子 - 空穴产生后，光生空穴便向 PN 结边界扩散，一旦到达 PN 结边界，便立即受到内建电场的作用，在电场力作用下做漂移运动，越过空间电荷区进入 P 区，而光生电子（多数载流子）则被留在 N 区。

同样，P 区中的光生电子也会向 PN 结边界扩散，并在到达 PN 结边界后，同样由于受到内建电场的作用而在电场力作用下做漂移运动，进入 N 区，而光生空穴（多数载流子）

则被留在P区。

因此，在PN结两侧形成了正、负电荷的积累，形成与内建电场方向相反的光生电场。这个电场除了一部分抵消内建电场以外，还使P型层带正电，N型层带负电，因此产生了光生电动势，这就是光生伏特效应（简称光伏）。这个过程的实质是光子能量通过太阳能电池的PN结转换成电能的过程。

2. 太阳能电池的主要特性与分类

(1) 太阳能电池的主要特性。太阳能电池发电原理是光生伏特效应，故太阳能电池也称光伏电池。当太阳光照在太阳电池上产生光生电动势时，一部分能量用于降低PN结势垒，剩余的用于建立工作电压U；将负载电阻R_L连接到PN结两端，构成回路时，则产生光生电流I（见图10-2）。

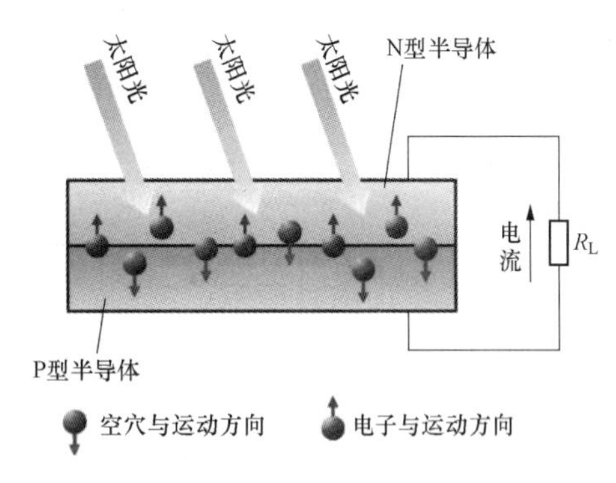

图10-2　光伏电池原理
（由鹏芃科艺授权使用）

常用太阳能电池的主要特性是伏安特性，图10-3所示为太阳能电池在一定光强照射下的伏安特性曲线。当把太阳能电池短路，即$R_L=0$，输出电压为0，则所有可以到达PN结的过剩载流子都可以穿过PN结，并因外电路闭合而产生了最大可能的电流，该电流称为短路电流I_{sc}。如果使太阳能电池开路，即负载电阻R_L无穷大，通过电流为0，则被PN结分开的全部过剩载流子就会积累在PN结附近，于是产生了最大光生电动势的开路电压V_{oc}。

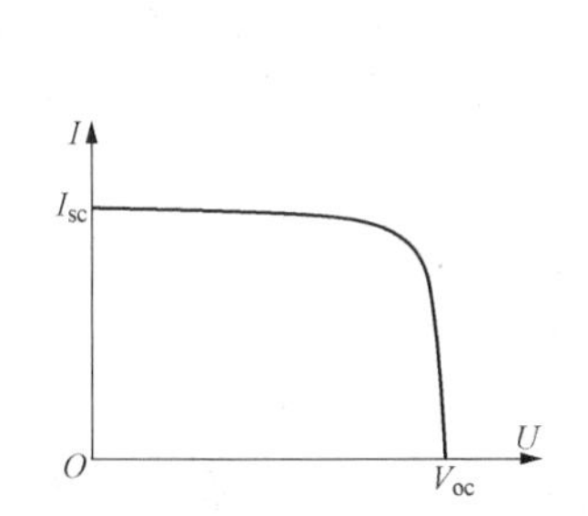

图10-3　光伏电池伏安特性曲线

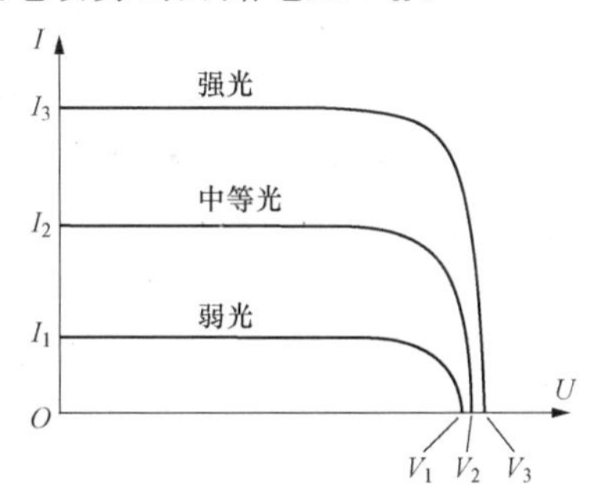

图10-4　光照不同时的伏安特性曲线
（由鹏芃科艺授权使用）

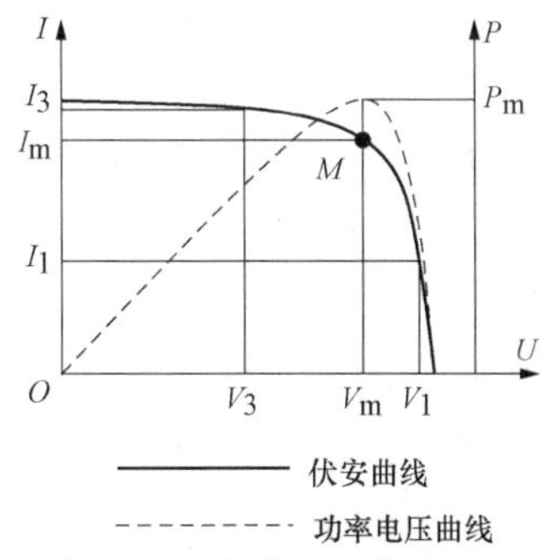

图10-5　光伏电池伏安特性曲线与最大功率曲线
（由鹏芃科艺授权使用）

太阳能电池在光照不同时的伏安特性曲线也不同，显示了太阳能电池的光照特性。如图10-4所示，在三种不同的光照强度（辐照度）下，太阳能电池的开路电压V_1、V_2、V_3相差不大，单片硅太阳能电池在常温下的开路电压为0.45～0.6V。主要特性是短路电流I_{sc}与照射光的辐照度成正比，显然辐照度越强，输出电流越大，且输出电流有一定的恒流性。

当太阳能电池的负载电阻R_L值变化时，通过电流与电压的关系按其伏安曲线变化，如图10-5所示。R_L较小时，通过电流为I_3，电压为V_3；R_L较大时，通过电流为I_1，电压

为 V_1。太阳能电池的输出功率是 R_L 上电流 I 与电压 U 乘积，不同的 R_L 值有不同的输出功率，图 10-5 中虚线是电池的输出功率 P 对应输出电压 U 的变化曲线。R_L 在某个值时，可得到最大输出功率 P_m，此时电流为 I_m，电压为 V_m，太阳能电池的 V_m 约为 0.5V，在伏安曲线上对应的点 M 称为该太阳能电池的最佳工作点。

太阳能电池的光电转换效率为电池的最大输出功率 P_m 与该电池接收的全部辐射功率的百分比。

(2) 太阳能电池的分类。太阳能电池主要分为晶硅电池与薄膜电池。各类型电池主要性能见表 10-1。

表 10-1 各类型电池主要性能

种　类	电池类型	商用效率（%）	实验室效率（%）	优　　点	缺　点
晶硅电池	单晶硅	14～17	23	效率高，技术成熟	原料成本高
	多晶硅	13～15	20.3	效率高，技术成熟	原料成本较高
薄膜电池	非晶硅	5～8	13	弱光效应好，成本相对较低	转化率较低
	碲化镉	5～8	15.8	弱光效应好，成本相对较低	有毒污染环境
	铜铟硒	5～8	15.3	弱光效应好，成本相对较低	稀有金属

1) 单晶硅电池。单晶硅电池由单晶硅片制造，在单晶硅材料中，硅原子在空间呈有序的周期性排列，具有长程有序性。这种有序性有利于太阳能电池转换效率的提高。单晶硅电池广泛应用在航天、高科技产品中，但其制造过程复杂，制造能耗大，成本高。

2) 多晶硅电池。多晶硅材料则是许多直径为数微米至数毫米的单晶颗粒集合体，各个单晶颗粒的大小、晶体取向各不相同。多晶硅电池比单晶硅生产时间短，成本仅为单晶硅电池的 70%，在市场上有重要地位。

3) 非晶硅电池。非晶硅电池采用很薄的非晶硅薄膜（约 1μm 厚）制造，非晶硅薄膜可直接在大面积玻璃板上沉积生成，硅材料消耗很少。制备非晶硅的工艺和设备简单，制造时间短，能耗少，适于大批生产。非晶硅电池价格最便宜，但转换效率低，且长期使用后性能下降，稳定性差，优势是对弱光的转化率高。因此多用作袖珍计算器、电子表和玩具的电源。

3. 晶硅太阳能电池的制作与组件

(1) 晶硅太阳能电池的制作。制作太阳能电池的硅晶体为掺杂 3 价硼的 P 型半导体，主要制作流程包括以下 6 步：

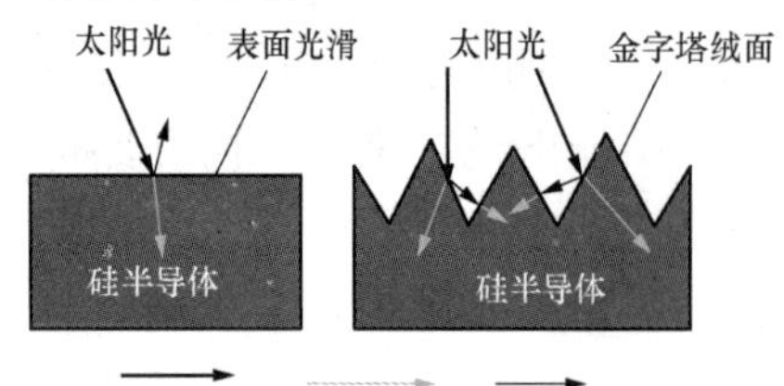

图 10-6 凸凹绒面减少太阳光的反射
（由鹏芃科艺授权使用）

1) 抛光清洗。对硅片表面进行化学抛光并清洗。我们把朝向太阳的一面称为上表面，把背向太阳的一面称为下表面。

2) 制作绒面。为防止光滑的硅晶体薄片表面反射掉部分太阳光，用化学方法腐蚀薄片上表面，生成细微的高约 10μm 的凸凹面，使硅晶体薄片上表面反射大大减少，让太阳光尽量射入硅晶体，见图 10-6。

3) 扩散制结。在 P 型硅晶体薄片的绒面上表面扩散5价的磷，在绒面下生成0.3～0.5μm深的N型半导体。这样，在硅晶体薄片的上表面是N型半导体，在硅晶体薄片的下表面是P型半导体，交界面附近就是PN结，如图10-7所示。

4）刻蚀去边。为防止上下表面短路，必须把硅晶体薄片周边因制结生成的扩散层去除。同时还要去除在硅片表面因扩散生成的磷硅玻璃与氧化物残迹。

5）制作减反射膜。虽有绒面，但仍有经过二次或三次反射出去的太阳光，为进一步减少对光线的反射，还要在上表面沉积一层减反射薄膜，成分主要是Si_3N_4（氮化硅）或TiO_2（氧化钛），生成蓝色透明薄膜，膜厚为75～80nm，如图10-7所示。

6）制作上下电极。在上下表面制作连接外电路的电极时，上电极要尽量减少对入射光线的遮挡，使用多根横向细线（细栅）把电流汇集到较粗的引出线（竖向主栅），主要采用银浆丝网印刷的方法制作（见图10-8）。下电极用银铝浆丝网印刷宽的母线，然后在整片上印一层铝浆作反光层，把穿透过来的光子反射回去。

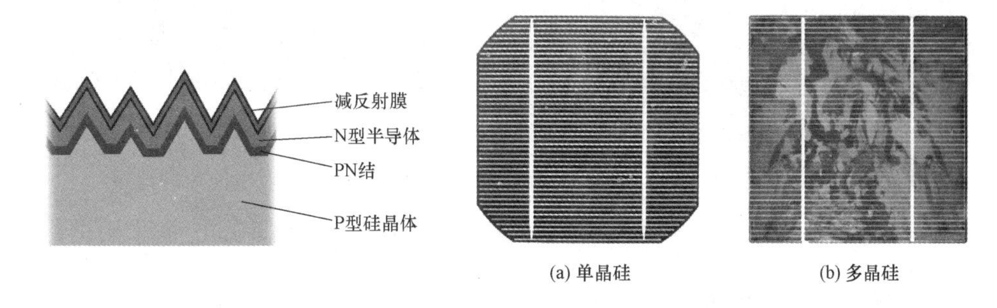

图10-7　电池上表面结构示意（由鹏芃科艺授权使用）

图10-8　晶硅太阳能电池的上电极细栅与主栅

为了使银、铝浆电极分别与N型、P型半导体完全紧密接触，还需进行烧结。烧结使双方材料表面的原子相互融入，特别是可以烧穿减反射膜，使上电极与N型半导体紧密接触。

经过以上6步，制作晶硅太阳能电池的结构如图10-9所示。

（2）太阳能电池组件的生产。单个太阳能电池片的输出电压约0.4V，必须把若干太阳能电池片经过串联后才能达到可供使用的电压，并联后才能输出较大的电流。多个太阳能电池片串并联进行封装保护后，形成大面积的电池组件（或电池板）；太阳能电池组件是太阳能发电系统的基本组成单元，具有独立电源的功能，一般长1.5m，高0.8m。当发电容量较大时，就需要用多块电池组件安装在同一个支架上，串并连接后输出，构成太阳能电池阵列（方阵），如图10-10所示。

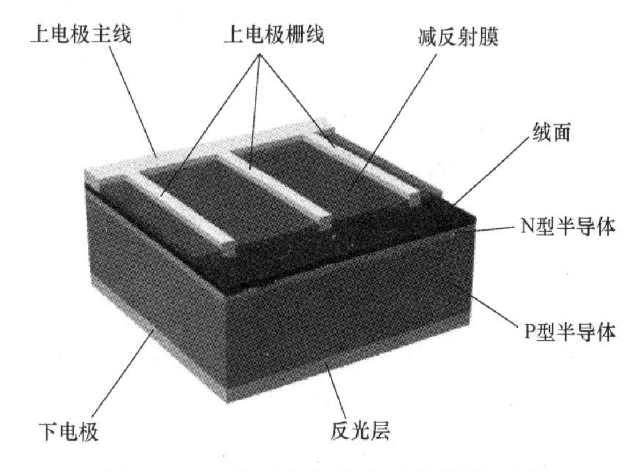

图10-9　晶硅太阳能电池的结构示意

太阳电池组件的主要生产过程如下：

1）电池分选。对电池进行测试，即通过测试电池片输出参数（电流和电压）的大小对其进行分类。为提高电池片的利用率，将性能参数一致或相近的电池片组合在一起。

2）电池片的焊接。汇流带为镀锡的铜带，使用电烙铁和焊锡丝将汇流带焊接到电池上面的主线上（负极），伸出的汇流带将与下一个电池片的背面电极（正极）相连；这样将多片电池串接在一起形成一个电池串，称为串焊，如图 10－11 所示。

图 10－10　太阳能电池阵列

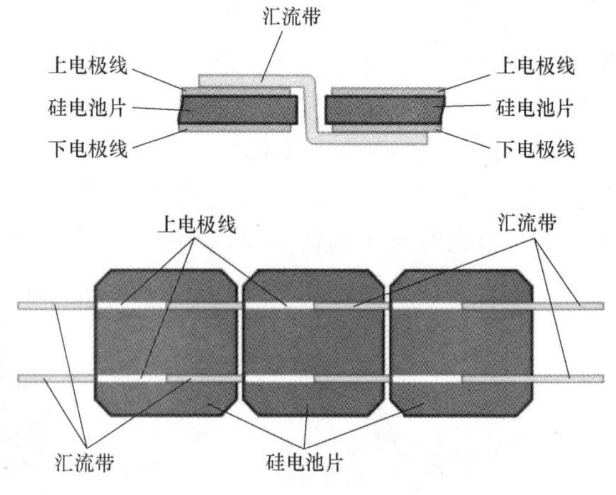

图 10－11　电池片的焊接

3）组件封装。普通太阳能电池的常用封装方式如下：在电池串的上面采用钢化玻璃封装，有很高的强度与很好的透光性，可有效地保护电池片；电池片的下面采用有良好绝缘性能、能抗紫外线、抗环境侵蚀的热塑聚氯乙烯复合膜（TPT）作背面。三者之间采用热融胶黏膜（EVA）进行黏接。EVA 透光率高，并有柔韧性，耐冲击、耐腐蚀，在热压下熔融固化后有很好的黏合性。封装的层次见图 10－12，将电池串、钢化玻璃和切割好的 EVA、TPT 背板按照一定的层次敷设好，敷设时保证电池串与玻璃等材料的相对位置，调整好电池间的距离，准备层压。

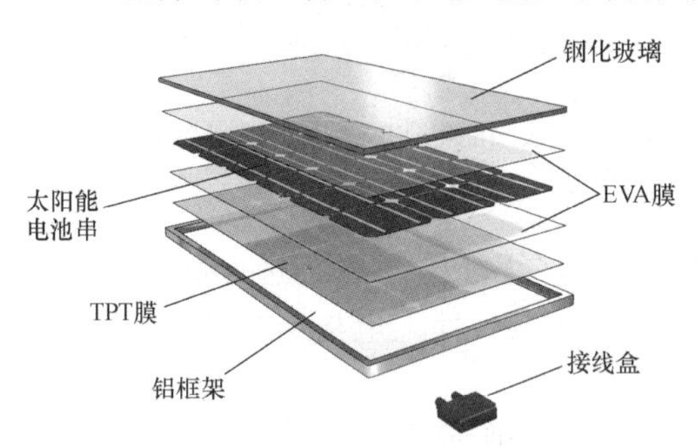

图 10－12　太阳能电池组件叠层结构

（由鹏芃科艺授权使用）

4）组件层压。将敷设好的电池组件放入层压机内，通过抽真空将组件内的空气抽出，然后加热使 EVA 熔化将电池、玻璃和 TPT 背板黏接在一起；最后冷却取出组件。层压工艺是太阳能电池组件生产的关键步骤，层压温度和层压时间根据 EVA 的性质决定。

5）装框。给层压好的玻璃组件装铝框，密封电池组件，增加强度，进一步延长电池的使用寿命。边框和玻璃组件的缝隙用硅酮树脂填充，各边框间用角键连接。在组件背面引线处黏接一个接线盒，以利于电池与其他设备或电池间的连接。图 10－13

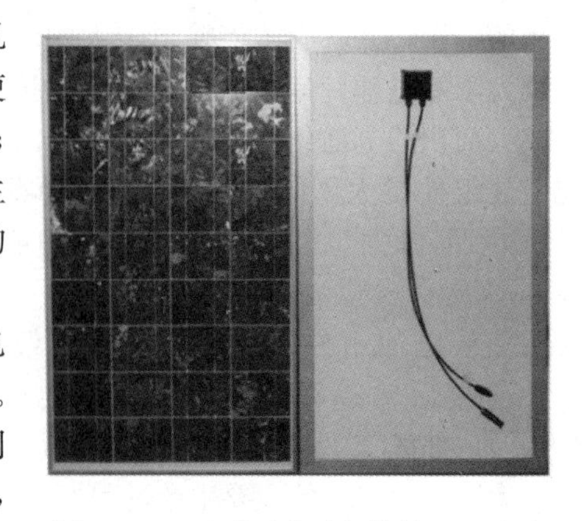

图 10－13　多晶硅电池组件的正、反面

所示为封装好的多晶硅太阳能电池组件的正面与反面，在反面可看到电池接线盒。

4. 太阳能光伏发电系统的组成

太阳能光伏发电系统是利用太阳能电池组件和其他辅助设备将太阳能转换成电能的系统。一般将太阳能光伏发电系统分为独立（离网）系统、并网系统和混合（互补）系统。

独立太阳能光伏发电系统在自己的闭路系统内部形成电路，是通过太阳能电池组将接收来的太阳辐射能量直接转换成电能供给负载，并将多余能量通过充电控制器以化学能的形式储存在蓄电池中。并网发电系统通过太阳能电池组将接收来的太阳辐射能量转换为电能，经过逆变器逆变后向电网输出与电网电压同频、同相的正弦交流电流。混合太阳能光伏发电系统主要有市电互补光伏发电系统和风光互补发电系统等。

（1）独立太阳能光伏发电系统。独立太阳能光伏发电系统的规模和应用形式各异；其系统规模跨度很大，小到 0.3～2W 的太阳能庭院灯，大到兆瓦级的太阳能光伏电站；其应用形式也多种多样，在家用、交通、通信、空间等诸多领域都能得到广泛的应用。在广大农村，特别是边远山区的电信信号发射塔可采用太阳能光伏供电，无须建设输电线路，见图 10-14。

图 10-14　光伏供电电信信号发射塔

尽管光伏系统规模大小不一，但其组成结构和工作原理基本相同。独立太阳能光伏发电系统由太阳能电池组件、蓄电装置、控制器、逆变器（DC/AC 变换器）、用电负载等构成。独立太阳能光伏发电系统基本构成见图 10-15。

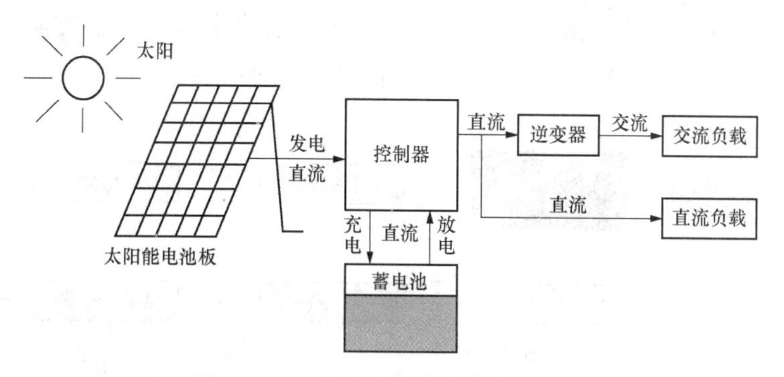

图 10-15　独立太阳能光伏发电系统

1）蓄电装置。由于太阳能光伏发电系统的输入能量极不稳定，所以一般需要配置蓄电装置才能使负载正常工作，而蓄电池是太阳能中最常用的蓄电储能装置。太阳能电池产生的电能以化学能的形式储存在蓄电池中，在负载需要供电时，蓄电池将化学能转换为电能供应给负载。蓄电池的特性直接影响太阳能光伏发电系统的工作效率、可靠性和价格。

2）控制器。控制器的作用是使太阳能电池和蓄电池能高效、安全、可靠地工作，以获得最高效率并延长蓄电池的使用寿命。控制器对蓄电池的充、放电进行控制，并按照负载的电源需求控制太阳能电池组件和蓄电池对负载输出电能。控制器是整个太阳能光伏发电系统的核心部分之一，通过控制器对蓄电池充放电条件加以限制，防止蓄电池反充电、过充电及过放电。另外，控制器还应具有电路短路保护、反接保护、雷电保护、温度补偿等功能。由于太阳能电池的输出能量极不稳定，对于太阳能光伏发电系统的设计来说，控制器充、放电控制电路的质量至关重要。

3）逆变器。在太阳能光伏发电系统中，如果含有交流负载，那么就要使用逆变器，将太阳能电池组件产生的直流电或蓄电池释放的直流电转换为负载需要的交流电。太阳能电池组件产生的直流电或蓄电池释放的直流电经逆变主电路的调制、滤波、升压后，得到与交流负载额定频率、额定电压相同的正弦交流电，提供给系统负载使用。逆变器具有电路短路保护、欠压保护、过流保护、反接保护、过热保护、雷电保护等功能。

4）光伏发电系统附属设施。光伏发电系统的附属设施包括直流配电系统、交流配电系统、运行监控和检测系统、防雷和接地系统等。

独立光伏发电系统目前面临以下几个问题：

1）能量密度不大，整体的利用效率较低，前期投资较大。

2）蓄电池成本占太阳能光伏发电系统初始设备成本的25%左右。若对蓄电池的充、放电控制比较简单，容易导致蓄电池提前失效，增加系统的运行成本。

3）由于光伏发电受昼夜、气候、季节影响大，所以独立太阳能光伏发电系统供电稳定性、可靠性差。

（2）分布式并网光伏发电系统。分布式并网光伏发电系统主要包括光伏阵列、并网逆变器、双向逆变器、直流柜（含蓄电池）、交流柜、环境监测仪和控制箱几个部分，系统总体结构如图10-16所示。光伏阵列输出的直流电接入并网逆变器变换为单相正弦交流电。双向逆变器除了通信接口外，共有三路输入/输出口，一路接直流柜中蓄电池组，一路接本地电网，另一路接并网逆变器的交流输出侧。直流柜配置蓄电池组，采用4块蓄电池串联为一组，起到能量存储功能。环境监测仪用来实时监测辐照度、温度、湿度及风向等气象信息，可供实验研究分析使用。控制箱主要包含PC机、数据采集板及继电器控制板，通过通信可以监测、控制各设备的运行状态。各部分间通过电气线路连接，各自独立为模块。

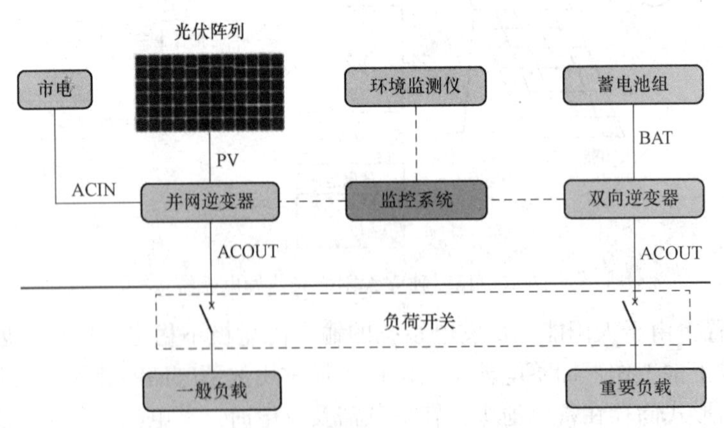

图10-16 分布式并网光伏发电系统总体结构

1）光伏阵列。在本实验台中，采用12块JC250M-24/Bb太阳能电池组件构成串联阵列，见图10-10。JC250M是指晶辰品牌的峰值功率$P_m=250W$的高效多晶硅太阳能电池组件。本阵列的各项参数如下：开路电压V_{oc}为37.4V，短路电流I_{sc}为8.83A；最大功率点电压V_m为30.1V，最大功率点电流I_m为8.31A。

2）并网逆变器。光伏并网系统的输出装置是并网逆变器，并网逆变器是并网光伏发电系统的核心部件，它包括控制器、变换器与逆变器，能将光伏阵列发出的直流电转换为与电力网相同的交流电。与离网逆变器不同的是，并网逆变器对转换输出交流电的频率、电压、电流、相位有严格要求，还要控制输出交流电的有功与无功、电能品质（电压波动、高次谐波），使转换后的交流电的电压、相位、频率与电网的交流电一致，见图 10-17。

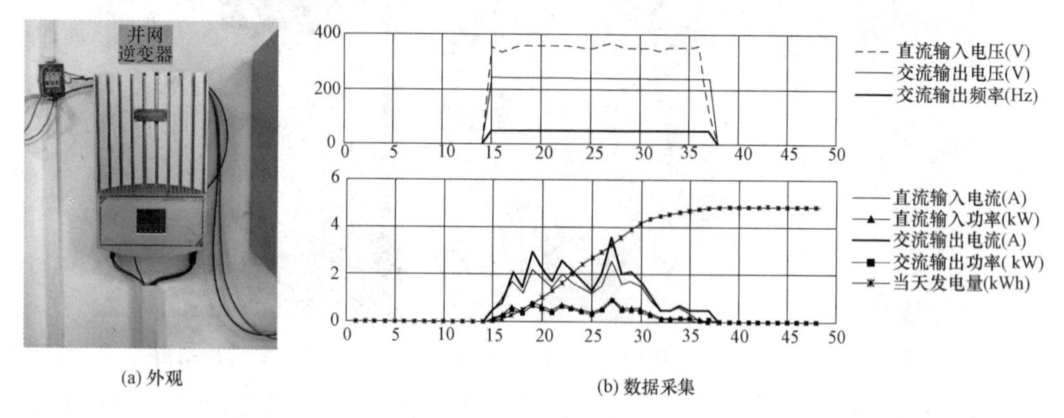

(a) 外观　(b) 数据采集

图 10-17　并网逆变器

除了将直流电转换为交流电外，并网逆变器还必须具有如下主要功能：根据日出到日落的日照条件，根据不同的外界温度和太阳光照强度条件，使光伏阵列尽量保持最大功率输出的工作状态；并网时抑制高次谐波电流流入电网，减小对电网的影响。排解异常情况，保障系统安全运行。

3）双向逆变器及蓄电池。双向逆变器的功能是既可以将交流转换成直流，又可以将直流转换成交流，在本系统中是为了配合蓄电池输出交流电而设置的。双向逆变器先将并网逆变器中输出的交流电转换成直流给蓄电池充电，蓄电池放电时将蓄电池直流转换成交流接入并网逆变器或用电负载，见图 10-18。

考虑到双向逆变器的电池接口设计的额定电压为 48V，选用 LCPC50-12 阀控式密闭铅酸蓄电池（VRLA），4 块蓄电池串联，额定容量为 50Ah，额定电压 12V。

4）交流柜。交流柜布置在市电与并网逆变器之间，相当于开关柜（见图 10-19）。交流柜中的空气断路器和交流接触器主要起开关作用，在发生故障或者逆流时能切断系统与电网连接，避免对电网产生冲击和影响。同时交流柜中内置防逆流装置，通过逆流功率设定可以控制本地系统和电网间电能的双向流动。

5）控制箱。控制箱中主要有数据采集板、继电器控制板及 PC 机（见图 10-20）。其中，采集板可以通过 RS485/RS232 接口采集来自并网逆变器、环境监测仪、双向逆变器的实时数据，同时建立与 PC 机之间的通信。

6）环境监测仪。环境监测仪用来实时监测辐照度、温度、湿度及风向等气象信息，可供实验研究分析使用。环境监测仪采用 PC-4 型环境监测装置，见图 10-21。

（3）风光互补发电系统。由风力发电和光伏发电配合组成的混合发电系统，称为风光互补发电系统。通常夜晚无阳光时恰好风力较大，可充分利用气象资源，实现昼夜发电，提高系统供电的连续性和稳定性，互补性好，能减少系统的太阳能电池板配置。同时，风力发电和光伏发电系统在蓄电池组和逆变环节上可以通用，所以风光互补发电系统的造价可以降低，单位容量的系统初投资和发电成本均低于独立的光伏发电系统。图 10-22 所示为风光互补发电系统的主要组成。

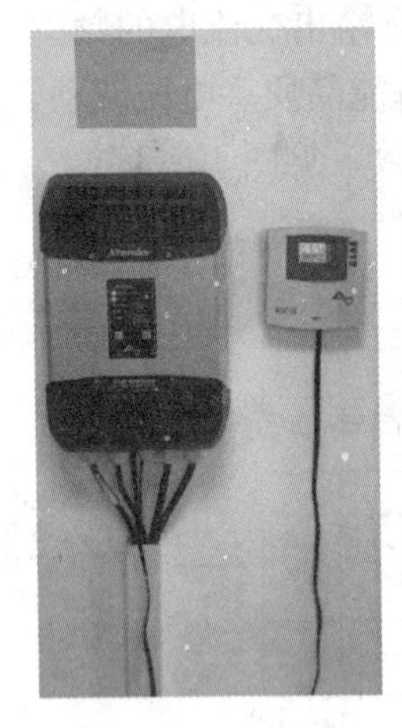

图10-18 双向逆变器

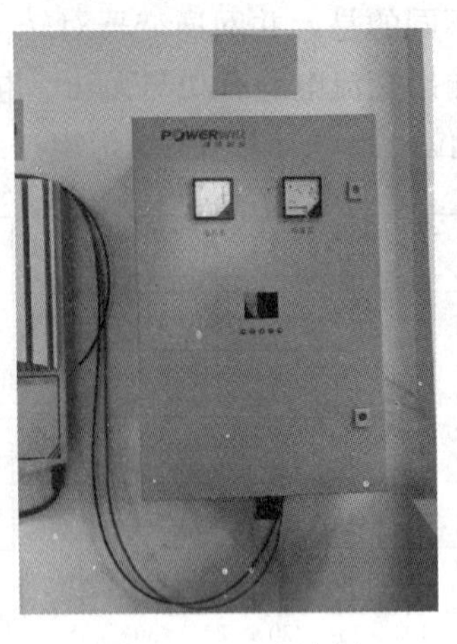

图 10-19 交流柜

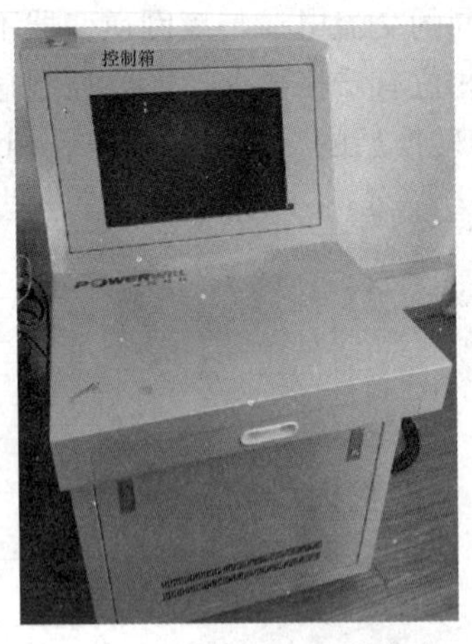

图 10-20 控制箱

(a) 外观

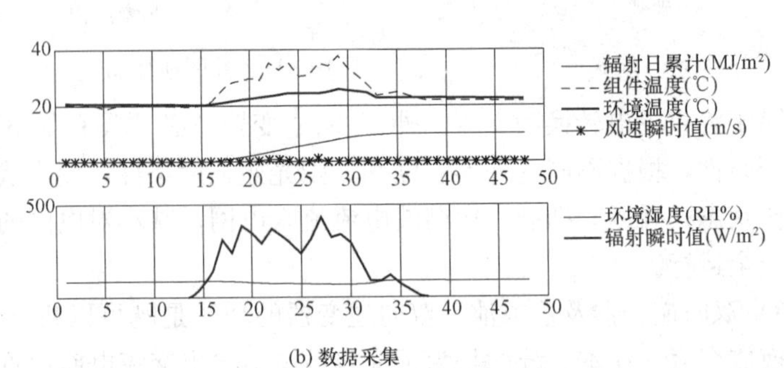

(b) 数据采集

图 10-21 环境监测仪

(a) 风光互补路灯

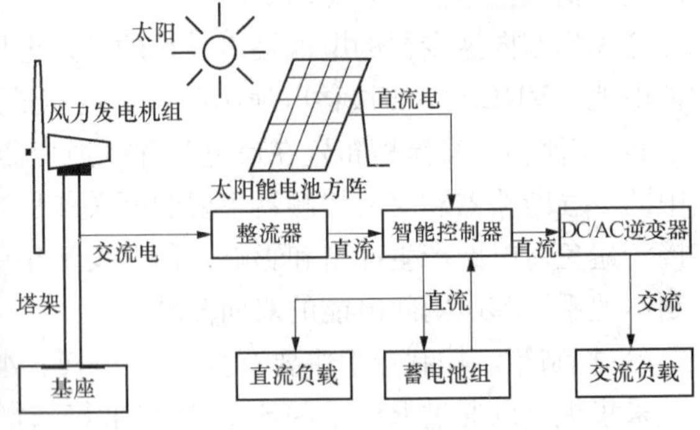

(b) 系统组成

图 10-22 风光互补发电

5. 太阳能光伏发电的特点

(1) 优点。太阳能光伏发电过程简单，没有机械转动部件，不消耗燃料，不排放包括温室气体在内的任何物质，无噪声、无污染；太阳能资源分布广泛且取之不尽用之不竭。因此，与风力发电、生物质能发电和核电等新型发电技术相比，光伏发电是最具可持续发展理想特征的可再生能源发电技术（最丰富的资源和最洁净的发电过程）。太阳能发电具有以下主要优点：

1）太阳能资源取之不尽，用之不竭，照射到地球上的太阳能要比人类目前消耗的能量大 6000 倍。而且太阳能在地球上分布广泛，只要有光照的地方就可以使用光伏发电系统，不受地域、海拔等因素的限制。

2）太阳能资源随处可得，可就近供电，不必长距离输送，避免了长距离输电线路所造成的电能损失。

3）光伏发电的能量转换过程简单，是直接从光能到电能的转换，没有中间过程（如热能转换为机械能、机械能转换为电能等）和机械运动，不存在机械磨损。根据热力学分析，光伏发电具有很高的理论发电效率，可达 80%以上，技术开发潜力技大。

4）光伏发电本身不使用燃料，不排放包括温室气体和其他废气在内的任何物质。不污染空气，不产生噪声，对环境友好，不会遭受能源危机或燃料市场不稳定而造成的冲击，是真正绿色环保的新型可再生能源。

5）光伏发电过程不需要冷却水，可以安装在没有水的荒漠戈壁上。光伏发电还可以很方便地与建筑物结合，构成光伏建筑一体化发电系统。

6）光伏发电无机械传动部件，操作、维护简单，运行稳定可靠。一套光伏发电系统只要有太阳能电池组件就能发电，加之自动控制技术的广泛采用，基本上可实现无人值守，维护成本低。

7）光伏发电系统工作性能稳定可靠，使用寿命长（30 年以上）。晶体硅太阳能电池寿命可长达 20～35 年。在光伏发电系统中，只要设计合理、选型适当，蓄电池的寿命也可长达 10～15 年。

8）太阳能电池组件结构简单，体积小、重量轻，便于运输和安装。光伏发电系统建设周期短，而且根据用电负荷容量可大可小，方便灵活，极易组合、扩容。

太阳能是一种大有前途的新型能源，具有永久性、清洁性和灵活性三大优点。与火力发电、核能发电相比，太阳能不会引起环境污染；可以大中小并举，大到百万千瓦的中型电站，小到只供一户用电的独立太阳能发电系统，这些特点是其他能源方式无法比拟的。

（2）缺点。太阳能光伏发电也有它的不足和缺点，归纳起来有以下几点：

1）能量输度低。尽管太阳照向地球的能量巨大，但由于地表面积也很大，真正到达陆地表面的太阳能只有总量 10%左右，致使在陆地单位面积上能够直接获得的太阳能量较少。目前，太阳能的利用实际上是低密度能量的收集、利用。

2）占地面积大。由于能量密度低，这就使得光伏发电系统需要很大的占地面积，来接收太阳照射，从而获得足够能量。就目前而言，每 10kW 光伏发电功率占地约需 100m^2，平均每平方米面积发电功率为 100W。但随着光伏建筑一体化发电技术的发展和成熟，越来越多的光伏发电系统可以利用建筑物、构筑物的屋顶和立面，将逐渐克服光伏发电占地面积大的不足。

3）转换效率低。光伏发电的转换效率是指光能转换为电能的比率。目前，晶体硅光伏电池转换效率为 13%～17%，非晶硅光伏电池只有 6%～8%。由于光电转换率太低，从而使光伏发电功率密度低，难以形成高功率发电系统。因此，太阳能电池的转换效率低是阻碍光伏发电大面推广的瓶颈。

4）地域依赖性强。地理位置不同，气候不同，使各地区日照资源相差很大。光伏发电系统只有应用在太阳能资源丰富的地区，其效果才会好。

5）系统成本高。由于太阳能光伏发电的效率较低，到目前为止，光伏发电的成本仍然是其他常规发电方式（如火力和水力发电）的几倍。这是制约其广泛应用的最主要因素。

6）晶体硅电池的制造过程为高污染、高能耗。晶体硅电池的主要原料是纯净硅。硅主要存在形式是沙子（SO_2），晶体硅的提纯，不仅要消耗大量能源，还会造成一定的环境污染。

六、实验步骤

现场参观独立太阳能光伏发电系统（太阳能庭院灯）、分布式并网光伏发电系统（多晶硅太阳能光伏发电实验平台）、风光互补发电系统（风光互补路灯）；结合上述介绍认知太阳能光伏发电系统的分类、主要设备（蓄电池、控制器、并网逆变器、双向逆变器、交流柜、环境监测仪等）和特点等；了解短路电流 I_{sc}、开路电压 V_{oc}、最大输出功率 P_m和光电转换效率等参数；识别减反射膜、细栅、主栅、太阳能电池组件与阵列等。

七、思考题

（1）简述太阳能电池的工作原理和分类。

（2）简述太阳能光伏发电系统的分类。

（3）简述并网逆变器和双向逆变器的作用。

项目十一　同步发电机的认知与拆装

关键词

磁场，线圈，感应电动势，转子，定子；磁通密度，铁芯，硅钢片，气隙，集电环，永磁体，励磁；单相交流发电机，三相交流发电机，旋转磁场，同步发电机，转速，电势频率，磁极对数，半速汽轮机；水轮发电机，多凸极转子，磁轭；直驱式风力发电机，内转子式，外转子式，轮毂。

一、实验目的

掌握同步发电机的概念，了解旋转磁场三相交流发电机、水轮发电机与直驱式风力发电机的结构和工作原理，并能识别发电机的转子和定子。

二、能力训练

同步发电机在能源动力工程中有着广泛的应用。通过现场观察和实习，学生应该对同步发电机在火电、水电、核电和风电的应用与结构有更深层次的认识。

三、实验内容

(1) 交流发电机与同步发电机，单相交流发电机、单相永磁交流发电机、旋转磁场三相交流发电机、同步发电机。

(2) 水轮发电机，转子、定子。

(3) 直驱式风力发电机，内转子式、外转子式。

四、实验设备及材料

(1) 单相永磁交流发电机模型、隔河岩电站300MW混流式水轮发电机组模型、直驱式风力发电机模型各一套。

(2) 教学录像片与三维动画演示。

五、实验原理

1. 交流发电机与同步发电机

(1) 单相交流发电机。在磁场内放入矩形线圈，当线圈旋转时，根据电磁感应原理，线圈两端将会产生感应电动势。当磁场是均匀的，矩形线圈做匀速旋转时，感应电动势按正弦规律变化，在负载电阻上有正弦交流电通过，这就是单相交流发电机的发电原理。单个线框感生的电动势太弱，可用多圈的绕组代替单个线框，可产生较高的电动势，电动势为单框的n倍，n为圈数。

(2) 单相永磁交流发电机。当旋转的线圈是空心的，所在空间是空气，磁阻极大，导致空间磁通密度很低；而感应电动势与扫描空间的磁通密度成正比，这就需要把空间变成高磁导率的材料，也就是建立一个高磁导率的转子铁芯，把线圈缠绕在转子铁芯上。转子与定子磁极间留有很窄的气隙，这样整条磁路的磁阻大大减小，通过转子铁芯的磁通密度成百倍提高，见图11-1。

由于通过转子的磁通是不停翻转变化的，为降低涡流损耗，转子铁芯采用高磁导率的硅钢片叠成，转子的线圈是绕在转子铁芯上的。为了方便绕制与加强绝缘，在转子铁芯上装有4个用绝缘材料制成的线圈框架，把框架从铁芯轴向的两边插入转子铁芯，见图11-2。转子线圈用漆包线绕制，整齐地绕在线圈框架内，两个线圈圈数一样，绕向相同，把两个线圈相连接成一个线圈，把线圈两个引出端连接到两个滑环上，滑环装置（集电环）采用两个光滑的黄铜环，通过绝缘套筒安装在转轴上，见图11-3。

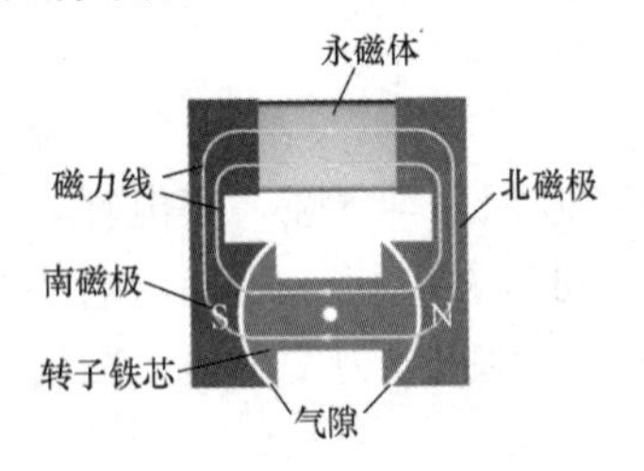

图11-1 转子铁芯与磁路
（由鹏芃科艺授权使用）

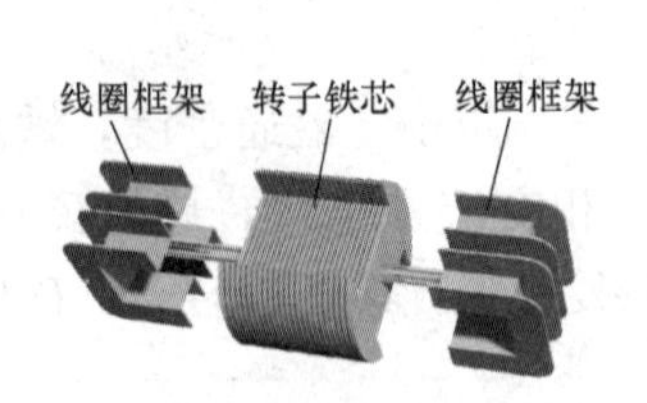

图11-2 转子铁芯与线圈框架
（由鹏芃科艺授权使用）

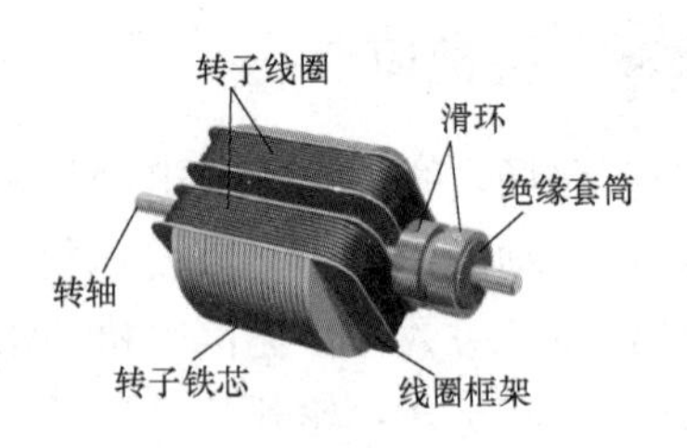

图11-3 绕好线圈的转子
（由鹏芃科艺授权使用）

单相永磁交流发电机的磁场由永磁体产生，可选用磁性能最好的永磁体材料钕铁硼，也可选用其他强磁体，在永磁体两极紧贴着两个定子磁极，S、N磁极用导磁良好的铁质材料制成，见图11-4。把定子磁极与转子一同安装在底座上，并且把电灯泡连接到电刷的接线柱上，单相永磁交流发电机模型就完成了，见图11-5。

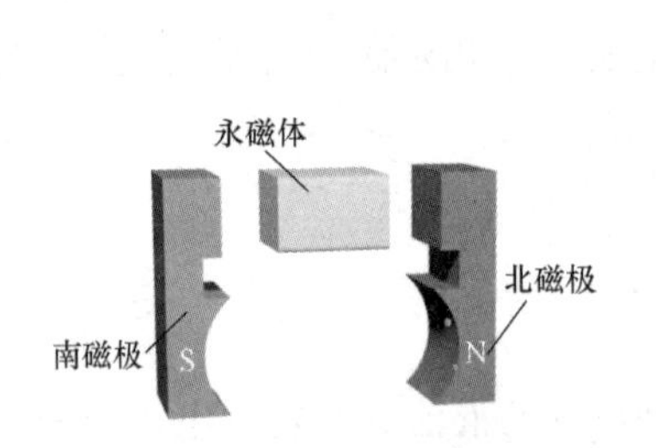

图11-4 永磁体磁极
（由鹏芃科艺授权使用）

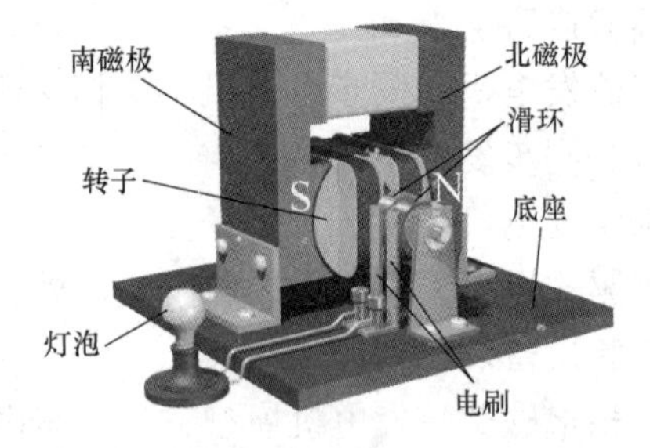

图11-5 单相永磁交流发电机模型
（由鹏芃科艺授权使用）

（3）旋转磁场三相交流发电机。在上面的模型中，磁场是不动的，线圈在磁场中旋转产生感应电动势。在实际发电机中，产生感应电动势的线圈是不运动的，运动的是磁场。产生磁场的可以是一个可旋转的磁铁，两端为南、北两磁极；也可以是电磁铁，转子上绕有励磁线圈，通过滑环向励磁线圈供电来产生磁场。这就是发电机的转子。

由于空气的磁导率太低，在旋转磁铁的外围安上环型铁芯，也就是定子，可大大加强磁铁的磁感应强度。在定子铁芯的内圆均匀分布着6个槽，嵌装着3个相互间隔120°的同样线圈，分别称之为A相、B相和C相线圈。把定子与线圈安在转子外围，线圈与磁铁转轴同一平面，当磁铁旋转时产生旋转磁场，线圈切割磁力线产生感应电动势。这种旋转磁场的发电机称为旋转磁场三相交流发电机。

（4）同步发电机。上述发电机均属于同步发电机。同步电机的主要特点是转子转速 n（r/min）、电势频率 f、磁极对数 P 之间保持着严格关系，$n=60f/P$。

燃煤汽轮发电机有1对磁极，在规定的电流频率50Hz下，发电机转子与同轴的汽轮机转速必须是额定的3000r/min，也就是50r/s；此时感生电压的频率与转子每秒转速相同，这也是同步电机的由来。

核电站的发电机也属于同步电机，但它有 2 对磁极（见图 11-6），在规定的电流频率 50Hz 下，发电机转子与同轴的汽轮机转速必须是 1500r/min，也称为半速汽轮机。

水轮机特别是立式水轮机的转速都比较低，为了能发出 50Hz 的交流电，水轮发电机采用多对磁极结构，对于120r/min 的水轮发电机，需要 25 对磁极。

风力发电的风力机转速较低，小型风力机转速约每分钟最多几百转，大中型风力机转速约每分钟几十转甚至十几转。如果不采用齿轮箱增速，就必须采用专用的低转速发电机，称为永磁直驱风力发电机，主要采用多极结构，与水轮发电机相似。

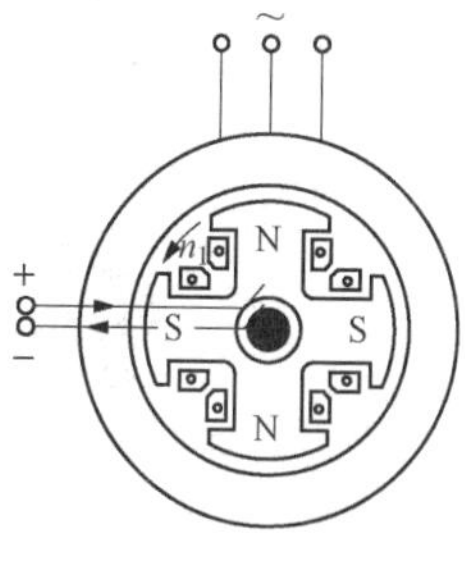

图 11-6　两对磁极旋转磁场

2. 水轮发电机

（1）水轮发电机转子。水轮发电机的转子采用凸极式结构，磁极安装在磁轭上，磁轭是磁极磁力线的通路。图 11-7（a）中的发电机有南北相间的 24 个磁极，每个磁极上都绕有励磁线圈；该水轮发电机旋转一周将感生出 12 个周期的三相交流电动势，当转子转速为 250r/min 时，所发交流电的频率为 50Hz。

磁轭安装在转子支架上，在转子支架中心安有发电机主轴，在主轴的上端头安装有励磁发电机或集电环，由集电环向励磁线圈供电。轴下端有连接水轮机的法兰，见图 11-7（b）。

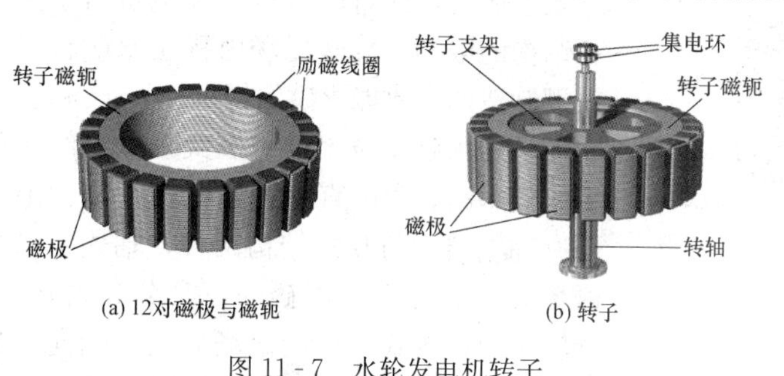

(a) 12对磁极与磁轭　(b) 转子

图 11-7　水轮发电机转子
（由鹏芃科艺授权使用）

（2）水轮发电机定子。发电机定子铁芯由导磁良好的硅钢片叠成，在铁芯内圆均匀分布着许多槽，用来嵌放定子线圈。定子线圈嵌放在定子槽内，组成三相绕组，每相绕组由多个线圈组成，按一定规律排列。水轮发电机安装在由混凝土浇筑的机墩上，在机墩上安装机座，机座是定子铁芯的安装基座，也是水轮发电机的外壳，在机座外壳安装有散热装置，降低发电机冷却空气的温度；在机墩上还安装下机架，下机架有推力轴承，用来安装发电机转子，推力轴承可承受转子的重量与振动、冲击等力，见图 11-8。

（3）水轮机发电机。在机座上安装定子铁芯与定子线圈。转子插在定子中间，与定子有很小间隙，转子由下机架的推力轴承支撑，可以自由旋转。安装上机架，上机架中心安装有导轴承，防止发电机主轴晃动，使它稳定地处于中心位置。铺好上层平台地板，装好电刷装置或励磁电机，一台水轮发电机模型就安装好了，见图11-9。

3. 直驱式风力发电机

二极三相交流发电机转速约为 3000r/min，四极三相交流发电机转速约为 1500r/min；而风力机转速较低，必须通过增速齿轮箱才能带动发电机以额定转速旋转。使用齿轮箱会降低风力机效率，齿轮箱是易损件，大功率高速齿轮箱的磨损尤其厉害，在风力机塔顶环境下维护保养都比较困难。不采用齿轮箱，用风力机桨叶直接带动发电机旋转发电是可行的，这必须采用专用的低转速发电机，称为直驱式风力发电机。

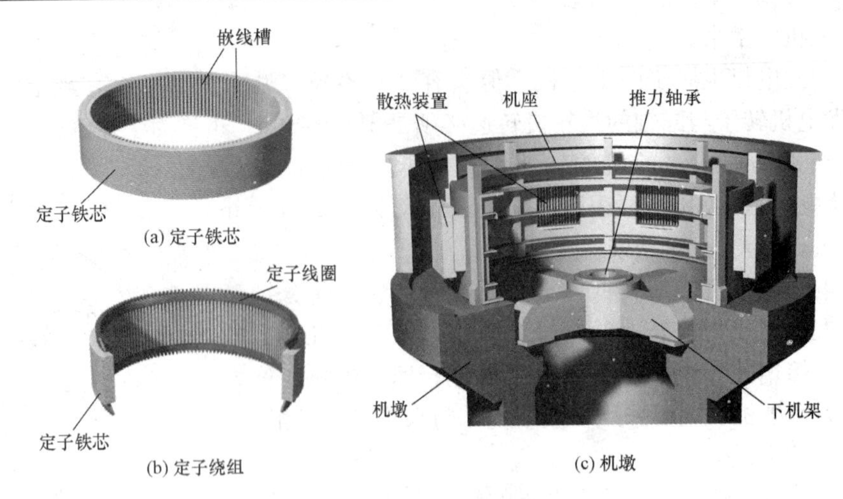

图 11-8　水轮发电机定子

（由鹏芃科艺授权使用）

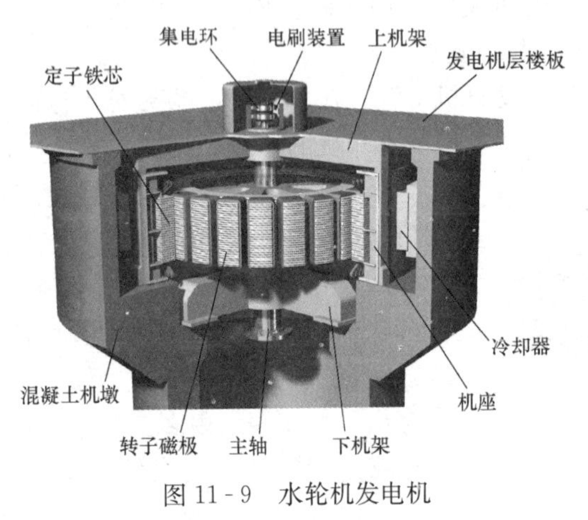

图 11-9　水轮机发电机

（由鹏芃科艺授权使用）

直驱式风力发电机与水轮机发电机相似，都属于凸极式多极同步发电机。两者的区别在于水轮机发电机的旋转磁场是由励磁线圈通电形成的，而直驱式风力发电机由于空间和结构的限制，旋转磁场由稀土永磁材料钕铁硼制造的高磁能永磁体提供。

采用永磁体技术的直驱式发电机结构简单、效率高。永磁直驱式发电机在结构上主要有轴式结构与盘式结构两种，轴式结构的磁场方向为径向气隙磁通，又分为内转子、外转子等；盘式结构的磁场方向为轴向气隙磁通，又分为中间转子、中间定子、多盘式等。

（1）内转子直驱式风力发电机。内转子直驱式风力发电机的定子与水轮发电机定子相似。转子是多极结构，在转子磁轭外圆周贴有多个永磁体磁极，形成多凸极转子，相邻永磁体外表面极性相反。转子磁轭通过转子支撑架固定在电机转轴套上。转子安装在定子内周，与定子之间有很小的气隙；转子旋转时，定子绕组切割磁力线感生电动势。

在风力机塔架顶部的机舱里有支撑整个机组的机座，机座下部底盘装有偏航电机，在机座上有固定发电机定子的机架。把定子铁芯和线圈安装在机架上，把永磁多极转子安装在主轴上。把装有叶片的轮毂安装在机座的转轴上，轮毂上装有变桨机构，风轮与转子同步旋转，见图 11-10。

（2）外转子直驱式风力发电机。外转子永磁直驱式风力发电机的发电绕组在内定子上；内定子铁芯由硅钢片叠成，其线圈槽是开在铁芯圆周的外侧，与常见的外定子相反。在定子铁芯的槽内嵌入定子绕组，绕组是按三相规律分布，与外定子绕组嵌放规律相同。内定子铁芯通过定子的支撑体固定在机座上，在机座上有转子轴承孔用来安装外转子的转轴。外转子由导磁良好的铁质材料制成，在磁轭的内壁固定有永久磁铁做成的内凸多磁极。外转子通过

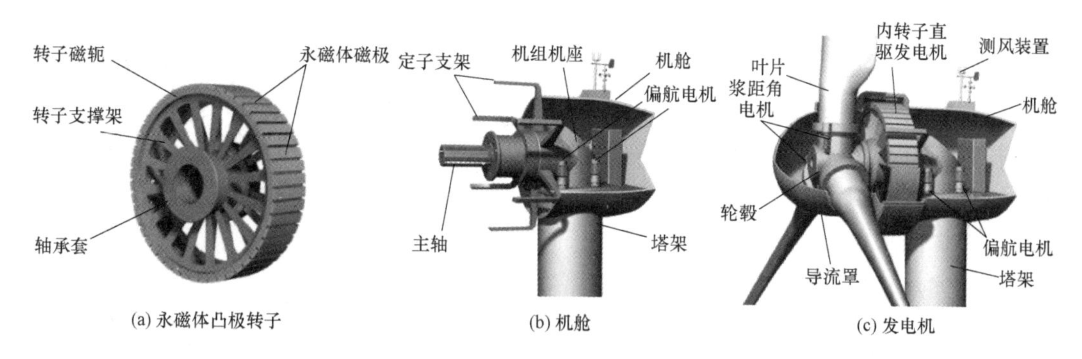

(a) 永磁体凸极转子　(b) 机舱　(c) 发电机

图 11-10　内转子永磁直驱式风力发电机

（由鹏芃科艺授权使用）

转轴安装在定子机座的轴承上，如同一个桶套在定子外侧，见图 11-11。这种结构的优点之一是磁极固定较容易，不会因为离心力而脱落。

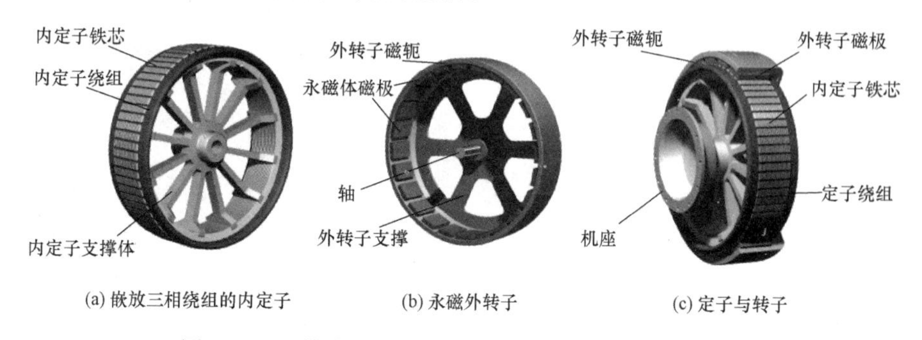

(a) 嵌放三相绕组的内定子　(b) 永磁外转子　(c) 定子与转子

图 11-11　外转子永磁直驱式风力发电机的定子与转子

（由鹏芃科艺授权使用）

在风力机塔架顶部的机舱里，有主轴与内定子支架，把内定子安装在内定子支架上。把外转子安装在主轴上，可自由旋转。风轮轮毂直接与外转子磁轭固定在一起，叶片安装在轮毂上，风轮与外转子同步旋转，也就是发电机与风轮直接连接同步旋转。在轮毂外部有导流罩，机舱还有电器柜、控制系统、润滑系统和测风装置等，见图 11-12。

(a) 安装内定子　(b) 安装外转子　(c) 发电机

图 11-12　外转子永磁直驱式风力发电机

（由鹏芃科艺授权使用）

六、实验步骤

动手安装单相永磁交流发电机小模型，点亮小灯泡，或带动电动机模型。现场参观隔河岩电站 300MW 混流式水轮发电机组模型和直驱式风力发电机模型；结合上述介绍和三维动画演示，掌握同步发电机的概念，了解旋转磁场三相交流发电机、水轮发电机与直驱式风力发电机的结构和工作原理。能够识别水轮发电机的多凸极转子、磁极对数、定子铁芯和线圈；能够识别直驱式风力发电机的多凸极转子、磁极对数、定子铁芯和线圈；并能对火电、水电、核电和风电的同步发电机进行比较认知。

七、思考题

(1) 简述同步发电机的特征。

(2) 简述水轮发电机的转子和定子结构。

(3) 简述外转子直驱式风力发电机的转子和定子结构。

(4) 简述发电机和电动机模型拼装的注意事项及常见故障点，并在拼装完毕的照片中，标注它的主要组成结构。

项目十二　阀门的认知与拆装

关键词

截止阀，闸阀，蝶阀，球阀，止回阀，调节阀；手轮，阀杆，填料，阀盖，阀体，启闭件，阀座；平行闸板阀，楔式闸板阀；旋启式止回阀，升降式止回阀；阀门拆装。

一、实验目的

熟悉普通阀门的结构、各部件的名称及作用；理解各类阀门的使用场合；能正确使用工具对阀门进行拆卸及组装。

二、能力训练

阀门是管道系统主要附件之一，也是实验室和居家生活中的常见设备。了解普通阀门的结构及其部件的作用，能正确使用工具对阀门进行拆装，有助于掌握普通阀门维修的技术。

三、实验内容

（1）阀门的认知，包括阀门分类、阀门型号、阀门结构。

（2）常用阀门的工作原理、特点及应用，截止阀、闸阀、蝶阀、球阀、止回阀、调节阀。

（3）截止阀和闸阀的拆装。

四、实验设备及材料

（1）截止阀、闸阀、球阀、蝶阀、止回阀、浮球阀、调节阀等阀门一批。

（2）阀门结构、拆装的三维动画演示。

（3）拆装工具：呆扳手、两用扳手、一字螺丝刀。

（4）拆装材料：煤油、清洗剂、润滑油、密封填料等。

五、实验原理

1. 阀门的认知

能源动力系统中所用的阀门种类繁多，数量庞大；一台 30 万 kW 的汽轮发电机组就配有各种阀门达 3000 个左右；因此阀门的安装与检修是设备检修任务的重要环节。阀门是管道系统的主要附件之一，它的作用是用来控制或调节管道中介质的流量和压力，对能源动力设备的效率、工作性能和安全有直接的影响。

（1）阀门分类。阀门的种类有很多，可按照不同的方法进行分类。

1）按公称压力分类。低压阀门，公称压力 $p_N \leqslant 1.6$MPa；中压阀门，公称压力 $p_N = 2.5 \sim 6.4$MPa；高压阀门，公称压力 $p_N = 10 \sim 80$MPa；超高压阀门，公称压力 $p_N \geqslant 100$MPa；

2）按用途分类。关断用阀门，包括截止阀、闸阀、蝶阀、旋塞阀、隔膜阀等；调节用阀门，如调节阀、节流阀、减压阀、疏水阀等；保护用阀门，如安全阀、止回阀等。

3）按结构分类。包括球阀、闸板阀、针型阀、转芯阀、自密封阀门等。

阀门的构造不同，用途不同，对它们的要求也不相同。但无论哪一种阀门，都应符合下列的基本要求：关闭严密；要有足够的强度；流动阻力越小越好；零部件要有互换性；体积小，重量轻，结构简单，安装、检修、维护方便。

(2) 阀门型号。电站阀门型号由7个部分组成，各部分的含义如下：

类型 传动方式 连接形式 结构形式 阀座密封面或衬里材料—公称压力 阀体材料

第1部分为阀门类型，用汉语拼音表示，见表12-1。

表12-1 阀门类型代号

闸阀	截止阀	止回阀	节流阀	球阀	蝶阀	隔膜阀	安全阀	调节阀	旋塞阀
Z	J	H	L	Q	D	G	A	T	X

第2部分为传动方式代号，用数字表示，见表12-2。对于手轮、手柄和扳手传动，以及安全阀、减压阀、疏水阀、自动阀门等，可省略本代号；对于气动或液动常开式用6K、7K表示，常闭式用6B、7B表示；气动带手动用6S表示。

表12-2 阀门传动方式代号

电磁动	电磁-液动	电-液动	蜗轮	正齿轮	伞齿轮	气动	液动	气-液动	电动
0	1	2	3	4	5	6	7	8	9

第3部分为连接形式代号，见表12-3。

表12-3 阀门连接形式代号

连接形式	内螺纹	外螺纹	法兰	焊接
代号	1	2	4	6

第4部分为结构形式代号，以数字表示，同一数字表示的结构形式与阀门类别有关，见表12-4～表12-8。

表12-4 闸阀结构形式代号

闸阀结构形式	明杆楔式			明杆平行式		暗杆楔式	
	弹性闸板	刚性单闸板	刚性双闸板	刚性单闸板	刚性双闸板	刚性单闸板	刚性双闸板
代号	0	1	2	3	4	5	6

注 阀门开启时阀杆伸出阀体的称为明杆式，不伸出阀体的称为暗杆式。

表12-5 截止阀和节流阀结构形式代号

截止阀和节流阀结构形式	直通式	角式	直流式	平衡直通式	平衡角式	三通式
代号	1	4	5	6	7	9

表 12 - 6　蝶阀结构形式代号

蝶阀结构形式	杠杆式	垂直板式	斜板式
代号	0	1	3

表 12 - 7　疏水阀结构形式代号

疏水阀结构形式	浮球式	钟形浮子式	脉冲式	圆盘式
代 号	1	5	8	9

表 12 - 8　止回阀结构形式代号

止回阀结构形式	升　降		旋　启		
	直通式	立式	单瓣式	多瓣式	双瓣式
代 号	1	2	4	5	6

第 5 部分为密封面或衬里材料代号，用汉语拼音字母表示，见表 12 - 9。由阀体直接加工的阀座密封面用 W 表示，当阀座与阀瓣或闸板密封面材料不同时，应用低硬度材料代号表示。

表 12 - 9　阀座密封面或衬里材料代号

阀座密封面或衬里材料	代　号	阀座密封面或衬里材料	代　号
尼龙塑料	SN	合金耐酸或不锈钢	H
皮革	P	渗氮钢	D
橡胶	J	硬质合金钢	Y
黄铜或青铜	T	无密封圈	W
衬胶	CJ	搪瓷	TC

第 6 部分为阀门的公称压力等级，以数字表示，为取 MPa 作单位的阀门公称压力值的 10 倍。

第 7 部分为阀体材料，用汉语拼音字母表示。$p_N \leqslant 1.6$MPa 的铸铁阀体、$p_N \geqslant 2.5$MPa 的碳素钢阀体及工作温度大于 530℃的电站阀门，可省略本代号。阀体材料代号见表 12 - 10。

表 12 - 10　阀体材料代号

阀体材料	代　号	阀体材料	代　号
灰铸铁	H	铬钼合金钢	I
球墨铸铁	Q	铬镍钛钢	P
碳钢	C	铬钼钒钢	V

在阀门型号的第 5 单元和第 6 单元之间，有一横杠。

例如，Z942W - 10 型含义如下：闸阀、电动机驱动、法兰连接、明杆楔式双闸板、密封面由阀体直接加工，公称压力为 1MPa，阀体材料为灰铸铁；全称为电动明杆楔式双闸板闸阀。

J61H - 200V 型含义如下：截止阀、手轮传动、焊接连接、直通式、密封面为不锈钢，公称压力为20MPa，阀体材料为铬钼钒钢；全称为焊接式截止阀。

(3) 阀门结构。目前工业用阀门结构众多，但大体由阀体、阀盖、阀杆、填料盒、填料、启闭件、阀座、支架、驱动装置等零部件组成，如图12-1 (a) 所示。

阀体11：阀门的主体，是安装阀盖9、安放阀座13、连接管道的重要零件。

启闭件12：由于种类较多，叫法也多样，如阀瓣、门芯、闸板、蝶板、隔膜等，它是阀门的工作部件，与阀座13组成密封副。

阀盖9：它与阀体11形成耐压空腔，上面有填料盒，它还与支架和压盖6相连接。

填料8：在填料盒内通过压盖6能够在阀盖9和阀杆4间起密封作用的材料，也称盘根。

填料压盖6：通过压盖螺栓7或压套螺母来压紧填料的部件，也称盘根压盖。

阀杆螺母2：它与阀杆4组成螺纹副，也是传递扭矩的零件。

驱动装置：是把电力、气力、液力或人力等外力传递给阀杆4用来启闭阀门的装置，根据输出轴运动方式的不同可分为多圈回转式、部分回转式和直线往复式。多圈回转式适用于阀杆或阀杆螺母需要回转多圈才能全开或全关的阀门，如截止阀、闸阀等。部分回转式适用于阀杆回转在一圈之内就能全开或全关的阀门，如球阀、蝶阀等。直线往复式适用于阀杆只做直线往复运动就能全开或全关的阀门，如电磁阀等。

阀杆4：它与阀杆螺母2或驱动装置相接，其中间部位与填料8形成密封副，能传递扭力，使启闭件12动作，实现阀门开关。

阀座13：用镶嵌等工艺将密封圈固定在阀体上，与启闭件12组成密封副。有的密封圈是用堆焊或用阀体本体直接加工出来的。

支架：支承阀杆和驱动装置的零件。有的支架与阀盖做成一整体，有的无支架。

2. 常用阀门的工作原理、特点及应用

(1) 截止阀。如图12-1 (a) 所示，截止阀是用装在阀杆4下面的阀瓣12作启闭件，与阀体11上的阀座13相配合，并沿阀座密封面的轴线做升降运动而达到开闭阀门的目的。

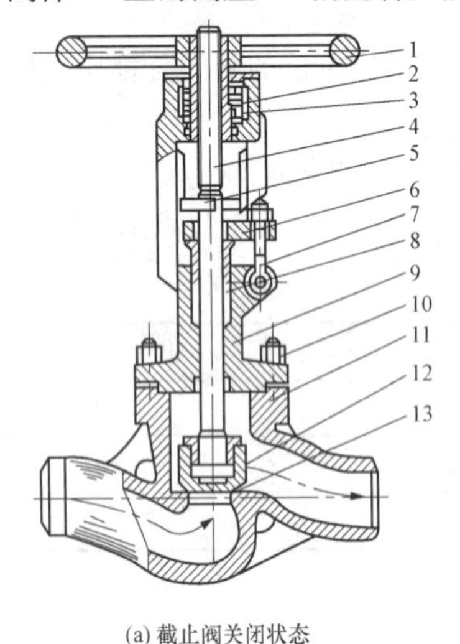

(a) 截止阀关闭状态

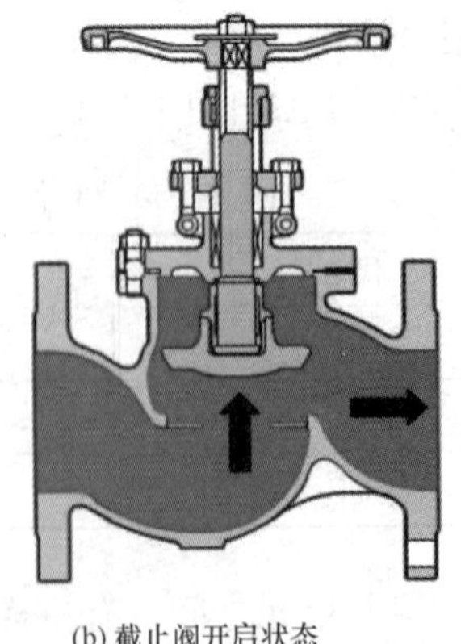

(b) 截止阀开启状态

(c) 截止阀外观

图12-1　截止阀

1—手轮；2—螺母；3—推力轴承；4—阀杆；5—导向板；6—填料压盖；7—压盖螺栓；8—填料；9—阀盖；10—连接螺栓；11—阀体；12—启闭件（阀瓣）；13—阀座

截止阀的主要功能是接通或切断管路介质，通常作为关断用阀门；开启状态和外观如图 12-1 (b)、(c) 所示。

截止阀结构简单，制造与维修方便。启闭时，阀杆沿轴线做直线运动，密封面间几乎无摩擦；开启高度小，因此阀门的总高度相对较小，但其流动阻力较大，启闭力矩较大；对介质流向有一定要求，所以在阀体外部用箭头标出流向。

在管路中安装截止阀时应注意介质流动方向，小口径截止阀通常采用正装的方法，即介质从阀瓣下部引入，高侧流出，这是为了在阀门关闭后降低填料的承压以延长其使用寿命。正装时，阀门开启省力，关闭费力；反装时，阀门关闭严密，但开启时费力，且填料承压；对于通径与压力较大的截止阀，需要较大的关紧力以保证密封，则采用反装。

截止阀用途甚广，主要用于介质压力较高及口径不大（$DN \leqslant 200\text{mm}$）的场合。

(2) 闸阀。闸阀是用闸板作启闭件，并沿阀座密封面做相对运动而达到开闭阀门的目的。闸阀通常作为关断用阀门，不作调整或节流用，如图 12-2 所示。

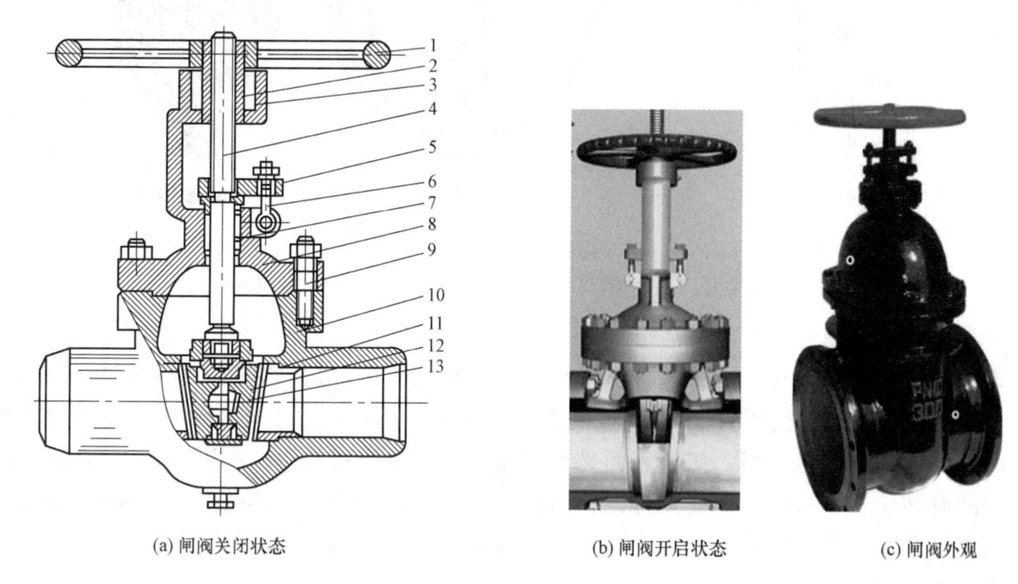

(a) 闸阀关闭状态　(b) 闸阀开启状态　(c) 闸阀外观

图 12-2 楔式闸阀

1—手轮；2—螺母；3—推力轴承；4—阀杆；5—填料压盖；6—压盖螺栓；7—填料；8—阀盖；9—连接螺柱；10—阀体；11—阀座；12—阀瓣；13—万向顶

闸阀的优点是流道通畅，流动阻力小，启闭省力，外壳长度方向尺寸较小，对管路介质流向不受限制。其缺点是密封副有两个密封面，启闭时密封面间有相对摩擦，易引起擦伤；加工复杂，成本高，检修工作量大；高度方向尺寸较大，启闭时间较长。

闸阀的闸板结构分为两种形式：

1) 平行闸板：密封面与通道中心线垂直，且与阀杆的轴线平行。它又分为平行式单闸板和双闸板两种。前者密封性能较差，用得较少，后者使用普遍。

2) 楔式闸板：密封面与阀杆的轴线对称呈一角度，两密封面成楔形。密封面的倾斜角度有多种，常见的为 5°，见图 12-2。

闸阀可用于多种压力、温度等级和多种口径。它的应用非常广泛，在机组的给水、主汽、凝结水、抽汽、循环冷却水等系统中均安装有大量的闸阀。

（3）蝶阀。蝶阀的启闭件为圆盘状，俗称蝶板，一般为实心，大型蝶阀的蝶板制成空心（隔板式）。蝶板是通过转轴使其旋转，来完成阀门的启闭过程，见图 12 - 3。

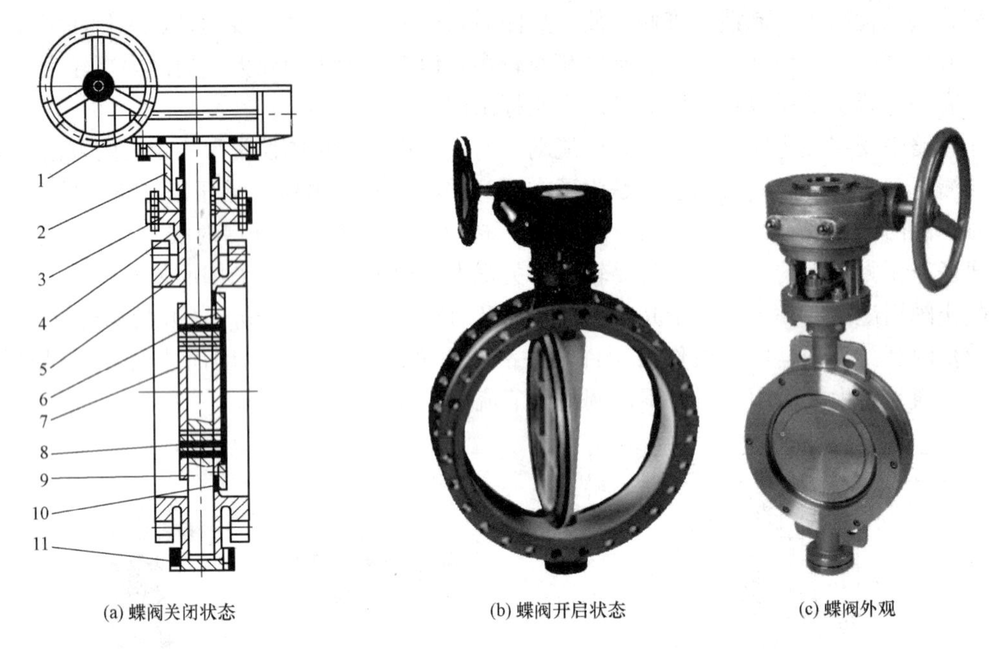

(a) 蝶阀关闭状态 (b) 蝶阀开启状态 (c) 蝶阀外观

图 12 - 3 蝶阀

1、12—驱动装置；2—支架；3—填料压盖；4—填料；5—阀门；6—压板；7—碟板；8—销钉；9—阀杆；10—密封圈；11—阀盖

蝶阀的优点是长度短、重量轻、体积小，与闸阀相比重量约可减轻一半；蝶板只需转动 90°。因此易于实现快速启闭；由于蝶板两侧均有介质作用，使力矩互相平衡，驱动力较小：蝶阀的阀体通道与管道相似，蝶板表面又常呈流线型，故流阻较小；利用蝶板表面形状及其在不同的旋转位置，可以改变流量特性，因而也常用来调节流量。其缺点是蝶阀的密封副受材料限制，多采用软密封结构，故不适用于高温和高压的场合；在火电厂中多用在冷却水、凝结水系统及凝结水除盐系统。

（4）球阀。球阀用带圆形通孔的球体作启闭件，并绕垂直于通道的轴线旋转实现启闭动作。当通孔的轴线与阀门进出口的轴线重合时，阀门畅通；当旋转球体 90°，使通孔的轴线与阀门进出口的轴线垂直时，阀门闭塞。球阀既可作关断用，又可作调节用，如图 12 - 4 所示。

球阀的优点是流动阻力小，球体的通道直径几乎等于管道内径，故局部阻力损失只是同等长度管道的摩擦阻力；开关迅速且方便，一般情况下球体只需转动 90°就能完成全开或全关动作，并且密封性能较好。其缺点是使用温度不高。

（5）止回阀。止回阀是一种能自动动作的阀门，阀门的开启和关闭完全借助于工质本身的能力自行动作；当工质按规定方向流动时，阀芯被工质冲开或离开阀座，当工质停止流动或倒流时，阀芯下降到阀座上而将通道关闭。止回阀通常布置在水平管道上。

止回阀主要用于防止介质倒流，避免事故的发生。止回阀安装在泵出口、锅炉给水管、汽轮机抽汽管及其他不允许介质倒流的地方。泵出口的止回阀是防止泵停止运行后，介质倒流，使泵反转。锅炉给水管上的止回阀，是为防止在给水泵停止后高压给水倒流。装在汽轮机抽汽

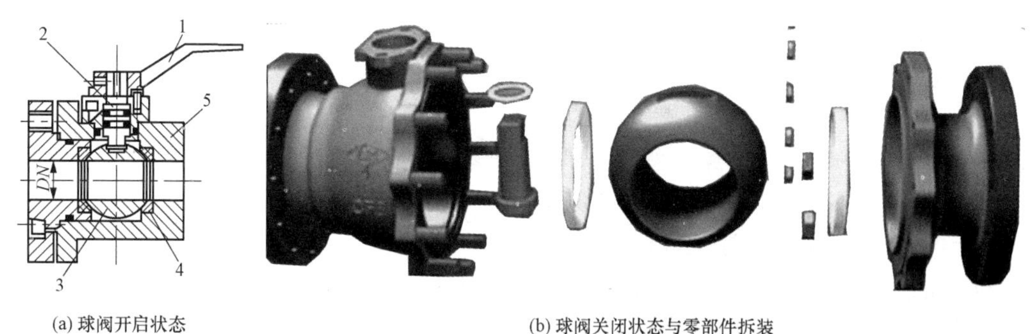

(a) 球阀开启状态

(b) 球阀关闭状态与零部件拆装

图 12-4　球阀

1—手轮；2—阀杆；3—球体；4—密封结构；5—阀座

管上的止回阀，是当汽轮机因故障停机或紧急停机时防止抽汽回流，造成汽轮机的超速。

1）旋启式止回阀，见图 12-5（a）。阀瓣为旋启式，故称旋启式止回阀。阀瓣 4 用一连接架 5 固定，连接架一端固定在阀体 1 内壁上。工质流入时可开阀瓣，最高位置可与阀座 11 平面呈直角状态；倒流时，阀瓣借助于工质压力紧贴在阀座 11 上而密封，从而达到防止倒流的目的。

2）升降式止回阀（弹簧式止回阀），见图 12-5（b）。工质流经阀座时克服弹簧的作用力，把阀瓣 3 顶起，工质通过；倒流时，阀瓣借助于弹簧力紧贴在阀座上将阀门严密关闭，阀瓣只做上下移动，故称升降式止回阀。

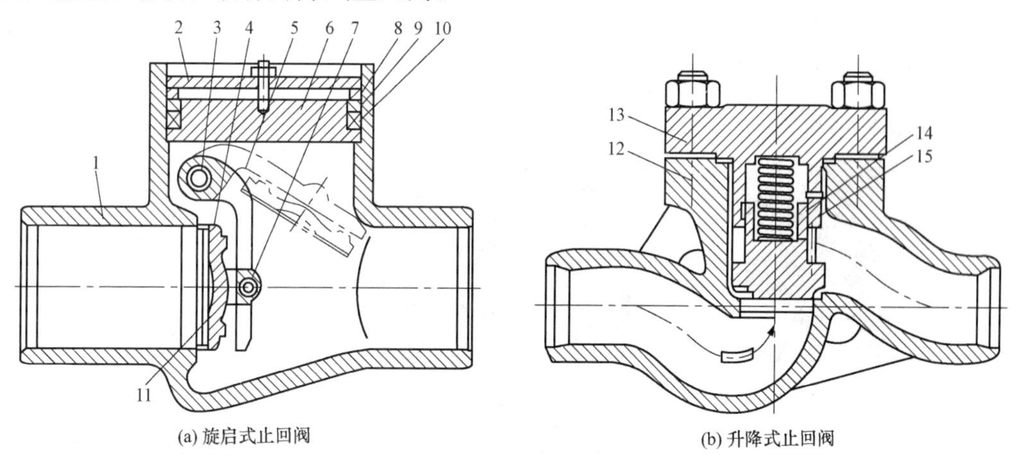

(a) 旋启式止回阀

(b) 升降式止回阀

图 12-5　止回阀

1、12—阀体；2—盖板；3—销轴；4、14—阀瓣；5—连接架；6、13—阀盖；7—小轴；8—六合环；9—填料压圈；10—填料；11—阀座；15—衬套

（6）调节阀。调节阀在锅炉机组的运行调整中起重要作用，可以用来调节蒸汽、给水或减温水的流量，也可以调节压力。调节阀的调节作用一般都是靠节流原理来实现的，所以其确切的名称应为节流调节阀，但通常简称为调节阀。

调节阀有单级、多级和回转式窗口节流调节阀三种基本类型。单级节流调节阀的结构见图 12-6，也称为针形调节阀。它是一种球阀，与截止阀非常相似，只是在阀芯上多出了凸出的曲面部分，通过改变阀杆的轴向位置来改变阀线处的通流面积，以达到调整流量或压力之目的。

六、实验步骤

1. 截止阀的拆装

(1) 截止阀的拆卸与清洗。截止阀的拆卸顺序是手轮→填料压盖→阀盖→垫片→阀杆→阀瓣→填料，见图 12-7。截止阀拆卸后，应用煤油或其他清洗剂把零件清洗干净，并按拆卸顺序摆放整齐。

(2) 截止阀的装配。截止阀的安装顺序原则上应和拆卸顺序相反。组装时应特别细心，防止擦伤密封面和其他配合面。螺栓的螺纹部分应涂上机油调和的石墨粉，便于以后的拆卸。阀杆螺纹应涂上润滑油。拧紧阀体和阀盖间的螺栓前，一定将阀瓣提起（使阀门呈开启状态），以免破坏关闭件或其他零件，填料密封填充适宜，拧紧力应对称均匀。

(3) 拆装中的注意事项。

1) 拆卸过程中，尽量避免碰、摔、砸等破坏性操作，以防造成设备或人身事故。

2) 截止阀的拆卸时，填料一定要彻底清除。

3) 注意保护垫片，尽量不要破坏。当垫片发生粘连破坏时，一定要把粘连在阀体或阀盖上的垫片清除干净，否则安装后容易造成泄漏。

4) 注意保护密封面。

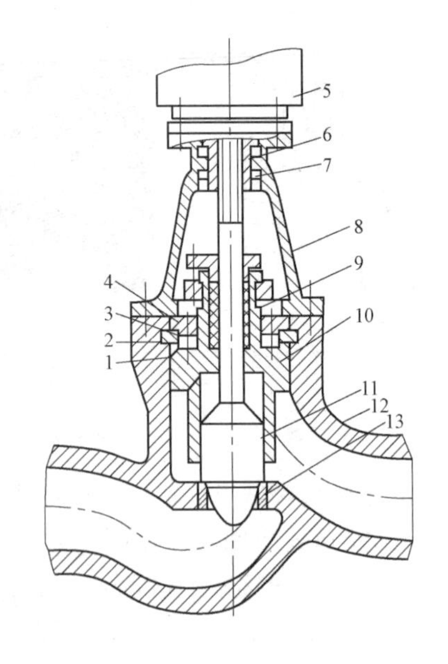

图 12-6 单级节流调节阀

1—密封环；2—垫圈；3—四合环；4—压盖；5—传动装置；6—阀杆螺母；7—止推轴承；8—框架；9—填料；10—阀盖；11—阀杆；12—阀壳；13—阀座

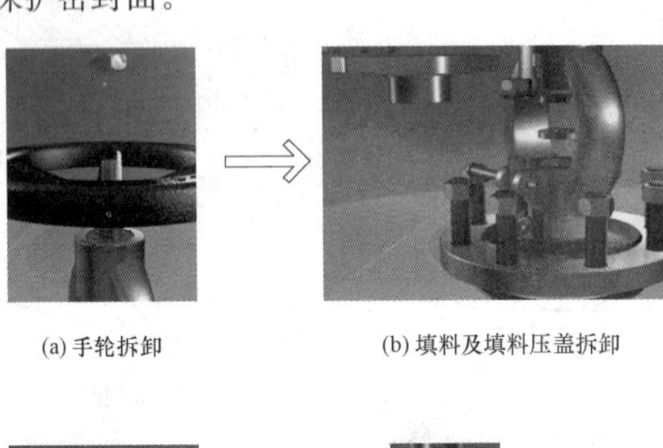

(a) 手轮拆卸 (b) 填料及填料压盖拆卸

(c) 阀盖及垫片拆卸

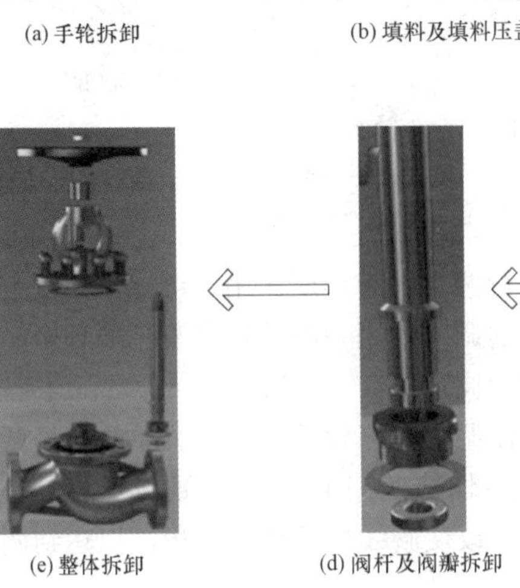

(e) 整体拆卸 (d) 阀杆及阀瓣拆卸

图 12-7 截止阀拆卸示意

2. 闸阀的拆装

以Z45T-16型暗杆楔式闸阀为例，拆装步骤与截止阀类似，结构与零部件组装见图12-8。

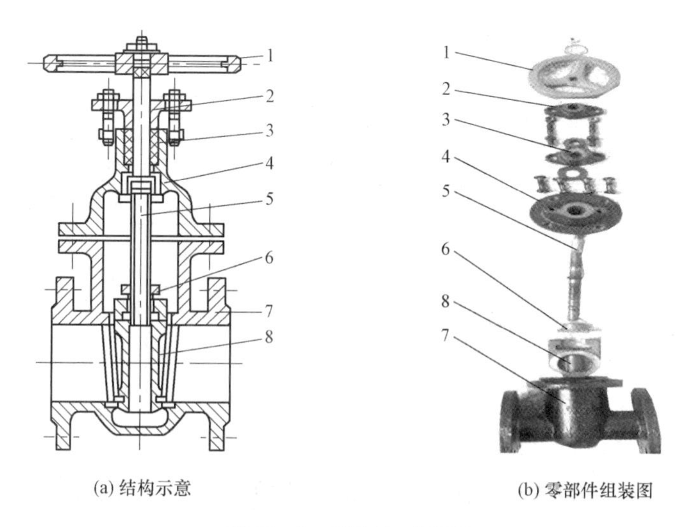

(a) 结构示意　　(b) 零部件组装图

图12-8　暗杆楔式闸阀

1—手轮；2—填料压盖；3—密封填料；4—阀盖；5—阀杆；6—螺母；7—阀体；8—楔形闸板

七、思考题

(1) 简述Z45T-16型闸阀的型号含义；拆卸、装配过程及注意事项。在拆卸完毕的照片中，标注它的主要组成结构。

(2) 画出实验室用气瓶减压阀的结构示意。

(3) 简述蝶阀或止回阀在能源动力工程中的应用。

附录 实验报告格式示例

实验报告

实验名称					
年级、专业		学号		姓名	
实验日期		报告日期		成绩	

一、实验目的

二、简述电动机模型拼装的注意事项及常见故障点；在拼装完毕后的照片中，标注它的主要组成结构。

三、简述 Z45T - 16 型闸阀的拆卸、装配过程及注意事项；在拆卸完毕后的照片中，标注它的主要组成结构。

四、画出实验室用气瓶减压阀结构示意。

五、水中余氯测定：用比色法测定自来水、江河水、冷开水、除盐水的余氯；用活性炭吸附自来水中的余氯，并对结果进行对比分析。

参 考 文 献

[1] 张庆国，程新华. 热力发电厂设备与运行实习. 北京：中国电力出版社，2009.
[2] 周强泰. 锅炉原理. 3版. 北京：中国电力出版社，2013.
[3] 齐立强，曾芳. 环境及化学类专业火电厂实习教程. 北京：中国水利水电出版社，2011.
[4] 王世昌，闫顺林. 热能与动力工程专业认识实习. 北京：中国电力出版社，2011.
[5] 付忠广. 动力工程概论. 2版. 北京：中国电力出版社，2014.
[6] 王立，童莉葛. 热能与动力工程专业实习教程. 北京：机械工业出版社，2010.
[7] 王向阳，何鹏，李腾. 锅炉设备及运行. 合肥：合肥工业大学出版社，2013.
[8] 王永川，李海广. 发电厂现场实习指导. 北京：中国电力出版社，2012.
[9] 周柏青，陈志和. 热力发电厂水处理（上下册）. 4版. 北京：中国电力出版社，2009.
[10] 丁桓如，吴春华，龚云峰. 工业用水处理工程. 2版. 北京：清华大学出版社，2014.
[11] 叶涛，张燕平. 热力发电厂. 5版. 北京：中国电力出版社，2016.
[12] 季鹏伟. 发电厂动力部分. 北京：中国电力出版社，2016.
[13] 文锋. 现代发电厂概论. 3版. 北京：中国电力出版社，2014.
[14] 卢洪波. 电厂热力系统及设备. 北京：中国电力出版社，2016.
[15] 李润林. 热力设备安装与检修. 2版. 北京：中国电力出版社，2015.
[16] 关金峰，李加护. 发电厂动力部分. 3版. 北京：中国电力出版社，2015.
[17] 焦海锋. 电厂热力设备及系统. 北京：中国电力出版社，2016.
[18] 马进. 热能动力设备原理及运行. 北京：中国电力出版社，2016.
[19] 李大中. 新能源发电系统控制. 北京：中国电力出版社，2016.